Die richtige Corporate Governance

Fredmund Malik

Die richtige Corporate Governance

Mit wirksamer Unternehmensaufsicht
Komplexität meistern

Campus Verlag
Frankfurt/New York

Umfassend aktualisierte Ausgabe von Fredmund Malik: *Die Neue Corporate Governance. Richtiges Top-Management – wirksame Unternehmensaufsicht.* 3., erweiterte Auflage, Frankfurt am Main: Frankfurter Allgemeine Buch 2002 (1. Auflage 1997).

Bibliografische Information der Deutschen Nationalbibliothek:
Die Deutsche Nationalbibliothek verzeichnet diese Publikation in der Deutschen Nationalbibliografie. Detaillierte bibliografische Daten sind im Internet unter http://dnb.d-nb.de abrufbar.
ISBN 978-3-593-38696-6

Copyright © 2008 Campus Verlag GmbH, Frankfurt/Main
Umschlaggestaltung: Hißmann, Heilmann, Hamburg
Satz: Fotosatz L. Huhn, Linsengericht
Druck und Bindung: Druckhaus »Thomas Müntzer«, Bad Langensalza
Gedruckt auf säurefreiem und chlorfrei gebleichtem Papier.
Printed in Germany

Besuchen Sie uns im Internet: www.campus.de

Inhalt

Vorwort 9

**1. Neue Einführung 2008: Radikalkur für funktionierende
Corporate Governance** 15

Corporate Governance muss sich zu funktionierendem
Management wandeln 15
Zwölf Reformthesen für funktionierende Corporate
Governance 17
Warum heutige Corporate Governance ihren Zweck nicht
erfüllen kann 20
Wenn Corporate Governance mit gutem Management
verwechselt wird 28
Was ist eigentlich ein Shareholder? 30
Logik und Rhetorik des Marktes 32
Die besten Unternehmen werden übersehen 33
Verpasste Chancen 36
Zwei Funktionen und zwei Organe für richtige Führung 38

2. Grundlegende Reorientierung 41

Was ist Corporate Governance? Folgen einer falsch
gestellten Frage 43
Gravierende Management-Missverständnisse und ihre Folgen . . 47
Corporate Governance muss dem Unternehmen dienen 50
Illusionen statt praktisches Management 55
Unterhaltung statt Information 58
Trügerischer Schein von überlegener US-Wirtschaft 60

TEIL I

1. Soll die Unternehmensaufsicht führen? 65

2. Funktionsmängel der heutigen Systeme 71

Unternehmensaufsicht – eine Fiktion? 71
Ist Kritik gerechtfertigt? 78
Klassische, aber vermeidbare Managementfehler 80

**3. Genügt die Führung der Zukunft? – Die große
Transformation** 91

Fehleinschätzung der neunziger Jahre 91
Fast alles wird sich ändern 96
Management – die wichtigste gesellschaftliche Funktion 109

4. Corporate Governance 120

Die Bedeutung einer wirksamen Unternehmensaufsicht 120
Gewinnmaximierung zerstört das Unternehmen 125
Drei Modelle der Corporate Governance –
und ein viertes 131

**5. Was ist ein gesundes Unternehmen? –
Messfelder für die Performance-Beurteilung
des Unternehmens** 146

Die Marktstellung 148
Die Innovationsleistung 149
Die Produktivitäten 151
Attraktivität für gute Leute 156
Liquidität und Cash-Flow 158
Profitabilität 158
Präzision der Messgrößen 160
Die richtigen Diskussionen führen 161
Biologisches Denken im Management ist die Zukunft 162

TEIL II

1. Architektur des Topmanagements 169

2. Gestaltung des Aufsichtsorgans 174

Aufgaben des Aufsichtsorgans 175
Größe und innere Organisation des Aufsichtsorgans 181
Personelle Zusammensetzung 186
Honorierung des Aufsichtsorgans und Principal Agent Theorie . 198
Führung des Aufsichtsorgans 200
Evaluierung des Aufsichtsorgans 209
Interne Revision – Management Audit 210
Der Vorsitzende der Unternehmensaufsicht 213

3. Gestaltung des Exekutivorgans 219

Aufgaben des Exekutivorgans 220
Wirksamkeit des Exekutivorgans 229
Amtsdauer 233
Das Exekutivorgan als Team 236
Executive Pay 242
Pseudobegründung durch den Markt 243
Neubeginn für Managereinkommen 244

4. Management oder Leadership 248

Irrtümer und Missverständnisse 248
Mystifizierung über die Zuschreibung von Eigenschaften 252
Vom Manager zum Führer 255
Charisma 264

5. Macht, Verantwortung und Haftung 267

Sorgfaltspflicht allein genügt nicht 268
Die Haftungsfrage in der Angestellten-Gesellschaft 270
Richtungsweisende Beispiele für Haftungsregelung 272

6. Personalauswahl und Besetzung der obersten Positionen . . 275

Vier Risiken bei Top-Personalentscheidungen 275
Sieben Grundsätze für richtige Personalentscheide 279
Methodik der Personalauswahl 282
Die Nachfolgeentscheidung an der Spitze 289
Personalentscheidungen unterhalb des Exekutivorgans 291
Besetzung von innen oder von außen? 292

Nachwort 295

Anhang: Schein und Wirklichkeit 297

Anhang: Deutschland – gesünder als man meint 309

Literatur 323

Register 325

Vorwort

Dieses Buch habe ich für *Praktiker* geschrieben, besonders für jene mit Verantwortung für die Gesamtführung von Unternehmen, die diese durch richtige und gute Führungsarbeit gewissenhaft wahrnehmen wollen, egal in welcher Funktion: als Verwaltungs- und Aufsichtsräte oder exekutive Topmanager und deren Aktionäre. Es richtet sich vor allem an jene Praktiker, die mit der Erfüllung der gesetzlichen Sorgfaltspflicht allein nicht zufrieden sein wollen, sondern deren Maßstab der unternehmerische Erfolg als solcher ist.

Die heutige Corporate Governance genügt dafür bei weitem nicht. Ich behaupte nicht weniger, als dass praktisch alle Wirtschaftsflops ab Mitte der neunziger Jahre in der einen oder anderen Weise durch die seither entstandene Art der Corporate Governance verursacht wurden. Durch die heutige Corporate Governance-Theorie wurde *falsche* Unternehmensführung als Best Practice legitimiert, und verbreitet wird sie durch fahrlässiges Consulting, Executive Searching, Governance-Rating, durch Wall-Street-Marketing, MBA-Programme und viele Wirtschaftsmedien. Fahrlässig deshalb, weil man im Gegensatz zur verbreiteten Meinung sehr genau sagen kann, was *richtige* Unternehmensführung ist. Was ich darunter verstehe, steht in diesem und meinen anderen Büchern.

Erfolgreiche Unternehmen sind deswegen erfolgreich, weil sie in wesentlichen Punkten – ohne Regeln zu verletzen – genau umgekehrt geführt werden, als die heutige Corporate Governance es empfiehlt. Für richtiges und nachhaltiges Wirtschaften sind daher radikale Reformen nötig: Heutige Corporate Governance muss um 180 Grad gedreht werden, gerade wenn das Interesse der echten Aktionäre im Gegensatz zum Investorentyp des Aktionärs geschützt und ein hoher Return erzielt werden soll.

Solche Aussagen würde ich nicht wagen ohne jahrelange persönliche Erfahrungen als Mitglied und Vorsitzender von Topmanagement- und

Governance-Organen, wo ich sehen konnte, was richtig und was falsch gemacht wird, was möglich ist und was nicht. Denn von außen lassen sich Professionalität und Effektivität solcher Gremien nicht beurteilen, und schon gar nicht kann man sich eine zutreffende Meinung aufgrund von veröffentlichten Zahlen bilden. Externe Ratings sind anmaßend. Aber auch vermeintlich wissenschaftliche Umfragen, selbst wenn sie sich auf Interviews mit erfahrenen Personen stützen, lassen kein sachgerechtes Urteil zu.

Ich behaupte, dass sich ohne persönliche Erfahrung keine Kenntnis über das Funktionieren von Topmanagement-Organen und Corporate Governance erwerben lässt und dass daher weder eine Beurteilung derselben noch praktikable Verbesserungsvorschläge möglich sind. Die dafür nötigen Informationen erhält man – von den erforderlichen Theoriekenntnissen ganz abgesehen – nur über mehrjährige, selbst verantwortete praktische Mitarbeit in solchen Gremien, übrigens vorzugsweise nicht nur in Schönwetterperioden, sondern auch in Krisensituationen. In solchen befand ich mich selbst mehrfach, und darunter gab es auch Fälle, wo letztlich die Probleme nicht mehr gelöst werden konnten, weil frühere Fehler und Versäumnisse schon zu viel Schaden angerichtet hatten.

Erst in solchen Situationen erlebt man die tatsächlichen Wirklichkeiten der Unternehmensführung, der Corporate Governance, und erst dann zeigt sich die wahre Natur der involvierten Menschen, deren Fähigkeiten, Charakterzüge und Persönlichkeitsstrukturen. Dann erweisen sich Mut und Feigheit, Kompetenz und Versagen, und es zeigt sich in aller Deutlichkeit, was *richtige* Leadership wirklich ist, im Gegensatz zu den naiv-illusionären Modetheorien, denn nur in der Krise kann sich diese erweisen. Man sieht, was funktioniert und was nicht, und zwar unter den komplexesten, dynamischsten und risikoreichsten Umständen. Man lernt die Kenntnisse über Naturgesetze zu schätzen, die uns helfen, Komplexität zuverlässig zu meistern und auch dort noch Lösungen zu finden, wo andere längst aufgeben müssen. Mit heutiger Corporate Governance und den Führungsorganen dadurch auferlegten Zwängen kann weder eine Krise bestanden werden, noch können unternehmerische Chancen genutzt werden, was ebenso wichtig ist.

Dieses Buch entstand bereits zu Beginn der intensiven Phase der Corporate Governance-Diskussion, weil ich schon damals praktische Topmanagement-Erfahrung hatte, die aus der engen Zusammenarbeit mit Unternehmern und Unternehmensführern resultierte, aus der Mitwirkung in obersten Führungsgremien sowie aus meinen eigenen unternehmerischen Aufgaben. Das Buch ist auch heute immer noch gültig.

In wichtigen Punkten hat man in der Praxis meine Vorschläge übernommen, zum Beispiel betreffend Größe und personelle Zusammensetzung von Aufsichtsorganen, ihr inneres Funktionieren und ihre Führung. Ebenfalls realisiert ist zu einem großen Teil die nötige Zweistufigkeit der Corporate Governance, die sich in England inzwischen vollständig durchgesetzt hat, nicht jedoch in den USA. In entscheidenden Fragen vor allem des Inhaltes für richtiges und gutes Management ist die heutige Corporate Governance aber auf Irrwegen geblieben oder hat sich nicht getraut, klare Aussagen zu treffen.

Dem Buch habe ich eine neue Einführung als 1. Kapitel vorangestellt. So kann man sehr gut sehen, welche Entwicklung seit Erstveröffentlichung des Buches eingetreten ist und welche versäumt wurde.

Unveränderte Gültigkeit und Aktualität des Buches haben neben seinem Praxisbezug ihren Grund darin, dass es hier um eine ganz andere Fragestellung geht als in der sonstigen Corporate Governance-Diskussion. Im Zentrum steht die Frage: Was ist richtige und gute Unternehmensführung? Es geht also darum, wie Topmanager handeln müssen, damit das Unternehmen richtig geführt wird.

Das ist etwas anderes als die von juristischen und finanzwirtschaftlichen Perspektiven geprägte vorherrschende Governance-Sicht. Mir geht es nicht um formale Regeln und Wiederholungen des Aktiengesetzes, sondern um das richtige Funktionieren von Unternehmen und somit der ganzen Wirtschaft in einer immer komplexer werdenden Gesellschaft und Welt.

Selbstverständlich bewegt sich richtige Gesamtunternehmensführung innerhalb des gesetzlichen Rahmens und hat finanzwirtschaftliche Überlegungen zu berücksichtigen. Beide müssen jedoch abgeleitet werden aus einem Konzept richtiger Gesamtführung und nicht umgekehrt. Denn der Erfolg von Unternehmen ergibt sich aus ihrer Bewährung am Weltmarkt der globalisierten und sich rascher als je wandelnden Wirtschaft, Wissenschaft und Technologie und aus den Umständen einer sich radikal transformierenden Gesellschaft, und nicht aus der Befolgung von Gesetzen, deren Grundprinzipien trotz vieler Novellierungen aus der alten Welt des frühen 20. Jahrhunderts und zum Teil aus dem 19. Jahrhundert stammen.

Anders gesagt: Die Gesetze und Corporate Governance Codes werden sich an die Funktionsprinzipien von Unternehmen als Teile hochkomplexer globaler Systeme anpassen müssen und nicht umgekehrt. Die Funktionsprinzipien für das Meistern von Komplexität sind genauso naturgesetzlich wie diejenigen der Technik. Mit juristischen Gesetzen und Codes kann man Naturgesetze nicht ändern.

Wo man das nicht akzeptiert, wird es bald weder eine Wirtschaft noch eine Gesellschaft geben, die funktioniert, weil andere Länder ihre Regeln mit Blick auf die Zukunft gestalten können und ihre Unternehmen auf die komplexen Umstände des 21. Jahrhunderts ausrichten statt auf die Vergangenheit.

Dieses Buch und meine ganze Arbeit für richtiges und gutes Management sind geprägt von meiner täglichen Zusammenarbeit mit Praktikern, mit Topmanagern, Unternehmern und deren engsten Mitarbeitern sowie durch meine eigene Tätigkeit als Unternehmer und Inhaber des größten Schweizer Unternehmens auf dem Gebiet von General Management Consulting und Education, wo dieses Unternehmen führend ist.

In über 30 Jahren habe ich möglicherweise mehr Führungskräfte als andere kennengelernt, mit ihnen gearbeitet, sie beraten und ausgebildet in allen Fragen der Unternehmensgesamtführung, der Unternehmenspolitik und -strategie, in Struktur- und Organisationsfragen, der Unternehmenskultur und im Aufbau von Topmanagement-Teams und funktionierenden Governance-Organen. Die Positionen, die ich in diesem Buch vertrete, haben sich in Hunderten von Anwendungen gemeinsam mit Managern und Unternehmern als richtig erwiesen. Die wissenschaftlichen Grundlagen dafür habe ich in meiner Habilitationsschrift 1976 über die »*Strategie des Managements komplexer Systeme*« gelegt. Dort habe ich auch begründet, warum die Kybernetik als Lenkungs-, Regulierungs- und Steuerungswissenschaft die einzig gültige Grundlage für funktionierendes Management ist und warum die Wirtschaftswissenschaften dies nicht leisten können.

Seither habe ich auf den damals geschaffenen Grundlagen aufbauend ein umfassendes, universelles und modulares General Management System entwickelt und erprobt, in mehreren Büchern publiziert und die für die praktische Anwendung erforderliche Organisation mit dem weltweit größten Stab an General Management Experten an internationalen Standorten geschaffen.

Die rasant steigende Komplexität aller Systeme der Gesellschaft erfordert Professionalität im Beruf des Managements mit kopf- und handwerklichen Standards, wie sie in allen hochentwickelten Berufen längst selbstverständlich sind. Falsche Theorien, Moden und faule Kompromisse haben hier keinen Platz. Zuverlässiges Funktionieren unter Bedingungen hoher und steigender Komplexität ist die Maxime des 21. Jahrhunderts, damit Evolution nicht durch Stagnation oder Revolution zerstört wird.

Juni 2008   Fredmund Malik

Kapitel 1

Neue Einführung 2008: Radikalkur für funktionierende Corporate Governance

Corporate Governance muss sich zu funktionierendem Management wandeln

Corporate Governance und dafür geeignete Corporate Governance Codes müssen sich an den inhaltlichen Prinzipien richtiger und guter Unternehmensführung, das heißt an funktionierendem Management und nicht nur an Formalregeln orientieren, die inhaltlich beinahe beliebig gefüllt werden können.

Wie sie heute verstanden wird, ist Corporate Governance ein zwar vieldiskutierter, aber großteils falscher Schritt in der Geschichte der neueren Unternehmensführung. Richtig ist der Schritt bezogen auf die Bedeutung, die dem Topmanagement und besonders der *Aufsichtsfunktion* im Gegensatz zu früher zugemessen wird. Hingegen ist heutige Corporate Governance ein dreifach *falscher* Schritt, nämlich bezüglich des *Inhaltes* der Corporate Governance-Funktion, somit auch bezüglich der konkreten *Aufgaben* der Topmanagement-Organe und folglich ihrer *Ausgestaltung* und *Arbeitsweise*.

Der regelmäßig vorgebrachte Einwand, man könne nicht sagen, was richtige Unternehmensführung sei, scheint aus Unkenntnis über Management zu resultieren, denn die Inhalte richtiger Unternehmensführung können heute in großem Umfange für praktische Zwecke ausreichend definiert werden. Es gibt also keinen Grund, darauf zu verzichten oder sie gar aus den Corporate Governance Codes systematisch auszuklammern.

Heutige Corporate Governance muss daher neu orientiert und in ihren wesentlichen Punkten tiefgreifend und radikal reformiert werden, damit sie wirksam richtiges Management sicherstellt und zu effektiv funktionierenden Unternehmen, zu einer leistungsfähigen Wirtschaft und einer lebensdienlichen Gesellschaft unter den Bedingungen des 21. Jahrhunderts beiträgt.

Für richtige Unternehmensführung muss als Erstes die innere Kausalität der Corporate Governance um 180 Grad gedreht werden: *Shareholder Value* als inhaltliche Ausrichtung ist falsch. Richtig ist *Customer Value*. Inhaltliche Ausrichtung auf *Wertsteigerung* ist falsch; richtig ist Ausrichtung auf *Wettbewerbsfähigkeit*. Die Logik des Wirtschaftens erlaubt hier keine Kompromisse.[1]

Zweck des Unternehmens ist es, zufriedene Kunden zu schaffen. Obwohl es jedermann freisteht, den Zweck der wirtschaftlich produktiven Institution der Gesellschaft anders und auch falsch zu definieren, wird man es verantwortungsvoll nicht tun können, ohne die Folgen zu bedenken, die in jeder anderen Definition mit innerer Logik zu gravierenden Fehlentwicklungen der Wirtschaft führen.

Diese Zweckbestimmung, die am Kunden orientiert ist, deckt simultan sowohl Customer Value als auch Konkurrenzfähigkeit ab. Nur wenn dieser Zweck erfüllt ist, kann das Unternehmen – dann aber umso besser – seine Shareholder befriedigen und für diese Wertsteigerung bewirken, und es kann bestmöglich auch die Stakeholder zufriedenstellen – als *Resultat* der richtigen Ziele. Umgekehrt hingegen geht es nicht.

Das heutige Verständnis von Corporate Governance hat seinen Ursprung in den Wall-Street-Exzessen der neunziger und frühen zweitausender Jahre. Diese führten zu teilweise irreparablen Schädigungen von börsennotierten Unternehmen und ihren Aktionären sowie von Reputation und Glaubwürdigkeit ihres Managements.

Darüber hinaus drohten sie, die Wirtschaft generell in Verruf zu bringen, und schufen im Kontext des Neoliberalismus eine neue Wirtschaftsskepsis, zum Teil Wirtschaftsfeindlichkeit in der Gesellschaft.

Der derzeitige Stand von Corporate Governance, wie er in den verschiedenen Corporate Governance Codes zum Ausdruck kommt, ist also nicht Ergebnis systematischer Durchdringung der Sachfragen, son-

---

1 Im Gegensatz zur landläufigen Meinung kann der Customer Value (Kundennutzen) präzise bestimmt und gemessen werden. Ein Überblick steht in meiner Reihe »Management: Komplexität meistern«, Band 1: *Management. Das A und O des Handwerks*, Frankfurt/New York 2007. Außerdem: Chussil, Mark/ Roberts, Keith: *The meaning and value of customer value*; Online Sheet 02/2007; Malik Management Zentrum St. Gallen, www.mzsg.ch.

Sehr ausführlich mit Begründungen und wissenschaftlichen Grundlagen: Buzzell, Robert D./Gale, Bradley T.: *The PIMS Principles. Linking Strategy to Performance*, New York 1987 sowie Gale, Bradley T.: *Managing Customer Value*, New York 1994.

dern Folge von akuten und kritischen Anlässen, die bekanntlich selten zu guten Lösungen führen.

Die Folge der Orientierung an den Akutfällen war, dass Corporate Governance in ihrer heutigen Form einseitig von *juristischen* und *finanzwirtschaftlichen* Überlegungen dominiert wird, weil die Skandale in ebendiesen Kategorien in Erscheinung traten. Juristische und finanzorientierte Disziplinierungsmittel waren damals der einzige Weg, die Exzesse rasch genug einzudämmen.

Weitgehend unbeachtet blieb dabei die Tatsache, dass es in allen entwickelten Ländern zahlreiche Firmen gab und gibt, die ausgezeichnet funktionieren, unabhängig davon, ob sie an Börsen notieren oder nicht. Statt von diesen zu lernen, wie man es richtig macht, wurden Regeln erfunden, um Falsches zu verhindern.

Falsches zu verhindern bedeutet nun keineswegs, dass damit schon das Richtige getan wird. Hinzu kommt, dass die Corporate Governance-Diskussion die Positionen des vorherrschenden Zeitgeistes, nämlich des *Neoliberalismus* und der Börsen- und Finanzeuphorie, weitgehend unkritisch als Grundlage übernahm. Viele dieser Positionen sind beweisbar falsch, für das Management systematisch irreführend und für das Unternehmen schädlich.

Bisherige Korrekturbestrebungen reichen für richtiges und gutes Corporate Management nicht. In den folgenden zwölf Thesen sind die notwendigen Reformen dargestellt, die ich in diesem Buch erläutere.

Zwölf Reformthesen für funktionierende Corporate Governance

1. Funktionierende Corporate Governance kann nur und ausschließlich aus den Anforderungen an *richtiges Management* und an die *Funktionsfähigkeit* komplexer Systeme abgeleitet werden. Alles andere ist langfristig unternehmensschädigend. Corporate Governance muss somit *inhaltlich* aus der *Lenkungs- und Führungsperspektive* ausgestaltet sein. Sie ergibt sich weder aus juristischen noch finanzwirtschaftlichen Formalregeln, die heute die Corporate Governance Codes dominieren. Solche Regeln sind nötig, aber nicht hinreichend. Sie können ihren Zweck erst und nur dann erfüllen, wenn sie auf die Inhalte richtiger Unternehmensführung angewandt werden.

2. Corporate Governance muss mit Unternehmenspolitik und Unternehmensstrategie eine Einheit bilden. Gemeinsam schaffen sie die konstitutive Basis für das richtige Handeln der Spitzenorgane eines Unternehmens.

3. Corporate Governance muss kompromisslos auf das *Unternehmen selbst* und auf dessen Leistungsfähigkeit im Markt ausgerichtet sein. Corporate Governance darf sich *nicht* an Interessengruppen orientieren, weder an Shareholdern noch Stakeholdern. Die Orientierung an Interessengruppen führt systematisch zu falschen Entscheidungen des Topmanagements und somit zur Fehlentwicklung eines Unternehmens.

4. »Best Practice« und »Good Governance«, zwei Schlüsselbegriffe im heutigen Verständnis, sind keine wirksamen Maßstäbe. Sie können trotz perfekter Beachtung weder *verhindern*, dass ein Unternehmen in Schwierigkeiten kommt, noch können sie Erfolg und Funktionsfähigkeit des Unternehmens *herbeiführen*. Manche Regelungen der heutigen Corporate Governance, besonders die finanzwirtschaftlichen, erhöhen sogar *systematisch* das Risiko des Misserfolges, weil sie irreführende Orientierungsgrößen vorgeben oder empfehlen, nämlich Shareholder Value und Wertsteigerung.

5. Dass für richtige Unternehmensführung strikte finanzwirtschaftliche Disziplin unabdingbar ist, ist evident. Diese ist für den Unternehmenserfolg zwar das *Fundament*, aber sie ist nicht dessen *Ursache*. Die Ursachen unternehmerischen Erfolges liegen in anderen Größen wie Marktstellung, Innovationsleistung und Produktivität sowie in der Professionalität des Managements.

6. Die einzig tauglichen Orientierungsgrößen für richtiges Topmanagement-Handeln sind *Kundennutzen* und *Konkurrenzfähigkeit*. Diese allein sind erfolgsschaffend, und es sind die einzigen Größen, die nicht manipulierbar sind. Shareholder Value, Wertsteigerungsdoktrin und generell an den Finanzmärkten orientierte Kriterien müssen für die Steuerung eines Unternehmens zwar beachtet werden. Für das strategische Handeln der Unternehmensspitze sind sie aber ungeeignet.

7. In ihrer heutigen Form verursacht Corporate Governance nachhaltig gesamtwirtschaftliche Fehlallokation von Ressourcen. Im heutigen Verständnis ist Corporate Governance investitions- und innovationsfeindlich. Damit schädigt sie heutige und zukünftige Erfolgpotenziale eines Unternehmens. Sie unterminiert erfolgsentscheidende Performancebereiche, schwächt die Konkurrenzfähigkeit und erreicht somit

das Gegenteil dessen, was sie anstrebt, nämlich die Verbesserung der langfristigen Ertragskraft. Tatsächlich schädigt sie diese.

8. Wegen der Schädigung der nachhaltigen Ertragskraft verfehlt Corporate Governance letztlich auch die Interessen ihrer erklärten Zielgruppe, der *Aktionäre*. Dies unter anderem deshalb, weil angenommen wird, alle Aktionäre hätten dieselbe Interessenlage. Heutiges Corporate Governance-Verständnis kann der sozioökonomischen Struktur von Aktionären nicht gerecht werden und schädigt die Interessenlage der heute wichtigsten Aktionärsgruppe, nämlich der zukünftigen Pensionisten. Diese sind heute die Hauptkapitalgeber in Gestalt der Pensionsfonds. Die Manager dieser Fonds sind aber auf Basis der gegenwärtigen Corporate Governance gezwungen, den Interessen ihrer Anleger zuwiderzuhandeln.

9. Heutige Corporate Governance begünstigt und rechtfertigt systematisch personelle Fehlbesetzungen der Topmanagement-Organe. Sie ermöglicht es, dass der Typus des geldgetriebenen und ausschließlich in Geldkategorien denkenden Managers in oberste Führungsfunktionen kommen kann. Unter anderen Bedingungen hätte dieser Typus keine Chance, weil ein Unternehmen zu führen etwas radikal anderes ist, als Geld zu managen. Wenn außerdem, wie üblich, das Einkommen von Managern allein an finanzielle Größen wie den Aktienkurs gebunden ist, entsteht ein Teufelskreis, der das Unternehmen systematisch und programmiert in Schwierigkeiten bringt.

10. Heutige Corporate Governance führt zu falscher Ausbildung des Managernachwuchses. Weil Corporate Governance vordergründig plausibel ist und Management simplizistisch auf ein paar wenige Geldgrößen reduziert, wird sie weltweit in den MBA-Programmen gelehrt. Damit wird eine falsch ausgebildete Generation von potenziellen Führungskräften herangezogen, die sich existierender Alternativen nicht einmal bewusst ist. Sie wird fundamental umlernen müssen.

11. Corporate Governance von heute beruht auf Missverständnissen über Wesen und Zweck einer funktionierenden Wirtschaftsordnung, des Marktes und des Unternehmens. Das zeigt sich erstens in den falschen Ideologien von Neoliberalismus und »Asset-Driven Economy«, zweitens im Fehlverständnis des Unternehmens als Gewinnmaximierungssystem und drittens in der Vorstellung, richtiges Management beruhe auf Verfügungsgewalt und Macht.

12. Denk- und Begriffskategorien heutiger Corporate Governance ent-

stammen dem 20. Jahrhundert und sind somit an der Vergangenheit ausgerichtet. Sie können wachsende Vernetzung und Komplexität des globalen Wirtschaftens nicht erfassen. Der fundamentale wirtschaftliche und gesellschaftliche Wandel macht diese Denkweisen immer schneller bedeutungslos. Das entscheidende Kapital im 21. Jahrhundert ist nicht Geld, sondern Information und Wissen, die für das Meistern der Komplexität des globalen Wirtschaftens nötig sind.

Wirklich gute Führungskräfte wissen um die Schwächen der Corporate Governance Codes und können diese mit Erfahrung, Zivilcourage und persönlicher Glaubwürdigkeit kompensieren. Für weniger kompetente und als Persönlichkeiten weniger starke Manager sind die Regeln der Corporate Governance Codes eine offene Einladung und Rechtfertigung, den Versuchungen des kurzsichtigen und falschen Managements nachzugeben. Corporate Governance Codes sind in unkundigen Händen eine Gefahr.

Einer der besten CEOs der letzten 20 Jahre, Chef eines global operierenden Unternehmens mit einer Umsatzgrößenordnung von fast 100 Mrd. Euro, brachte das in einem Gespräch Ende 1998, als der Bull Market fast den Gipfel erreicht hatte, auf den Punkt. *Er sagte, er müsse zurzeit einen Riesenspagat machen, und er wisse nicht, wie lange er das durchhalten könne. Am Morgen müsse er zur Financial Community das sagen, was diese hören will, und am Nachmittag müsse er dafür sorgen, dass man in der Firma das Gegenteil davon mache, ohne dass sie es draußen merkten.*

Besser kann man das Dilemma zwischen falscher Corporate Governance und richtiger Unternehmensführung nicht beschreiben. Er hatte Glück, weil ab Mai 2000 deutliche Zweifel an den Denkmälern der Finanzwelt aufkamen und der Druck zusammen mit den sinkenden Börsenkursen zurückging.

Warum heutige Corporate Governance ihren Zweck nicht erfüllen kann

Komplexe Probleme und Systeme entwickeln sich geschichtsabhängig. Meine Überlegungen zur Corporate Governance verlangen daher in einem ersten Schritt nach einem historischen Überblick. Die Entstehungsgeschichte von Corporate Governance zu verstehen ist die Voraussetzung für ein sinnvolles Gestalten der Zukunft.

Akutversorgung im Feldlazarett statt in moderner Klinik

Corporate Governance in ihrer heutigen Form ist eine amerikanische Erfindung, die Aktionäre davor schützen soll, von korrupten Managern ausgeraubt zu werden. Ausgangspunkt der heute dominierenden Vorstellung von Corporate Governance waren die beispiellosen Fälle von Missmanagement und Selbstbereicherung durch oberste Führungskräfte börsennotierter Unternehmen in den USA seit Mitte der neunziger Jahre.

Die anonymen Shareholder der amerikanischen Publikumsgesellschaften waren wehrlose Opfer einer Gesetzgebung, die es ermöglichte, eine wirksame Kontrolle des Managements zu unterlaufen. In der Euphorie des Börsenaufschwungs trugen Aktionäre selbst aktiv zum Missmanagement ihrer Unternehmen bei, weil sie – irregeführt von der Theorie des Shareholder Value – die Illusion hegten, dies alles geschehe zu ihrem Besten. Akademia, Finanzindustrie, Wirtschaftsprüfungs- und Consultingfirmen bestärkten sie darin und begründeten damit nebenbei für sich selbst honorarträchtige Geschäftsgebiete.

Weil Gesetzesreformen selbst nach Megabankrotten mit Totalverlusten für die Aktionäre in den angelsächsischen Ländern nur mühsam vorankamen, entstand gewissermaßen als ambulante Notfallmaßnahme ein Mittel der freiwilligen Selbstverpflichtung: das Instrument des Corporate Governance Codes. Außerhalb des angelsächsischen Raumes verbreitete sich der Code weniger aus sachlicher Notwendigkeit denn aus medial geschürter Angst vor dem Ausbleiben von Investoren und weil es ohnehin Mode war, amerikanische Gepflogenheiten selbst dann als Fortschritt anzusehen, wenn sie der Entwicklung hinterherhinkten.

Systematische und breitflächige Bereicherungs- und Missmanagement-Exzesse der amerikanischen Art gab es in Ländern mit angelsächsischem Recht. Hingegen kamen nur vereinzelt Fälle in Deutschland vor, das ein gänzlich anderes Aktienrecht hat. Der Grund ist einfach: Im angelsächsischen und auch im schweizerischen Recht können Manager sich selbst beaufsichtigen. Trotz aller Skandale gilt dort noch immer das einstufige Unternehmensmodell. Das deutsche Aktienrecht schreibt aber das zweistufige Modell vor und schließt dadurch die Selbstüberwachung aus.

Hier ist das entscheidende Prinzip für eine wirksame Unternehmensaufsicht längst Praxis, nämlich die strikte personelle Trennung von Vorstand und Aufsichtsrat. Im Wesentlichen ist das eine Folge der bitteren Erfahrungen aus der Weltwirtschaftskrise der dreißiger Jahre. Gegen bewusste Umgehung der Aufsicht oder betrügerische Machenschaften ist man allerdings in keinem System wirklich geschützt.

In der Praxis des angelsächsischen Raumes hat sich inzwischen das zweistufige Modell, allerdings gegen heftigen Widerstand, ebenfalls zu verbreiten begonnen, weil man nach langem Zögern erkannt hat, dass die deutsche Rechtsordnung in diesem entscheidenden Punkt der Unternehmensaufsicht deutlich überlegen ist. Das Umdenken ist in England am weitesten fortgeschritten, Amerika hinkt dramatisch hinterher.

Der erste Corporate Governance-Schritt stand unter dem unglücklichen Stern eines Zusammentreffens mehrerer Ereignisse: Explosion der Finanzmärkte und massenpsychologische Börsenmanie, alles überlagerndes Finanzdenken als Folge des Neoliberalismus mit seiner Geldorientierung des gesamten Wirtschaftsgeschehens, die kindlichen Illusionen einer New Economy, die Reduktion von Unternehmensführung auf den Shareholder Value als vermeintlich einziger relevanter Steuerungsgröße und die damit verbundenen Finanzexzesse und zum Teil kriminellen Manöver in vielen Topetagen.

Der Neoliberalismus beruht auf bemerkenswerten Irrtümern bezüglich des Funktionierens von Markt und Gesellschaft und auf grotesken Missverständnissen des echten Liberalismus. Er ist naiv in seinem Urvertrauen auf die Leistungsfähigkeit des Marktes und unterschätzt die heute weitaus besseren Navigationsmöglichkeiten von Unternehmen mithilfe moderner Strategiekenntnisse und Informationstechnologie.

Weil Gewinne und relative Preise früher und über Jahrhunderte die einzigen Orientierungssignale für unternehmerische Entscheidungen waren, musste die Theorie des Marktes mit diesen vorliebnehmen, denn sie hatte nichts Besseres. Darüber scheinen aber die Fortschritte in Verfügbarkeit und Nutzungsmöglichkeit von Information und Wissen übersehen worden zu sein. Allein die empirische Strategieforschung hat seit den siebziger Jahren so enorme Fortschritte gemacht, dass Preise, Kosten und Gewinne als Signalgrößen nur noch für die operative Steuerung des Unternehmens eine Rolle spielen. Für die *strategische* Steuerung sind diese hingegen weitgehend bedeutungslos geworden, weil gänzlich neue Orientierungs- und Steuerungsgrößen entdeckt und verfügbar gemacht wurden.[2]

Weil Corporate Governance nun gerade die zukunftsbestimmenden Entscheidungen zu verantworten hat, ist neoliberale Nostalgie dafür wenig nützlich. Bildhaft entspricht eine darauf beruhende Corporate Governance der Seenavigation des 18. Jahrhunderts mit dem Sextanten im Gegensatz zur modernen Satellitennavigation. Den Anforderungen der heutigen Unternehmensführung in der Komplexität des globalen Wirtschaftens kann diese Art von rückwärts orientierter Corporate Governance nicht gerecht werden.

Die aktuelle Corporate Governance ist also das Ergebnis damals nötiger Notfallmaßnahmen. Die heutigen Corporate Governance Codes aus den frühen zweitausender Jahren wurden nötig, um auf eine akute Krise der Unternehmensführung zu reagieren. Rasche Abhilfe wäre ohne Improvisation nicht möglich gewesen. Für eine vertiefte Auseinandersetzung mit richtiger und guter Unternehmensführung, professionellem Topmanagement sowie den erforderlichen Konfigurationen funktionierender Unternehmen war unter den gegebenen Umständen keine Zeit. Es liegt also, metaphorisch gesagt, eine Corporate Governance aus den Möglichkeiten eines bescheidenen Feldlazaretts vor, die die schlimmsten Wunden versorgt hat. Der Transfer des Patienten in eine voll ausgerüstete Unfallklinik, die die Wiederherstellung völliger Gesundheit und Lebensfähigkeit samt Rehabilitation ermöglicht, ist noch nicht vollzogen.

Einige der Pioniere der ersten Corporate Governance Codes waren sich dieser Umstände und ihrer Bedeutung voll bewusst. Auch ihre Arbeit, nicht nur die der Manager, stand unter dem Terror von Finanzanalysten, Medien und Fundmanagern. In dieser Situation musste eine Corporate Governance zwangsläufig auf halber Strecke steckenbleiben und zum Teil

---

2 Hier sind zum Beispiel die Ergebnisse des weltgrößten Forschungsprogramms über den Zusammenhang von Ertragspotenzialen und Unternehmensstrategie relevant. Buzzel, Robert D./Gale, Bradley, T.: *The PIMS Principles. Linking Strategy to Performance*, New York 1987. Außerdem die Forschungsergebnisse von Cesare Marchetti am IIASA, Institute for Applied Systems Analysis sowie ganz generell die Fortschritte in der kybernetisch fundierten Unternehmensführung. Zu diesen Themen ausführlich: Malik, Fredmund: *Unternehmenspolitik und Corporate Governance. Wie Organisationen sich selbst organisieren*, Frankfurt/New York 2008 (Band 2 der Reihe »Management: Komplexität meistern«).

in die falsche Richtung gehen. Der Weg in die Kliniken war sozusagen durch Zeitdruck und massenpsychologisch verzerrtes Wirtschaftsdenken versperrt. Die anstehenden Probleme mussten quasi rasch und vor Ort gelöst werden. Die Voraussetzungen für ein seriöses Durchdringen der Materie waren damit ausgeschaltet.

Vordergründig waren die Probleme finanzieller und rechtlicher Natur, und für diese brauchte es sofort wirkende Lösungen. Aus diesem Grunde waren vorwiegend Juristen und Finanzfachleute an der Corporate Governance-Diskussion beteiligt. Experten für Unternehmensführung waren kaum involviert. So orientierte man sich an Managementvorstellungen der achtziger und neunziger Jahre, die im Grunde schon überholt waren. Unkritisch übernommen wurden auch die Denkweisen des Neoliberalismus, der Finanzmärkte und des Shareholder Value, die unmittelbare Ursachen der Unternehmensskandale waren, wie dieses Buch zeigen wird.

Weitsichtigen Führungskräften war bewusst, dass ein gründliches Herangehen an die Lösung des Corporate Governance-Problems weg von den Symptomen und hin zu den Ursachen geführt hätte: zur Frage, *was richtige Unternehmensführung sein kann und sein muss*. Die Antworten darauf hätten weit über die juristischen und finanzwirtschaftlichen Regelungen hinausgeführt, die heute nun Schwerpunkt der Corporate Governance sind.

Das ergibt sich schon daraus, dass die Exzesse und Bankrotte der neunziger Jahre zwar durch falsche Unternehmensführung verursacht waren, aber nur in Ausnahmen wurden dabei *rechtliche* Vorschriften verletzt! Deshalb kamen nur wenige Fälle von schlechter Unternehmensführung vor Gericht, und nur ein kleiner Teil endete mit Verurteilungen. Das Problem war also nicht, dass die gültigen Rechtsvorschriften nicht eingehalten wurden. Das Problem war, dass die Gesetze Exzesse zuließen, die durch Corporate Governance nicht verhindert wurden. Falsches Handeln war nicht verboten, es wäre aber Aufgabe richtiger Unternehmensführung, vor allem der Unternehmensaufsicht gewesen, ein solches Handeln, auch wenn es erlaubt ist, zu verhindern. Im Zuge der Börsenmanie wurde erwiesenermaßen unternehmensschädigendes Handeln sogar als Maßstab für besonders fortschrittliches Management hochstilisiert, vorwiegend von Leuten, die kaum über nennenswerte Managementerfahrung verfügten, nämlich von Finanzanalysten, Medienleuten und Consultants, die den gerade herrschenden Zeitgeist repräsentierten.

Mit »Best Practice« in den Bankrott? Erfolg »contre ordre«

Corporate Governance nach den Maßstäben sogenannter »Best Practice«, wie sie in Corporate Governance Codes festgeschrieben ist, kann direkt in den Bankrott führen. Die Wahrscheinlichkeit, dass das geschieht, ist sogar relativ groß. Warum, erläutern der folgende Abschnitt und weitere Kapitel des Buches.

Solange keine klaren inhaltlichen Vorstellungen darüber existieren, was richtige und gute Unternehmensführung ist, wird *Best Practice* vom Zeitgeist definiert: von der momentanen Wirtschaftslage, von den Finanzmärkten und von dem, was Medien für »Best« halten und wonach sie daher in ihrer Berichterstattung Manager be- und verurteilen.

Insoweit nicht inhaltlich klargestellt ist, was richtige Unternehmensführung bedeutet, ist »Best« Practice von heute »Worst« Practice von morgen, und solange auf verbindliche Kriterien verzichtet wird, ist »Best Practice« Mode und Mainstream. »Best Practice« ist dann das, was die Mehrheit tut, und das ist in der Wirtschaft auf Dauer selten erfolgreich.

Formale Regeln sind wichtig, aber sie genügen nicht. Wenn eine Corporate Governance nicht an Managementinhalten orientiert ist, muss sie sich zwangsläufig in formale Allgemeinplätze flüchten. Anders kann man sie dann nicht gestalten.

Wie erwähnt, kann die inhaltliche Bestimmung richtiger und guter Unternehmensführung problemlos geleistet werden, und zwar für alle relevanten Felder, nämlich Unternehmenspolitik, Unternehmensstrategie, Unternehmensstruktur und Unternehmenskultur. Außerdem kann sehr genau gesagt werden, worin richtige und gute Menschenführung besteht und wie man diese handwerklich-professionell umsetzt. In meinen anderen Büchern habe ich diese Themen ausführlich behandelt.[3]

Die Tragik der unter dem beschriebenen Situationsdruck entstandenen Corporate Governance ist, dass sie unbeabsichtigt schlechter, zum Teil sogar falscher Unternehmensführung Vorschub leistet. Die aktuelle

---

3 Malik, Fredmund: *Führen Leisten Leben. Wirksames Management für eine neue Zeit*, Frankfurt/New York 2006; Malik, Fredmund: *Management. Das A und O des Handwerks* (Band 1 der Reihe »Management: Komplexität meistern«), Frankfurt/New York 2006; Malik, Fredmund: *Gefährliche Managementwörter. Und warum man sie vermeiden sollte*, Frankfurt/New York 2007.

Corporate Governance bestärkte den größten Irrweg der neueren Wirtschaftsgeschichte, nämlich die Orientierung am Shareholder Value. Sie ermöglichte und forcierte die Beförderung ungeeigneter Personen an die Unternehmensspitzen, nämlich den Typus des geldgetriebenen Managers, der die Welt, sich selbst und sein Handeln nur in Geldkategorien wahrnehmen und bewerten kann. Sie legitimiert den »performance related turnover« von CEOs, der seit Mitte der neunziger Jahre um mehrere hundert Prozent zugenommen hat, wobei mit Performance praktisch ausschließlich Finanzperformance gemeint ist. Dass diese bei den heutigen Renditeerwartungen regelmäßig die Investitions- und Innovationskraft des Unternehmens schädigt, bleibt unbeachtet, denn dafür haben die Corporate Governance Codes kein Regulativ.

Unter den genannten Umständen bekommt »Best Practice« eine höchst heikle Bedeutung, nämlich: das Falsche zu tun, das aber bestmöglich, denn »*Best*« Practice heißt keineswegs »*Right*« Practice. Wirtschaftsjuristen wissen, dass selbst die peinlich genaue Einhaltung aller Rechtsvorschriften den Bankrott eines Unternehmens nicht verhindern, unter Umständen aber geradezu herbeiführen, jedenfalls aber beschleunigen kann. Warum? Weil die Rechtsordnungen zwar die »Sorgfalt des ordentlichen und gewissenhaften Geschäftsleiters« fordern, aber nicht den *unternehmerischen Erfolg*. Um genau diesen muss es aber gehen. Das Erfüllen der juristisch verstandenen Sorgfaltspflicht ist eine *notwendige*, aber bei weitem nicht hinreichende Bedingung für das wirksame Führen eines Unternehmens.

Der Begriff »Best Practice« ist also nicht nur inhaltsleer, er schafft unter Umständen das Gegenteil von dem, was beabsichtigt ist. Was ist also dieser Maßstab für »Best Practice« in der Corporate Governance? Er ist, juristisch-logisch betrachtet, ein an sich interessanter Trick: Es wird eine Leerstelle geschaffen, deren Inhalt von der Wirklichkeit selbst immer wieder neu definiert werden soll, und zwar von jener Wirklichkeit, die sich durch die Corporate Governance Codes jeweils entwickelt.

Die Definition von Best Practice ist selbstreferenziell. Sie sagt mehr über die, die Best Practice definieren, als über das Problem von Corporate Governance bzw. solider Unternehmensführung unter verlässlichen Maßstäben. Nach aktuellem Verständnis wird die Performance eines Unternehmens an Börsen- bzw. Finanzparametern orientiert. Warum sollten diese richtig sein? Was sagen sie darüber, wie das Unternehmen morgen und übermorgen dastehen wird? Warum sollte gerade der gegenwärtige Zeitgeist Best Practice definieren? Was sagt er über die Zukunft?[4]

Wirtschaft und Gesellschaft brauchen Firmen, die *richtig* geführt sind. Die meisten Orientierungsmarken dafür sind naturgemäß zukunfts- und nicht vergangenheitsorientiert, weil ein Erfolg von heute noch lange nicht den von morgen sichert. Die wirklich erfolgskritischen Aufgaben der obersten Organe werden in den Corporate Governance Codes kaum genannt, und nur wenige der darin aufgeführten Aufgaben sind erfolgsentscheidend.

Den weiteren Ausführungen vorgreifend erwähne ich hier nur die in den Corporate Governance Codes stark betonte Finanzplanung und die extensiven Bestimmungen für die Abschlussprüfung. Beide sind wichtig, aber nur, wenn sie im Kontext von richtiger Unternehmensführung stattfinden. Eine falsche Strategie mündet ebenso in eine Finanzplanung wie eine richtige Strategie. Mit der Finanzplanung kann aber die eine nicht von der anderen unterschieden werden, weil sich die Richtigkeit einer Strategie nicht in in finanziellen Größen präsentiert. Deshalb waren die Finanzpläne der New Economy-Firmen nicht von ungefähr nur der besonders schnelle, dafür umso mehr bejubelte Weg in den Bankrott. Die Abschlussprüfung ist zwar wichtig, dient aber nur der *Feststellung* des Unternehmenserfolges. Für dessen Verursachung und Entstehung ist sie bedeutungslos.

Wo die Inhalte falsch sind, muss es zu Fehlsteuerung kommen. Ein Unternehmen kann auch bei bester Einhaltung der Regeln des Corporate Governance Kodex in eine Schieflage geführt werden, und umgekehrt kann ein Unternehmen hocherfolgreich sein, ohne dass es einen Corporate Governance Kodex hat bzw. einhält.

Der berühmte Orden der österreichischen Kaiserin Maria Theresia wurde an Offiziere verliehen, die gegen einen Befehl handelten und dadurch einen militärischen Erfolg erzielten. Es wurden also Militärs belohnt, die sich nicht am Gesetz, sondern an aktuellen Notwendigkeiten orientierten. In einer ähnlichen Situation befinden sich derzeit Manager börsennotierter Unternehmen. Viele Unternehmen funktionieren nur deshalb, weil es in ihnen genügend Manager gibt, die »*contre ordre*« handeln, also das Gegenteil von dem tun, was sie gemäß Corporate Governance Codes tun

---

4 Als weit hergeholtes, aber illlustrierendes Beispiel: In der Astronomie war »Best Practice« von Kopernikus das genaue Gegenteil von dem, was danach der Maßstab war.

sollten. Die Aufsichtsorgane werden trotzdem zufriedengestellt, weil gute Ergebnisse erzielt wurden, gerade weil das Gegenteil von dem gemacht wurde, was die Corporate Governance Codes vorsehen.

Es ist häufig zu sehen, dass von Topmanagern und Aufsichtsräten Lippenbekenntnisse zu den Corporate Governance Codes abgegeben werden, das wirkliche Handeln aber richtigerweise ein anderes ist. Ein Vorstandsvorsitzender eines höchst erfolgreichen Unternehmens meinte in diesem Zusammenhang, dass die Schlüsselmanager der Firma glücklicherweise kompetent und mutig genug seien, das Richtige zu tun, auch wenn die Reglemente etwas anderes vorschrieben.

Wenn Corporate Governance mit gutem Management verwechselt wird

Einige Beispiele aus der zeitgenössischen Wirtschaft sollen das Dilemma derzeitiger Corporate Governance verdeutlichen.

Der amerikanischen Autoindustrie kann man nicht vorwerfen, dass sie die Regeln der Corporate Governance nicht einhält. Erfolgreich sind ihre Firmen zurzeit aber nicht. Ihre Manager und Aufseher versagen deshalb, weil sie elementare Grundgesetze richtiger und wirksamer Unternehmensführung seit Jahrzehnten nicht beachten.

Wer, wenn nicht die Unternehmensaufsicht, hätte dafür sorgen können und müssen, dass Entscheidungen inhaltlich so getroffen werden, dass sie die Zukunft der Unternehmen sichern, dass die richtigen Autos gebaut und die Kundenwünsche erfüllt werden, dass man gegen die europäische, vor allem gegen die japanische Konkurrenz wirksam vorgeht? Wo, wenn nicht in den Corporate Governance Codes, wäre die Verpflichtung dazu unmissverständlich festzulegen gewesen, und zwar inhaltlich und nicht nur formal?

Der nächste Konjunkturabschwung, nicht zu reden von der Fortsetzung des Bear Markets an den Börsen, wird dramatisch die Schwächen vieler Unternehmen aufdecken, in denen Corporate Governance mit gutem Management verwechselt wird.

Ein weiteres Beispiel: Die zumeist ausführlichen Empfehlungen in den Corporate Governance Codes über die Ausschüsse von Aufsichtsorganen sind weder für Kunden, Aktionäre noch Mitarbeiter von Bedeutung, solange zum Beispiel auch über falsche Investitionen, untaugliche Organisationen und exzessive Löhne für Manager in Ausschüssen entschieden wird. Ausschüsse zu installieren garantiert keine richtigen Entscheidungen, häufig das Gegenteil. Die gut gemeinte Aufforderung in einem der deutschsprachigen Corporate Governance Codes, die Organe der Unternehmensaufsicht mögen sich fortbilden, könnte allgemeiner, leerer und unverbindlicher kaum formuliert werden.

Ein anderes Beispiel: Es mag nützlich sein, wenn in einem Corporate Governance Code nochmals wiederholt wird, was ohnehin im Aktiengesetz steht, zum Beispiel dass der Vorstand Unternehmensziele und Unternehmensstrategie festzulegen hat, aber es findet sich gar nichts über die richtigen Inhalte. Der frühere Vorstandsvorsitzende von DaimlerChrysler hat den Corporate Governance Code umso höher gehalten, je mehr Kapital er vernichtete. Die Corporate Governance war perfekt, man hatte auch eine Strategie, nur hat niemand die ruinös falsche Strategie rechtzeitig korrigiert. Dass es an Finanzplanung nicht mangelte, darf vorausgesetzt werden. Richtige Unternehmensführung hat zu tun mit richtiger Strategie, den richtigen Investitionen und mit hochwertiger Marktleistung für Kunden. Die »Schiedsrichter« für gute Unternehmensführung sind zufriedene Kunden, nicht Börsenpublikum und Finanzanalysten. Das beste Kapital kommt von den Kunden, nicht von den Finanzmärkten.

Weitere unverzichtbare Elemente richtiger Unternehmensführung sind professionelles Innovationsmanagement, eine funktionierende Unternehmensstruktur und eine robuste Unternehmenskultur. Dazu findet sich in den Codes wenig bis nichts. Absolut kritisch sind die Personalentscheidungen für die Schlüsselpositionen, die Kriterien, nach denen sie zu besetzen sind, und das Verfahren für die Auswahl von Führungskräften. Lediglich Anforderungsprofile für Personalentscheide zu fordern, wie es einige Corporate Governance Codes tun, ist zu wenig, denn auch für die Versager unter den Managern gibt es Anforderungsprofile, bevor sie angestellt werden, und die Entscheidungen werden ebenfalls in Ausschüssen getroffen.

Der relativ größte Raum wird in den Corporate Governance Codes noch immer jenen Aufsichtsaufgaben gewidmet, die in Wahrheit der Blick in den Rückspiegel sind, nämlich den Fragen der *Rechnungslegung*. Abschlussprüfung und Publizität sind zwar wichtig, aber sie sind *vergangenheitsorientiert*. Einen der wichtigen Beiträge für eine Verbesserung der Corporate Governance hat in jüngerer Zeit der langjährige Chef der Porsche

AG, Wendelin Wiedeking, geleistet, indem er sich weigerte, Quartalsabschlüsse zu publizieren. Manchmal braucht es Mut statt eines Codes, oder auch Mut *gegen* einen Code. »Best Practice« war das Handeln Wiedekings sicher nicht, denn niemand sonst hat es gemacht, und er risikierte, dass die Aktie aus dem Index eliminiert wird. Es war nicht »Best« Practice, dafür aber »Right« Practice im Sinne richtiger Unternehmensführung.

Die verbreitete Meinung, man könne »leider« nicht sagen, was ein gesundes Unternehmen und richtige Unternehmensführung sei und woran man die Leistung von Führungskräften messen könne, außer an finanziellen Kennziffern und Aktienkursen, hätte man vielleicht vor 20 Jahren noch hinnehmen müssen. Was richtige und was falsche Unternehmensführung ist, kann heute genau genug definiert werden, um als *Vorgabe* für die Tätigkeit der Unternehmensorgane festgehalten zu werden. Es wäre hilfreich, wenn das Wichtigste davon auch in den Corporate Governance Codes zu finden wäre, und es würde mit Sicherheit ihrer Verbreitung und Akzeptanz helfen. In einem vernünftigen Unternehmens- und Managementkonzept ist gute Corporate Governance ohnehin enthalten. Das sieht man schnell, wenn man wirklich gut geführte Unternehmen studiert.

Was ist eigentlich ein Shareholder?

Die Corporate Governance Codes haben dem Wandel in der Shareholder-Struktur so gut wie keine Rechnung getragen. Das Aktionärsbild, für dessen Interessen zum Beispiel der Schweizer Corporate Governance Code eintritt, hat fast nichts mit dem heutigen Investor-Shareholder zu tun. Was ist heute ein »Investor«? Der Begriff ist aufgrund der Entwicklung der Finanzmärkte und der Fund-Industrie inhaltsleer geworden. Man muss im Einzelfall analysieren, was damit gemeint ist. Als Eigentümer von Aktien sind Investor-Aktionär und Shareholder-Aktionär zwar rein formal identisch. Das heißt aber noch lange nicht, dass damit dieselbe Interessenlage gegeben ist.

Dass Shareholder eine *homogene* Interessengruppe seien, ist eines der unterstellten, aber nie geprüften Dogmen des Neoliberalismus. Die Forderung nach dem Shareholder Value geht schon von daher ins Leere. Dazu kommt, dass sich die Shareholder-Struktur über die Zeit grundlegend geändert hat. Hier sind einige Fakten.

1950 waren rund 90 Prozent aller amerikanischen Aktien in den Händen privater Haushalte. Heute sind es noch knapp über 30 Prozent. Hingegen halten die institutionellen Investoren heute fast 70 Prozent der Aktien, während sie 1950 lediglich 9 Prozent besaßen. Die 100 größten Money Managers Amerikas verwalten fast 60 Prozent der US-Aktien. Man braucht nicht zu erläutern, dass die Interessen dieser beiden Investorengruppen radikal verschieden sind.

Zum Beispiel zeigt sich das an der *Turnover Rate*, also dem Prozentsatz an Aktien, die pro Jahr umgeschichtet werden. In den fünfziger und sechziger Jahren betrug diese bei den Funds knapp 20 Prozent pro Jahr; seit Beginn der neunziger Jahre ist sie aber auf über 90 Prozent gestiegen.

Was heute »Shareholder« genannt wird, dem die Corporate Governance Codes besondere Rechte einräumen und Schutz geben wollen, ist in Wahrheit also kein Share-*Holder*, sondern ein Share-*Turner*. Obwohl auch der nur kurzfristige Aktieninhaber rechtlich formal *Eigentümer* ist, ist er kein Eigentümer mit unternehmerischem Interesse und auch nicht mit Interesse *am* Unternehmen. Es geht ihm nicht um die Prosperität »seines« Unternehmens, an dem er beteiligt ist.

Das ist zwar durchaus legitim und erfüllt eine wirtschaftliche Funktion. Daher kritisiere ich das nicht. Hingegen stellen sich entscheidende Fragen, wenn es um die Corporate Governance geht, das heißt um die *Einflussrechte*, die solchen Investoren auf die Führung und Führungsorgane des Unternehmens gegeben werden. Warum soll dieser Shareholder-Typ besonderen Schutz genießen und die besondere Aufmerksamkeit der Corporate Governance Organe haben? Er ist bereits wenige Monate nach seinem »Eigentumserwerb« verschwunden.

Zwar ist es das gute Recht eines jeden Shareholders, mit seinen Anteilen zu machen, was er will. Bei lediglich kurzfristigen Finanzinteressen sollte er aber nicht an den konstitutiven Entscheidungen für das Unternehmen und seine Organe mitwirken dürfen. Er kann dann ganz ungeniert Aktien dort kaufen, wo er die beste Sofortrendite bekommt. Weil er aber, wie die Turnover Rates beweisen, am unternehmerischen Geschick des Unternehmens nicht interessiert ist – sonst würde er ja seine Papiere auf lange Frist halten –, soll er sich in die unternehmerischen Belange auch nicht einmischen dürfen. Das lässt sich einfach regeln: *Wer an der Bestellung des Aufsichtsrates und über diesen Weg an der Corporate Governance mitwirkt, soll eine Haltefrist beachten müssen. Wer das nicht tut, soll an der Hauptversammlung kein Stimm-*

recht haben und somit keinen Einfluss auf die Wahl der Corporate Governance Organe, denn er muss die Folgen seiner Entscheidung nicht verantworten.

Wird der Zweck des Unternehmens also aus der Sicht der Lenkungsfunktion des Managements bestimmt, lassen sich – wie man sieht – elegant alle Widersprüche auflösen, die durch die Einseitigkeit der auf reine Finanzinteressen gerichteten Corporate Governance aufgebrochen sind.

Logik und Rhetorik des Marktes

Das zeigt sich noch an einem weiteren Aspekt. Die Finanzindustrie ist mit ihrer Macht und medialen Präsenz zwar die Hauptursache für die Fehlsteuerung der Unternehmensführung in Richtung Shareholder Value, tut das aber aus der durchaus richtigen Logik heraus.

In der Finanzindustrie ist nämlich der Shareholder Value identisch mit dem Customer Value, weil die Kunden der Finanzindustrie genau das, Shareholder Value und Wertsteigerung wollen, besonders die Fund-Manager. Ganz anders ist es hingegen in der Realwirtschaft. Der Kunde des Automobilunternehmens ist nur selten gleichzeitig der Aktionär desselben, und die Aktionäre kaufen keineswegs immer die Autos des Unternehmens, an dem sie Aktien halten.

In der Massenpsychologie des Zeitgeistes werden durch den Druck von Analysten und Medien realwirtschaftliche Unternehmen aber irregeführt oder gar gezwungen, dasselbe zu tun wie die Finanzindustrie. Damit richten sie ihren Blick weg von ihren Kunden und in die ganz andere Richtung ihrer Aktionäre.

Die Rhetorik der Finanzindustrie verändert zwar die *Optik* des Marktes, aber nicht seine *Logik*. Der Logik des Marktes entsprechend muss das Unternehmen sich an jener Gruppe orientieren, die tatsächliche Rechnungen bezahlt. Das sind ausschließlich die Kunden. Zu sagen, dass letztlich die Aktionäre die »Rechnung zahlen«, ist ein irreführender Slogan. Kann sein, dass die Aktionäre einen Verlust verbuchen müssen, dann nämlich, wenn das Unternehmen keine Kunden mehr findet, die wirkliche Rechnungen bezahlen. Der Aktionär trägt eben das Eigentümerrisiko, aber er bezahlt keine Rechnungen.

Gerade dann, wenn Eigentümer am Wert und der Wertsteigerung ihrer

Aktien interessiert sind, müssen sie alles tun, damit das Unternehmen befähigt ist, Customer Value zu schaffen, und sie müssen das Management befähigen, an nichts anderes denken zu müssen.

Genau genommen sollten die Shareholder ihre Logik und Rhetorik um 180 Grad drehen. Sie sollten nicht fragen, was das Unternehmen für den Shareholder tun kann oder soll, sondern umgekehrt, was der Shareholder für das Unternehmen tun muss, damit es seinem Unternehmen gut geht. Anders gesprochen: Shareholder-*Interesse* ist nicht gleichbedeutend mit Shareholder Value. Gerade *wenn* der Shareholder gut bedient sein soll, muss der Customer Value als Zweck im Zentrum stehen.

Insbesondere gilt das für die Pension-Fund-Investoren, die zukünftigen Pensionisten. Denn diese sind darauf angewiesen, in 20 oder 30 Jahren ihre Pension zu bekommen. Also muss ihr vitalstes Interesse auf die *langfristige* Performance des Unternehmens zielen und nicht auf den kurzfristigen Börsenkurs. Die Kunst ist ja, zuerst die Wirtschaftsleistung zu *erarbeiten*, danach erst kann man diese verteilen. Beim Verteilen können die Aktionäre dann durchaus an erster Stelle stehen. Wird aber nicht zuerst etwas erarbeitet, gibt es nichts zu verteilen.

Die besten Unternehmen werden übersehen

Einer der Gründe für mangelhafte, fehlende oder falsche Inhalte der Corporate Governance und ihrer Codes ist die gänzlich unnötige Einschränkung der Sicht auf nur gerade einen Teilbereich der Wirtschaft, nämlich auf die börsennotierten Großunternehmen. Diese sind zwar wichtig, aber längst nicht in dem Ausmaß, wie es ihrer Präsenz in den Medien entspricht. Es gibt unbestritten hervorragend geführte Großkonzerne. Entgegen verbreiteter Meinung sind Großunternehmen aber keineswegs typisch für gutes Wirtschaften und richtige Unternehmensführung. Oft genug ist es das Gegenteil, ihre Dauerprobleme sind bekannt: Bürokratie, Hierarchie und vielfach Ineffizienz.

Seit die scheinbar endlose Aufwärtsbewegung der Finanzmärkte in das Bewusstsein der Gesellschaft getreten und die naive Vorstellung einer New Economy aufgekommen ist, wird die Berichterstattung der Medien durch zwei Segmente der Wirtschaft dominiert, die börsennotierten Unternehmen einerseits und die Dot.coms andererseits.

Aufgrund der Beschränkung der Aufmerksamkeit auf diese beiden Segmente wurden die besten Unternehmen schlicht übersehen. In den Medien wird dieser Teil, wenn überhaupt über ihn berichtet wird, gerne herablassend als »Mittelstand« bezeichnet. Dieser Begriff führt zu einer zusätzlichen Einschränkung der Wahrnehmung und im Ergebnis zu systematischer Blindheit für den erfolgreichsten und wichtigsten Teil der Wirtschaft.

In dieser Gruppe sind »Perlen« der Wirtschaft. Ich nenne sie »Unternehmerisch geführte Unternehmen«, abgekürzt *UGUs*, um sie von den KMUs oder vom sogenannten Mittelstand zu unterscheiden.[5] Nicht ihre *Größe* ist entscheidend, sondern ihre *Stärke*. Es sind die nachhaltig prosperierenden Unternehmen. Viele von ihnen sind Weltmarktführer auf ihren Gebieten, viele sind seit Jahrzehnten und manche seit hundert und mehr Jahren im Geschäft, trotz aller Krisen und Veränderungen sind sie über Generationen erfolgreich, und die meisten waren global tätig, lange bevor es das Wort »Globalisierung« gab. Die inzwischen weitgehend verschwundenen Begriffe New und Old Economy haben auf sie nie gepasst, weil sie die *Right and Effective Economy* sind.

Diese Firmen brauchen keine Börse, denn ihr Kapital kommt von zufriedenen Kunden. Sie lassen sich ihre unternehmerische Handlungsfreiheit nicht durch die Finanzmärkte einschränken. Sie orientieren sich an ihren Kunden, nicht an Finanzanalysten und Medien. Bekannt sein wollen sie bei ihren Kunden, sonst nirgends. Sie konkurrieren mit ihren Marktleistungen um Kunden, nicht mit Börsenkursen um Investoren. Ihre Führungskräfte konzentrieren sich auf ihre Aufgaben, nicht auf ihre Präsenz in den Medien.

In Deutschland sind es u. a. Unternehmen wie Boehringer Ingelheim, Würth, Stihl, Bertelsmann, Otto Hamburg, Bosch, Braun Melsungen, Haniel und Aldi. In Österreich gehören zu dieser Gruppe u. a. der Raiffeisenkonzern, das Planseewerk, Spar, Swarowski und Blum. In der Schweiz sind es u. a. Spuhler, SFS, die Arbonia Gruppe, die Handelskonzerne Migros und Coop, Logitech, Kaba sowie viele andere, die sich nicht in der Öffentlichkeit produzieren. In diese Gruppe gehören aber auch börsennotierte Unternehmen wie Nestlé, Porsche und BMW, die in ihre

---

5 Siehe dazu Malik, Fredmund: *Unternehmenspolitik und Corporate Governance. Wie Organisationen sich selbst organisieren*, Frankfurt/New York 2008 (Band 2 der Reihe »Management: Komplexität meistern«).

Entscheidungen zwar die Finanzmärkte einzubeziehen haben als Rahmenbedingung, aber nicht als Ziel. Die UGU-Kategorie schneidet also gewissermaßen quer durch alle anderen üblichen Kategorien, die für die Beurteilung von Qualität und Professionalität der Unternehmensführung weitgehend belanglos sind.

Daraus ergibt sich, dass unternehmerische, das heißt richtige und gute Unternehmensführung *immer* möglich ist, ungeachtet von Größe, Tätigkeit, Rechtsform und Branche und unabhängig davon, ob man an der Börse gelistet ist oder nicht. Es zeigt sich auch, dass nicht das Eigentum entscheidend ist, sondern die Professionalität der Unternehmensführung. Diese kann bei angestellten Managern genauso gegeben sein wie bei Eigentümerunternehmern, und sie kann bei beiden auch fehlen. Eigentum ist in anderem Zusammenhang wichtig. Unternehmensführung ist ein Beruf, der wie jeder andere Professionalität verlangt, die nicht mit dem Eigentum an sich schon verbunden ist.

Die bestgeführten und daher bestfunktionierenden Unternehmen übersieht man, weil sie und ihre Führungskräfte für die Medien langweilig sind. Was sollen Journalisten über Firmen berichten, die einfach nur gute Ergebnisse haben, wo es keine Skandale und keine überhöhten Einkommen der Manager gibt, weder Egomanen noch Personenkult, keine Gala-Auftritte, keinen feudalen Protz, keine vollmundigen Erklärungen, deren Produkte man zwar kennt, nicht aber die Namen ihrer Chefs? In der guten Wirtschaftspresse gibt es gelegentlich einen sachlichen Bericht über sie, Schlagzeilen geben sie nicht her.

In der gut geführten Wirtschaft hatte man keine Veranlassung, sich um Corporate Governance zu kümmern. Dort hatte man erstens keine Corporate Governance Probleme, und zweitens war das, was in den Corporate Governance Codes gefordert wurde, ohnehin längst selbstverständlicher Bestandteil richtiger Unternehmensführung. Genau deshalb war dieser Teil der Wirtschaft im Grunde immun gegen die Verfehlungen, die zur Corporate Governance-Debatte führten, und auch gegen die Verlockungen des Zeitgeistes.

Wenn ich in den Jahren der Corporate Governance-Höhenflüge in meinen Seminaren und Vorträgen über meine Auffassung von richtigem und gutem Management sprach, wurde mir oft entgegengehalten, heutzutage führe doch niemand mehr so. Diese Meinung entspringt einerseits einer bemerkenswerten Unkenntnis der realen Wirtschaft, andererseits einer sorglosen Überanpassung an das vorherrschende Mainstream-Denken.

Verpasste Chancen

An sich wäre der Begriff *Corporate Governance* die ideale Bezeichnung für die Gesamtheit aller Topmanagement-Funktionen der Unternehmensführung gewesen, weil in ihm die entscheidende Wortwurzel der Kybernetik steckt. Das Wort *Kybernetik* stammt vom griechischen *kybernetes* für *Steuermann*, das sich im Englischen zu *Governor* und *Governance* gewandelt hat. Auch die ursprüngliche Definition des Cadbury Committees für Corporate Governance von 1992 stimmt hier punktgenau mit meinen eigenen Überlegungen überein: *Corporate Governance is the system by which companies are run.* Diese Definition lässt offen, wonach sich Corporate Governance ausrichten soll, und daher ist man veranlasst, das zu diskutieren und zu entscheiden.

Aber von dieser Linie ist die heutige Auffassung von Corporate Governance schon so weit abgekommen, dass der entsprechende Begriff als Synonym für Unternehmensführung und Unternehmenspolitik mehr Verwirrung als Klarheit bewirken würde. In den beiden anderen heute dominierenden Definitionen ist nämlich die inhaltliche Fehlsteuerung bereits programmiert. Die Definition von *Böckli* stellt das *Aktionärsinteresse* in das Zentrum, und in der Definition von *Witte* wird der *Stakeholder-Approach* festgeschrieben.[6] Beide Definitionen sind in dem Sinne falsch, als darin die Zwecke und Ziele irreführend und fehlsteuernd definiert sind und systematisch zu falschen Entscheidungen des Topmanagements führen.

---

6 »Corporate Governance ist die Gesamtheit der auf das *Aktionärsinteresse* ausgerichteten Grundsätze, die unter Wahrung von Entscheidungsfähigkeit und Effizienz auf der obersten Unternehmensebene Transparenz und ein ausgewogenes Verhältnis von Führung und Kontrolle anstreben« (Böckli, 2002, und so in den *Swiss Code of Best Practice* übernommen; economie-suisse, Fassung 2007, meine Hervorhebung. Prof. Peter Böckli ist Autor des Schweizer Codes.) Allerdings steht im Artikel 15 des Codes dann, der Verwaltungsratspräsident habe die Leitung des Verwaltungsrates im *Interesse der Gesellschaft* (Art. 15) wahrzunehmen. Entweder Aktionärsinteresse und Gesellschaftsinteresse werden begrifflich als identisch angesehen, was höchst problematisch ist, oder es liegt ein Widerspruch vor. Die andere verbreitete Definition lautet: »Mit dem Begriff Corporate Governance bezeichnet man die Organisation der Leitung und Kontrolle in einem Unternehmen mit dem Ziel des *Interessensausgleichs zwischen den verschiedenen Anspruchsgruppen.*« (Witt, 2001), meine Hervorhebung.

Im deutschen Code wiederum wird der Vorstand richtigerweise auf das *Unternehmensinteresse* verpflichtet, im selben Satz aber gleichzeitig auf die *Steigerung des nachhaltigen Unternehmenswertes,* was widersprüchlich ist, wie ich zeigen werde. Der Aufsichtsrat hingegen ist uneingeschränkt dem Unternehmensinteresse verpflichtet. Das jedoch bedeutet, dass eine Unternehmensführung nach Shareholder Value im Prinzip gesetzes- bzw. kodexwidrig ist.[7] Man sieht, dass die Konfusion größer kaum sein könnte.

Heute steht *Corporate Governance* für ein Zerrbild richtiger Unternehmensführung, das – wie erwähnt – mehr von den Skandalen und Wirtschaftsverbrechen der letzten 15 Jahre geprägt ist als von einem umfassenden Verständnis von komplexen Systemen. In Wahrheit ist damit eine höchst bedenkliche Praxis einer fehlgeleiteten Unternehmensführung entstanden. Der massive Rückgang der Aktienkurse von Anfang 2000 bis Ende 2002 hatte die Irrlehren bereits sichtbar gemacht. Noch deutlicher werden die Fehler mit dem nächsten Wirtschaftsabschwung zu sehen sein, und aller Wahrscheinlichkeit nach wird dieser auch das Ende der heutigen Corporate Governance mit sich bringen.

Die bisherige Entwicklung der Auffassung von Corporate Governance ist also in mehrfacher Hinsicht eine bedauernswerte Geschichte verpasster Chancen. Mehr noch ist sie beispielhaft für Umstände, in denen der grundlegend notwendige Blick auf die Funktions- und Wirkweisen komplexer Systeme fehlt. Es ist die Geschichte enormer Begriffskonfusion und massiver Fehlsteuerung von Unternehmen, die durch fundamentale Missverständnisse über das Wesen und den Zweck von Unternehmen als komplexe Systeme entstehen.

Corporate Governance, wie sie heute verstanden wird, hat mit der Grundaufgabe der Unternehmensführung, nämlich mit Unternehmenspolitik, wenig zu tun. Corporate Governance erfüllt zwar ihre erzwungene Funktion in Beziehung auf die Finanzmärkte, die Finanzanalysten und die Finanzmedien. Aber von der Managementperspektive im eigentlichen Wortsinn aus gesehen, und besonders wenn sich Management an Komplexität orientiert, ist die heutige Corporate Governance zu einseitig finanzorientiert, zu stark juristisch geprägt, auf den falschen Zweck des Shareholder Value gerichtet und insgesamt überreguliert.

Die heute in Gebrauch stehenden *Corporate Governance Codes* regeln

---

7 Deutscher Corporate Governance-Kodex, Fassung 2007, Abschnitt 4.1.1 und 5.5.1.

gleichzeitig *zu viel* und *zu wenig*. Sie schreiben *zu viel Falsches* vor und *zu wenig Richtiges*. Die Perspektive der Unternehmensführung selbst, das eigentliche Steuerungs- und Lenkungsproblem, wird weitgehend übersehen oder ausgeblendet. Wie *Corporate Governance Codes* praktisch gehandhabt werden, führt im Gegenteil immer stärker zur Strangulierung der obersten Führungsorgane. Diese entfernen sich zwangsläufig immer weiter von ihrer *unternehmerischen* Aufgabe. Die Sorge der Mitglieder von Führungsorganen kann immer weniger dem Wohl des Unternehmens gelten, sondern muss immer mehr dem Einhalten juristischer Vorschriften folgen, der Liebedienerei gegenüber den Finanzmedien, der Rücksichtnahme auf kurzfristige, häufig schädliche Investoreninteressen und dem persönlichen Schutz vor Verantwortlichkeitsklagen. Realwirtschaftlich gesehen gibt es eine deutliche Tendenz zum Rückgang von unternehmerischem Weitblick, von Mut, Risikobereitschaft und Geschäftsfantasie zugunsten formaler Governance Regelungen.

Zögerliche Reformversuche gehen noch einmal in die falsche Richtung, nämlich zur Wiederbelebung des sogenannten Stakeholder Approach. Den »Reformern« scheint nicht bekannt zu sein, dass es gerade das *Scheitern* des Stakeholder Approach war, das zur Entstehung des nun ebenfalls nicht funktionierenden Shareholder-Prinzips geführt hat. Sie machen erneut das Unternehmen zum Beuteobjekt wechselnder Machtverhältnisse von Interessengruppen.

Die Anliegen, die man mit Reformen zu berücksichtigen versucht, sind höchst berechtigt, weil sie vom Shareholder Approach vernachlässigt, ja systematisch verletzt werden. Die vorgeschlagenen Lösungen sind aber falsch. Stakeholder Approach und in diesem Zusammenhang auch Corporate Social Responsibility und Corporate Citizenship sind untauglich, um die höchst berechtigten Forderungen zu erfüllen, die nach einer Lösung der Probleme rufen, die mit dem Shareholder-Prinzip vorhersehbar entstanden sind. Dazu muss ein anderer Weg eingeschlagen werden, den ich in diesem und anderen meiner Bücher aufzeige.

Zwei Funktionen und zwei Organe für richtige Führung

Für eine funktionierende Unternehmensführung, also Corporate Topmanagement, sind *zwei* Funktionen und daher *mindestens* zwei Organe nötig.

Eines allein kann die Aufgabe aus prinzipiellen, letztlich naturgesetzlichen Gründen niemals erfüllen. Beide Funktionen sind *echte* Führungsfunktionen des Gesamtunternehmens, die arbeitsteilig zusammenwirken müssen, damit der Zweck, nämlich ein funktionierendes Unternehmen, erreicht wird.

Für dieses Buch wähle ich die Begriffe »Aufsichts-« und »Exekutiv*funktion*« und dementsprechend »Aufsichts-« und »Exekutivorgan«. Entgegen dem deutschen zweistufigen Modell, das eine enge, rigide Auffassung von Aufsicht verkörpert, müssen beide Organe *Führungsarbeit* leisten. Entgegen dem angelsächsischen einstufigen Modell müssen es aber *zwei verschiedene* Organe sein, die die Führungsarbeit zu erbringen haben.

Schon mit diesen Unterscheidungen können viele Konfusionen beseitigt werden, die die Corporate Governance-Diskussion prägen und in die falsche Richtung geführt haben. Mit einer zusätzlichen Unterscheidung kann eine weitere Verwirrung eliminiert werden, die durch den Begriff »Corporate Governance« selbst entstanden ist.

Wozu braucht man diesen Begriff überhaupt, und wieso ist er entstanden? Er ist schlichtweg überflüssig, weil wir längst einen viel besseren hatten, nämlich den viel umfassenderen Begriff »*Corporate Management*« – auf Deutsch »Unternehmensführung« –, der spätestens seit *Peter F. Druckers* Buch von 1946, *The Concept of the Corporation*, schon existierte. *Hans Ulrich* und *Walter Krieg* führten Begriff und Verständnis *Druckers* weiter, als sie in den Sechzigern die *St. Galler Systemorientierte Managementlehre*, die erste umfassende Managementlehre im deutschsprachigen Raum überhaupt, und infolge das *St. Galler Management-Modell* schufen, das seither am heutigen Malik Management Zentrum St. Gallen weiterentwickelt und zum ®MMS-Malik General Management System ausgebaut wurde. Vergleichbares gibt es auch im angelsächsischen Bereich bis heute nicht.[8]

Selbstverständlich wurde unter Corporate Management oder Unternehmensführung immer die ganzheitliche, umfassende, alle Führungsfunktionen einschließende Gesamtführung des Unternehmens verstanden, also

---

8 Ein Beispiel für die Fortführung des umfassenden Ansatzes der Gesamtunternehmensführung ist das Buch von Martin Hilb: *Integrierte Corporate Governance*, 2. Auflage, Berlin/Heidelberg 2006. Für eine Reihe von Fragen finden sich dort neue und fruchtbare Lösungsvorschläge.

Corporate *Top General* Management im Gegensatz zu *Divisonal General Management.*

Den Schöpfern des viel später entstandenen Begriffes »Corporate Governance« scheint das nicht bekannt gewesen zu sein. Auch haben diese anscheinend nicht gesehen, dass der Begriff *Management* immer schon *drei* verschiedene *Dimensionen* umfasste, die von Fachleuten problemlos auseinandergehalten werden konnten, nämlich erstens die *funktionale* Dimension, zweitens die *institutionale Dimension* und drittens die *personale* Dimension. Also einfach und klar: Das erste bezeichnet die *Arbeit*, die zu leisten ist, das zweite die *Organe*, die dafür nötig sind, und das dritte die *Personen*, die mit Organmandat die Arbeit leisten.

Die neue Wortschöpfung »Corporate Governance« ist nicht nur sachlich überflüssig, sondern sie bezeichnet lediglich eine von mehreren Facetten ganzheitlicher Unternehmensführung, die im Übrigen in richtig geführten Unternehmen immer schon beachtet wurde. Der Begriff »Corporate Governance« entstammt, wie erwähnt, der Unkenntnis des bei seiner Entstehung bereits erreichten Standes der Managementlehre. Zusätzlichen Erkenntnisgewinn hat er nicht gebracht, dafür aber umso mehr Verwirrung, und darüber hinaus hat der Begriff beinahe jedes Verständnis von richtiger und guter Unternehmensführung verdrängt und auf einen zwar wichtigen, aber kleinen Teil von Corporate Topmanagement reduziert.

Kapitel 2

Grundlegende Reorientierung[9]

Wirtschaft und Management – und somit die ganze Gesellschaft – sind in einer Phase fundamentaler Um- und Neuorientierung. In ihrem Zentrum steht die Frage nach der richtigen Corporate Governance und in erweitertem Sinne nach richtiger Institutional Governance.

Die Notwendigkeit für ein Umdenken resultiert aus zwei verbreiteten Irrtümern: dem Shareholder Value als vorgeblich oberster und einziger Zielgröße des Wirtschaftens besonders für große Unternehmen einerseits und aus einem gründlich missverstandenen Liberalismus andererseits, der so vor keinem der großen liberalen Denker hatte bestehen können. Beides ist unvereinbar mit erfolgreicher Unternehmensführung, nachhaltigem Wirtschaften und mit einer funktionierenden Gesellschaft. Ich meine, in diesem Buch einige der wesentlichsten Grundlagen für die erforderliche Reorientierung, für die Korrektur der Fehler, für die richtige Führung von Unternehmen und damit für die Neuausrichtung der Wirtschaft niedergelegt zu haben.

Mit dem Buch stelle ich damit Argumente für jene bereit, die – wie ich selbst von Anfang an – einen guten Teil der jüngeren Wirtschaftsentwicklung und des damit verbundenen Denkens über die Wirtschaft für falsch und gefährlich hielten. Das sind nicht jugendliche Rebellen gegen die Globalisierung, die gar nicht Kern des Problems ist. Aus den zahlreichen Seminaren und Vorträgen, die ich zu diesem Thema gehalten habe, und den daraus folgenden Diskussionen weiß ich, dass es bemerkenswert viele hochrangige Führungskräfte aus Wirtschaft und Politik sind, die seit

---

9   Dieses Kapitel ist die neue Einführung zur 3. Auflage des Buches (2002), für die der Titel geändert wurde in: *Die Neue Corporate Governance*. Obwohl einige Grundaussagen sich mit dem ersten Kapitel überschneiden, habe ich den Text unverändert gelassen.

längerem über die Entwicklung besorgt sind. Es ist keineswegs so, dass die sogenannte herrschende Lehre, in Wahrheit eher eine medial propagierte Zeitgeistmode, von einer Mehrheit jener Personen unkritisch akzeptiert wird, die täglich mit den Realitäten der Führung großer Unternehmen zu tun haben und in der Verantwortung stehen. Sie haben meistens nur nicht die Zeit für lange Diskussionen, und nicht selten fehlen ihnen auch die theoretische Basis und daher die Argumente.

Damit will ich weder ignorieren noch beschönigen, dass es unter den Topmanagern viele gibt, die das neue Credo ohne zu hinterfragen bereitwillig übernommen, verbreitet und befolgt haben. Anders hätte es ja nicht zur Anwendung kommen können. Nicht wenige von ihnen und die von ihnen geführten Unternehmen stehen jetzt – das war abzusehen, weil es programmiert war – im Zentrum großer Schwierigkeiten, wie z. B. viele Banken. Unvermeidlich aber geht der Schaden weit über ihr direktes Wirkungsfeld hinaus. Die Zahl der Betroffenen ist deutlich größer als die der Verursacher. Dass dieses Buch bereits in einer dritten Auflage erscheint, könnte ein Indiz dafür sein, dass der Kreis der Nachdenklichen und kritisch Reflektierenden zunimmt.

Die Zeit für eine Neudiskussion ist nicht nur reif, sie ist auch günstig, denn die Anzeichen sind unübersehbar, dass Auffassungen, die seit etwa Mitte der neunziger Jahre für neue und teilweise letzte Wahrheiten gehalten wurden, fragwürdig sind oder sich als rundweg falsch – als Irrlehren – erweisen. Seit die neuen, unerwarteten, negativen Realitäten der Wirtschaftslage und der Finanzmärkte nicht mehr ignoriert werden können, beginnen sich dogmatisch vertretene Positionen aufzuweichen. Die Finanzanalysten sind leise geworden; der Terror, den sie – gestützt auf ihre vermeintliche Unfehlbarkeit – ein paar Jahre lange mit Arroganz ausüben konnten, funktioniert nicht mehr. Es wird erkannt, dass auf unheilvolle Weise Finanz- und Realwirtschaft verwechselt wurden. Die Illusion nicht endender Bull Markets und die New Economy-Euphorie erweisen sich als das, was sie schon immer waren – Mangel an wirtschaftlichem Sachverstand, wenn auch im Glamour des Zeitgeistes gut verpackt, Fehlen von Kenntnissen der Wirtschaftsgeschichte, jugendliche Unerfahrenheit, nicht selten schiere ökonomische Dummheit, Casino-Mentalität, Hochstapelei und gelegentlich schlicht Wirtschaftskriminalität.

Eine grundlegende Diskussion über die Reorientierung unternehmerischen und manageriellen Denkens und Handelns – besonders die Großunternehmen betreffend – wird nicht nur kaum zu vermeiden sein, sondern sie sollte von jenen aktiv gesucht werden, die an einer freien Gesellschaft, einem Free Enterprise System und an einer wo immer möglich durch Märkte gesteuerten Wirtschaft interessiert sind. Die Diskussion muss von jenen gesucht und aktiv gestaltet werden, die für die Etablierung eines echten statt eines falschen Liberalismus eintreten und die das Feld nicht den Ideologen – sei es von links oder rechts, oder seien sie von ganz neuer Art – überlassen wollen. Es wird die Stimme jener brauchen, die die reale Gefahr einer neuen, aus Enttäuschungen illusionärer Erwartungen entstehenden Wirtschaftsfeindlichkeit zu erkennen vermögen und die wissen, wie wichtig die Glaubwürdigkeit gerade der Wirtschaftsführer ist. Das Vertrauen in sie, ihre Überzeugungskraft und ihre persönliche Integrität scheinen mir noch wichtiger zu sein als das in jene von Politikern, und dies umso mehr, je mehr sich Meldungen über zum Teil skandalöses Versagen in der Wirtschaft häufen, sei es unternehmerisches oder persönliches Versagen, seien es Insidergeschäfte, die Manipulation von Bilanzen oder Bereicherungsexzesse.

Wenn – wie zu erwarten ist – die Emotionen weckende Meinung wieder modern wird, die Wirtschaft sei zu wichtig, um sie den Unternehmern und Managern zu überlassen, dann müssen jene in die Diskussion eingreifen, die die besseren Argumente an die Stelle falscher Kollegenloyalität setzen. Es wird dann auf besseres Sachwissen gestützte Zivilcourage brauchen, um zu sagen, dass die Wirtschaft nicht den *schlechten* Managern und den *unfähigen* Unternehmern überlassen werden darf.

Was ist Corporate Governance?
Folgen einer falsch gestellten Frage

Als die erste Auflage dieses Buches entstand, war Corporate Governance noch kein Allerweltsthema. Es war noch nicht durch die dann eingetretene und weithin kritiklos akzeptierte Einseitigkeit geprägt, die das Unternehmen und seinen Zweck ausschließlich aus der finanzwirtschaftlichen Perspektive sowie der Interessenlage der Börse, der Analysten, der Fondsmanager und des Börsenpublikums versteht.

Stellvertretend für zahlreiche ähnliche Beispiele ist ein typischer Fall für diese Einseitigkeit: ein als Studie deklariertes Zahlenwerk, das im Auftrag eines großen deutschen Magazins von einem Beratungsunternehmen durchgeführt wurde. Darin werden die Euro Stoxx 50-Aktien nach den Kriterien *Aktionärsrechte*, *Qualität des Aufsichtsrates*, *Übernahmebarrieren*, *Transparenz* und *Verpflichtung zum Shareholder Value* von 200 Fondsmanagern und Analysten bewertet. Sie kommen – wie immer im Vergleich zu den amerikanischen Verhältnissen – zu einem für die europäischen Unternehmen vernichtenden Urteil. Mit Ausnahme des Kriteriums »Qualität des Aufsichtsrates« haben diese Bewertungskriterien aber so gut wie nichts mit *Leistungskraft* und *Konkurrenzfähigkeit* der untersuchten Unternehmen zu tun. Diese Art von Corporate Governance-Verständnis verliert offensichtlich aufgrund ihrer eindimensionalen Blindheit den eigentlichen Gegenstand ihrer »Untersuchung«: Alles wird bewertet, nur das Unternehmen selbst nicht ... Dass sich unter den derart bewerteten Unternehmen solche befinden, die ihrer amerikanischen Konkurrenz deutlich überlegen sind, ist den selbst ernannten Bewertungsexperten nicht aufgefallen.

Der Ursprung dieser Entwicklung liegt in einer *falsch* gestellten Frage. Sie lautet: *In wessen Interesse soll ein Unternehmen geführt werden?* Von dort aus gibt es einen einfachen und logisch plausibel erscheinenden Weg zum Shareholder. Aber der Schein trügt. Diese Antwort ist weder logisch zwingend, noch ist sie die einzig mögliche Antwort. Schon gar nicht ist sie die beste. Sie kann überhaupt nur unter ganz bestimmten, eher selten vorzufindenden Bedingungen plausibel erscheinen.

Am ausgeprägtesten waren die dafür geeigneten Umstände Ende der achtziger Jahre in den USA vorzufinden, während sie in den meisten anderen Ländern gar nicht oder nur rudimentär gegeben waren und dort auch bisher nur künstlich und vorübergehend implantiert werden konnten. Deutliche Beispiele dafür sind die eine Zeitlang euphorisch als *die* ökonomische Zukunft schlechthin propagierten südostasiatischen »Tigerländer«, die wegen dieser künstlich geschaffenen Bedingungen – nämlich einer auf exzessiven Schulden beruhenden Finanzblase – kollabierten und nicht etwa wegen deren Fehlens.

Ein anderes, längere Zeit nicht sichtbares, jetzt aber umso gewichtigeres Beispiel für seltene Sonderbedingungen ist die Tatsache, dass die Shareholder-Theorie nur in Zeiten generell steigender Aktienkurse sinnvoll, gar als einzig mögliche erscheinen kann, was in den USA ebenfalls gegeben war, und zwar seit 1982. Dieses Datum scheint den meisten unbekannt zu sein, die in den neunziger Jahren begannen, an der Börse aktiv zu werden und das Börsengeschehen – teilweise mit grotesken Theorien über die Rationalität der Kapitalmärkte und ihre überlegene Weisheit in Bewertungsfragen – in einen Zusammenhang mit der Prosperität der Wirtschaft und der Leistungskraft von Unternehmen stellten.

Dies sollte schließlich im Verbund mit den New Economy-Illusionen für kurze Zeit zu jenem spekulativen Massenwahn führen, wie er in der Wirtschaftsgeschichte immer wieder in größeren Zeitabständen vorkommt – genügend groß, um die bitteren Erfahrungen vergessen zu lassen und die zu ziehenden Lehren mit *»diesmal ist alles ganz anders«* beiseite zu schieben. Was im ersten Fünftel des 20. Jahrhunderts die *»New Era«* war, war in seinem letzten Fünftel die *»New Economy«*. Schreibfaule Journalisten konnten die Schlagzeilen eins zu eins aus den damaligen Jahrgängen des *Wall Street Journal* oder der *New York Times* übernehmen.

Selbstverständlich ist es eine Absurdität, anzunehmen, dass Börsen immer nur steigen – genau diese Absurdität hat das Denken und Handeln aber bestimmt, und ebenso absurd ist es, die Corporate Governance darauf zu stützen. Obwohl sie vorher schon falsch war, wird die ganze Wertlosigkeit dieser Vorstellung mit dem Fortschreiten des Bear Markets sichtbar werden.

Den größten Anschein der Plausibilität hat die Shareholder-Antwort im Kontext der international tätigen, börsennotierten Großkonzerne, *deren Aktien steigen*. Aber es ist erstens auch dort nur der Schein der Plausibilität und keine echte Logik, und zweitens sind die Großkonzerne nicht repräsentativ für die Wirtschaft, sie finden lediglich überproportionale Beachtung in den Medien. Die Großunternehmen machen in allen Ländern nur einen vergleichsweise kleinen Anteil an der Wirtschaftskraft aus. Sie produzieren wenig mehr als ein Drittel der ökonomischen Wertschöpfung, und sie beschäftigen weniger als ein Drittel der Arbeitskräfte. Die Konzerne sind zwar wichtig, aber sie sind keineswegs typisch für das Geschehen in der Wirtschaft.

Es ist auch nicht so, dass jenes Segment, das dann zehn Jahre nach Erfindung des Shareholder Value fast hypnotisch die Aufmerksamkeit der Massen an sich zog – die Start-up-Unternehmen im Internet und E-Business-Sektor – repräsentativ für die Wirtschaft sind, auch nicht für eine New Economy, die umso lauter propagiert wurde, je weniger jemand von Ökonomie verstand. Über zwei Drittel der ökonomischen Leistung entsteht in allen Ländern im sogenannten Mittelstand, und dieser beschäftigt auch denselben Anteil an Arbeitskräften. Für diesen ist der Shareholder Value auch mit noch so viel wohlgemeinten Anpassungen nicht nur unbrauchbar, sondern hier zeigt sich schnell und umwegfrei seine irreführende und daher schädliche Wirkung.

Schon auf die falsch gestellte Frage wären somit mehrere verschiedene Antworten möglich gewesen, und nur ein ganz besonderer Umstand verschaffte der Shareholder-Theorie jene Rezeptivität, die sie zur einzig möglich erscheinenden werden ließ. Die Ironie der Geschichte will es, dass jetzt unter dem Eindruck aktueller Ereignisse die ersten bisher dogmatischen Verfechter der Shareholder-Theorie – einsehend, dass ihre Lehre zu kurz greift – zur großen »Reform« schreiten. Sie besteht darin, dass sie zur *Stakeholder-Theorie* mutieren – nicht sehend, dass dies nur eine andere falsche Variante der Interessengruppentheorie ist und offenbar nicht wissend, dass es exakt das praktische Versagen dieser Theorie war, die dem Shareholder Value seine zufällige Plausibilität und Rezeptivität verschaffte.

Wie immer man es dreht – auf falsch gestellte Fragen kann man keine richtige Antwort bekommen. Die Fragestellung muss nicht nur einen Schritt zuvor ansetzen, sondern an einem ganz anderen logischen Punkt: nicht bei der *Verteilung* des Wirtschaftsergebnisses, sondern bei seiner *Schaffung*. Sie muss daher lauten: *Was ist richtige Führung eines Unternehmens?* Und von hier aus muss weiter gefragt werden: *Was ist ein starkes, gesundes, lebensfähiges Unternehmen? Und was ist durch das exekutive Topmanagement und die Unternehmensaufsicht zu tun, damit ein solches entsteht und erhalten wird?*

Dadurch – und nur dadurch –, durch richtige Führung der Unternehmen, entsteht das wirtschaftliche Resultat in Form von produktiven Potenzialen, seien es Fabriken oder Computer, seien es »bricks« oder »bytes«, in Form von Gütern und Dienstleistungen, in Form von Volkseinkommen und Sozialprodukt, in Form von Löhnen, Steuern, Zinsen und Gewinnen.

Erst und nur wenn das wirtschaftliche Ergebnis geschaffen wurde, kann man darangehen, es zu verteilen. Und dann erst bekommt die Schlüsselfrage der Shareholder-Theorie überhaupt Sinn, nämlich an wen wie viel zu verteilen sei. Erst hier kann sinnvoll darüber nachgedacht werden, welche der verschiedenen Interessengruppen, wie auch immer sie sich legitimieren mögen, welchen Anteil am Wirtschaftsergebnis erhalten soll. Hier kann es dann durchaus gute Gründe geben, die Shareholder bevorzugt zu behandeln.

Gravierende Management-Missverständnisse und ihre Folgen

Als Grundfrage der Corporate Governance schlage ich somit die von der Shareholder-Theorie ganz verschiedene Frage vor, die auf die *Entstehung* statt auf die *Verteilung* von wirtschaftlicher Leistung zielt. Die Schaffung der Leistung ist der *schwierige* Teil des Wirtschaftens; die Verteilung des Ergebnisses ist die *leichte* Aufgabe.

Statt von den Interessen der verschiedenen Interessengruppen auszugehen und das Unternehmen auf diese Weise zum Spielball sich – unter Umständen rasch – ändernder politischer und sozialer Kräfteverhältnisse zu machen und es damit potenziell zu destabilisieren, wird durch die gleichzeitig ganz andere und viel umfassendere Fragestellung der Corporate Governance, wie ich sie hier vorschlage, das Unternehmen *selbst* als produktive Einheit gesehen, die Lebensstandard und Wohlstand umso besser schafft, je besser sie funktioniert – und zwar gänzlich unabhängig von spezifischen Interessen der Interessengruppen. Auch den Aktionären kann es nur besser gehen, wenn es dem Unternehmen gut geht. Nicht »*The best balances interest of interest groups*« darf das entscheidende Kriterium für das Handeln der Topmanagement-Organe sein, sondern es muss »*The best interest of the company*« sein. Eine Lösung in diese Richtung wurde von *Alfred Rappaport*, Erfinder des Shareholder Value, gar nicht in Betracht gezogen.

Diese Perspektive zielt auf die *realwirtschaftliche* Seite des Wirtschaftens, statt – wie es der Shareholder Value tut, auf die *finanzwirtschaftliche*. Durch die Shareholder-Theorie im Verbund mit der Börsenhausse ist es zur Verwechslung der beiden Seiten des Wirtschaftens gekommen, der Realwirtschaft und der Finanzwirtschaft. Die unvermeidliche Folge war somit auch die Verwechslung des Unternehmers und der unternehmerischen Aufgabe einerseits mit dem Investor und seiner davon ganz verschiedenen Aufgabe der Geldanlage andererseits.

Beide sind erforderlich; beide erfüllen wichtige Funktionen in einer modernen Wirtschaft, aber sie folgen einer grundlegend verschiedenen Logik. Früher standen Realwirtschaft und Finanzwirtschaft in einer klaren Beziehung: die Finanzwirtschaft diente der Finanzierung der Realwirtschaft. Die Finanzvolumina hatten daher bis etwa Ende der achtziger Jahre eine stabile Proportion zu den Welthandelsströmen und den Weltinvestitionen. Danach haben die beiden Wirtschaften sich so weitgehend auseinanderentwickelt, dass man buchstäblich von zwei verschiedenen Wirtschaften sprechen muss. Sie haben ihre je eigenen, aber vollständig verschiedenen Gesetzmäßigkeiten, Logiken, Zeithorizonte und Beweggründe des Handelns.

Sie sind so verschieden, dass es immer wieder vorkommt, dass sich ihre Repräsentanten nicht verstehen, weil sie von verschiedenen Welten sprechen. Wie ich in diesem Buch darlege, ist das einer der Gründe, weswegen ich Zurückhaltung mit der Besetzung von Aufsichtsorganen von realwirtschaftlich tätigen Unternehmen durch Banker empfehle. Sie sind exzellente Finanzfachleute, aber ihr Verständnis für die Realwirtschaft ist limitiert. Wie *Peter Drucker* es sinngemäß einmal – vielleicht überspitzt – fomulierte: *Banker verstehen alles von Geld, aber wenig von der Wirtschaft.*

Es gibt kaum Fälle, wo ein Bankmanager in der operativen Führung eines Industrieunternehmens erfolgreich gewesen wäre (und umgekehrt). Regelmäßig sind Unternehmen in Schwierigkeit gekommen, wenn Finanzleute, Bilanzexperten, Buchhalter, Treasurer und Controller an ihre Spitze gekommen sind. Daimler-Benz und die Ära Reuter ist ein Bespiel; die Swissair und die Ära Bruggisser ein anderes.

Es könnte mehr als ein Zufall sein, dass Alfred Rappaport ein Accounting-Spezialist ist und dass besonders die Wirtschaftsprüfungsfirmen von seiner Theorie fasziniert waren und diese durch ihre Consulting-Abteilungen propagierten. Nicht zu vergessen ist, dass die Accounting-Firmen ja nicht deswegen in den Bereich des General Management Consulting expandierten, weil sie dort eine besondere Expertise gehabt hätten, sondern aus schieren wirtschaftlichen Überlebensgründen. Problematisch waren somit nicht nur die damit programmierten Interessenkollisionen – der Fall Enron ist nur ein Beispiel –, sondern auch die fragwürdige Kompetenz in Strategie- und Führungsfragen.

Es könnte sich dies als ein weiterer Beweis für das Postulat eines der Experten für Unternehmensstrategie, *Alos Gälweiler*[10], erweisen, dass man ein Unternehmen nicht mit den Größen des Rechnungswesens führen kann. Genau das ist aber die Illusion der »Buchhalter«, und sie versuchen, ihre Auffassung mit imponierenden, komplexen Formeln zu beweisen. Jede Verbesserung des Rechnungswesens ist selbstverständlich willkom-

---

10 Siehe Gälweiler, Aloys: *Strategische Unternehmensführung*, 3. Aufl., Frankfurt/New York 2005.

men, und ich bin mit Rappaport einverstanden, wenn er gleich zu Beginn seines Buches die Mängel des klassischen Rechnungswesens unter Kritik nimmt. Allerdings führen seine weitergehenden Betrachtungen keineswegs aus den Grenzen des Rechnungswesens heraus, und schon gar nicht führen sie in den Bereich der Unternehmensstrategie[11]. Die Kunststücke des Rechnungswesen leisten vor allem eines, und es ist keineswegs im Interesse richtiger Unternehmensführung: Sie wiegen unsichere Manager in der Illusion der Sicherheit. Dass ein Teil der akademischen Welt in Ökonomie und Betriebswirtschaftslehre bzw. Business Administration tatkräftig dabei mitgeholfen hat, die Denkfehler mit »wissenschaftlichen« Weihen zu versehen, ist vielleicht auf den Umstand mangelnder Praxiserfahrung zurückzuführen. Ganz so viel Servilität gegenüber Medien und Analysten, wie zu beobachten war, wäre aber nicht nötig gewesen.

Es dürfte ein wesentlicher Faktor für die rasche Verbreitung des Shareholder-Gedankens gewesen sein, dass man glaubte, gerade dort rechnen zu können, wo man in Wahrheit Urteilskraft und Erfahrung braucht. Strategisches Management und Corporate Governance fangen aber dort erst an, wo das Rechnungswesen, auch das am weitesten entwickelte, zwangsläufig enden muss, weil wir die wirklich entscheidenden Fragen der Unternehmensführung nicht in Geldgrößen quantifizieren können.

Jedes Mal, wenn in der Geschichte Geld mit Wirtschaft verwechselt wurde, wenn die Finanzwirtschaft mit ihrer Logik aufgrund meistens zufälliger Umstände die Vorherrschaft erlangte und über längere Zeit das Denken und Handeln prägte, war die Folge das Gegenteil dessen, womit finanzwirtschaftliches Denken gefordert und gerechtfertigt wird: nicht eine florierende Wirtschaft mit robuster Expansion und stabiler Wertevermehrung, sondern außer Kontrolle laufende Finanzmärkte aufgrund exzessiver Verschuldung mit nachfolgendem Zusammenbruch und einer Phase der wirtschaftlichen Schrumpfung und deflationären Wertevernichtung. Nicht Wohlstand für alle, sondern Armut für viele war geschichtlich ausnahmslos die Folge – woraus unter Umständen wegen des weitgehenden Vertrauensverlustes in die herrschenden Institutionen

---

11 Die Überlegungen von Rappaport gehen übrigens auch nicht über den Stand hinaus, den die deutschsprachige Betriebswirtschaftslehre in ihrer Theorie der Unternehmensbewertung schon vorher erreicht hatte, wie Horst Albach schlüssig nachweist. Siehe Albach, Horst: »Shareholder Value und Unternehmenswert«; in: *Zeitschrift für Betriebswirtschaft*; 71. Jg. (2001), Seite 643 – 674.

eine Periode der politischen Radikalisierung und des Totalitarismus entstand.

Ich spreche hier ausdrücklich von einer *deflationären* Wertevernichtung und nicht von der so häufig gerade von den Notenbanken zitierten Inflationsgefahr. Nicht die Vernichtung des Geldwertes gemessen an einem Warenkorb ist die Folge dieser Art finanzwirtschaftlicher Zusammenbrüche, sondern die Vernichtung der Realwerte, sinkende Aktienkurse, rückläufige Immobilienpreise und zurückgehende Produkt- und Dienstleistungspreise. Die Umsätze der Unternehmen und die Einkommen der Menschen sinken, es entsteht wirtschaftlicher Attentismus, und es kommt eine deflationäre Spirale in Gang, aus der leider keine Notenbankpolitik herauszuhelfen vermag.

Eine funktionierende Gesellschaft braucht prosperierende Unternehmen. Es ist die Maximierung der *realen* Produktivkraft der Unternehmen, die reale Werte im Gegensatz zu finanziellen Werten schafft, die jene Dinge bereitstellt, die das Leben der Menschen real verbessern, durch mehr und bessere Nahrung, Kleidung und Wohnraum, mehr und bessere Ausbildung, mehr Mobilität und Kommunikation, mehr und bessere Freizeit, mehr und bessere Kunst und Kultur. Das ist es, was unter Lebensstandard und Wohlstand verstanden wird. Im Gegensatz zu einer weit verbreiteten Meinung leisten Finanzwerte das nicht. Schon gar nicht tun es spekulative Finanzblasen, die die ökonomischen Ressourcen von der realen Wohlstandsschaffung abziehen und in die Börsen steuern. Eine Zeitlang kann es so aussehen, als würden dort noch mehr und größere Werte geschaffen; in Wahrheit entstehen damit die Bedingungen für ihre umso nachhaltigere Zerstörung.

Corporate Governance muss dem Unternehmen dienen

Aus der Sicht der *Führung* eines Unternehmens, der Schaffung und Vermehrung seiner produktiven Leistungskraft und seines Markterfolges, ist mein Vorschlag also, keine der denkbaren Interessengruppen ins Zentrum zu setzen, weder die Aktionäre noch andere sogenannte Stakeholder, sondern das *Unternehmen selbst*. In diesem Buch findet sich dafür der Begriff des *Corporate Capitalism* im Gegensatz zum *Shareholder Capitalism* oder zum *Stakeholder Capitalism*.

Das Unternehmen ist aus dieser Sicht nicht Gegenstand eines Bündels von Interessengruppen, sondern eine eigenständige institutionelle Einheit, nämlich der Grundtypus des produktiven Organs einer entwickelten Gesellschaft. Dem juristischen Denken ist diese Auffassung wohlvertraut; nicht umsonst wurde die Kapitalgesellschaft als eigenständige juristische Person konstituiert. Was gut für das Unternehmen ist, wird immer wieder zu Anpassungsnotwendigkeiten und für einzelne oder temporär auch alle Interessengruppen zu Opfern führen. Mein Vorschlag jedoch ist, davon auszugehen, dass ein Unternehmen nicht dazu da ist, Interessengruppen zu befriedigen, sondern eine produktive Leistung für den Markt zu erbringen.

Selbstverständlich ist das kein »Naturgesetz«, und niemand kann gezwungen werden, diesen Vorschlag zu übernehmen. Man muss – welchen Ansatz man auch immer in Betracht zieht – eine Entscheidung treffen, und es sollte jene sein, die die höchste Wahrscheinlichkeit für die richtige Führung des Unternehmens hat.

Aus dieser Sicht ist der Zweck des Unternehmens somit weder, Aktionäre reich zu machen, noch – wie als Gegenposition gefordert wird – Arbeitsplätze zu schaffen. Es kann also keineswegs darum gehen, eine diffuse soziale Verantwortlichkeit einzuführen, wie das von anderen Kritikern des Shareholder Value immer wieder getan wird. Diese Argumentationslinie wurde durch die Erfahrungen mit dem Sozialstaat widerlegt. Ein prosperierendes Unternehmen wird allerdings immer die Interessen von Interessengruppen – allen voran durchaus jene der Aktionäre – ausreichend befriedigen können. Wie einleitend erwähnt, muss gerade wer an einem funktionieren Free Enterprise System und an einer dauerhaft funktionsfähigen Marktwirtschaft interessiert ist die Argumente akzeptieren, die für diese Logik sprechen.

Damit rückt die Schlüsselfrage in den Mittelpunkt: *Wann prosperiert ein Unternehmen, und wie ist es zu führen, damit es prospiert?* Die Antworten finden sich in diesem Buch, und die Entwicklung der Weltwirtschaftslage bestätigt sie. Operativ und strategisch prosperiert ein Unternehmen nicht dann, wenn es auf Aktionäre und die Börsenszenerie orientiert ist, sondern dann, wenn es *Kunden* hat, die für die Leistungen des Unternehmens bezahlen. Der *Zweck* eines Unternehmens sollte daher darin gesehen werden, Kunden zu (er)schaffen. Wenn schon die Kreation von Werten Bedeutung haben sollte (was keineswegs zwingend ist), so muss Customer Value und nicht Shareholder Value konsequent und kontinuierlich die Leitgröße der Unternehmensführung sein.

Das allein maximiert die *Chancen*, nachhaltig richtige Entscheidungen, nämlich Marktentscheidungen, zu treffen, aber es ist keineswegs eine *Garantie* für richtige Entscheidungen. Eine solche kann es nicht geben. Es müssen, wie ich in diesem Buch zeige, *mehrere* Größen – nämlich mindestens sechs – *gleichzeitig* ins Kalkül gezogen werden. Dies scheint einer der schwierigsten Gedanken für Führungskräfte zu sein, und daraus folgt offenbar immer wieder die Suche nach der *einen*, einzigen und endgültigen Leitgröße. So einfach ist Unternehmensführung aber nicht. Allerdings: Wer Kunden hat, wird immer Kapitalgeber finden und letztlich auch zufriedene Share- und Stakeholder haben, nicht als Ziel, sondern als Folge erfolgreichen Wirtschaftens. Die Topmanagement-Organe, Exekutive und Aufsicht, sind darauf auszurichten, zu verpflichten und personell danach zu besetzen, zu beurteilen und zu honorieren.

Man mag einwenden, dass damit in Wahrheit doch wieder dem Stakeholder Approach das Wort geredet werde, denn Kunden seien auch eine der möglichen Interessengruppen. Kunden als Interessengruppe zu verstehen ist aber grundfalsch und würde die gänzlich verschiedene Logik von Kunden und Interessengruppen verkennen. Rappaport selbst macht unter anderen diesen Fehler.[12] Kunden haben keine *Interessen*, sondern sie bezahlen für eine *Leistung*. Wenn sie ihnen von diesem Unternehmen nicht erbracht wird, dann werden sie zu einem anderen Unternehmen gehen. Auf Interessen und deren Wahrung oder Durchsetzung sind sie gar nicht angewiesen. Zur Interessengruppe werden Kunden nur dort, wo es keine Konkurrenz gibt, bei Monopolunternehmen, wo als Folge der Mutation vom Kunden zur Interessengruppe das wichtigste Merkmal des Kunden fehlt, nämlich die Wahlmöglichkeit – die Möglichkeit, nein zu sagen. Die Logik des Kunden wird von seinem Nutzen bestimmt, vom Preis-Leistungs-Verhältnis im Vergleich zur verfügbaren Konkurrenz, aber nicht von Interessen.

Damit wird auch erkennbar, dass als Folge der Shareholder-Theorie die *Grundfrage* der Unternehmensstrategie falsch verstanden wurde. Logische Konsequenz des Shareholder Value waren die sogenannten Wertsteigerungsstrategien, worunter aber nicht die Steigerung des Wertes und Nutzens für den Kunden, sondern für den Aktionär verstanden wird. Die Markt- im Sinne von Börsenwertsteigerung ist Ziel dieser Strategien.

---

12 Rappaport, Alfred: *Creating Shareholder Value*, überarb. Ausg., New York 1998, Kapitel 1.

Es ist aber kein Zweck des *Unternehmens*, wertvoll zu sein. Das kann nicht einmal ein Zweck der *Aktionäre* sein – außer dann, wenn sie in Wahrheit nicht am Unternehmen interessiert sind, sondern an den Papieren, die das Eigentum am Unternehmen verbriefen – eben den Aktien –, und wenn sie Aktien mit Unternehmen verwechseln. Aus diesem Grunde findet sich auch in keinem Gründungsstatut ein Satz nach dem Muster, dass »hiermit eine Aktiengesellschaft gegründet wird, mit dem Zwecke, wertvoll zu sein«. In den Statuten finden sich andere Zweckbestimmungen, etwa dass der Zweck der zu gründenden Aktiengesellschaft der »Handel mit Waren aller Art« oder »das Betreiben von Bankgeschäften« oder »die Herstellung von Computersoftware, von Automobilen oder Werkzeugmaschinen« sei.

Zweck des Unternehmens muss es sein, auf seinem Gebiet *wettbewerbsfähig* zu sein. Das ist etwas ganz anderes als wertvoll. Konkurrenzfähig ist ein Unternehmen dann, wenn es das, wofür der Kunde bezahlt, besser kann als andere. Aus eben diesem Grunde kann man logisch gleichbedeutend auch sagen, der Zweck des Unternehmens sei es, *zufriedene* Kunden zu schaffen. Wie schon erwähnt: Weder die Schaffung von Arbeitsplätzen kann ein Zweck des Unternehmens sein, noch die Steigerung von Shareholder Value.

Der Zweck eines Unternehmens ist auf die Schaffung von Customer Value auszurichten. Selbstverständlich bedeutet das nicht, wie gelegentlich eingewendet wird, die Produkte und Dienste des Unternehmens zu »verschenken«. Der Begriff »zufrieden« kann logischerweise in der Wirtschaft immer nur heißen »relativ zufrieden«, das heißt, den Kunden zufriedener zu stellen, als die Konkurrenz es kann.

Die Auffassung Rappaports und seiner Befürworter ist streckenweise sehr ähnlich,[13] aber seine Gegenargumente in diesem Zusammenhang und das von ihm verwendete Beispiel sind nicht schlüssig und führen genau an diesem Punkt zur falschen Lösung, weil sein Denken von der falschen Grundfrage geprägt ist. Selbstverständlich plädiert niemand dafür, Kunden zu subventionieren, bis das Unternehmen bankrott ist. Er hat recht,

---

13 Zum Beispiel, wenn er schreibt: »*Even the most persistent advocate of shareholder value understands that without customer value there can be no shareholder value. The source of a company's long-term cash flow is its satisfied customers.*« Rappaport, Alfred: *Creating Shareholder Value*, überarb. Ausgabe, New York 1998.

wenn er sagt, dass Customer Value sich nicht automatisch in Shareholder Value verwandelt. Das behauptet auch niemand. Es gibt keine derartigen Automatismen; es gibt sie auch nicht umgekehrt vom Shareholder Value zu irgendeinem anderen Value.[14]

Zwischen dem Wert eines Unternehmens – egal wie man ihn definiert und ermittelt – und der Konkurrenzfähigkeit des Unternehmens gibt es keinen kausalen Zusammenhang. Man kann, wie die Börse nach dem Ende der Höhenflüge auch den Uneinsichtigsten zeigt, eben gerade nicht vom Wert der Aktie auf die Wettbewerbsfähigkeit des Unternehmens schließen. Man konnte es zu keiner Zeit der Wirtschaftsgeschichte. Man kann daraus nur auf Naivität, Gier und Angst der Anleger Schlüsse ziehen. Umgekehrt *kann* es einen Zusammenhang geben, es *muss* aber nicht so sein. Die Kausalbeziehung zwischen Konkurrenzfähigkeit und Aktienwert ist in keiner Weise zwingend, wie die Bewertungsexzesse der letzten Jahre deutlich zeigen.

Der Kunde bezahlt nicht – wie das der Aktionär tut – für den Wert des *Unternehmens*; er bezahlt für den Wert der *Produkte* oder *Dienstleistungen*. Das ist weder ein Wert *des* Unternehmens noch *für* das Unternehmen. Es ist ein Wert für den *Kunden*. Was in seinen Augen für ihn – und ausschließlich für ihn – wertvoll ist, das bezahlt er – und nur deshalb kauft er überhaupt. Ob durch diesen Kauf der Wert des Unternehmens gesteigert wird, ist für ihn bedeutungslos.

Der Wert des Unternehmens ist nur bedeutsam für Leute, die das Unternehmen gar nicht betreiben wollen, sondern die es als Ganzes oder in Teilen kaufen bzw. verkaufen wollen. Für die unternehmerische Tätigkeit des Unternehmens selbst, für das eigentliche *Wirtschaften* also, stellt sich die Frage nach dem Unternehmenswert überhaupt nicht, sondern es stellt sich – hart und dringlich – jeden Tag neu die Frage der Leistungs- und Konkurrenzfähigkeit.

Hier ist daran zu erinnern, dass eines der Hauptanwendungsgebiete des Shareholder Value und seiner rechnerischen Ermittlung nicht das Handeln *für* Unternehmen, also ihre *Führung*, ist, sondern der Handel *mit* Unternehmen – und zwar in Zusammenhang mit der in der zweiten Hälfte der achtziger Jahre in Schwung gekommenen Merger- und Akquisitionswelle. Was hier vorliegt, ist eine – einfach zu erkennende – Verwechslung des Zwecks der *Aktionäre* mit dem Zweck des *Unternehmens*

---

14 Siehe Anhang über Customer Value.

und eine höchst fragwürdige Gleichsetzung von beiden. Es ist, wie ich schon erwähnte und wie hier aus einer anderen Perspektive nochmals deutlich wird, auch die gefährliche Verwechslung dessen, was heute als Investor bezeichnet wird, mit dem, was unter einem Unternehmer zu verstehen ist, wobei auch der unternehmerische Manager eingeschlossen ist. Die Interessen von Investor und Unternehmer sowie die Logik ihrer Situation sind grundverschieden, was man ganz einfach daran erkennen kann, dass zwar jeder Unternehmer ein *Investor* sein muss, aber nur wenige Investoren *Unternehmer* sind.

Mein Vorschlag, das Unternehmen selbst und seine Prosperität ins Zentrum der Unternehmensführung zu stellen, ist nicht gegen den Gewinn gerichtet, im Gegenteil. Wie in Kapitel 5 zu sehen sein wird, führt dieser Ansatz eher zu höheren Gewinnerfordernissen als der Shareholder-Ansatz. Vor allem führt er zu Anforderungen, die sich aus dem Betreiben des Unternehmens ergeben und nicht aus der Willkür – wie die Erfahrung zeigt, nicht selten der durch Analysten angestachelten Gier – von Aktionären. Und, noch wichtiger, aus dem unternehmensbezogenen Ansatz folgen *echte* Gewinne im Gegensatz zu kreativer Buchhaltung und Bilanzierung folgenden Scheingewinnen, zu denen der Shareholder-Ansatz mit innerer Zwangsläufigkeit führt, insbesondere in Zeiten eines Börsenbooms. Auch dafür liegen jetzt reichlich Erfahrungen vor.

Selbstverständlich muss also das Unternehmen seine Kapitalkosten decken und darüber hinaus Gewinn machen. Daraus folgt aber nicht, dass darin sein Zweck, gar der einzige Zweck besteht. Dass Menschen essen müssen, wird niemand bestreiten wollen. Daraus ist aber nicht abzuleiten, dass der Zweck des Menschen das Essen sei; und wer immer persönlich seinen Zweck so definiert, was jedem freisteht, wird mit den Folgen dessen kaum zufrieden sein können.

Illusionen statt praktisches Management

In den Köpfen einer Generation jüngerer Manager, Journalisten, Analysten, Consultants, Managementtrainer und Wissenschaftler hat sich mehrheitlich die *Shareholder Value Theorie* als scheinbar einzige Möglichkeit vernünftiger Unternehmensführung und wirtschaftlichen Handelns festgesetzt. Naturgemäß – weil sie nichts anderes erlebten – interpretieren sie alles im Kontext des Bull Market an den Börsen und wissen nicht, dass sie damit nur die *halbe* Börsenwahrheit, und zwar nur die *angenehme* kennen. Die meisten kennen noch keinen Bear Market; sie wissen nicht, wie brutal er sein kann, wie lange er dauern kann, wie weit die Kurse sinken können und dass es geschichtlich ausnahmslos nach jeder Hausse eine Baisse gab, die die Kurse auf oder unter den Startpunkt der Hausse zurückführte. Sie haben nichts anderes als Shareholder Value und Börsenboom gelernt und erfahren. Sie kennen keine Alternative. Sie wissen nicht, warum diese Theorie Ende der achtziger Jahre überhaupt entstanden ist, aus welcher Situation und geschichtlichen Entwicklung sie folgte. Sie halten diese Theorie daher für die einzig denkbare Wahrheit – und verteidigen sie mit dogmatischer Hartnäckigkeit, so wie Halbwahrheiten geschichtlich immer verteidigt wurden.

Wie dargelegt, ist die Shareholder-Theorie aber keineswegs die *einzige* Theorie. Es war für diese Generation nur die *neueste* – und es ist möglicherweise die *schlechteste*. Peter F. Drucker hat seine Zweifel Anfang der neunziger Jahre geäußert und seither mehrfach wiederholt. Meine eigene Skepsis ist ausführlich in diesem Buch und in zahlreichen Publikationen dargelegt. Ich halte die Shareholder-Theorie für falsch und irreführend und in wesentlichen Punkten insofern für gefährlich, als ihre Befolgung zu schwerwiegenden negativen Folgen für Wirtschaft und Gesellschaft führt. Es ist nicht so, wie in Diskussionen oft gehört wird, dass man den Shareholder Value nur falsch *verstanden* hat; er wurde nicht falsch verstanden, sondern er *ist* falsch – nämlich als Orientierungsgröße für nachhaltiges unternehmerisches und managerielles Handeln. Shareholder Value ist innovationsfeindlich und führt zu einer Fehlallokation von Ressourcen.

Das allein muss allerdings, wie erwähnt, für Manager und Aufsichtsorgane noch kein *zwingender* Grund sein, den Shareholder Value abzulehnen. Es steht in einer freien Gesellschaft jedem frei, sich für diese oder jene Theorie – auch für eine falsche – zu entscheiden. Vernünftigerweise sollte man seine Wahl aber in Kenntnis der Konsequenzen einer Theorie und im Lichte verfügbarer Alternativen und wiederum deren Konsequenzen treffen.

Zu den unvermeidlichen Konsequenzen der Shareholder-Orientierung gehört die Versuchung der Manager, alles zu tun, um das Unternehmen profitabel erscheinen zu lassen, auch wenn es das gar nicht ist. Es gehört dazu, das Publikum mit Erwartungen zu verwöhnen, Pro-Forma-Gewinne auszuweisen, wenn es keine echten mehr gibt, die Bilanzen zu schönen und Reserven an die Börse auszuschütten, um nur die selbst genährten Erwartungen nicht zu enttäuschen.

Nicht nur konnte die Shareholder Value Orientierung, wie dargelegt, nur unter bestimmten – zufälligen – Bedingungen Platz greifen, sondern im Verbund mit der größten Börsehausse der Geschichte und auf Illusionen gestützten Fehlinterpretationen der Wirtschaft und des Wirtschaftens ist ein Überzeugungsgemisch entstanden, das bei vielen Leuten den Charakter eines *Kultes* angenommen hat, der nicht selten statt mit Argumenten mit Aggressionen gegen jeden Zweifel verteidigt wurde.

Am krassesten habe ich das erlebt bei einem Topmanager eines deutschen Elektronikunternehmens, das einen der meistbeachteten und scheinbar erfolgreichsten Börsengänge in der Blütezeit des Booms machte. Der Mann, bei dem die Shareholder-Philosophie besonders markant ausgeprägt war, konnte meinen Gedanken nicht nur nichts abgewinnen, sondern er verstand überhaupt nicht, wovon ich sprach. Er ließ mich seine Ablehnung mit unverhohlener Aggression vor breitem Publikum hören und spüren – was in den Augen der meisten Anwesenden nicht gerade für seine gute Erziehung zu sprechen schien. Im Grunde war er aber nur bemitleidenswert. Heute sind seine Aktienoptionen nicht nur wertlos und er hat mehrere Jahre somit im Wesentlichen gratis gearbeitet, sondern er steckt zusätzlich in unlösbaren finanziellen Schwierigkeiten, weil er in großem Stil und auf Kredit Aktien des eigenen Unternehmens und im blinden Vertrauen auf den Zeitgeist auch andere »High Techs« und »High Potenzials« gekauft hatte.

Als Folge dieses Kultes sind einige der schlimmsten Fehlentwicklungen der Wirtschaftsgeschichte entstanden, die zu den klarer erkennbaren strukturellen Schwächen der amerikanischen Wirtschaft und aufgrund unreflektierter Nachahmung auch vieler anderer Ökonomien führten. Es ist leicht möglich, dass die neunziger Jahre, besonders die zweite Hälfte, als eine Periode der kollektiven Irrtümer und des Massenwahns in die Wirtschaftsgeschichte eingehen werden.

Wie konnte es zu diesen kultähnlichen Erscheinungsformen kommen? Ursache ist nicht allein die Shareholder Value Theorie mit ihrer vordergründigen Logik und Plausibilität, sondern ihr Zusammentreffen mit einigen anderen Faktoren, die in dieser Kombination zwar nicht einzigartig, aber doch selten sind. Die wichtigsten sind: *erstens* das als spektakulär angesehene Wirtschaftswunder Amerikas nach einer zwar heftigen, aber im Vergleich zu anderen Ländern nur kurzen Rezession zu Beginn der neunziger Jahre, vermeintlich ausgelöst durch die kluge US-Wirtschaftspolitik, vor allem die Politik der amerikanischen Bundesbank, und durch die Leistungskraft der eben am Shareholder Value orientierten Managementphilosophie von Corporate America; *zweitens* der scheinbar daraus folgende und darauf gestützte längste Börsen-Bull-Market der Geschichte, in dem jeder Kursrückgang nichts als eine gute Kaufgelegenheit war; *drittens* der Glaube an eine rückschlagsfreie, allen letztlich nützenden Globalisierung und *viertens* die Theorie, dass Digitalisierung und Internet nicht nur eine Wirtschaft zur Folge hätten, die neu ist, sondern eine solche, die in jeder Beziehung *paradiesisch* ist. Dazu kommt *fünftens* – vielleicht am wirksamsten für die schnelle Verbreitung dieser Überzeugungen – eine noch nie zuvor dagewesenen Medienpropaganda für all diese scheinbar so neuen und wünschenswerten Phänomene.

Unterhaltung statt Information

Ein wesentlicher Aspekt war während des Booms – und ist noch immer – das *Auseinanderklaffen* der ökonomischen Tatsachen und der Medienberichte über die Wirtschaft. Sie haben fast nichts gemeinsam. Wie ich in vielen Publikationen, besonders in meinen monatlichen Managementlettern wiederholt sagte, gab es zwar immer eine gewisse Diskrepanz zwischen der dargestellten Wirtschaft und der wirklichen Wirtschaft. Noch nie, außer in den zwanziger Jahren des 20. Jahrhunderts, war diese Diskrepanz aber so groß wie in den letzten fünf Jahren, und überhaupt noch nie wurde sie mit derartiger Professionalität – und daher Wirksamkeit – gepflegt.

Der Grund dafür ist nicht ein Qualitätszerfall der klassischen Wirtschaftsmedien vom Range einer *Frankfurter Allgemeinen*, der *Financial Times* oder des *Economist*. Diese Medien sind so gut, wie sie immer waren; sie sind auch genauso trocken und in den Augen vieler »langweilig«. Daher bezieht das Publikum seine Informationen nicht aus ihnen, sondern vorwiegend aus den neuen Wirtschafts-*Boulevard*-Medien, wie man sie nennen könnte.

Diese haben die Wirtschaft zu einer Arena für *Entertainment* gemacht. Nicht Information, sondern Stimmung ist ihr Ziel. Dieses neue Wirtschafts-Showbusiness soll vor allem ein *Geschäft* sein, und das kann man nur mit optimistischen Meldungen machen. Hier dreht sich der alte Zeitungsgrundsatz »*Only bad news are good news*« ins Gegenteil um. Über die Wirtschaft und schon gar über die Börse will niemand »*bad news*« hören.

Damit ist eine unheilige Allianz mit den Verkaufsinteressen der Wall Street-Industrie entstanden, die sich über die neuen Medienvehikel blendend präsentieren kann. Das gilt für viele Printmedien; besonders deutlich ist es aber im Fernsehen. Stellvertretend für das Genre sei hier CNBC genannt. Es ist schwer vorstellbar, dass die Professionalität – und eben daher Wirksamkeit – dieses Senders noch überboten werden kann. Die Tendenz der Berichte ist unübersehbar – bullish, bullish, bullish; Optimismus, Zweckoptimismus, Euphorie ... Es ist »beeindruckend«, wie kunstvoll selbst die negativsten Tatsachen und Ereignisse – zum Beispiel Großkonkurse, Wall Street-Kriminalität und Gewinnkollaps bei den Unternehmen – ins Positive gedreht werden, ohne Realitätsbezug zwar (außer dem der Psychologie der Gier), aber medial hervorragend gemacht.

Die Wirtschaft vieler Länder, allen voran der USA, ist aber als Folge der Fehlsteuerung durch die falschen Theorien der neunziger Jahre und darauf gestützten Fehlallokation der Ressourcen in einem Zustand, der eine rasche und nachhaltige Konjunkturerholung unwahrscheinlich macht. Der fast universelle Glaube, dass es sich um eine kurzfristige, sogenannte »V-shaped Recession« handle, dürfte herb enttäuscht werden und zwar aus Gründen, die struktureller Natur sind.

Der erste und vielleicht wichtigste ist das, was man ohne Übertreibung als Gewinnimplosion bei den US-Konzernen bezeichnen darf. Das gab es in der Geschichte der US-Wirtschaft noch nie. Die Ursache ist einfach: Die Gewinne wurden vorher bis an die Grenze der Bilanzfälschung geschönt – im Dienste des Shareholder Value-Kults und aus Servilität gegenüber den Analysten. Ein zweiter Grund sind die Verschuldungsexzesse bei Unternehmen und Privaten, ebenfalls ohne geschichtliches Beispiele. Ein dritter ist eine eklatante Investitionsschwäche, wie sie ebenfalls noch nie vorgekommen ist.

Viele wollen den Wahrheiten nicht ins Auge blicken, so wie man schon nicht zuzugeben bereit war, dass es überhaupt eine Rezession geben könnte, selbst zu einem Zeitpunkt, als sie schon begonnen hatte, wie im Nachhinein von den zuständigen US-Behörden bestätigt wird. Man glaubte, Konjunkturschwankungen seien überhaupt nicht mehr möglich. Stellvertretend für die allgemeine Meinung gebe ich hier eine Meldung des

Wall Street Journal vom Juni 1998 wieder, in der der MIT-Ökonomie-Professor R. Dornbusch zitiert wird: »*The U. S. economy likely will not see a recession for years to come. We don't want one, we don't need one, and, as we have the tools to keep the current expansion going, we won't have one. This expansion will run forever.*«

Auch die Wirtschaften anderer Länder, die euphorisch und undifferenziert eine Zeitlang hochgejubelt und als neue Paradiese hingestellt wurden, sind in desolater Lage: die asiatischen Tigerländer und die meisten lateinamerikanischen Staaten. Wie es wirklich in Indien und China aussieht, kann man nur raten, weil die Zahlen notorisch unzuverlässig sind.

Trügerischer Schein von überlegener US-Wirtschaft

Wer das Wirtschaftsgeschehen, insbesondere in den USA, wo die Irrungen der letzten Jahre ihren Ursprung haben, nüchtern analysierte, kam früh zu folgenden Ergebnissen, die sich Monat für Monat deutlicher bestätigten:[15]

Das vielgepriesene und naiv bestaunte amerikanische Wirtschaftswunder hat nie stattgefunden. Es war ein *Medienereignis* – sonst nichts. Insbesondere sind die amerikanischen Wachstumsraten schon in ihrer offiziellen und veröffentlichten Form keineswegs größer als in früheren Perioden, wie der Vergleich seit dem Zweiten Weltkrieg beweist. Dazu kommt aber, dass sie durch den statistischen Effekt des sogenannten »*Hedonic Price Indexing*« massiv aufgebläht sind. Inzwischen haben die zuständigen Behörden begonnen, das Zahlenmaterial rückwirkend nach unten zu korrigieren, wovon allerdings nur wenige Notiz nehmen.

Es gab nie ein *Produktivitätswunder*, außer in dem kleinen Segment der Herstellung von Computern. Professor Robert Gordon von der Northwestern University in Chicago ist einer der wenigen klarsichtigen Analytiker der publizierten Produktivitätszahlen. Wie er gezeigt hat, gab und gibt es keine quantitative Evidenz für die Behauptungen steigender Produktivität.

Die amerikanischen *Gewinne* waren vorwiegend kreativer Buchhaltung und der Schönung der Bilanzen zu verdanken, aber nicht realer

---

15 Siehe dazu den Anhang auf S. 297 des Buches.

Wirtschaftsleistung. Sie sind *erstens* durch falsche Verbuchung von Stock Options einschließlich der daraus resultierenden Steuervorteile entstanden, *zweitens* durch die Aktivierung von Software-Ausgaben statt deren sofortiger Abschreibung, *drittens* durch die mit den Stock Options verbundenen künstlich niedrigen Löhnen und *viertens* durch Finanzmarktmanöver wie etwa die Aktienrückkaufprogramme.

Der *Bull Market* war nicht auf echte Wertschöpfung gestützt, sondern auf die exorbitante Verschuldung aller amerikanischen Wirtschaftssegmente. Auch das vielgepriesene amerikanische *Haushaltswunder* gab es nie. Die öffentliche Verschuldung Amerikas steigt nach wie vor und ist heute höher als zu jedem früheren Zeitpunkt.

Die meisten amerikanischen Wirtschaftszahlen der letzten fünf Jahre sind *falsch* oder wurden falsch *interpretiert* und medienmäßig *propagiert*. Das Handeln der Menschen ist damit in eine falsche Richtung gesteuert worden, was wiederum eine massive *Fehlallokation* der Ressourcen zur Folge hatte. Dies führt jetzt, nachdem die Illusion einer stetigen Aufwärtsentwicklung der Konjunktur aufgegeben werden muss, zu weitreichenden Korrekturnotwendigkeiten, deren Vollzug viel Zeit beanspruchen wird.

Die Meinung, dass die amerikanische Wirtschaft so erfolgreich sei *wegen* ihres besonders guten Managements und ihrer fortschrittlichen Corporate Governance, ist *falsch*. Es zeigt sich anhand der aktuellen Unternehmenskonkurse und ihrer Folgen, dass diese Art der Corporate Governance keine wirksame Kontrolle des Managements zu bewirken vermag, weder im Dienste des Unternehmens noch – Ironie der Situation – im Dienste der Shareholder. Trotz der im Vergleich mit Europa behaupteten Fortschrittlichkeit und Überlegenheit der amerikanischen Corporate Governance mit all der geforderten Transparenz, den Aktionärsrechten und sonstigen Sicherungen gibt es dort dramatische Konkurse, wie der Fall Enron beweist, der kein Einzelfall bleiben wird. Und trotz der behaupteten Unterentwicklung in Europa haben wir vorbildlich geführte Unternehmen, wie man, um nur ein Beispiel zu erwähnen, anhand von Néstle studieren kann.

In Wahrheit gibt es in allen Ländern – unabhängig von den Vorschriften über Corporate Governance – gut geführte und schlecht geführte Unternehmen. Ich bin selbstverständlich nicht gegen vernünftige gesetzliche Grundlagen für die Führung von Unternehmen. Aber durch Gesetze und Vorschriften wird in dem Ausmaß, wie es von den Protagonisten behauptet wird, gute Corporate Governance weder erzwungen noch schlechte verhindert. Der Schlüssel ist in weit größerem Umfange die Funktionsweise und Kompetenz der Topmanagement-Organe, der Exekutive und der Aufsicht.

Der Glaube an die prinzipielle und universelle Überlegenheit der amerikanischen Managementpraktiken ist daher genauso naiv, wie es der Glaube an die japanische Überlegenheit war, der von Mitte der achtziger bis Anfang der neunziger Jahre vorherrschte. Die US-Wirtschaft hat viele Stärken, die die europäischen und die asiatischen Ökonomien nicht haben; aber sie hat auch ihre Schwächen. Sie sollte dort nachgeahmt werden, wo sie Stärken hat. Corporate Governance im Speziellen und Management im Allgemeinen gehören entgegen weit verbreiteter Meinung nicht dazu.

Unternehmer und Manager müssen sich darauf einstellen, dass eine gründliche Umorientierung erforderlich ist. Sie besteht darin, sich konsequent von den hochfliegenden Vorstellungen der neunziger und zweitausender Jahre zu trennen und sich auf eher frostige Zeiten einzustellen. Eine robuste, am Kunden orientierte Geschäftsstrategie, kompromissloses Verbessern der Produktivität, professionelles Innovationsmanagement, Entfernung der Illusionen, Angebereien und großsprecherischen Redeweisen aus allen Teilen des Unternehmens, nüchterne Überprüfung der E-Prahlereien, Leistung und Verantwortung auf allen Ebenen – das sind die wichtigsten Orientierungsmarken für die nächsten Jahre. Man darf Bluffern und Hochstaplern keine Chance in den Firmen geben. Sie hatten sie – reichlich – in den Neunzigern. Jetzt sollte wieder Substanz verlangt werden.

Kompetente Führungskräfte sind immun gegen Modewellen, und sie sind mental nicht abhängig vom Zeitgeist. Sie beherrschen ihr managerielles Handwerk. Sie repräsentieren die Referenzwerte für Bescheidenheit und Nüchternheit, die die Leistungsbereitschaft der Menschen besser mobilisieren können, die für die Reorientierung nötig sein wird, als Visionen und Illusionen, die zu falschen Erwartungen und Hoffnungen führten.

Teil I

Kapitel 1

Soll die Unternehmensaufsicht führen?

Wie soll man sich zu Führung und Führern stellen, nach den Erfahrungen des 20. Jahrhunderts? Es ist mehr als nur Skepsis angebracht. Eine moderne Gesellschaft und ihre Wirtschaft kommen zwar ohne Führer aus, aber nicht ohne *Führung*. Wie soll diese aussehen, wie soll sie funktionieren? Von wo soll sie ausgehen? Wie soll sie verantwortet werden?

So heikel das Thema ist, Führung wird wichtig sein; umso mehr, als Wirtschaft und Gesellschaft durch eine der größten Transformationen gehen, die es geschichtlich je gab. In 10 bis 15 Jahren – vielleicht bleibt nicht einmal so viel Zeit – wird nicht mehr viel so sein, wie es heute ist. Transformationsprozesse dieser Art sind noch nie glatt verlaufen. Sie stellen Gesellschaften vor ihre schwersten Belastungsproben. In gewöhnlichen Zeiten ist Führung weder nötig, noch kann sie größeren Schaden anrichten. Führung ist in *schwierigen* Zeiten nötig – und dann kann durch falsche oder auch nur inkompetente Führung irreparabler Schaden entstehen. Führung tut not – in den nächsten zehn Jahren möglicherweise mehr als zuvor in diesem Jahrhundert. Aber *wer* soll führen?

In einer modernen Gesellschaft mit ihrer Vielfalt an Organisationen und Institutionen kann diese Frage nur im *Plural* beantwortet werden. Ich unternehme den Versuch nicht, eine Antwort auf diese Frage zu geben. *Eine* Institution aber, die in den letzten zwei Jahrzehnten – wie noch zu begründen sein wird – teils überhaupt nicht mehr, teils nur sehr zögerlich und eingeschränkt, teils auch falsch an der Führung der *Wirtschaft* beteiligt war, soll nach Auffassung dieses Buches eine starke Stimme in der Symphonie der Führung haben – die *Unternehmensaufsicht*. Ich vertrete *nicht* die Meinung, dass die Aufsicht im Unternehmen *allein* die Führung haben soll. Das wäre weder erwünscht noch praktikabel. In diesem Punkt halte ich die einstufigen Regelungen der Gesamtführung in manchen Ländern für unzweckmäßig. Das schweizerische Aktienrecht z. B. geht in diesem Punkt meines Erachtens zu weit und kann – wie die jüngste Reform zeigt – dieses Problem nur kompensieren durch Überbindung *extremer* Verantwortung auf den Verwaltungsrat, was eher eine Erschwerung als eine Steigerung der Führungswirkung bedeutet. Aber der gemäß deutschem Recht *mögliche*, wenn auch durch dieses *nicht erzwungene* Rückzug der Unternehmensaufsicht auf reine, eng interpretierte – und praktisch fast immer nachlaufende – Kontrolle ist zu wenig.

Die Topmanagement-Organe müssen vielmehr in einer wohldurchdachten, ausbalancierten Weise *zusammen*arbeiten, damit sie sich gegenseitig ergänzen, aber auch kontrollieren. Die in jüngster Zeit festzustellenden Bemühungen der Gesetzgeber, die Führungsrolle der Unternehmensaufsicht zu verstärken, stimmen in der *Richtung*. In erster Linie wird das über die Ausweitung von Haftung und Verantwortung versucht, und es muss damit gerechnet werden, dass sich diese Tendenz noch deutlich verstärkt. Die Reformansätze sind bisher zum größeren Teil aber nur halbherzig und unentschlossen. Sie bringen in vitalen Fragen kaum Klarheit. Dort, wo die Reformen der Unternehmensaufsicht (fast zu) mutig sind, wie etwa in der Schweiz, sind sie einseitig, und die Praxis hinkt nach.

Die Unternehmensaufsicht soll führen – warum? Wie ich in den nächsten Kapiteln ausreichend zu begründen hoffe, gab es für Wirtschaft und Gesellschaft noch nie so große und so schwierige Aufgaben zu lösen, wie sie sich als Folge der vollziehenden, tiefgreifenden Veränderungen stellen werden. Daher wird es – obwohl es wünschenswert wäre, dass *alle* gesellschaftlichen Organisationen gut funktionierten – vor allem darauf ankommen, dass die Institutionen der *Wirtschaft* ihre Aufgaben erfüllen. Sie können zwar bei weitem nicht alle Probleme einer sich transformierenden Gesellschaft lösen. In Wahrheit kann die Wirtschaft nur sehr wenige Aufgaben erfüllen, und sie sollte sich auch strikt darauf beschränken. Dieses wenige ist aber die notwendige Voraussetzung für die Lösung aller anderen Probleme.

Die Unternehmen sollen eng definierte Aufgaben erfüllen, jene, für die dieser Typus gesellschaftlicher Institutionen – und nur dieser Typus – besonders befähigt ist, was er im Großen und Ganzen ausreichend bewiesen hat. Das Unternehmen muss diese eng begrenzten Aufgaben aber in einem sehr *viel weiteren Kontext* und unter Beachtung zahlreicher und inkonsistenter Ansprüche erfüllen, und zwar nicht nur im Interesse der Gesellschaft, sondern im wohlverstandenen *eigenen* Interesse.

Die Arbeit kann nicht von einer Instanz allein getan werden, schon gar nicht von dem nach deutschem Recht dominierenden Exekutivorgan. Dazu bedarf es einer starken und wirksamen Unternehmensaufsicht. Das Exekutivorgan arbeitet zur Erfüllung seiner – exekutiven – Aufgaben, die für sich schon volle Leistung und ungeteilte Konzentration verlangen, gewissermaßen *im* System. Die Unternehmensaufsicht muss aber *am* System arbeiten. Sie hat die Aufgabe, dafür zu sorgen, dass das Exekutivorgan seinen Verpflichtungen nachkommen kann und nachkommt, dass die geeigneten Rahmenbedingungen für seine Effektivität geschaffen werden, dass seine Wahrnehmung und Aufmerksamkeit auf die richtigen Kategorien gerichtet sind.

Die Unternehmensaufsicht muss bildlich gesprochen gleichzeitig Lehrer, Mentor und Richter sein. Zu diesem Zweck muss sich das Aufsichtsorgan in erheblichem Umfang mit Fragen befassen, die scheinbar wenig mit der Wirtschaft im engeren Sinne zu tun haben. In Wahrheit sind es aber Fragen, die die eigentlichen Grundlagen des Wirtschaftens und der Führung betreffen. Sie finden hier eine ausführlichere Behandlung als die gewissermaßen technischen Details der Organisation und Arbeitsweise der Topmanagement-Organe. So wichtig diese sind, können sie letztlich nur im Lichte bestimmter Zwecke und Aufgaben festgelegt werden, deren Klärung daher Priorität haben muss.

In diesem Zusammenhang wird die Unternehmensaufsicht eine Reihe von Missverständnissen, Irrtümern und Irrlehren über Unternehmensführung ausmerzen müssen, die in den letzten 15 bis 20 Jahren entstanden sind, und sie hat dafür zu sorgen, dass keine neuen entstehen können. Das erfordert Führung in mehrfacher Hinsicht – in geistig-konzeptioneller ebenso wie in personeller Beziehung. Es ist Aufgabe des Aufsichtsorgans, zu definieren, welchen Zweck ein Unternehmen zu erfüllen hat, was es tun und was es nicht tun soll, worin Leistung und Ergebnisse zu sehen sind, welche Rahmenbedingungen die Unternehmenstätigkeit einzuhalten hat und nach welchen Gesichtspunkten sie zu beurteilen und zu verantworten ist. Weder kann man die Antworten auf diese Fragen dem Markt überlassen noch der Politik. Es sind Fragen, die zwar nicht ausschließlich, aber zu einem erheblichen Teil in die Autonomie des wirtschaftlichen Sektors fallen müssen und von diesem selbst zu beantworten sind, weil er sonst seine Aufgaben nicht erfüllen kann. Überzeugende, glaubhafte und richtige Antworten auf Fragen dieser Art zu finden erfordert Führung in hohem Ausmaß.

Es gibt aber weitere Gründe für eine starke Unternehmensaufsicht.

In den letzten Jahren haben sich die ersten Auswirkungen der erwähnten fundamentalen Veränderungen bereits deutlich gezeigt. Die richtigen Reaktionen darauf erfordern harte, einschneidende, an Besitzstände gehende Opfer und Verzicht verlangende Entscheidungen. Sie erfordern vor allem eine andere und neue Sicht des wirtschaftlichen Geschehens. Der Ursprung von beidem – neue Sicht und Entscheidungen – kann nur die Unternehmensaufsicht sein. Sie hat dafür zu sorgen, dass die richtige Sicht entstehen kann, und sie muss die Entscheidungen herbeiführen. Die Politik kann das, wie ich im Vorwort erwähnte und noch näher begründen werde, in der heute praktizierten Form der Demokratie und in einer Mediengesellschaft nicht mehr leisten, selbst wenn sie es wollte. Sie ist weitgehend unwirksam geworden und kann – auch wenn deren Notwendigkeit erkannt ist – unpopuläre Entscheidungen kaum treffen und selten realisieren.

Die Unternehmensaufsicht *soll* führen – aber *kann* sie es auch? Die Antwort lautet gleichzeitig ja und nein. Sie lautet insofern *ja*, als in *allen* Rechtsordnungen, selbst in der relativ einschränkenden deutschen, wirksame Führung durch den Aufsichtsrat durchaus *möglich* ist, und zwar in größerem Ausmaß, als dies üblicherweise in der allgemeinen Diskussion konzediert wird. Die Antwort lautet aber *nein*, wenn es um einen großen Teil der konkreten Praxis geht, wo die von den Aufsichtsorganen ausgehende Führungswirkung deutlich unterentwickelt ist. Die Art der Organisation, die sich die Unternehmensaufsicht in Ausübung ihres Selbstorganisationsrechtes gegeben hat, die Aufgaben, die sie sich stellt, und ihre praktische Arbeitsweise sind in zu vielen Fällen ungeeignet, echte Wirkung zu erzielen. Sie ist damit auch nicht das beste Beispiel für die Exekutive. Das Führungsvakuum, das dadurch entsteht, bleibt nicht ungenutzt. Es wird entweder vom Exekutivorgan oder von unternehmensexternen und nicht selten von wirtschaftsfeindlichen oder wirtschaftsunkundigen Interessen gefüllt.

Ob das Aufsichtsorgan eines spezifischen Unternehmens führen *will*, muss es selbst entscheiden. Es mag gelegentlich Gründe dafür geben, die gesamte Führung mit Ausnahme der gesetzlich zwingend dem Aufsichtsorgan vorbehaltenen Aufgaben an andere Organe zu delegieren oder sie ihnen *de facto* einfach zu überlassen. Falls die Unternehmensaufsicht aber aktiv führen will, *kann* sie das tun. Nach meiner Auffassung *soll* sie es tun.

Die Hauptfrage dieses Buches lautet: Was muss getan werden und was kann getan werden, wenn die Unternehmensaufsicht einen aktiven Beitrag zur Führung des Unternehmens leisten soll – und zwar unter den gegebenen rechtlichen Umständen?

Für dieses Buch halte ich mich an die gegebenen Rahmenbedingungen der geltenden Rechtsordnungen. Obwohl da und dort eine Änderung bestimmter Rechtsvorschriften manches erleichtern und einiges erzwingen könnte, sind meine Vorschläge nicht an den Gesetzgeber gerichtet. Appelle und Empfehlungen an die Legislative mögen gelegentlich auch notwendig sein, aber im konkreten Fall kann man nicht auf juristische Reformen warten. Das ist auch nicht notwendig, denn die Möglichkeiten der praktisch wirksamen Führung durch die Unternehmensaufsicht sind größer als man glaubt und nützt, selbst in Deutschland. Man muss es wollen. Man sollte es wollen – freiwillig, weil sonst mit gesetzgeberischen Offensiven zu rechnen ist, denn kein Staat kann sich eine schlecht oder auch nur mangelhaft geführte Wirtschaft leisten. Man kann aber nicht davon ausgehen, dass legistische Regulierungen in allen Teilen günstig ausfallen. Daher ist die bessere Lösung darin zu sehen, durch die Erfüllung autonom gesetzter Anforderungen dem Staat gar keinen Anlass zu Regelungen zu geben.

Das Buch wurde mit Blick auf die Großunternehmen geschrieben. Fast alles gilt aber auch für mittlere und kleinere Unternehmen, die zwar – je nach Größe und Rechtsform – vielleicht nicht gesetzlich dazu verpflichtet sind, entsprechende Organe zu etablieren, sie aber doch *de facto* haben oder brauchen. In Wahrheit braucht jedes Unternehmen dieselben Führungsfunktionen. Es müssen dieselben Aufgaben erfüllt werden. Sie können unterschiedlich organisiert sein, und die Aufgaben können von einer unterschiedlich großen Zahl von Personen ausgeübt werden. Im (schlechten) Extremfall findet sich alles in Personalunion in einer Person vereinigt. Es ist aber ein Kardinalfehler zu glauben, dass große Unternehmen vom *Prinzip* her anders zu führen seien als kleine oder mittlere. Zu dieser nach meiner Auffassung falschen Meinung neigen viele Manager, jene der Großunternehmen aus anderen Gründen als jene aus dem Mittelstand. Die Größe eines Unternehmens hat fraglos Einfluss auf das »Wie« der Führung, aber nicht auf das »Was«.

Wichtig sind die hier dargelegten Überlegungen auch für die *Familienunternehmen*, die immer der Versuchung ausgesetzt sind, familiäre Belange vor die Interessen des Unternehmens zu stellen. Gerade ihr Erfolg und Schicksal hängt von einer durchdachten und rechtzeitig konzipierten Regelung der Gesamtführung ab.

Ich gehe in diesem Buch nicht bzw. nur selten auf die rechtlichen Aspekte ein. Diese sind in der relevanten Fachliteratur juristischer, aber auch betriebswirtschaftlicher Provenienz ausreichend behandelt. Hier dominiert die Frage nach guter, richtiger und wirksamer – praktischer – Führung. Selbst wenn beispielsweise dem Aufsichtsrat nach deutschem Recht seitens des Vorstandes rechtlich etwas verweigert werden könnte, z. B. ein Gespräch mit den Leitern von Tochtergesellschaften, so kann ein kompetenter und überzeugender Aufsichtsratsvorsitzender dieses Gespräch doch kraft seiner natürlichen Autorität und auf Basis einer konstruktiven Zusammenarbeit mit dem Vorstand herbeiführen, wenn er es für wichtig hält. Er kann um dieses Gespräch »bitten«, und jeder Vorstandsvorsitzende weiß, was mit dieser »Bitte« gemeint ist.

Ein Hindernis für die wirksame Gestaltung der Gesamtführung ist der verbreitete Irrtum, Führungsfragen in erster Linie in Kategorien persönlicher Macht zu sehen. Nicht, dass Macht – auch persönliche – in der Wirtschaft keine Rolle spielte oder spielen sollte. Führungsprobleme können aber nur vernünftig diskutiert und vielleicht gelöst werden, wenn man nicht mit Machtaspekten beginnt, sondern mit den *Aufgaben*, die zu erfüllen sind, und der *Verantwortung*, die aus ihnen folgt. Diese müssen am Anfang stehen – die Machtfragen kommen am Schluss.

Die Vorschläge, die ich zur Stärkung der Unternehmensaufsicht mache, resultieren nicht aus der Absicht, die Spielräume der Exekutivorgane einzuschränken. Im Gegenteil – eine wirksame Unternehmensaufsicht *ermöglicht* es erst, die Exekutivorgane mit größtmöglichen Freiheiten und Machtbefugnissen auszustatten. Außerdem wird man sehen können, dass eine Aufsicht, die sich nicht in eng verstandener Kontrolle erschöpft, sondern Führung – oder besser Mitführung – ausübt, funktionell nicht in erster Linie mit hierarchischer Überordnung zusammenhängt. Vielmehr ermöglicht die hier vertretene Auffassung erst jenes partnerschaftliche Zusammenwirken der Organe, das aus der Unternehmensaufsicht über die Kontroll- und Überwachungsfunktion hinaus – und ebenso wichtig – eine *unterstützende* und *helfende* Funktion, ein Sounding und Advisory Board für das Exekutivorgan macht, wie es von erfahrenen Exekutivmanagern in der Regel geschätzt wird. Das erst ermöglicht es, dass Macht legitimierte und verantwortete Macht wird, ohne dass Leistungs- und Wettbewerbsfähigkeit des Unternehmens dadurch beschränkt werden.

Kapitel 2

Funktionsmängel der heutigen Systeme

Unternehmensaufsicht – eine Fiktion?

Bezeichnung und rechtliche Gestaltung der Aufsichtsorgane sind in den einzelnen Ländern sehr verschieden. Alle Varianten haben jedoch eine Gemeinsamkeit: Von Ausnahmen abgesehen funktionieren sie nicht, oder jedenfalls nicht gut. In der Regel wird das Minimum an Aufgaben erfüllt, das der Gesetzgeber vorgesehen hat, unabhängig davon, ob dieser nun der Unternehmensaufsicht eine eher restriktive Rolle zuweist – wie in Deutschland – oder eine starke – wie u. a. in der Schweiz. Jedenfalls war das so in der Vergangenheit.

Wo Ausnahmen zu finden sind, stößt man in der Regel auf eine besonders glückliche personelle Konstellation, auf Menschen, die ihre Aufgaben mit besonderer, eben ungewöhnlicher Sorgfalt, Gewissenhaftigkeit und Gründlichkeit und mit besonderem Verantwortungsbewusstsein erfüllen. Oder es liegt jene Konstellation vor, die ursprünglich – bei Entstehung der Kapitalgesellschaft – gegeben war, und für die die Unternehmensaufsicht damals auch konzipiert wurde, nämlich die Präsenz starker Eigentümer im Aufsichtsorgan. In einer erheblichen Zahl von Fällen – die Zahl ist zu groß – erschöpft sich die Tätigkeit des Aufsichtsorgans aber in irrelevanten Ritualen, in Pflichtübungen und in der Erledigung von Formalitäten.

Scheinbar allgemeine Funktionstauglichkeit ist auch dann gegeben, wenn über lange Zeitperioden eine besonders günstige, durch *Stabilität* und *Prosperität* gekennzeichnete Wirtschaftslage vorherrscht und die Unternehmensaufsicht daher *nicht wirklich gefordert* war, also keine echten Bewährungsproben zu bestehen hatte.

Bei praktisch allen großen Firmenzusammenbrüchen oder scheinbar plötzlichen Existenzbedrohungen gehörten die Aufsichtsorgane zu den Letzten, die über die tatsächliche Situation informiert waren. Mitarbeiter und Angehörige des Managements, Kunden und Lieferanten, Medien und Öffentlichkeit hatten in aller Regel mehr, bessere und frühere Information.

Jedes Mal, wenn der »Skandal« publik wurde, waren dieselben Vorwürfe und »Begründungen« zu hören: Versagen der Aufsichtsräte, Ignoranz, Nachlässigkeit und Inkompetenz; oder dann das Versagen des Exekutivorgans, die Aufsicht rechtzeitig und vollständig zu informieren.

Größtenteils schwelt das Problem im Unsichtbaren. Nur die direkt Beteiligten können es sehen, wobei nicht alle es wahrnehmen. Auf die Frage hin: *Wie funktioniert bei Ihnen der Aufsichts- oder Verwaltungsrat?*, ist die Antwort in zwei Dritteln aller Fälle ein höfliches Lächeln und beredtes Schweigen, und zwar unabhängig davon, ob die Frage an Mitglieder der Aufsichts- oder Exekutivorgane gerichtet ist.

Auf dramatische Weise *sichtbar* werden die Schwächen in der Gesamtführung nur in spektakulären Fällen mit nicht mehr zu verbergender Problemlage. Aber in zahlreichen anderen Fällen, die etwas weniger oder überhaupt nicht öffentlichkeitswirksam wurden, kann die Funktionsweise des Aufsichtsorgans ebenfalls nicht besonders gut gewesen sein. Wie sonst wären die zahlreichen Strukturprobleme in Schlüsselbranchen der Wirtschaft zu erklären, die mit der ersten wirklichen Rezession nach dem Zweiten Weltkrieg in den neunziger Jahren scheinbar überraschend aufgebrochen sind? Einige Gründe mögen wohl in der Politik zu suchen sein; aber viele andere Ursachen liegen in der *Führung* der Unternehmen: das Ausmaß des Produktivitätsrückstandes, Technologie- und Innovationsrückstand, der Reorganisationsbedarf in der Produktion, die aufgeblähten und teilweise grotesk übersetzten mittleren Managementebenen und Stabsabteilungen sowie höchst fragwürdige Akquisitions- und Diversifikationsentscheidungen. Auch das Corporate Raiding, das in den USA seinen Anfang nahm, und alle damit verbundenen Exzesse sind letztlich nur aus dem Versagen des Boards erklärbar, das der Corporate Performance keine oder zu wenig Aufmerksamkeit widmete oder ein falsches Verständnis von Corporate Performance hatte.

Dass inzwischen entsprechende Gegenbewegungen und Korrekturen feststellbar sind, ist zwar erfreulich, ändert aber nichts an der Tatsache, dass *vorher* alle diese Entwicklungen *zugelassen* wurden, dass die sie ermöglichenden Entscheidungen irgendwo *getroffen* und *genehmigt* werden mussten oder dass die diese Entwicklungen verhindernden Entscheidungen eben *nicht* gefällt wurden. Die – spät – in Gang gesetzte Anpassung in der Wirtschaft erfolgte nicht aufgrund von *vorausschauender Führung* – sonst hätten die entsprechenden Entwicklungen nicht eintreten können –, sondern dem Markt- und Konkurrenzdruck *nachlaufend*.

Wenn eine Problematik so häufig vorkommt und unabhängig von den einzelnen rechtlichen Gestaltungsformen auftritt, dann kann sie nicht im Versagen einzelner Personen begründet liegen, sondern es müssen tiefer liegende Gründe gegeben sein, nicht unbedingt juristische, wohl aber *konstitutive*. Die Konstitution der Kapitalgesellschaft war seit ihren Anfängen immer ein Problem. Das kann den verschiedenen Reformen der Aktiengesetze und ihrer Vorläufer entnommen werden. Sie wurden übrigens nie mit vorausschauendem Blick auf die Grundfragen der Gesamtführung eines Unternehmens durchgeführt, sondern immer aufgrund von Versagen, Bankrotten oder fragwürdigen Praktiken.

Zu Zeiten eines Georg von Siemens oder John P. Morgan hat das Aufsichtsorgan aber offensichtlich noch funktioniert, und seine Leistungsfähigkeit und funktionelle Wirksamkeit konnte als gegeben betrachtet werden. Was also hat sich geändert, und wo liegen die Gründe für die Probleme? Die folgenden sieben Punkte sind dabei wesentlich:[16]

1. Ein erster Grund liegt in der *Entstehung und im prinzipiellen Erfolg der großen Publikumsgesellschaft*. In der ursprünglichen Konzeption sollten in den obersten Organen die *Eigentümer-Unternehmer* vertreten sein, was auch im 19. und sehr frühen 20. Jahrhundert in den damals großen Gesellschaften so war. Die Aktien waren in den Händen einiger weniger Einzelpersonen, die je einen beträchtlichen Anteil an der Gesellschaft hielten. Ihre Interessen waren klar und für jeden außer Zweifel – und es waren unternehmerische Interessen. Sie widmeten dem Unternehmen ihre volle Aufmerksamkeit, einen erheblichen Anteil ihrer Zeit, und wenn sie überhaupt in mehreren Aufsichtsorganen vertreten waren, dann waren es in jedem Falle sehr *wenige* Mandate.

Heute gibt es nur noch in den wenigsten Aufsichtsorganen in nennenswertem Ausmaß echte Eigentümer, die ein aus dem Eigentum resultierendes, *unternehmerisches* Interesse vertreten, mit ihrem persönlichen Kapital haften und über Branche und Geschäft des Unternehmens wirklich Bescheid wissen. Die Mitglieder heutiger Aufsichtsorgane haben zwar *allgemeine* Wirtschaftskenntnisse, und sie kennen

---

16 Siehe dazu auch Drucker, Peter F.: *Management*, London 1973, Seite 627ff.

ihre Branche und *ihr* Geschäft (z. B. die Bankenvertreter), aber häufig in viel zu geringem Umfange die Spezifika des beaufsichtigten Unternehmens, unter anderem wegen der immensen Komplexität, die heutige Unternehmen in der Regel haben.

2. Ein zweiter Grund ist, dass die Erfüllung der dem Aufsichtsorgan zugewiesenen Aufgaben in Wahrheit ein *Vollzeitengagement* oder jedenfalls einen erheblichen Zeitanteil erfordert, während tatsächlich diese Funktion fast überall teilzeitlich und noch dazu mit einem meistens *kleinen* Zeitanteil erfüllt wird.

Eine Ausnahme könnte man vielleicht beim deutschen und dem deutschen Recht nachempfundenen Aufsichtsrat machen, der im Gegensatz zu anderen Ländern, wenn man ihn restriktiv interpretiert, *nur* Kontrollfunktionen ausübt. Aber selbst diese und die damit verbundenen Genehmigungsrechte und -pflichten sowie die daran geknüpfte Verantwortlichkeit erfordern um Faktoren mehr Zeit, als üblicherweise aufgewendet wird, wenn die Aufgaben gewissenhaft und verantwortungsbewusst erfüllt werden sollen.

3. Ein weiterer Grund für mangelhaftes Funktionieren liegt zweifellos darin, dass starke Exekutivmanager häufig gar kein kompetentes Aufsichtsorgan *wollen*. Zumindest haben viele, wenn auch unausgesprochen, eine *ambivalente* Haltung gegenüber der Unternehmensaufsicht. Nach deutschem Recht haben sie auch weitgehende Möglichkeiten, den Aufsichtsrat »leerlaufen« zu lassen, und nicht selten tun sie es daher auch.

Die Gründe für diese Ambivalenz sind einsichtig: Ein wirksames, oberstes Organ verlangt Höchstleistungen von den Exekutivorganen; es stellt viele und unangenehme Fragen; es will Details kennen und verlangt Begründungen, und zwar bevor Entscheidungen zu treffen oder zu genehmigen sind. Ein wirksames Aufsichtsorgan will Alternativen diskutieren, bevor es Anträge genehmigt, und es will bei wichtigen Personalentscheidungen mehrere Kandidaten sehen und kennenlernen, bevor es zustimmt.

Dies alles wird von den Exekutivorganen nicht selten als Einschränkung und Beschneidung ihrer Rechte empfunden, als Kompetenzüberschreitung, als Zweifel an ihrer fachlichen Kompetenz, als Misstrauen und gelegentlich als Bedrohung ihrer Machtposition.

4. Ein vierter Grund für die Funktionsmängel liegt im *Informationshaushalt*, der den Aufsichtsorganen üblicherweise zur Verfügung steht.

Kompetente Aufsichtsmitglieder werden gelegentlich auch wissen wollen, wie die *wichtigsten Systeme* in einem Unternehmen funktionieren (Strategie, Planung und Kontrolle), ob sich die Exekutivorgane mit den wirklich *wesentlichen Problemen* befassen, ob die *richtigen Dinge* verfolgt und gemessen werden (z. B. die Produktivität), und sie werden gelegentlich ein Auge auf die *Unternehmenskultur* werfen. Sie wollen hin und wieder mit den Managern von Tochtergesellschaften und Geschäftsbereichen reden, und sie wollen sich dann und wann durch persönlichen Augenschein ein Bild über die Lage in den Märkten, den Vertriebsorganisationen und Absatzkanälen machen.

Ohne sich mit diesen Dingen zu befassen, ist es *unmöglich*, kompetente oberste Kontrolle auszuüben, außer, wie erwähnt, in Perioden stabiler und günstiger Wirtschaftsentwicklung.

5. Die Ambivalenz der Exekutivorgane gegenüber Aufsichtsorganen, aber auch die Mängel in der Funktionsweise haben einen fünften Grund. Es ist keine Seltenheit, dass Mitglieder von Aufsichtsorganen *zu wenig Kenntnis über Management* haben. Dieser Mangel ist übrigens auch bei manchen Exekutivorganen häufiger anzutreffen, als wünschenswert ist.

Wie sonst wäre es zu erklären, dass mit schöner Regelmäßigkeit eine falsche Akquisitions- und Diversifikationspolitik betrieben wird, Konglomerate gebildet werden, eine falsche (in der Regel auf Sortimentsausweitung beruhende) Wachstumspolitik verfolgt wird, wesentliche Innovationen falsch angepackt werden, Organisationsstrukturen etabliert werden, die nicht funktionieren können, und nicht selten eine desaströse Personalpolitik festgestellt werden kann?

Man kann und muss als Aufsichtsorgan wissen, welches die Elemente einer guten und richtigen Unternehmenspolitik und Unternehmensstrategie sind; man kann und muss wissen, dass Akquisitionen, Diversifikationen und Konglomerate nur ganz selten funktioniert haben und wenn, dann nur unter Vorliegen ganz bestimmter Voraussetzungen; man kann und muss wissen, wie man krankes Wachstum von *gesundem* Wachstum unterscheidet, und schließlich kann und muss man wissen, nach welchen Kriterien und mit welchen »Messinstrumenten« man die »Gesundheit« eines Unternehmens zu beurteilen und zu bestimmen hat.

6. Ein weiterer mit Punkt 5 zusammenhängender Grund liegt darin, dass es bis heute keinen Konsens darüber gibt, wie ein Unternehmen *über-*

haupt zu führen ist. Was im Englischen als »Corporate Governance« bezeichnet wird, ist theoretisches Notstandsgebiet, nicht wirklich durchdacht und aufgearbeitet. Teilweise mag das daran liegen, dass hier eine Schnittfläche mehrerer akademischer Disziplinen vorliegt, Jura, Betriebswirtschaftslehre, Ökonomie, Management, Psychologie und bis zu einem gewissen Grade auch Politologie. Thematische Schnittflächen passen nicht in die akademischen Kategorien. Sie würden interdisziplinäres Arbeiten erfordern.

Nur bei wenigen, besonders kompetenten Wirtschaftsführern kann ein ihrer Funktion entsprechender Kenntnisstand zur Corporate Governance festgestellt werden. Wenn die *Grundlagen* nicht klar sind, ist es kein Wunder, wenn die Funktionsweise der Unternehmensaufsicht problematisch ist. Diese Grundlagen mochten früher keine entscheidende Rolle gespielt haben. Ihr Fehlen konnte durch Pragmatismus überspielt werden. Die heutige Bedeutung der großen Unternehmen macht Klarheit in diesem Punkt unabdingbar.

7. Ein letzter Grund ist die *unmittelbare Führung* eines Aufsichtsgremiums durch seinen Präsidenten. So banal es klingen mag: Schlecht vorbereitete, geführte und nachbearbeitete Sitzungen sind weit häufiger selbst auf dieser Ebene anzutreffen (von den nachgelagerten Stufen des Unternehmens ganz zu schweigen), als man meinen möchte und als dem Unternehmen guttut.

Breite und Tiefe der Diskussion, Offenheit und Härte der Auseinandersetzung, das Prozedere der Entscheidungsfindung usw. lassen vielfach zu wünschen übrig. Gruppendynamische und »Group Think«-Phänomene spielen eine weit größere Rolle, als man zuzugeben bereit ist.

Wie ich im Vorwort sagte, kommt eine Auseinandersetzung mit der Funktionsweise der Unternehmensaufsicht nicht um Kritik herum. Man kann meinen kritischen Anmerkungen entgegenhalten, dass die größere Zahl der Unternehmen doch in Ordnung sei und dass man nicht von einigen Poblem-, Krisen- und Skandalfällen auf die Gesamtheit der Unternehmen schließen dürfe.

Zum *Ersten* konzediere ich, dass es auch gut funktionierende Unternehmensaufsicht gibt. Gerade daraus kann gelernt werden. Zum *Zweiten* bezieht sich meine Kritik zunächst nicht auf die *Unternehmen* als solche, sondern auf die *Organe* der Gesamtführung, in erster Linie die

Unternehmensaufsicht und in gewissem Umfange auch die Exekutive. Ein Unternehmen *kann* auch dann funktionieren, wenn die Aufsichtsorgane schwach und unwirksam sind. Ein guter Vorstand *kann* ausgezeichnete Arbeit leisten. Er tut es dann trotz, aber nicht wegen des Aufsichtsorgans. Ich gehe einen Schritt weiter: Ein Unternehmen kann sogar mit einem schwachen Aufsichtsrat *und* einem schwachen Vorstand noch funktionieren, zumindest eine Zeitlang und in wirtschaftlichen Situationen, die keinen wesentlichen Entscheidungsbedarf mit sich bringen.

Es ist nicht selten, dass ein kompetentes, erfahrenes Middle Management Schwächen des Vorstandes kompensiert. Die eigentliche Arbeit wird häufig auf den Ebenen unterhalb des Vorstandes geleistet. In meiner Beratungspraxis konnte ich immer wieder erleben, dass Vorstände wenig bewegten, aber das Unternehmen trotzdem nach üblichen Maßstäben gute *operative* Ergebnisse vorwies. Meistens konnte ich allerdings gleichzeitig beobachten, dass die *strategische* Position schon erhebliche Erosionserscheinungen aufwies. Das interessierte aber solche Vorstände nicht, oder es ging in den gelegentlich kafkaesken Machtgefügen unter, solange es sich in den Bilanzergebnissen nicht zeigte. Es ist ja auch keine Seltenheit in der Politik, dass unfähige Minister durch einen exzellenten Beamtenstab daran gehindert werden, Schaden anzurichten. Aus dem guten Funktionieren des *Unternehmens* allein kann also *noch nicht* auf das gute Funktionieren aller oder einzelner Gesamtführungsorgane geschlossen werden.

In vielen Ländern wurden in den letzten Jahren die gesellschaftsrechtlichen Vorschriften für die Unternehmensaufsicht reformiert, meistens – wie erwähnt – nicht aus weiser Vorausschau oder um den geänderten wirtschaftlichen Umständen Rechnung zu tragen, sondern aus bitterer Erfahrung mit konkreten Anlassfällen. Die Reformen gingen in der Regel in zwei Richtungen: *erstens* brachten sie eine Verschärfung der Verantwortung des Aufsichtsorgans und eine Erleichterung des Verfahrens, um diese Verantwortung gegebenenfalls auch einzufordern. *Zweitens* wurden die Kompetenzen des Aufsichtsorgans ausgeweitet, unter Umständen, wie in der Schweiz, so weit, dass die Gesamtführung des Unternehmens ausschließlich und teilweise undelegierbar dem Verwaltungsrat zugeordnet wird.

Die Reformen, die zum Teil zu weit oder jedenfalls an die Grenze des Vernünftigen gehen, haben aber keineswegs direkt zu einer Verbesserung der Funktionsweise der Aufsichtsorgane geführt. Bei den gut geführten Unternehmen brauchte sich nichts zu ändern, und bei den schlecht geführten hat sich (noch) nicht viel geändert. Zunächst sind vor allem Verwirrung und Verunsicherung entstanden, denn die Reformen haben erst das ganze Ausmaß und die Tragweite der Funktionsmängel sichtbar gemacht. Nun erst stellt sich die Frage, wie man denn *praktisch* den neuen, hohen Ansprüchen des Gesetzgebers nachkommen kann. Dies eben ist nicht ein juristisches Problem, sondern eine *Managementfrage* – nicht im trivialen Sinne des Wortes »Management«, sondern im Sinne einer umfassenden Gestaltung, Lenkung und Steuerung des Unternehmens, der einzigen Institution zur Schaffung von gesellschaftlichem Wohlstand. Jetzt erst zeigt sich, wie wenig Grundlagen und Klarheit es für die »Corporate Governance« gibt, wofür wir im Deutschen nicht einmal ein passendes Wort haben.

Ist Kritik gerechtfertigt?

Es stellt sich die Frage, ob die Wirtschaft im deutschsprachigen Raum – aber das gilt auch für andere Länder – wirklich so gut ist, wie sie sein könnte und müsste? Sie *war* gut über eine lange Periode *günstiger Konjunktur* und in einer Periode der *Verkäufermärkte*. Wie sieht es hingegen aus mit der *Vorbereitung für die Zukunft?*

In jedem Land gibt es bestens geführte und funktionierende Unternehmen. Man kann aber doch eine Reihe von Branchen konstatieren, in denen sich in den letzten Jahren Schwächen entwickeln konnten, wo mit der Rezession die Unzulänglichkeiten sichtbar und Maßnahmen nötig wurden, die bei *vorausschauender* Führung durch die Exekutive und durch kompetente Aufsichtsorgane zu vermeiden gewesen wären.

Zum Beispiel:

- Programme zur *Kostensenkung* in zweistelligen Prozentsätzen sind nur nötig, wenn vorher über Jahre die Kostenkontrolle versagt hat, von den Vorständen nicht durchgeführt und vom Aufsichtsrat nicht erzwungen wurde.
- *Kapazitätskürzungen und Massenentlassungen* können nur notwendig werden, wenn vorher jemand jene Entscheidungen getroffen hat und jemand anderer sie genehmigt hat, die zu Überkapazitäten und zu personellen Überbesetzungen geführt haben.

- *Produktivitätsrückstände* in den zu beobachtenden Größenordnungen können nicht über Nacht eintreten. Sie bauen sich über Jahre auf und müssen als Indiz für das Versagen von Exekutiv- und Aufsichtsorganen verstanden werden.
- Mangelnde *Marktorientierung, Qualitätsnachteile,* Vorbeioperieren am *Kundennutzen,* das Übersehen der Entstehung völlig neuer Vertriebskanäle und eine Reihe (nicht alle) von *Technologieversäumnissen* können nicht anders als mit mangelhafter Führung und Aufsicht erklärt werden.
- *Wuchernde Bürokratie* und *aufgeblähte Stabsorganisationen* können nur von der Spitze des Unternehmens aus verhindert oder bekämpft werden. Wird es dort nicht gemacht, kann es nirgends sonst gemacht werden.
- Vor den Augen einer amüsierten Öffentlichkeit und schockierten Mitarbeitern über Monate ausgetragene *Machtkämpfe* zwischen Vorständen sind nur möglich, wenn die Unternehmensaufsicht versagt.

Zumindest die Entstehung *dieser* Probleme ist den Unternehmensspitzen zuzuschreiben, und zwar völlig unabhängig von der Konjunkturlage und der Wirtschaftspolitik. Mit Ausnahme der Überkapazitäten haben diese Probleme auch nichts zu tun mit einer fehler*haften* Lagebeurteilung, sondern eher mit dem *Fehlen* einer solchen.

Mit Fehleinschätzungen der Lage wird man zwar immer rechnen müssen. Das ist ein Punkt, den ich *nicht* zum Versagen der Unternehmensspitze zähle, sondern zu den unvermeidlichen Risiken des Wirtschaftens. Aus meinen Kontakten mit Führungskräften aller Organisationsstufen ergibt sich jedoch, dass die Kunst und Methodik der Lagebeurteilung häufig unterentwickelt ist. Zu viele Führungskräfte, auch an der Spitze, sind unkritisch wachstumsgläubig; denken linear von der Vergangenheit in die Zukunft; vertrauen darauf, dass ihnen die Konjunktur schon helfen wird und befassen sich ganz allgemein zu wenig gründlich, gewissenhaft und sorgfältig mit dem *Durchdenken* und *Hinterfragen* der Grundlagen und Voraussetzungen ihres Geschäftes, mit Trends und vor allem mit Trendbrüchen. Nur wenige sind mental auf die Möglichkeit einer Rezession vorbereitet. Auch das gehört zu den Aufgaben des Aufsichtsorgans – dafür zu sorgen, dass eine präzise Lagebeurteilung durchgeführt wird.

Klassische, aber vermeidbare Managementfehler

In den letzten Jahren wurden – zu oft – einige *klassische* Managementfehler begangen, die die Kompetenz der Spitzenorgane nicht in ungetrübtem Licht erscheinen lassen.

Wenn *kleine* Unternehmen in Schwierigkeiten geraten, findet das meistens keine öffentliche Beachtung. Wenn dies *großen* und renommierten Konzernen passiert, ist das ganz anders. Große Unternehmen sind *sichtbar,* und man orientiert sich an ihnen als *Standard* für die Qualität des Handelns von Führungskräften. Sie werden als stellvertretend für *die* Wirtschaft wahrgenommen.

Wenn große Konzerne in eine Schieflage geraten, geht es um Dimensionen, die alle interessieren: Tausende von Arbeitsplätzen in einer ohnehin schon schwierigen Arbeitsmarktlage; Milliardenverluste, die – scheinbar überraschend – plötzlich zur Kenntnis genommen werden müssen, obwohl noch kurze Zeit zuvor von zumindest ausgeglichenen oder sogar guten Ergebnissen gesprochen wurde; das Schicksal von Regionen und Industriezweigen. Prominente Führungskräfte, die bis dahin als Qualitätsmaßstab für weitsichtiges, unternehmerisches Handeln galten, treten zurück, müssen aufgeben, fallen in einen unternehmerischen Abgrund. Denkmäler werden von ihren Sockeln gestürzt, und nicht selten sind es dieselben Journalisten, die noch bis vor kurzem Loblieder auf die betroffenen Unternehmen und Personen sangen, die jetzt die schärfste Kritik üben.

Hatten sich diese Journalisten vorher getäuscht? Waren die Entwicklungen wirklich nicht vorhersehbar? Liegen die Ursachen der Debakel in den »Umständen« – der Wirtschaftslage, der Wirtschafts- und Industriepolitik, oder haben die Manager Fehler gemacht?

Meistens kommen in solchen Fällen *mehrere* Faktoren zusammen. Aber so sehr auch die »Umstände«, also die Wirtschaftslage, die Wirtschaftspolitik, Wechselkursschwankungen, Lohnkosten und Steuerbelastung eine Rolle spielen mögen – in den Fällen der jüngeren Vergangenheit sind *klassische* und *gravierende* Managementfehler erkennbar. Zumindest diese hätte man vermeiden können.

Sie illustrieren auf teilweise dramatische Weise, wie wichtig kompetentes, gutes und richtiges Management ist. Sie veranschaulichen auch sehr eindringlich, wie *Zeitgeistströmungen* und *Modewellen* das Denken verseuchen können. Dies mag toleriert werden müssen bei der breiten Masse.

Es ist nicht entschuldbar bei den *Spitzenführungskräften* in Wirtschaft und Gesellschaft.

Meine folgenden Kommentare zu diesen Fällen sind nicht »Besserwisserei im Nachhinein«, vielmehr habe ich meine Auffassungen zu diesen Dingen unter Nennung von »Ross und Reiter« seit langem öffentlich schriftlich und mündlich dargelegt. Diese Fehler passierten nicht zum ersten Mal in der Wirtschaftsgeschichte. Im Gegenteil wiederholen sie sich mit unnötiger Regelmäßigkeit. Die Lehren daraus werden jedoch immer wieder vergessen, oder man empfindet es als unnötig, sie zu ziehen. Geschichte ist nicht gerade eine Stärke von Managern. Es würde sich aber lohnen, die Perioden von 1865 bis 1873 und von 1920 bis 1929 zu studieren. Auch aus den Jahren 1965 bis 1975 lässt sich lernen. Eines der besten Beispiele ist auch der Fugger-Konzern und dessen Aufstieg und Fall zwischen Ende des 15. und etwa Mitte des 17. Jahrhunderts. Einzelheiten und Begriffswelt variieren; die Grundmuster von Ursachen und Verlauf sind dieselben.

Ich spreche hier *nicht generell* von unternehmerischen Fehlentscheidungen, die es immer, auch bei noch so gewissenhafter Arbeit, geben wird. Ich spreche auch nicht von Dingen, die niemand vorhersehen konnte und die man daher als Pech oder Schicksal hinnehmen muss. Hier ist die Rede von Manövern und Verhaltensweisen, von denen wir erstens *wissen*, dass sie *meistens falsch sind*, und von denen zweitens *bekannt* ist, dass sie *nur* dann gerechtfertigt werden können, wenn man immer die *günstigsten* Zukunftsentwicklungen unterstellt. Die Zukunft entwickelt sich aber nicht immer günstig.

Fehler Nr. 1: Diversifikation aus falschen Gründen

In zahlreichen Fällen werden die Schwierigkeiten und Stolpersteine illustriert, die mit einer falsch angelegten *Diversifikationspolitik* verbunden sind. Ich behaupte *nicht*, dass Diversifikation nie funktioniert. Es gibt einige Beispiele, in denen das gut ging. Aber sie sind *selten*. Der weitaus größte Teil der Diversifikationsstrategien ist entweder gescheitert oder hat nur zu marginalen Erfolgen geführt. Das alte Sprichwort »*If you don't know how to run your business then diversify*« hat seine Berechtigung.

Die Mehrzahl der Unternehmenserfolge sind *Konzentrationserfolge*. In den Fällen, in denen Diversifikation gut ging, lagen entweder *exzeptionell günstige Umstände* vor (z. B. lang anhaltende Phasen ungestörter wirtschaftlicher Prosperität) oder sie haben eine ganz *präzise Logik*. Erfolgreiche Diversifikationen werden auf eines von zwei Fundamenten gebaut, die ein Unternehmen *schon haben muss*, nicht solche, die man erst aufbauen muss. Als Fundamente kommen *ausschließlich* infrage *Markt* und *Technologie*, und zwar in dieser Reihenfolge. Praktisch niemals kann man andere Grundlagen (z. B. Finanzen) erkennen, auf die erfolgreich und dauerhaft eine Diversifikationsstrategie aufgebaut werden konnte. Aber selbst die Begriffe »Markt« und »Technologie« sind noch zu allgemein. Fast immer sind es ganz *spezifische, enge* Stärken und Kompetenzen auf diesen beiden Feldern, die ausschlaggebend sind für den Erfolg, z. B. die Fähigkeit, Massenverbrauchsgüter zu vermarkten, oder noch enger, Marken-Massenkonsumgüter-Marketing, wie das etwa bei *Philip Morris* unterstellt werden darf, die aufgrund der Probleme in der Tabakindustrie diversifiziert haben, und zwar nach allem, was bisher gesehen werden kann, erfolgreich.

In der Regel werden aber drei ganz andere Gründe für die Rechtfertigung einer Diversifikationspolitik genannt: *Wachstum und Expansion*, *Risikostreuung* und *Synergien*. Über alles wird dann als Baldachin eine *Vision* gespannt, und damit darf man sicher sein, dass einen eine Zeitlang der Applaus der Zeitgeistvertreter begleitet. Diese drei Gründe sind jedoch die *entscheidenden* Gefahrenquellen, und das Mäntelchen der Vision verschleiert sie.

1. Wachstum und Expansion oder der Unterschied zwischen Größe und Stärke

Wachstum und Expansion für sich genommen dürfen niemals oberste Unternehmensziele sein. Wachstum um des Wachstums oder der Größe willen ist eine falsche Strategie.

Das hat nichts zu tun mit wachstumsfeindlicher Haltung. Gegen große und expandierende Unternehmen ist nichts einzuwenden. Man darf jedoch nie etwas tun, *weil man wachsen will*. Möglicherweise muss ein Unternehmen wachsen, um ganz *andere* Ziele zu erreichen, meistens eine ausreichend verteidigungsfähige *Marktstellung*. Wenn *dieser* Grund gegeben ist, dann ist Wachstum *notwendig*, sonst aber nicht, jedenfalls nicht über jenes Maß hinaus, das durch eine inflationäre Wirtschaftslage nötig ist. Es gibt noch immer zu viele Manager, die *Größe* und *Stärke* nicht unterscheiden können. Wachstum, das zu Stärke führt, ist gut – und Stärke hängt mit Marktstellung zusammen. Wachstum, das nur zu Größe führt, ist im günstigsten Falle »Fettsucht«, im ungünstigen »Krebs«.

Hinter falsch verstandenen Wachstumszielen stehen entweder *Unkenntnis* in Unternehmensführung oder eine *imperialistische* Einstellung des Managements, nicht selten der Wunsch, wenn auch unausgesprochen und nie zugegeben, sich ein Denkmal zu setzen. Unternehmen haben aber nicht den Zweck, Denkmäler für ehrgeizige Manager zu sein, nicht einmal für Unternehmer. Wachstum ist nicht selbst ein Ziel, sondern es muss in den Dienst klar definierter, *anderer* Ziele gestellt werden. Wachstum darf nicht Selbstzweck sein, es muss ein Mittel zu einem anderen Zweck sein, und zwar zu *außerhalb* und *jenseits* der persönlichen Ambitionen von Personen liegenden Zwecken.

Auch die Erzielung höherer Gewinne wäre kein guter Grund, eine forcierte Wachstumspolitik zu rechtfertigen. Damit wird häufig das zukünftige Desaster programmiert. Gewinn darf, wie ich in Teil I, Kapitel 4 noch begründen werde, niemals das oberste Ziel der Unternehmensführung sein. Gewinn muss verstanden werden als der wichtigste *Maßstab* dafür, wie *gut* ein Unternehmen seinen *wirklichen* Zweck erfüllt, nämlich *durch seine Marktleistung zufriedene Kunden zu schaffen*.

Dieser Gedanke ist noch immer größeren Teilen der Wirtschaft wenig vertraut und steht in Widerspruch zur Lehre vom Shareholder Value. Diese Lehre halte ich für *falsch* und *gefährlich*, so sehr sie auch zurzeit in Mode ist. Sie wird sich als eine kurzlebige Mode erweisen und als ein Grund für weitere Unternehmenskollapse (siehe auch dazu Teil I, Kapitel 4).

2. Risikostreuung oder die Illusion vom erfolgreichen Vielfrontenkrieg

Diversifikation wird häufig mit Risikostreuung begründet. Risikostreuung darf aber *nie* ein Diversifikationsgrund für das *Management* sein, obwohl das ein *guter* Grund für einen *Investor* sein kann. Das sind aber zwei verschiedene Dinge, die strikt auseinandergehalten werden müssen. Manager (obwohl sie natürlich Investitionen tätigen) sind im Regelfall keine Investoren, ausgenommen in einigen Bankenbereichen und in einem Teil der Versicherungswirtschaft. Vielleicht geht das auch noch an für die reinen Holdingkonstruktionen, aber schon dort ist erhebliche Skepsis bezüglich der langfristigen Sinnhaftigkeit und vor allem bezüglich der Performance angebracht.

Regelmäßig führt Diversifikation in Wahrheit nicht zu einer Risiko-

streuung, sondern im Gegenteil zu Risiko*akkumulation*. Je größer die Zahl der verschiedenen Geschäfte ist, umso mehr kann schiefgehen. Jeder Ingenieur weiß aus eigener Erfahrung, dass Murphy mit seinen »Gesetzen« recht hat, die sinngemäß lauten: »*Was immer schiefgehen kann, geht schief*« – und »*Ein Problem tritt nie allein auf*« – und »*Die Probleme treten immer zum ungünstigsten Zeitpunkt auf*«.

Wenn nicht Scheitern die Folge von Diversifikation ist, so ist das Mindeste, was man beobachten kann, dass die Performance von Mischkonzernen in Summe und über einen längeren Zeitraum betrachtet bestenfalls *mittelmäßig* ist.

3. Synergie oder die Jagd nach dem Regenbogen

Synergie ist der *gefährlichste* Grund für Diversifikation. Ich behaupte nicht, dass es so etwas wie Synergie nicht gibt, aber es ist jedenfalls in der Wirtschaft etwas Seltenes. Wo immer eine Strategie mit Synergie *begründet* oder *gerechtfertigt* wird, sollte man wachsam sein und sich die Dinge sehr genau ansehen.

Wenn ich Manager, die den Begriff »Synergie« häufig bemühen, frage, was das sei, lautet die Antwort meistens: »*Synergie liegt vor, wenn eins und eins gleich drei ergibt.*«

Geht man den Dingen auf den Grund, stellt sich fast immer heraus, dass sich hinter dem, was viele Manager als Synergie bezeichnen, einfache und altbekannte betriebswirtschaftliche Sachverhalte verbergen, die weder besondere Probleme aufwerfen noch neue Bezeichnungen benötigen. Hier zwei typische Beispiele, die nicht erfunden sind, sondern aus vielen Diskussionen über Synergie schließlich als »Barwert« herauspräpariert werden konnten: (1) Bessere Auslastung der eigenen Kapazitäten, wenn man ein Konkurrenzunternehmen aufkauft und dessen Kapazitäten stilllegt. Mit Synergie hat das nichts zu tun. Es ist »*bessere Kapazitätsauslastung*«. (2) Bessere Nutzung des in zwei Unternehmensbereichen vorhandenen Know-hows, das deshalb brachlag, weil die beiden Vorstände sich gegenseitig nicht leiden konnten und alles unternahmen, um ihre Bereiche abzuschotten. Es wurden monatelang zeitraubende Unternehmenskulturprogramme und Synergieworkshops abgehalten, statt dass der direkte Vorgesetzte dieser beiden Bereichsleiter seine Führungsaufgabe wahrgenommen hätte und den beiden Streithähnen klargemacht hätte, worin ihre Verpflichtungen gegenüber dem Unternehmen bestehen und wofür sie bezahlt werden.

Um diese Modewellen und Zeitgeistströmungen im Management wird gerne das Mäntelchen der »Vision« gelegt, ein Wort, das sich seit Mitte der achtziger Jahre in Managerkreisen besonderer Beliebtheit erfreut. Es gilt als Ausdruck ausgeprägter Modernität und symbolisiert jene Topmanagement-Qualitäten, nach denen laut gerufen wird: Kreativität, unternehmerischer Weitblick, Risikofreude, Pioniergeist und die charismatische Persönlichkeit.

Dass Manager über den Tellerrand des operativen Geschäftes blicken müssen, eine klare Vorstellung über die Entwicklung des Geschäftes brauchen, eine durchdachte Business Mission benötigen und eine präzise und robuste Unternehmensstrategie, ist unbestritten. Das gehört zu den *elementaren* Aufgaben des Managements. Visionen sind aber *etwas anderes*. Der *Brockhaus* 1993 führt unter »Vision« kurz und bündig »*Gesichts- oder Sinnestäuschung*« auf. Das ist es, auch wenn einige Modeautoren zum Teil verzweifelte, zum Teil auch nur amüsante und zum Teil einfach lächerliche Anstrengungen unternehmen, diesem Wort einen anderen Sinn zu geben. Um was es hier geht, ist mehr als sprachliche Empfindlichkeit. Die Sprache beeinflusst das Denken und damit die Entscheidungen. Gute Führungskräfte wussten das immer schon – und die Verführer wussten es auch.

Was die Visionsapostel bis heute trotz ihrer voluminösen Schriftenproduktion schuldig geblieben sind, ist eine klare Unterscheidung (und präzise Kriterien dafür) von Visionen als tragfähiger Basis für die Vornahme von Investitionen einerseits und den Tagträumen von Spätpubertierenden andererseits, die Unterscheidung also zwischen einer *guten* und einer *schlechten* Vision – wenn man schon glaubt, allenfalls auf dieses Wort nicht verzichten zu können. Ich würde es in einem Unternehmen aus dem Wortschatz streichen.

Was eine gute Strategie ist, *wissen* wir heute, und wir können sie klar von einer schlechten unterscheiden. Wir *wissen*, welchen Anforderungen eine sauber formulierte Business Mission genügen muss, und ebenso ist *bekannt*, wodurch sich ein brauchbares Unternehmensleitbild von inhaltsleeren Floskeln unterscheidet. Diese in den letzten rund drei Jahrzehnten erarbeiteten Fortschritte in der Managementlehre werden von den Visionsvertretern großzügig übersehen, sie verschwenden ihre Zeit nicht für die Niederungen arbeitsintensiver Forschung, weil sie sich ja den »höheren«

Dingen widmen müssen. Sie befassen sich mit der Metaphysik der Unternehmensführung, und sie sind stolz darauf, nichts von Bilanzen zu verstehen und einen Controller-Report nicht lesen zu können. Der Unterschied zwischen ihnen und einer vernünftigen und verantwortungsvollen Managementlehre ist derselbe wie jener zwischen Astrologie und Astronomie.

Für eine *erfolgreiche* Diversifikationspolitik braucht man in erster Linie eine *klare und präzise Logik* und nicht hochgestochene Modewörter, die sich bei genauer Analyse als weitgehend inhaltsleer erweisen und hinter denen schlicht ein Mangel an Kenntnissen über Management steht.

Und *wenn* die Logik des Geschäftes stimmt, dann braucht man noch etwas Zweites: *professionelle Manager mit Erfahrung in großer Anzahl.* Selbst die großen Unternehmen haben davon fast immer zu wenig. Die Schlagzeilen verursachenden Fälle synergetisch-visionärer Diversifikationsdesaster hätten *vielleicht* gut gehen können, wenn man ein »Management-Dream-Team« zur Verfügung gehabt hätte, und *vielleicht* hätten sie gut gehen können, wenn wir statt turbulenter Zeiten zwei Jahrzehnte Hochkonjunktur hätten. Dies für Investitionsentscheidungen zu unterstellen ist Tagträumerei, und daher waren die Erfolgschancen von Anfang an gering – etwas, was man auch wissen *konnte* und *musste*. Ein Aufsichtsorgan, das der Entstehung solcher Fehler nicht entschieden entgegentritt, versagt in seiner wichtigsten Aufgabe.

Fehler Nr. 2: Integrierte Technologiekonzerne und die Faszination von High-Tech

In den Problemfällen der letzten Jahre spielt die Vorstellung von »integrierten Technologiekonzernen« eine wesentliche Rolle. *Noch irreführender* könnte man die Business Mission für ein Unternehmen nicht formulieren. Die erste Anforderung an die Formulierung des grundlegenden Geschäfts*zweckes* und des Geschäfts*auftrages* ist die konsequente *Außenorientierung*, die Fokussierung des gesamten Unternehmens auf den *Markt* und den *Kunden*. Dazu gehört nicht nur der *heutige* Kunde, sondern auch der Markt und Kunde von *morgen*, also nicht nur *aktuelle* Märkte und Kunden, sondern auch die *potenziellen*. Das ist klar für jeden, der die relevante Literatur studiert und seine Hausaufgaben gemacht hat.

Nichts davon ist in der Formulierung »Integrierter Technologiekonzern« zu finden. Sie ist ausschließlich *innenorientiert*. Besser könnte man Innenorientierung gar nicht ausdrücken. Sie konzentriert das Unternehmen exakt auf jene Dinge, die die Welt nun gerade *nicht* interessieren. Die Welt braucht keine integrierten Technologiekonzerne. Was sie braucht, sind Autos (vermutlich noch ziemlich lange und ziemlich gute), Computer und Computersoftware, Flugzeuge, Werkzeugmaschinen, Schiffe, Fernsehgeräte, Kühlschränke usw. Wie man das alles aber entwickelt und herstellt, ist der Welt gleichgültig: Mit welcher Technologie, integriert oder nicht integriert, interessiert sie nicht. Davon abgesehen ist ziemlich unklar, was »Integrierte Technologie« überhaupt ist, wo sie anfängt und aufhört, was dazugehört und was nicht.

Selbst wenn auf nachgeordneten Unternehmensebenen und im Bereich von Tochtergesellschaft dann größere Klarheit besteht, weil es dort eher um die konkreten Produkte und Dienstleistungen geht, so ändert das nichts daran, dass ein Gesamtunternehmen, das so orientiert ist, *falsch* orientiert ist.

Dass man gelegentlich *mehrere* Bereiche der Technik kombinieren muss, um ein Produkt herzustellen, ist nichts Neues. So gesehen hätte man bereits seit langem im Automobilbau von »Integrierter Technologie« reden können, denn immerhin musste man von Anfang an Mechanik und Elektrik und später Elektronik und einige weitere Gebiete zusammenbringen, und man musste sowohl von Stahl als auch von anderen Werkstoffen etwas verstehen. Ähnliches gilt für fast jede Branche. Was sollen also diese Wortmonster?

Eng verbunden mit dieser Fehlorientierung vom »Integrierten Technologiekonzern« ist eine andere Vorstellung, die ebenso falsch und desaströs ist, zumindest dann, wenn sie über einige wenige Unternehmen hinaus *verallgemeinert* wird. Es ist die Vorstellung, dass *jedes* Unternehmen »High-Tech« (oder »High-Chem« oder sonst irgendwie »High«) sein müsse und dass die Zukunft und der Geschäftserfolg ausschließlich in High-Tech lägen. Es gibt viele Politiker, die überhaupt nur noch darüber reden.

Wir werden in Zukunft zweifellos *mehr* von High-Tech haben, und es gibt Unternehmen, die sich damit intensiv befassen *müssen*. Aber es ist gänzlich falsch, das zu verallgemeinern, und es ist volkswirtschaftlich schädlich, wenn eine allgemeine Ausrichtung der Wirtschaft auf Hightech erfolgt. Man übersieht damit die riesigen Geschäftsmöglichkeiten auf Gebieten, die *Low-Tech* oder *No-Tech* sind. Natürlich sind Innovationen wichtig, aber nur ein kleiner Teil betrifft High-Tech. High-Tech produziert

Schlagzeilen, erregt Aufsehen und macht viel Lärm. Außerdem fasziniert das – verständlich genug – junge Ingenieure.

Aber das ist nicht wesentlich. Man braucht die *richtige* Technik, um Nutzen für Kunden zu schaffen. Ob das High-, Low- oder No-Tech sein soll, muss in den Dienst des Kundennutzens gestellt werden. Genauso wie wir *Over-Engineering* hatten und noch immer haben und damit erst den Japanern und später den anderen Asiaten die Flanke öffneten, so haben wir jetzt die Fehlentwicklung der allgemeinen High- und damit *Over-Tech*. Dass dies als allgemeine Ausrichtung der Wirtschaft fragwürdig ist, musste man sogar in Silicon Valley zur Kenntnis nehmen.

Fehler Nr. 3: Wuchernde Komplexität

Es ist unter Intellektuellen und Managern Mode geworden, über die Komplexität der Welt zu reden. Dass sie komplex ist und jeden Tag komplexer wird, ist natürlich eine Tatsache, und sie hat Konsequenzen. Dies wird aber von vielen zum Anlass genommen und als Rechtfertigung dafür benützt, Strategien zu verfolgen, die ebenfalls komplex sind, die Sortimente explodieren zu lassen, drei Dutzend Dinge gleichzeitig anzupacken, zahllose Projekte loszutreten, die Stäbe über jedes vernünftige Maß auszuweiten, ein Unternehmen nach dem anderen zu akquirieren und ganz generell das Unternehmen dem Krebs wild wuchernder Komplexität auszuliefern. Dies ist der falsche Umgang mit Komplexität.

Die Aufgabe des Managements ist das *Gegenteil*: das Geschäft so zu definieren, dass das Unternehmen *einfach genug* bleiben kann, um noch *führbar* zu sein. Nichts ist leichter, als ein Unternehmen über jede Grenze der Führbarkeit hinauszutreiben. Dafür braucht man weder Manager noch Berater.

Gute Manager sind Leute, die die Weisheit besitzen, das Unternehmen auf jene Dinge zu *beschränken*, die es wirklich *beherrscht*, und es so zu organisieren, dass auch *gewöhnliche* Menschen die damit verbundenen Aufgaben erfüllen können. Gute Manager haben den Mut, sich gegen den modernistischen Zeitgeist zu stemmen, und sie machen sich und ihre Mitarbeiter *immun* gegen die Schalmeienklänge intellektueller Rattenfänger. Gute Manager wählen Strategien, die das Unternehmen, so gut es geht, *robust machen* gegen die Wechselfälle der Wirtschaft, mit denen immer zu rechnen ist, seien es Rezessionen, Wechselkursschwankungen oder politische Veränderungen.

Fehler Nr. 4: Personenkult

Ein neu bestellter Finanzvorstand lässt sich als *erste* Amtshandlung die Liste der Dienstwagen seiner Kollegen vorlegen. Er stellt fest, dass im Schnitt jedes Vorstandsmitglied drei Dienstwagen hat, er selbst aber nur einen. Seine Mitarbeiter hegen die Hoffnung, dass nun einer gekommen ist, der den Mut hat, die »heiligen Kühe« zu schlachten und Exzesse abzustellen. Sie werden bitter enttäuscht. Seine *zweite* Amtshandlung besteht nämlich darin, für sich selbst zwei weitere Wagen zu ordern. Was soll man von solchen Leuten halten? Das ist kein erfundener Fall, sondern traurige Realität.

Ebenso Realität ist jener Manager, der als neu bestellter Vorstandsvorsitzender partout einen so großen Schreibtisch haben wollte, dass dieser nicht durch die Flure und Türen des Unternehmens transportiert werden konnte, sondern eine Außenwand herausgebrochen werden musste, damit das repräsentative Stück in das Büro des Vorsitzenden gelangen konnte.

Was ist von Leuten zu halten, die sich aufführen wie der Sonnenkönig, denen jedes Mittel recht ist, um ihr Image zu polieren, die alle anderen für Dummköpfe ansehen, jedem zu erkennen geben, dass sie sich für unfehlbar halten, an jedem Symposium als Schulmeister der Wirtschaft auftreten, statt sich um das Geschäft zu kümmern, und sich ein halbes Dutzend Ghostwriter für ihre Reden und Bücher halten? Vernünftige Menschen werden von solchen Leuten – *wenig* halten. Man wird sie kaum respektieren und als glaubhaft oder vorbildhaft empfinden.

Leider gibt es Aufsichtsräte, die solche Leute in höchste Positionen berufen oder sie dort ungestört agieren lassen. Niemand sage, dies alles sei im Voraus nicht erkennbar. Im Lebenslauf jedes Menschen, der – in eine hohe Position gelangt – im Dienste seiner eigenen Privilegien, seines eigenen Glanzes und Images Personenkult betreibt oder für sich betreiben lässt, gibt es genügend frühe Vorkommnisse mit Signalwirkung. Die Wissenschaft nennt das »*critical incidents*«. In solche Positionen werden keine unbeschriebenen Blätter berufen. Man muss den Dingen nur nachgehen, auf sie achten und sie sehen wollen. Die Neigung zu Personenkult zeigt sich *früh* und *deutlich*, wenn auch anfänglich nur an Kleinigkeiten.

Es gibt jedoch genügend andere Topmanager, die mit echtem Beispiel vorangehen. Die geschilderten Fälle sind, wie gesagt, keine Erfindungen, sondern sie sind so passiert. Sie sind auch keine Einzelfälle, aber sie sind auch *nicht typisch* für die Wirtschaft.

Wenn sie jedoch in Unternehmen von gesamtwirtschaftlicher oder auch nur regionaler Bedeutung vorkommen, so sind sie auch als Einzelfälle nicht tragbar. Exzesse zu verhindern oder rechtzeitig zu korrigieren ist Aufgabe der Aufsichtsorgane. Die Erfüllung ihrer diesbezüglichen Pflichten mag unangenehm und schwierig sein, und es wird Fälle geben, in denen Zivilcourage nötig ist. Dafür sind diese Organe geschaffen worden, und in solchen Situationen entscheidet es sich, ob Führung ausgeübt wird oder man sich mit Mittelmaß und Opportunismus zufriedengibt.

Es gibt Leute, die meinen, die Wirtschaft sei zu wichtig, um sie den Managern zu überlassen. *So ist das nicht.* Aber sie ist zu wichtig, um sie den *schlechten* Managern zu überlassen.

Kapitel 3

Genügt die Führung der Zukunft? – Die große Transformation

Fehleinschätzung der neunziger Jahre

Aussagen über Qualität und Wirksamkeit der Unternehmensführung erfordern einen Maßstab, gegen den verglichen werden kann. Trotz meiner Hinweise auf ernstzunehmende Fehlentwicklungen im vorangegangenen Kapitel und darauf, dass sie bei wirksamer Führung und Aufsicht gar nicht hätten eintreten dürfen, kann dem entgegengehalten werden, dass letztlich doch, wenn auch etwas spät, reagiert wurde. Gelegentlich gibt es auch den Einwand, ein erheblicher Teil der Schwierigkeiten habe seine Ursache nicht in der Wirtschaft, sondern in der Politik. Weder Dramatisierung noch Beschwichtigung sind gute Ratgeber. Auch der Hinweis auf politische Ursachen, selbst wenn er richtig wäre, hilft letztlich nicht. Es zählen die Ergebnisse und nicht die Gründe ihres Zustandekommens.

Würde man also mit Großzügigkeit noch zu einem gesamthaft positiven Urteil für die Vergangenheit kommen und somit auch zum Ergebnis, dass kein ins Gewicht fallender Änderungsbedarf der Gesamtführung aus dieser Sicht gegeben ist, so stellt sich doch die Frage, ob die praktizierte Art der Führung auch in Zukunft genügen wird. Meine Antwort ist nein. Dafür habe ich zwei Gründe.

Der erste Grund ist, dass die Gestaltung der Gesamtführung eines Unternehmens an den Anforderungen des schwierigsten Falles ausgerichtet sein muss. Wie erwähnt, sind in Zeiten gewöhnlicher Wirtschaftslage die Exekutivorgane nur teilweise und die Aufsicht noch weniger gefordert. Ihre Wirksamkeit und Qualität zeigen sich erst dann, wenn man in einer schwierigen Situation ist. Erst die Ausnahmesituation, im positiven oder negativen Sinne, bringt es an den Tag, ob die Führungsorgane ihren Aufgaben gewachsen sind. Die Anforderungen solcher Fälle müssen – sei es eine Krise oder eine einmalige Chance – Maßstab für Ausgestaltung und Funktionsweise der obersten Instanzen sein.

Der zweite Grund dafür, die Wirksamkeit der obersten Führungsorgane an den anspruchsvollsten Maßstäben zu orientieren, ergibt sich aus der mutmaßlichen Entwicklung der Zukunft.

»Wen die Götter zerstören wollen, dem schicken sie vierzig Jahre Erfolg«, war eine Erkenntnis schon der Antike. Noch nie zuvor sind so viele Menschen von so lang anhaltendem Wirtschaftswachstum begünstigt und verwöhnt worden. Wenn etwas über eine lange Zeit schon angedauert hat, dann ist es nicht zu vermeiden, dass die Vergangenheit in die Zukunft extrapoliert wird. Lineare Trendextrapolation ist eine beinahe zwanghafte Reaktion der Menschen, und je länger ein Trend schon angehalten hat, umso berechtigter scheinen die Extrapolationen zu sein. Sie nähren aber falsche Hoffnungen und sind eine der größten Gefahren für jede Gesellschaft. Es gibt – wenn überhaupt – nur eine Gruppe, die Führungselite, die diese Gefahr erkennen, sie vermeiden und auf sie richtig reagieren kann – durch entsprechende Vorbereitung auf den schwierigsten Fall. Nicht die gewöhnliche, sondern die außergewöhnliche Situation muss Richtschnur sein; nicht der Trend, sondern der Trendbruch ist wesentlich; nicht Kontinuität der Entwicklung, sondern ihre Diskontinuität.

Ende der achtziger Jahre und noch anfangs der neunziger Jahre war die allgemeine Überzeugung, dass die Aufwärtsbewegung weitergehen würde. Inzwischen ist sie Ernüchterung und anhaltender Skepsis gewichen. Aber nur wenige Unternehmen waren auf die scheinbar überraschend in den neunziger Jahren eintretende Rezession vorbereitet, obwohl man diese Situation kommen sehen konnte.

Im Frühsommer 1990 habe ich ein Buch über Krisengefahren in der Weltwirtschaft publiziert,[17] das in klarer Gegenposition zur allgemeinen Auffassung von Wirtschaftsexperten, Topmanagern und Politikern stand. Daher hatte ich eine Zeitlang heftige Diskussionen zu bestehen, in denen die Lage, die dann tatsächlich eingetreten ist, für unwahrscheinlich, ja unmöglich gehalten wurde, und daher die Meinung, die ich in diesem Buch vertrat, teils recht emotional abgetan wurde. Aus diesem Grunde kann ich mich gut an diese Zeit und an den verbreiteten Mangel an unternehmerischer Vorbereitung erinnern.

---

17 Malik, Fredmund/Stelter, Daniel: *Krisengefahren in der Weltwirtschaft*, Zürich 1990.

Nach übereinstimmender Meinung von Mainstream-Ökonomie und großen Teilen der politischen und wirtschaftlichen Führungselite hätten die neunziger Jahre das Goldene Jahrzehnt des 20. Jahrhunderts schlechthin werden sollen. Diese Meinung wurde nicht ohne gute Gründe vertreten. Im Wesentlichen war sie auf zwei Elemente gestützt: zum Ersten auf den bevorstehenden europäischen Binnenmarkt und die großen Erwartungen, die man bezüglich Konsum- und Investitionswirkung der Integration hatte, und zum Zweiten auf den Zusammenbruch der kommunistischen Regime und die als logische Konsequenz erwarteten neuen ungesättigten Märkte. War eine noch bessere Konstellation für einen Wachstumsschub überhaupt vorstellbar?

Meine eigenen Überlegungen und Analysen hatten mich damals zu einem ganz anderen und konträren Ergebnis geführt. Ich war der Auffassung – und das ist der Inhalt des erwähnten Buches –, dass alle Voraussetzungen erfüllt waren für eine schwere und lang anhaltende Rezession, verbunden mit hoher Arbeitslosigkeit und einer statt von Inflation (wie sie vorher 20 Jahre zu verzeichnen war) von deflationären Tendenzen geprägten Wirtschaft. Ich habe die Meinung vertreten, dass alle hinreichenden (noch nicht die notwendigen) Voraussetzungen zum ersten Mal nach 60 Jahren wieder erfüllt waren, um eine Wiederholung der dreißiger Jahre zu ermöglichen. Als Folge meiner Analysen habe ich davor gewarnt, den Trend der letzten vier Dekaden linear hochzurechnen, und habe empfohlen, sich stattdessen auf einen langen und harten »Wirtschaftswinter« vorzubereiten. Meine Auffassung war, dass der Wirtschaft eine Periode tiefgreifender Anpassungszwänge bevorsteht und dass diese nicht nur Oberflächenkorrekturen an Wohlfahrtsstaat und Wohlfahrtsgesellschaft erforderlich machen werden, sondern an die Basis einer demokratischen Gesellschaft gehen können – wenn nicht umsichtige Führungskompetenz in Wirtschaft und Politik mobilisiert wird.

Der bisherige Verlauf der neunziger Jahre hat das Szenario jener, die die damaligen Trends extrapolierten, widerlegt. Wir stehen jetzt aber nicht am Ende der Schwierigkeiten, wie das von vielen nach der nun doch schon längeren und zähen Rezession gehofft wird. Ich schlage vor, davon auszugehen, dass wir erst ein Drittel, vielleicht sogar ein Viertel einer fundamentalen Transformation von Wirtschaft und Gesellschaft hinter uns haben. Die größeren Probleme stehen noch bevor, und ihre Lösung wird Führungskompetenz fordern.

Die Entwicklung der neunziger Jahre war in den Einzelheiten ihres Verlaufes je nach Region verschieden, aber nur in wenigen Fällen war sie *grundsätzlich* anders, als ich es in dem angeführten Buch darstellte. *Japan* zeigt den Verlauf dieser Transformation am deutlichsten. Das Land steht in einer schweren deflationären Krise. Die *europäische* Situation ist jedem Leser ohnehin bestens vertraut und braucht nicht näher beschrieben zu werden. Erwähnenswert ist nur, dass kaum eine der Hoffnungen bezüglich der Entwicklung des *europäischen Ostens* erfüllt wurde. Von »blühenden Landschaften« kann nicht einmal in Ostdeutschland, trotz der massiven Hilfe, gesprochen werden, und selbst das vergleichsweise beste Beispiel, *Tschechien*, steht vor schwierigen Problemen. In Westeuropa haben die *Niederlande* und *England* seit kurzem wieder eine bessere Entwicklung zu verzeichnen, aber auch sie sind nicht am Ende der Anpassungsnotwendigkeiten.

Die Rezession hat zeitgleich mit Europa, eher noch früher, auch die USA erfasst, allerdings haben die amerikanischen Unternehmen und vor allem die Gewerkschaften schneller und radikaler reagiert, als das in Europa bisher der Fall war. Dadurch ist den USA eine raschere und in ihrem Verlauf eindrucksvolle Erholung gelungen, die sich aber als Zwischenerholung erweisen wird. Außerdem sind die sozialen Kosten der amerikanischen Anpassung noch nicht zur Gänze sichtbar. Immerhin haben die bisherigen Anpassungen dazu geführt, dass das reale Durchschnittseinkommen der Amerikaner auf den Stand von 1956 zurückgefallen ist. Das entscheidende Problem der USA ist aber die dort entstandene Finanzblase.

Mit Ausnahme Japans können einige südostasiatische Länder einen anderen Verlauf aufweisen, aber die dortigen Erfolge sind bei weitem nicht so groß, wie es in den Medien dargestellt und auch von den meisten Führungskräften geglaubt wird. Zudem spricht vieles dafür, dass gerade die erfolgreichsten asiatischen Länder schon bald mit schweren Rückschlägen konfrontiert sein werden. Auch einige südamerikanische Länder haben große Fortschritte gemacht; von gelösten Problemen kann aber nicht gesprochen werden. Afrika muss wohl, von wenigen Ausnahmen abgesehen, zurzeit als hoffnungslos eingestuft werden.

Wirtschaft und Gesellschaft durchlaufen eine der größten Umwandlungen, die es geschichtlich je gab. Sie ist in Ausmaß und Bedeutung vergleichbar mit Entwicklungen, wie sie historisch erstaunlicherweise etwa alle 200 bis 250 Jahre zu verzeichnen sind.[18] Eine derartige Transformation

---

18 Siehe dazu auch Drucker, Peter F.: *Post-Capitalist Society*, London 1993.

fand im 13. Jahrhundert statt, geprägt durch die Gotik, die Entstehung der modernen Stadt und der ersten Universitäten[19] als Zentrum des geistigen Lebens, durch die neuen urbanen Ordensgemeinschaften der Dominikaner und Franziskaner, die Entstehung der Zünfte als dominanter sozialer Struktur und die Wiederentstehung des großräumigen Handels.

Eine weitere, ähnlich tiefgreifende Umwandlung fand zwischen 1455 und 1517 statt, beginnend mit der Erfindung des Buchdruckes und geprägt durch die Reformation. Es entstand die Renaissance, Amerika wurde entdeckt, es waren die Entstehung der Wissenschaften und die Wiederbelebung der Medizin (besonders der Anatomie) zu verzeichnen, das arabische Zahlensystem fand allgemeine Verbreitung, und diese Zeit brachte die Etablierung des ersten stehenden Heeres – der spanischen Infanterie – seit den römischen Legionen.

Die bisher letzte derartige Transformation begann Mitte des 18. Jahrhunderts und wurde deutlich in den Ereignissen der amerikanischen Verfassung, der Perfektionierung der Dampfmaschine durch James Watt und der damit beginnenden Industrialisierung, in der Französischen Revolution und den Napoleonischen Kriegen. Diese Transformation verwandelte nicht nur die politische Struktur Europas, sie schuf auch die moderne Universität, die Entstehung von Liberalismus und Marxismus oder Kapitalismus und Kommunismus, und sie brachte eine neue europäische Gesellschaftsstruktur.

Diesen Perioden ist gemeinsam, dass sich jeweils innerhalb von etwa 50 Jahren die Gesellschaft, ja die Welt der jeweiligen Zeitgenossen so radikal veränderten, dass später Geborene buchstäblich keine Vorstellung mehr über die Welt ihrer Eltern oder Großeltern hatten. 50 Jahre mögen im Leben eines Menschen als lange erscheinen. Geschichtlich ist das eine kurze Periode. 50 Jahre waren objektiv lange in Relation zur Lebenserwartung des mittelalterlichen Menschen, des Renaissance-Menschen und des Zeitgenossen der Französischen Revolution. Die damaligen Transformationen spielten sich somit über mehrere Generationen ab. 50 Jahre sind aber heute selbst im Leben eines einzelnen Menschen keine besonders lange Zeit mehr.

Die gegenwärtige Transformation wird daher schwerwiegender sein als die früheren, denn sie wird als dramatischer empfunden werden, weil die demografische und psychologische Ausgangslage verschieden ist.

---

19 Oxford sogar schon im 12. Jahrhundert, und dann Padua 1222, Neapel 1224, Paris 1253, Salamanca 1254, Lissabon 1290 und Rom 1303.

Der Anpassungsdruck, der sich früher auf mehrere Generationen verteilte, trifft heute geballt eine einzige Generation. Das ist der demografische Aspekt. Darüber hinaus ist die heutige Generation geschichtlich die erste, die sich im Glauben wiegen konnte, dass es so weitergehen könne wie bisher. Keine andere Generation hat bisher ein so hohes Wohlstandsniveau für die Masse zu verzeichnen gehabt und daher einen so hohen Verwöhnungsgrad. Das ist der psychologische Aspekt. Die Menschen früherer Epochen haben sich vom Leben, von der Gesellschaft und vom Staat nicht viel erwartet. Sie hatten keine Illusionen. Den allermeisten ging es vor und nach einer Transformation nicht gut, und sie hatten daher auch keine besonderen Erwartungen und Ansprüche. Heute ist das anders. Der vor sich gehende Wandel trifft eine Generation, und eine hochverwöhnte. Daher werden schon kleine Rückschläge im Wohlstandsniveau als dramatisch empfunden. Somit werden auch die Anforderungen an die Führung, an die Lotsen durch diese Transformation, wesentlich höher sein.

Nach allem, was zu erkennen ist, ist kaum daran zu zweifeln, dass wir uns also inmitten einer ähnlich umfassenden, tiefgreifenden und schnellen Umwandlungsperiode befinden wie die oben erwähnten historischen Beispiele. In 10 bis längstens 20 Jahren wird nicht mehr sehr viel so sein, wie es heute ist, und es ist eine offene Frage, ob es besser oder schlechter sein wird. Alle Umwälzungsperioden der angeführten Art haben zumindest vorübergehend Wohlstandseinbrüche mit sich gebracht, die Verschiebung der Machtzentren und die Veränderung der politischen und sozialen Struktur.

Es wird nicht möglich sein, den Verlauf dieser Transformation und die sich daraus ergebenden Folgen im Einzelnen zu beschreiben. Wir hatten zwar noch nie so viele Zukunftsforscher und Trendgurus wie heute, aber die Zukunft ist nicht prognostizierbar. Was hingegen beschrieben werden kann, sind einige Entwicklungen, die schon eingetreten sind oder die dabei sind einzutreten, und deren Folgen. Das erscheint zwar wie eine Prognose, ist aber etwas anderes, nämlich das Durchdenken der Grundmuster schon gegebener Realitäten und ihrer logischen Konsequenzen.

Fast alles wird sich ändern

Im Folgenden skizziere ich einige der erkennbaren Elemente dieser Transformation. Man wird immer mit mehreren, alternativen Szenarien arbeiten müssen. Ich schlage aber vor, zumindest ein Szenario mit diesen Elementen im Spektrum zu haben und die Frage zu durchdenken, wie die Führung aussehen und funktionieren müsste, falls dieses Szenario Realität werden sollte.

Meine erste These lautet:

Wirtschaft und Gesellschaft durchlaufen derzeit eine der größten und fundamentalsten Transformationsperioden, die es geschichtlich je gab. Die Natur dieses Wandels wird von vielen Entscheidungsträgern in Politik und Wirtschaft nur schlecht verstanden. Ein erheblicher Teil der öffentlichen Diskussion konzentriert sich auf die falschen Schwerpunkte, sie wird in den Denkkategorien der letzten 100 Jahre geführt, und man läuft daher Gefahr, auf die wirklich wesentlichen Faktoren dieser Transformation und deren Auswirkungen unvorbereitet zu sein. Man gibt heute viele sehr gute Antworten – leider auf viele falsche Fragen.

Meine zweite These ist:

Die entscheidende gesellschaftliche Funktion für diese Transformation wird Führung, wird Management sein, für die Nutzung der Chancen ebenso wie für die Vermeidung der Gefahren. Management gehört aber seinerseits zu den unverstandensten gesellschaftlichen Funktionen, und daher wird das vorhandene Problemlösungspotenzial auch nicht genutzt werden können, wenn sich an der Qualität des Verständnisses dafür nichts Wesentliches verändert. Nicht nur ist Management unverstanden, sondern weithin akzeptierte Vorstellungen darüber sind auf gefährliche Weise falsch und kollektiv irreführend.

Als Ergebnis der sich gegenwärtig abspielenden gesellschaftlichen Transformation werden wir eine grundlegende Änderung von fast allem erleben, *was* wir tun, und *wie* wir es tun; und eine ebenso fundamentale Änderung, *warum* wir es tun. Einen Ansatz zur Bewältigung der mit solchen Transformationen typischerweise verbundenen Probleme sehe ich in einer gleichermaßen grundlegenden Änderung der Art und Weise, wie wir solche Prozesse, ihren Verlauf und ihre Richtung sowie die damit verbundenen Institutionen *gestalten* und *steuern*.

Wandel des Was und Wie

Die treibenden Kräfte dieser Transformation kann man zu vier oder vielleicht fünf großen Problemfeldern zusammenfassen: *Demografie, Tech-*

nologie, *Ökologie* und alles durchseuchende *Verschuldung*. Ein fünftes Problemfeld, das daraus resultiert, kann als *Komplexität* bezeichnet werden. Dieses ergibt sich daraus, dass die ersten vier Problemfelder in gegenseitiger Abhängigkeit stehen und sich wechselseitig durchdringen.

Konsumieren

Ich sagte, dass sich fast alles, *was* wir tun und *wie* wir es tun, verändern wird, z. B. was wir *konsumieren* und *produzieren* und wie wir das tun. Zwischen 50 und 60 Prozent des Bruttosozialproduktes in den entwickelten Ländern resultieren aus Konsum. In den rund 50 Jahren wirtschaftlicher Prosperität, die wir seit dem Zweiten Weltkrieg zu verzeichnen hatten, haben wir ein Konsumniveau und damit einen Sättigungsgrad erreicht, den es noch nie zuvor gegeben hat. Dies ist ein Erfolg, der für frühere Generationen kaum vorstellbar war. Zwar gibt es weltweit ein noch viel größeres Ausmaß an ungesättigten Bedürfnissen. Aber eine Wirtschaft kann keine *Bedürfnisse* befriedigen, sie kann nur *Nachfrage* decken. Nachfrage sind nur jene Bedürfnisse, für die auch jemand bezahlen kann. Es gibt kein Naturgesetz, wonach alle Bedürfnisse befriedigt werden. Dass es so sein könnte oder sein müsste, ist eine Illusion, die sich in eben jenen Ländern, die von der besagten Wohlstandsperiode begünstigt waren, entwickeln konnte und von hier über die Medien und einen Teil der Wirtschaftstheoretiker in jene Länder getragen wurde, die davon bisher nicht profitierten und nun mit verständlichem und teilweise aggressivem Neid diese Entwicklung nachzuholen versuchen.

Dennoch ist es eine Illusion. Bisher sind, historisch betrachtet, die meisten Menschen mit denselben Bedürfnissen gestorben, mit denen sie geboren wurden. Nachfrage, das Einzige, was die Wirtschaft decken kann, setzt nicht Bedürfnisse voraus, sondern *Kaufkraft*. Angesichts der *weltweiten Verschuldungslage* fällt es zumindest schwer, Kaufkraft – und insbesondere *zusätzliche*, über das heutige Niveau hinausgehende Kaufkraft – zu entdecken. Kaufkraft ist entweder verfügbares und aus ökonomischer Leistung kommendes Geld oder aus beleihbarem Eigentum resultierende Kreditspielräume. Beides wurde durch die Schuldenwirtschaft der achtziger und neunziger Jahre selbst in den reichsten Ländern der Welt aufgebraucht. Konsum wird aus diesem *ersten* Grund ein *unzuverlässiger* Pfeiler der Wirtschaftsentwicklung sein.

Aber es gibt noch einen *zweiten* Grund dafür. In den entwickelten Ländern und dort bei jenen Bevölkerungsschichten, die noch über Kaufkraft verfügen, hat sich der *Charakter* des Konsums verändert. Mit Ausnahme von Lebensmitteln, Medikamenten u. Ä. dient er nicht mehr, wie etwa nach dem Zweiten Weltkrieg, der Deckung drängenden und existentiellen *Bedarfs*, sondern der Erfüllung von *Wünschen*. Den meisten Menschen würde, wenn sie nichts mehr außer den täglichen Lebensmitteln kauften, nicht viel fehlen – weil sie schon fast alles haben. Dies gilt insbesondere für die dauerhaften Gebrauchsgüter wie Autos, Waschmaschinen, Kühlschränke, Fernsehgeräte usw. Man kann zusätzlichen und neuen Kauf nicht gerade unlimitiert, aber doch lange *aufschieben*, ohne dass man einen wesentlichen *Mangel* verspürt. Man verfügt dann vielleicht nicht über das neueste, technische Modell eines Gerätes, aber das kann man verschmerzen.

Es wird einen gewissen *Ersatzbedarf* geben und vor allem *Substitutionsgüter*. Diese werden als Folge der technologischen und teilweise der ökologischen Entwicklung aber anders sein als bisher, ob genmanipulierte Nahrungsmittel oder elektronifizierte Roboter.

Ähnliches gilt auch für den *Investitionsgütersektor*. Die Infrastrukturen der entwickelten Länder sind vorhanden: Industrieanlagen, Transportsysteme, Schulen und Universitäten, Schwimmbäder und Verwaltungsgebäude usw. Am ehesten fehlen Sozialwohnungen. Diese Infrastruktur ist auf hohem Niveau, sie ist leistungsfähig. Sie ist in den Bilanzen noch längst nicht abgeschrieben. Natürlich kann man sich immer etwas noch Besseres vorstellen, es gibt Reparatur- und Ersatzbedarf, aber nur auf wenigen Gebieten Kapazitätserweiterungsbedarf, der drängend wäre.

Auch hier wird es eher um *Substitution* als um Ausweitung gehen. Substitution bringt zwar immer etwas Neues, aber sie gefährdet auch etwas Bestehendes. Wo ein Sonnenkollektordach gebaut wird, wird es in eben diesem Umfange kein Ziegeldach mehr brauchen; wo eine Glasfaserleitung installiert wird, benötigt man kein Kupferkabel mehr, wobei zu beachten ist, dass das Glasfaserkabel etwa die 300-fache Kapazität zu Bruchteilen der Kosten der Kupfertechnologie bringt.

Aber selbst der unbestrittene Reparatur- und Substitutionsbedarf stößt auf sehr eng gezogene Grenzen der *Finanzierung* aufgrund der bestehenden *Verschuldung*. Es hat fast immer denselben Grund, weshalb zum Beispiel die öffentliche Hand auch außer Streit stehende Renovationen oder Ersatz nicht vornimmt: die Finanzierung; und es hat fast immer nur zwei

Gründe, weshalb ökologische Investitionen nicht getätigt werden: entweder weil sie zumindest vorläufig durch ihre Kosten die Wettbewerbslage von Unternehmen, Branchen und Ländern verschlechtern oder weil sie nicht finanzierbar sind.

Produzieren

Aus einer Reihe von Gründen hat die Art, *wie* wir produzieren, sich nachhaltig zu verändern begonnen. Die bestehenden *Überkapazitäten* zwingen ebenso dazu wie die *Produktivitätsdifferenzen* zwischen konkurrierenden Unternehmen und Ländern. Die *Prämissen*, von denen man ausgehen muss, lauten: Alles, was automatisiert werden kann, wird auch in den nächsten 10 bis 20 Jahren automatisiert; und alles, was elektronifiziert werden kann, wird auch elektronifiziert. Alles, was man weglassen kann, wird weggelassen; und alles, was man outsourcen kann, wird outgesourct.

Auch wenn heute schon vermeldet wird, dass da und dort der Automatisierungsgrad wieder zurückgenommen werde oder es mit Outsourcing erhebliche Schwierigkeiten gebe, müssen diese Prämissen die Ausgangsbasis bilden. Wir stehen erst am Anfang dementsprechender Entwicklungen, und, wie manche glauben machen wollen, an deren Ende. Dass in Zusammenhang mit solchen tiefgreifenden Veränderungen auch Fehler gemacht werden und Übertreibungen vorkommen, die man korrigieren muss, ist unvermeidbar. Daraus aber zu schließen, dass es sich um vorübergehende Modeerscheinungen handelt oder die Bewegungen abgeschlossen seien, ist gefährlich. Nicht nur Business *Process* Reengineering, sondern überhaupt Business *Restructuring* haben ihre Logik und ihre bemerkenswerten Ergebnisse. Sie sind vielleicht nicht die einzige, aber doch jedenfalls eine Antwort auf die fundamentalen Verschiebungen im Wirtschafts- und Sozialgefüge.

Transportieren und Distribuieren

Im Zuge dieser Entwicklung verändern sich ebenso radikal *Transportmodalitäten* und *Distributionsformen*. Wir stehen bereits inmitten dieser Entwicklung. Kaum etwas hat sich in den letzten zehn Jahren in fast allen Ländern so nachhaltig verändert wie die Distributionskanäle und die Warenverteil- und Handelsformen. Aber auch hier ist die Veränderung längst nicht abgeschlossen. Inzwischen wird eingesehen, dass es z. B. keinen Sinn manchen kann, weder ökonomisch noch ökologisch, Güter von einem Ende Europas an das andere zu transportieren und die Transportkapazitäten leer zurücklaufen zu lassen. Die gesamte Logistik ist weltweit in Reorganisation. Als Folge dessen fallen ganze Ebenen oder Stufen der bisherigen Warenverteilsysteme weg, verschieben sich Umschlagsplätze und Warenströme. Es entstehen neue Dienstleistungs- und Geschäftsmöglichkeiten, die wiederum bisherige ersatzlos obsolet machen.

Wissen nutzen

Aber es tritt eine völlig neue Entwicklung hinzu: Die Wirtschaft der letzten 100 Jahre funktionierte, wie *Peter Drucker* das einmal so treffend formulierte, nach dem Muster »making and moving things and people«. Inzwischen sind wir wohl am Ende dieser Wirtschaftsform angelangt. »Making and moving things« ist fast nirgends mehr ein großes Problem. Selbst sehr unterentwickelte Länder können, wie etliche Beispiele zeigen, auf diesem Gebiet vergleichsweise rasche Erfolge erzielen, nicht nur im Sinne des Nach-, sondern auch des Überholens. »Using knowledge« heißt wohl das neue Problem, wozu später mehr zu sagen sein wird. Und »moving people« ist angesichts der Verkehrsstaus, der Verstopfung der Innenstädte, der Luftverschmutzung und völligen Disproportionalität zwischen »unterwegs sein« und »arbeiten« zumindest für die Arbeitswelt ebenfalls an Grenzen angelangt. Dies umso mehr, als wir die Technologie haben, die es uns prinzipiell erlaubt, die Menschen nicht mehr zur Arbeit, sondern die Arbeit zu den Menschen zu bringen. Dies wird radikale Veränderungen der Arbeitswelt, der Arbeitsformen und Arbeitszeiten und wahrscheinlich auch der Einstellung zur Arbeit nach sich ziehen, einige davon negativer Natur, andere sehr positiver.

Ich habe *nicht* das Bild vor Augen, dass die Menschen zu Hause vor Computern sitzen und »Tele-Arbeit« leisten werden. Der Mensch ist ein Gemeinschaftswesen und wird es wohl noch einige Zeit bleiben. Ich meine eher, dass die Verwaltungszentren und Kopfarbeiter-»Burgen« aus den Innenstädten hinaus an die Peripherie ziehen werden und dass die Arbeit dort erledigt wird, wo die Menschen schon sind. Es gibt bereits Beispiele dafür, wie etwa eine amerikanische Versicherungsgesellschaft, die ihre Policenverwaltung in Irland erledigen lässt, was über Satellitenverbindung ohne Weiteres möglich ist, ohne dass ein Ire sich nach New York begibt.

Rohstoffe

Rohstoffe werden in der neuen Wirtschaft kaum noch eine wesentliche Rolle spielen. Man wird sie weiterhin brauchen, aber sie werden nicht von jener zentralen Bedeutung sein, wie in den letzten Jahrhunderten, wo der Besitz von oder die Verfügungsgewalt über Rohstoffe Schlüssel zu Macht, Einfluss und Weltbedeutung waren. Die Rohstoffepoche hatte im Wesentlichen bereits mit der Entstehung des OPEC-Kartells ihren Kulminationspunkt erreicht.

Erstens scheint es doch so zu sein, dass wir selbst von Schlüsselrohstoffen, wie Öl, mehr besitzen, als bisher angenommen wurde. *Zweitens* beginnen Recycling und Substitution ihre Wirkung zu zeigen. Für stark ökologisch ausgerichtete Leute mag das zurzeit noch zu wenig sein, aber selbst in den Ländern mit größter Energieverschwendung sinkt der Energieverbrauch pro Einheit des Sozialproduktes, und immerhin sind 80 bis 90 Prozent der in einem modernen Automobil steckenden Rohstoffe wieder verwendbar. Zum *Dritten* wird die neue Wirtschaft nicht mehr so viele Rohstoffe benötigen: Das Auto, als wohl typisches Produkt des 20. Jahrhunderts, hat einen Rohstoffanteil von 30 bis 40 Prozent, und es sind sehr teure Rohstoffe. Das für das 21. Jahrhundert typische Produkt, der Mikrochip, und alles, was um ihn herum entsteht, hat einen Rohstoffanteil von 2 bis 3 Prozent, und es sind billige Rohstoffe, nämlich in letzter Konsequenz Sand. Was wirklich knapp sein wird, ist ein anderer Rohstoff, nämlich *Wissen*, zum Beispiel jenes Wissen, das man braucht, um von Sand zu einem Mikrochip zu kommen. Mehr und mehr zeigt sich, dass die entscheidende und letztlich einzige Wohlstand schaffende Ressource Wissen ist, und damit hängt in letzter Konsequenz auch die Bedeutung von *Management* zusammen, wie noch zu diskutieren sein wird.

Kopfarbeit

In Verbindung damit kann auch eine fundamentale demografische Folge nicht hoch genug eingeschätzt werden, nämlich der Ersatz des *manuel-*

len Arbeiters durch den *Kopfarbeiter.* Vor dem Hintergrund der bereits erwähnten Prämisse bezüglich fortschreitender Automatisierung gibt es zwei dominierende Vorstellungen, die ich für fraglich halte: Die eine ist die Vorstellung einer *High-Tech-Ökonomie* und die andere jene einer *Dienstleistungsgesellschaft.* Von beidem werden wir wohl etwas mehr haben als bisher, aber nicht wesentlich mehr.

»High-Tech« macht Schlagzeilen und steht im Zentrum von Aufmerksamkeit, von Interesse und von Ängsten. Der weitaus größte Teil der produzierenden Wirtschaft ist aber noch immer (und wird es auch mit fortschreitender Automatisierung bleiben) Low- und No-Tech. Wovon wir wohl mehr brauchen werden, ist *High-Engineering,* und was vor allem steigt, ist der *Wissensgehalt* fast aller Tätigkeiten.

Das ist leicht daran zu erkennen, dass für immer mehr Arbeiten, für die noch vor vergleichsweise kurzer Zeit lesen und schreiben zu können eher hinderlich war, heute ein erhebliches Maß an schulischer, nicht nur handwerklicher Ausbildung nötig ist. Der Maurer von früher konnte seinen Job auf Basis einiger handschriftlicher Skizzen, man konnte sie kaum Pläne nennen, erledigen. Der Maurer von morgen wird wahrscheinlich vor Arbeitsbeginn ein portables CAD-System online über Satellit benützen, um den allerneuesten Planungsstand abzurufen, an dem in seiner Nacht andernorts, wo es Tag war, bis zuletzt *real time* Pläne geändert und *à jour* gebracht wurden oder wo man, wie es indische Software-Ingenieure heute schon tun, in drei Schichten rund um die Uhr arbeitet, um die teuren Ressourcen bestmöglich zu nutzen.

Die Ablösung des manuellen Arbeiters bedeutet nicht in erster Linie eine Bewegung weg von wertschöpfender Produktion und hin zu Dienstleistung, sondern sie bedeutet weg vom *Industriearbeiter* und hin zum *Kopfarbeiter.*

Der Begriff »Dienstleistung« ist überhaupt sehr fragwürdig. Die wirtschaftlichen Klassifikationen, statistischen Kategorien, das darauf beruhende Datenmaterial und somit auch die daraus gezogenen Schlüsse werden bedeutungslos, ja gefährlich, weil sie irreführend sind. »Dienstleistung« ist eine nichtssagende Kategorie. Wir finden in ihr Branchen mit den *niedrigsten* Löhnen (Restaurantketten, Supermärkte usw.) und solche mit den *höchsten* Einkommen (Banken, Versicherungen, Software usw.). Unter dieser früher einmal sinnvollen Bezeichnung (sie war eine Restgröße, die alles umfasste, was keiner anderen Kategorie zugeordnet werden konnte, und hatte einen Anteil von rund 5 Prozent des

Bruttosozialproduktes) werden Tätigkeiten erfasst, die *keinerlei* berufliche Qualifikation erfordern (einfache Reinigungsdienste) und solche, die *allerhöchsten* Bildungsgrad voraussetzen (Forschungslaboratorien). Wir finden darin Firmen mit *vernachlässigbarem* Anlagevermögen und solche mit sehr *hohem*. Immer mehr Unternehmen kann man überhaupt nicht mehr einer der Kategorien Industrie oder Dienstleistung zuordnen. Wohin gehört z. B. General Electric, wenn 40 Prozent des Umsatzes aus Service resultieren und die Firma über ihre Kundenfinanzierungs- und Leasinggesellschaften eine der größten Banken Amerikas geworden ist, die aber in den immer wieder publizierten Bankenlisten nicht aufscheint? Ähnliches gilt für General Motors und Ford.

Arbeitslosigkeit

Die Verschiebung vom manuellen Arbeiter zum Kopfarbeiter und eine Reihe anderer der skizzierten Entwicklungen bedeutet noch größere *Arbeitslosigkeit* als bisher, und zwar für eine längere Zeit, und/oder die Notwendigkeit für zahlreiche Menschen zu völliger beruflicher *Neuorientierung*. Dies ist aber keineswegs, wie viele glauben, eine Folge des *Versagens* der Wirtschaft; ganz im Gegenteil ist es eine Folge ihres ungeheuren *Erfolges*.

In den letzten 100 Jahren ist es gelungen, den Arbeiter so produktiv zu machen, dass wir ihn jetzt nicht mehr brauchen. Dieser Erfolg hat seinen Ursprung darin, dass es eine genügend große Zahl von Menschen gab, die die verheerenden Irrlehren von Marx und den Marxisten ignorierten und sich die Aufgabe stellten, die Produktivität der manuellen Arbeit stetig zu verbessern. Deswegen ist der Arbeiter auch nicht, wie von Marx prophezeit, verelendet, sondern er ist der neue Mittelstand geworden, der im Wesentlichen anständig leben und seine Kinder in die Schulen und auf die Universitäten schicken konnte. Der Industriearbeiter teilt nun aber das historische Schicksal der früheren landwirtschaftlich Beschäftigten und des Hauspersonals, die in den entwickelten Ländern von ihrer früher dominierenden Majorität zur *quantité négligeable* geworden sind. Mit dem Arbeiter werden auch die von ihm gegründeten und 100 Jahre die Gesellschaft dominierenden Organisationen untergehen oder sich radikal wandeln müssen – die Arbeiterparteien und die Gewerkschaften.

Für die unmittelbar Betroffenen ist das tragisch und muss, so gut es geht, sozial abgefedert werden. Es wird zu großen sozialen Belastungsproben kommen. Die Entwicklung wird zwar nicht aufzuhalten sein, aber ebenso wenig wird zu verhindern sein, dass um jeden Besitzstand erbittert gekämpft wird. Dennoch sind diese Umbrüche Folge eines Erfolges und nicht eines Versagens, und es ist weiter die Folge einer fundamentalen Verschiebung von einer Wirtschaft, die auf *Rohstoffen* und *manueller Arbeit* beruht, zu einer solchen, die auf *Wissen* und *Kopfarbeit* basiert. Daraus allerdings, wie das landläufige Meinung ist, den Schluss zu ziehen, dass wir in Zukunft keine Produktion mehr hätten, sondern nur noch Dienstleistung, halte ich für falsch. Produktion und Wertschöpfung aus Produktion wird nötig sein, und es wird sie, auch in den entwickelten Ländern, geben. Um zu produzieren, brauchen wir aber nur mehr wenige Produktionsarbeiter.

Lohnkosten

Daher werden auch schon bald jene *Lohndiskussionen* und *-kämpfe*, die heute noch geführt werden, nämlich jene um die Arbeiterlöhne, keine Bedeutung mehr haben, weil diese Löhne nur noch einen *marginalen Kostenanteil* von vielleicht 5 bis 10 Prozent der Gesamtkosten ausmachen werden. Das sind Quoten, die in den bestorganisierten Fabriken der Welt bereits Tatsache sind. Die Auswirkungen auf Gewerkschaften, Parteienlandschaft und Politik werden erheblich sein.

Daraus nun wiederum zu schließen, dass damit die *Lohnsummenbelastung* sinken werde, ist ebenfalls falsch. Praktisch nirgends ist *wegen* Computern und Automatisierung die Lohn*summe* gesunken. Niedriger ist in einigen Fällen nicht die absolute Lohnsumme, sondern die Lohnsumme bezogen auf die Wertschöpfung oder auf das bewegte Volumen. Man kann also nach der Computerisierung mehr leisten mit derselben Basis. Dies ist natürlich eine Verbesserung. Was vor allem gesunken ist, ist die Zahl der beschäftigten *Personen*. Was *vor* Computerisierung und Automatisierung von *vielen*, aber relativ *billigen* manuellen Arbeitskräften geleistet wurde, wird *danach* von zwar viel *weniger*, dafür aber umso *teureren* Kopfarbeitern geleistet. Die klassische Stahlerzeugung benötigte viele, aber vergleichsweise billige Stahlarbeiter. Ein modernes Stahlwerk braucht nur noch wenig Personal insgesamt und davon nur einen verschwindenden Anteil an klassischen Stahlarbeitern. Die anderen »Wenigen« sind hochqualifizierte und sehr teure Kopfarbeiter – Spezialisten wie Computeroperateure, Metallurgen und Prozessingenieure, deren Ausbildung allein oft mehr gekostet hat als die Kapitalausstattung eines Arbeitsplatzes.

Die neue Wirtschaft wird somit auch nicht mehr den *ökonomischen* Theorien entsprechen, die wir heute haben, die aber Theorien für die Wirtschaft der letzten 100 Jahre sind. Eine der Grundlehren aller Wirtschaftstheorien ist, dass eine Wirtschaft, eine Branche, ein Unternehmen *entweder* kapitalintensiv *oder* arbeitsintensiv sei, aber niemals beides gleichzeitig. So *war* es auch in den letzten 100 Jahren. Diese Theorien stimmten also. Sie sind jetzt aber dabei, *falsch* zu werden. Die moderne Wirtschaft wird beides *gleichzeitig* sein.

Der Vorreiter dieser Entwicklung ist ein Organisationstyp, der uns zwar jetzt bereits größte gesellschaftliche Sorgen macht, in seinem Charakter aber nur schlecht verstanden ist, nämlich das moderne Krankenhaus. Die Klinik ist die erste in großer Zahl auftretende Organisation, die sowohl kapital- als auch arbeitsintensiv ist. Die Kosten des Gesundheitswesens sind nur zum geringen Teil untragbar hoch, weil Medikamentenverschwendung betrieben wird oder die Patienten zu lange stationär behandelt werden. Sie sind vor allem deshalb so hoch – und werden auch nicht sinken –, weil das Krankenhaus *gleichzeitig* teuerste Ausstattung *und* teuerstes, weil hochspezialisiertes Personal benötigt. Der Röntgenapparat, der für sich genommen schon vergleichsweise billig war, konnte auch von billigen Arbeitskräften noch bedient werden. Der teure Computertomograf benötigt für seine Nutzung aber ein ganzes Team von hochbezahlten Spezialisten – Elektronikern, Kernphysikern und hochausgebildetem medizinischem Personal.

Man kann das, wie historisch üblich, als »industrielle Revolution« bezeichnen. In ihren Auswirkungen waren industrielle Revolutionen in erster Linie *soziale* Revolutionen und Transformationen. Die wichtigen Auswirkungen dieser »Revolution« werden zwar auch, aber nicht in erster Linie technologischer und industrieller, sondern sozialer Natur sein. Man kann Technik und Technologie nicht verstehen, wenn man sie nur oder in erster Linie technisch und technologisch sieht.

Wandel des Warum

Zu Beginn dieses Abschnittes sagte ich, dass der in Gang befindliche Transformationsprozess fast alles verändert, was wir tun und wie wir es tun. Er wird aber auch ändern, *warum* wir es tun. Es sieht alles danach aus, als ob wir nicht nur jene ökonomischen Theorien ad acta legen müssten, die davon ausgehen, dass eine Wirtschaft nur entweder kapitalintensiv oder arbeitsintensiv sein kann, und uns daher keinen Hinweis zu geben vermögen, wie zu handeln ist, wenn das »theoretisch Unmögliche« doch Wirklichkeit wird. Es sieht auch vieles danach aus, als ob wir überhaupt eine *neue* Wirtschaftstheorie und ein *neues* Wirtschaftsverständnis brauchen. Warum?

Ich habe erwähnt, dass eine der Triebkräfte für die fundamentalen Veränderungen die weltweite und alle Gesellschaftssektoren durchseuchende *Verschuldung* ist. Diese ist nicht nur eine der Triebkräfte für Veränderungen, sie ist gleichzeitig ein alles limitierender Faktor. Wir haben die historisch größte absolute und relative Verschuldung, die es je gab. Kein Land der Welt, mit Ausnahme der Schweiz und einiger kleiner Länder wie Luxemburg, ist mehr in der Lage, die Zinsen auf die Staatsschulden aus den Steuern zu bezahlen. Sie werden durch *Neuverschuldung* bezahlt, womit überall der *Zinseszinseffekt* seine zerstörerische Wirkung entfaltet. Alle Sektoren der Gesellschaft sind verschuldet, die öffentlichen Haushalte, die privaten Haushalte und der Unternehmenssektor. Die veröffentlichten Zahlen entsprechen in keinem Land der Wirklichkeit, überall wird geschönt, verschwiegen und heruntergespielt. An der Verschuldungslage wird sich so rasch auf sanftem Wege nichts ändern. Steuern weiter anzuheben ist in einigen Ländern unmöglich und in allen zumindest schwierig und politisch inopportun. Die Kunst der sozialen Umverteilung ist ans Limit gekommen. Wem soll man noch etwas wegnehmen, das ergiebig genug wäre, um es anderen mit erkennbaren Wirkungen zu geben?

Wo viele Schulden existieren, müssen, das ist ein oft gehörtes Argument, auch viele Forderungen existieren. Wo es Schuldner gibt, muss es im selben Ausmaß auch Gläubiger geben. Was aber, wenn die Schuldner nicht mehr tilgen, ja nicht einmal mehr bedienen können? Dann sind die Forderungen wertlos oder wertberichtungsbedürftig. Bestehendes Realvermögen, also Sachwerte, ist in solchen Situationen nicht viel »wert«, wie ja Werte (im Gegensatz zu landläufiger Meinung) überhaupt in einer Wirtschaft nur sehr bedingt existieren. In Wahrheit gibt es – allen Theorien und Bewertungsmethoden zum Trotz – keine Werte, sondern nur *Preise*. Der »Wert« eines ökonomischen Gutes ist das, was der *nächste* Käufer zu bezahlen bereit ist. »Wert« hat etwas nur so lange, wie man es nicht *ver*werten muss. Man sieht das deutlich am teilweise drastischen Rückgang der Immobilienpreise in vielen Ländern, die allein in der Schweiz Abschreibungen von weit über 40 Milliarden Schweizer Franken in den neunziger Jahren notwendig machten. Als ich im Jahr 1990 zum ersten Mal über die Gefahr sinkender Immobilienpreise sprach, waren die Reaktionen ziemlich verständnislos.

Sobald eine Wirtschaft in die Situation des Zwanges der Liquiditätsbeschaffung kommt, sind der Verwertung auch noch so »wertvoller Werte« enge Grenzen gesetzt. Dies gilt selbst für die Liquiditätsschaffung durch die Notenbanken. Hätten wir diese Situation nach einigen Jahren wirtschaftlicher Depression, wäre kein Wort dazu zu verlieren. Wir haben sie aber am Ende der *längsten Prosperitätsphase*, die es historisch je gab. Eigentlich müssten alle gesellschaftlichen Sektoren vor finanzieller Gesundheit strotzen, und würden sie dies tun, könnte man der Zukunft gelassen entgegensehen. Das Gegenteil ist aber der Fall.

Die finanzwirtschaftliche Lage ist besorglich. Die Börsenhausse hat in fast allen Ländern, allen voran in den USA, zu einer Situation geführt, die jederzeit zum *Zusammenbruch der Finanzmärkte* führen kann. In Japan ist die Finanzblase Ende 1989 geplatzt, und seither ist das Land – wie gesagt – in einer deflationären Krise, für die noch kein Ende absehbar ist. Dort ist es nicht – oder *noch* nicht – zu einer sozialen Katastrophe gekommen, weil *erstens* das gesamte übrige Umfeld noch weiterhin günstig war und die anderen Märkte noch intakt geblieben sind und weil *zweitens* die Japaner vielleicht von ihrer Mentalität her nicht zur Revolution neigen.

Wenn die Börse in den USA aber kollabiert, wird das kaum abgefedert werden können. Es werden dadurch mit größter Wahrscheinlichkeit alle anderen Weltbörsen betroffen sein, und zwar nicht nur die Aktienbörsen, sondern auch die Obligationenmärkte, darüber hinaus die Währungs- und Rohstoffmärkte.

Besonders ins Gewicht fällt, dass in den USA die *Ersparnisse von zwei Generationen* auf dem Spiel stehen, die im Zuge der Euphorisierung durch die Wall Street-Industrie über die Pension Funds und Investment Funds in die Wertpapiermärkte gesteuert wurden, mit völlig unhaltbaren Versprechungen und Erwartungen. Inzwischen ist das Publikum derart gestimmt, dass die allgemeine Überzeugung besteht, die Aktienbörse werde ewig nach oben gehen, schlimmstenfalls unterbrochen von kleineren Korrekturen, die aber ausschließlich als »günstige« Möglichkeiten gesehen werden, noch weiter zu kaufen.

Wie und warum konnte es zu einer solchen Entwicklung kommen? Ein

Teil der Begründung mag im Verhalten gewisser Politiker und in einer gewissen Politik liegen. Möglicherweise sind unsere *Wirtschaftstheorien* falsch. Sie erklären nämlich nichts; es sieht nur so aus, als ob sie dies täten. Sie sind zwar kompliziert, aber fast inhaltsleer. Sie erklären weder, warum Menschen überhaupt wirtschaften, noch wie sie das tun. Sie erklären nicht, warum es Geld gibt und was das ist; warum es Zins gibt, was Zins ist und warum er unterschiedlich hoch sein kann; sie erklären auch nicht, warum eine Wirtschaft wächst und warum sie das mit einer bestimmten Rate tut, und auch nicht, warum sie in manchen Ländern trotz aller Bemühungen, Hilfe und Programme nicht wächst. Auch die Erklärungen, was ein Markt ist und welchen Zweck er hat, woher Kapital kommt, sind unbefriedigend. Auf alle Fragen bekommen wir rasche Antworten, und die meisten klingen so plausibel, dass man ebenso rasch geneigt ist, sie hinzunehmen. Bei genauerem Durchdenken stößt man aber auf ein Minenfeld von Widersprüchlichkeiten, Unzulänglichkeiten und teilweise schlichtem Unsinn.[20]

Die Transformation von Wirtschaft und Gesellschaft und die damit zusammenhängende Triebkraft der internationalen Verschuldung, gerade jener der »reichsten« Länder der Welt, wird es wahrscheinlich erzwingen, dass wir uns ein neues Verständnis für Wirtschaft und Wirtschaften erarbeiten und dafür, warum wir die Dinge so tun, wie wir sie tun.

So weit die Illustration meiner ersten These, der fundamentalen Transformation von Wirtschaft und Gesellschaft, und zur Änderung dessen, was wir tun, wie wir es tun und warum wir es tun.

Management – die wichtigste gesellschaftliche Funktion

In welchem Zusammenhang damit steht meine zweite These, dass Management die wichtigste gesellschaftliche Funktion, allerdings weithin unverstanden sei?

Das soziale »Gewebe« der Gesellschaft wird aufgrund dieser Entwicklungen tiefgreifende Änderungen erfahren müssen, und hier sind die gängigen Denkkategorien vielleicht am gefährlichsten. Politik und Management werden sich daher wandeln müssen.

---

20 Siehe dazu die im Literaturverzeichnis aufgeführten Schriften von G. Heinsohn, O. Steiger und P. C. Martin.

Die etwa 100-jährige Entwicklung des *Wohlfahrtstaates*, dessen Beginn man mit der Einführung der ersten Sozialversicherung durch Bismarck in den achtziger Jahren des 19. Jahrhunderts festlegen kann, hat zwar ein ungeheures und früher kaum vorstellbares Ausmaß erreicht, sie ist jetzt aber wohl an ihrem Ende angelangt. Der Wohlfahrtsstaat ist am Ende, nicht weil er seine Aufgaben gelöst hätte, sondern weil er nicht mehr finanzierbar ist, und weil seine Organisationsformen untauglich geworden sind.

Der Wohlfahrts*staat* ist am Ende, aber die Wohlfahrts*aufgaben* sind geblieben, oder es sind neue entstanden. Wir haben immer mehr alte Menschen mit höchst fragwürdiger Versorgung, wenn man an den Zustand der Pensionsversicherungen denkt und daran, dass wir mit großer Geschwindigkeit auf eine überalterte Bevölkerung hinsteuern, in der nicht wie bisher zwei Arbeitende für einen Rentner sorgen, sondern zwei Rentner durch einen Arbeitenden unterhalten werden müssen. Diese Alten leben viel länger, es muss also länger und mehr für sie bezahlt werden, denn sie brauchen mehr ärztliche Versorgung über längere Zeit als früher. Wir haben Kranke und Behinderte, Alkoholiker und Drogensüchtige, Obdachlose und unter der Armutsgrenze Existierende. Wir haben Arbeitslose, in sehr vielen Ländern vor allem einen hohen Anteil, bis zu 30 Prozent, *jugendliche* Arbeitslose. Der *alte* Arbeitslose ist eine Tragik. Der *jugendliche* Arbeitslose ist eine Quelle sozialer Unruhe, ein Potenzial für politische Radikalisierung, für Kriminalität und Gewalt.

Dies alles muss nach 100 Jahren wohlfahrtsstaatlicher Entwicklung konstatiert werden, in die vermutlich mehr Intelligenz, Engagement, Mitleid, Barmherzigkeit, und was es sonst noch an Idealen und hehren Motiven geben mag, geflossen ist. Haben wir diesen Zustand trotzdem oder deswegen? Die Antwort mag von weltanschaulichen Positionen abhängen, die Faktenlage ist dieselbe. Ungeachtet der ideologischen Position kann man aber so nicht weitermachen. Die Ziele mögen konsensfähig sein; die Wege und Mittel sind es kaum. Wir haben für alles einen Apparat, eine Behörde, eine Stelle, aber ihre Zweckerfüllung und Leistungsfähigkeit sind höchst fragwürdig. Ihre Kosten werden zwar ins Sozialprodukt gerechnet, aber sie sind kaum produktiv. Organisationsformen, Abläufe, Leitungsstrukturen, mögen sie früher auch einmal tauglich gewesen sein, sind inzwischen obsolet geworden. Sie können auch keinesfalls ein Modell für Schwellen- und Entwicklungsländer sein.

Die *Politik*, die das alles »gemanagt«, gestaltet und gesteuert hat, ist in fast allen Dimensionen unberechenbar, unwirksam und unglaubwürdig geworden, ob als Außen- oder Innenpolitik, als Sicherheits- oder Sozialpolitik, als Wirtschafts- oder Finanzpolitik, als Umwelt- oder Familien-, Schul- oder Wissenschaftspolitik. Kaum ein Bereich wird so weitergeführt werden können wie bisher.

Die Erfolge waren größer, als man je erwarten konnte. Aber sie haben sich selbst überholt und neue Probleme geschaffen. Wie muss eine Familienpolitik in Zukunft aussehen, die so überaus erfolgreich das Problem der kirchlich oktroyierten und durch die wirtschaftlichen Umstände bedingten lebenslangen Zwangsgemeinschaft gelöst hat, dass in fast allen Ländern die Ehen geschieden werden können und auch über ein Drittel geschieden wird, immer mehr Menschen den Weg der individuellen Selbstständigkeit und des Single-Haushaltes mit unverbindlichen und wechselnden Partnerschaften wählen und die Frauen nach 100-jährigem Ringen nicht mehr auf die Versorgung durch Männer angewiesen sind, ihr Leben und ihre Karrieren frei gestalten können und somit ihre Aufgaben und Ziele völlig anders sehen, als dies Tausende von Jahren alternativenlos üblich war?

Wie werden Außen- und Innenpolitik aussehen müssen, nachdem die Integration riesiger Lebens- und Wirtschaftsräume so erfolgreich vorangetrieben wurde, dass die Menschen zwar deren Vorzüge genießen, ihre Nachteile aber nicht in Kauf nehmen wollen, z. B. Wanderungsbewegungen und Überfremdung, zusätzliche erbitterte Konkurrenz, Gefährdung von Arbeitsplätzen, Bedrohung der Währungsstabilität, anonyme Fremdbestimmung, Verlust ihrer Autonomie, Unbegreifbarkeit von Entscheidungen und grenzüberschreitende Kriminalität? Auch wenn die Interpretation bestimmter Entwicklungen nur *wahrnehmungsbedingt* ist, Befürchtungen und Ängsten entspringt, die für sich genommen dumpf und unaufgeklärt sein mögen, so ist diese Interpretation doch *verhaltenssteuernde Realität.*

Wenn zusätzlich die Menschen täglich durch die Medien vermittelt bekommen, dass Kriege in allen Teilen der Welt in den Kategorien und aus Motiven heraus geführt werden, die jenen des 19. oder des frühen 20. Jahrhunderts entsprechen, genauso wie die darauf folgenden Reaktionen der internationalen Politik; wenn sie erleben, dass die Interventionen der internationalen Organisationen, wie auch immer sie gemeint sein mögen, fast immer das Gegenteil dessen erreichen, was beabsichtigt oder zumindest deklariert ist; wenn sie weiter sehen, dass die »blühenden Landschaften«, die ihnen in Aussicht gestellt wurden, nur mit »künstlicher Bewässerung« überleben können, dann ist es kaum verwunderlich, dass die Politik nur mehr wenig Überzeugungskraft entfalten kann. Die Appelle, die man hört, insbesondere jene nach Hilfsleistung und Solidarität, entstammen eben auch einer Zeit und einer gesellschaftlichen Situation, die als Folge ebendieser Politik heute nicht mehr gegeben ist. Mit wem soll man solidarisch sein, wenn man niemanden mehr kennt, und wem soll man helfen, wenn man die Wirkung der Hilfe nicht mehr sehen kann?

Ist Solidarität nicht eine Kategorie der Kleinräumigkeit, Verstehbarkeit und Übersichtlichkeit, des zumindest potenziellen Face-to-Face-Kontakts und der mit allen Sinnesorganen erlebbaren Kommunikation? Sind ihre Erscheinungsformen nicht Regionalismen, Nationalismen, Ethnozentrismen, Quartiers-, Gruppen- und »Gang«-Bildung, die Familie, der Clan, die Sippe, der Stamm? Dies waren über Jahrtausende die Bedingungen der Evolution menschlicher Emotionalität, der Spielregeln des Zusammenlebens und der inneren Bindungen einer Gemeinschaft. Die Großorganisationen früherer Epochen, wie etwa die katholische Kirche, obwohl Hunderte Millionen Menschen umfassend, hatten dies sehr wohl verstanden. Sie waren groß, aber sie hatten eine kleinräumige Zellstruktur. Auch die Batallione und Regimenter der großen Armeen waren weitgehend nach landsmannschaftlichen Gesichtspunkten organisiert.

Wird daher nicht zwangsläufig, und schon heute deutlich erkennbar, eine Folge der Integrationspolitik und der ökonomischen Globalisierung eine *Gegenbewegung* sein, deren Art, Charakteristika und Erscheinungsformen jedenfalls jetzt noch nicht vorhergesehen werden können? Ich halte die Wahrscheinlichkeit für groß, dass eine Phase der allgemeinen *Desintegration* bevorsteht oder vielleicht besser der *Exklusion*. Dies mag zurzeit unglaubhaft erscheinen, weil man noch zu sehr damit beschäftigt ist, die letzten Integrations- oder Inklusionsschritte – mühsam und zwanghaft – zu vollziehen, etwa in Europa und im Nahen Osten. Aber der Zerfall der Sowjetunion und Jugoslawiens sind die ersten Beispiele. China könnte folgen; das Land hat längt nicht jene Homogenität und Kohäsion, die der Name impliziert. Es sind zu viele Dinge, die nicht zusammengehören, zusammengebracht worden, und sie haben nicht jene Vorteile gebracht, die man den Menschen in Aussicht stellte.

Dasselbe könnte sich in Europa abspielen. Die Integration Europas ist nicht irreversibel. Selbst wenn eine gemeinsame Währung noch eingeführt werden sollte – man kann sie *politisch* erzwingen –, braucht das überhaupt nicht zu bedeuten, dass sie eine *wirtschaftliche* Wirklichkeit wird. Sie kann ebenso gut ein Schattendasein führen, parallel neben den anderen nationalen Währungen, die noch lange praktisch dominieren können. Eine Phase der Desintegration oder Exklusion braucht nicht zwingend zum alten Nationalstaat zurückzuführen, schon gar nicht zu einem funktionierenden Nationalstaat. Ethnische und regionale Aspekte werden dabei eine Rolle spielen; ebenso werden Interessen eine Rolle spielen, aber kaum jene Formen der Interessenorganisation, die zur Entstehung der heutigen großen politischen Parteien führten.

Ökonomische Klasseninteressen und weltanschaulich-religiöser Wertkonsens werden schwerlich weiterhin eine Basis sein können, ausgenommen vielleicht in der islamischen Welt. Etwas anderes ist aber möglich, nämlich im Verbund mit den Massenmedien die Erpressung jeder denkbaren Mehrheit durch jede denkbare Minderheit, durch Bürgerinitiativen jeglicher Variation, Klein- und Kleinstgruppen, die sich um ökologische, soziale oder andere Interessen herum organisieren, manche dauerhaft, andere nur temporär und situationsbezogen, manche demokratisch agierend, andere alle Möglichkeiten modernen Terrors anwendend, dem jede entwickelte Gesellschaft fast schutzlos ausgeliefert ist.

Wirtschaften und Gesellschaften, in denen sich Entwicklungen der geschilderten Art abspielen, stehen unter *erheblichem Stress*. Sie können an vielen Stellen brechen, sie können kollabieren, partiell oder vollständig. Sie können in Eruptionen von Gewalt untergehen, in wirtschaftlichem Desaster und in Anarchie enden. Das ist eine Variante. Sie können aber auch lethargisch dahinsiechen; paralysiert zusehend, wie sich die Zentren des Geschehens und des Einflusses geografisch und politisch verschieben, sie können in Agonie fallen. Dies ist eine andere Möglichkeit. Beide Varianten sind historisch immer wieder vorgekommen. Aufstieg und Niedergang von Nationen, Mächten und Imperien sind zur Genüge dokumentiert.

Aber darin braucht man *keine Gesetzlichkeit* zu sehen. Es gibt auch eine *dritte* Möglichkeit, nämlich sich aktiv diesen Herausforderungen zu stellen – die von innen kommende *Revitalisierung* von Wirtschaft und Gesellschaft sowie ihrer Organisationen. Es ist zuzugeben, dass solche Kraftanstrengungen oft nur aus einem vorhergehenden Desaster entsprungen sind, wie die Entwicklung in den USA nach dem Civil War und der New Deal Roosevelts oder der Wiederaufbau Deutschlands und Japans nach dem Zweiten Weltkrieg. Aber es gab auch die Renaissance in Europa und die Meiji-Reform in Japan.

Gleichgültig, was der Ursprung einer Reform- und Revitalisierungsbewegung gewesen sein mochte, der Schlüssel dazu war jeweils eine *neue Form der Führung*. Ich betone, der Schlüssel war Führung und nicht ein Führer. Natürlich sind auch neue Führer solchen Situationen entsprungen, aber sie haben nach kurzer Zeit immer wieder ein neues, meistens noch größeres Desaster angerichtet.

Was ich also meine, sind nicht Führer und schon gar nicht *ein* Führer, sondern *Führung*. Die Geschichte der Führer ist ausreichend detailliert geschrieben worden, so dass man aus ihr lernen kann. Die Geschichte der Führung ist noch nicht geschrieben.

Die Voraussetzungen dafür, dass wir eine tiefgreifende Revitalisierung von Führung schaffen können, sind, so widersprüchlich dies klingen mag, gleichzeitig die besten und die schlechtesten. Sie sind die besten insofern, als wir eine pluralistische Gesellschaft haben. Darunter wird üblicherweise verstanden: eine Vielfalt von Werten und Meinungen, Zwecken und Zielen. Dies ist *auch* eine wichtige Tatsache. *Ebenso* wichtig, und weniger beachtet, scheint mir zu sein, dass wir statt *eines* Machtzentrums, statt eines oder ganz weniger Einfluss-, Steuerungs-, Gestaltungs- und Lenkungszentren deren außerordentlich *viele* haben.

Wir leben in einer Gesellschaft von *Organisationen*, mehr, größere und vielfältigere Organisationen als je zuvor in der Geschichte. Was immer der Mensch tut, er tut es nicht mehr als Individuum, sondern als Mitglied, Mitarbeiter, Benützer von Organisationen. Jede dieser Organisationen ist ein Zentrum von Einfluss und Macht, von Gestaltung und Lenkung, die einen mehr, die anderen weniger. Nie zuvor in der Geschichte der Menschheit hatten absolut und relativ so viele Menschen de facto Führungsaufgaben. Dies ist eine gute Voraussetzung für vitale Führung; es ist eine Stärke.

Die gleichzeitig gegebene Schwäche sehe ich darin, dass nur wenige auf die Erfüllung dieser Aufgaben *systematisch* vorbereitet werden, dass auf diesem Gebiet weder Ausbildung noch Bildung und schon gar keine Weisheit vermittelt wird, dass wir weder Maßstäbe für gute noch Sanktionen für schlechte Führung haben.

Hier zeigt sich ein eigentümliches Paradoxon: Nie zuvor gab es so viele Bücher und Magazine über Management, mehr Seminare und größere Ausbildungsbudgets. Wir haben die berühmten Business Schools und hatten nie eine größere Zahl an MBA-Programmen. So viel zur quantitativen Seite. Wie steht es aber mit den Inhalten? Was gelehrt und gelernt wird, hat dem Namen und den Bezeichnungen nach mit Führung und Management zu tun; eine Inhaltsanalyse kommt aber zu einem ganz anderen Ergebnis. Nie zuvor hatten wir weniger Konsens darüber, was die richtigen Antworten, und noch weniger darüber, was die richtigen Fragen sind.

An den Business Schools wird, wie es ja auch ihrer Zwecksetzung entspricht, vornehmlich Business Administration gelehrt, eine Variationsform der deutschsprachigen Betriebswirtschaftslehre. Die Fächer heißen Production und Corporate Finance, Human Resources und Marketing; International Relations, Corporate Strategy und Corporate Structure. Überall kann man, wenn man will, auch noch das Wort »Management« vor- oder nachsetzen. Das ändert aber nicht viel an der Tatsache, dass eben Produktion und nicht die Führung der Produktion gelehrt wird, zwar Marketing, aber nicht dessen Management.

Ich will keinen Zweifel daran lassen, dass ich alle diese Fächer für wichtig halte. Es kann gar nicht genug Wissen auf all diesen Gebieten geben, und es kann nicht genug fachlich gut ausgebildete Leute geben. Ich teile die Meinung nicht, dass junge Leute keine höhere Ausbildung haben sollten, ganz im Gegenteil. Man muss ihnen allerdings sagen, dass die fachliche Ausbildung nicht genügt und dass sie zusätzlich noch lernen müssen, wie man sein Wissen in Nutzen transformiert und, vor allem, wie man dies in einer Organisation tut.

Die skizzierten in Gang befindlichen Veränderungen stellen die Führungskräfte sämtlicher Organisationen vor größte Herausforderungen. Klarheit des Denkens, Präzision des Handelns, Vorbildhaftigkeit des Verhaltens und Glaubhaftigkeit der Führung werden bis an die Grenzen beansprucht werden.

Schon die Veränderungen in den Märkten, die technologischen Entwicklungen, der Innovationsbedarf bei Produkten, Produktion, Distribution und Informationssystemen usw. werden Aufgaben größten Umfanges und erheblicher Komplexität mit sich bringen. Die entscheidende Problematik wird aber in den *sozialen* Folgen all dieser Veränderungen liegen. Wir werden nicht nur anderes und anders produzieren, distribuieren und konsumieren; wir werden anderes und anders arbeiten, lernen und lehren, wissen und können, sagen und hören müssen; wir werden uns anders verhalten und die Menschen anders behandeln müssen, und vor allem werden wir anders führen müssen.

Dies alles hat zu tun mit Management, wie ich die Gesamtheit aller gestaltenden, steuernden, richtunggebenden und entwickelnden Funktionen einer Gesellschaft bezeichne, wobei ich zunächst zwischen Management und Führung keinen Unterschied mache, obwohl ich prinzipiell eine gewisse Differenzierung akzeptieren kann, die aber in den achtziger und neunziger Jahren maßlos übertrieben wurde.

Der Kontext von Management ist die organisierte Gesellschaft, eine Gesellschaft also, in der, was immer Menschen tun, im Rahmen einer Organisation getan wird, sei es konsumieren oder produzieren, sei es lehren oder lernen, Kinder zur Welt bringen oder Tote beerdigen. Und es wird eine Wirtschaft sein, in der wie dargelegt nicht wie bisher Rohstoffe und manuelle Arbeit die wesentlichen Ressourcen sein werden, sondern Wissen die entscheidende Komponente sein wird, um Leistung zu erzielen und Wohlstand zu schaffen.

Ich schlage daher vor, *Management als die Transformation von Wissen in Leistung und Nutzen zu verstehen.* Aus dieser Perspektive, so glaube ich, kann man das beste und fruchtbarste Verständnis für diese Funktion gewinnen. Diese Sicht bestimmt besser als andere die Aufgaben, Werkzeuge und Grundsätze, die Führungskräfte erfüllen, beherrschen und befolgen müssen, wenn sie in der organisierten Wissensgesellschaft wirksam und produktiv sein wollen, und sie erlaubt auch die vergleichsweise ergiebigste Umschreibung der Anforderungen, die an Führungskräfte zu stellen sind, ihrer Verantwortung und Haftung.

Führung muss konstitutionell verankerten, definierten Standards und Kriterien entsprechen. Diese zu bestimmen ist keine leichte Aufgabe, so wenig es leicht war, moderne Staatsverfassungen zu entwickeln und die für ihren Vollzug und ihre Einhaltung erforderlichen Institutionen zu etablieren. Es wird sich aber auch nicht als schwieriger erweisen.

Über Jahrtausende konnte es als sekundär angesehen werden, was Führungskräfte taten und wie sie es taten, weil die Menschen davon nur am Rande berührt waren. Und wenn sie davon betroffen waren, so war es als alternativloses Schicksal hinzunehmen. Was kümmerte es den Fellachen des unteren Niltals, was der Pharao im tausend Kilometer entfernten Theben tat, und wenn es ihn zu kümmerte, welche Wahl hatte er? Führung zählte nicht viel; was zählte, war Überleben. Nun aber zählt Führung, auf allen Ebenen und in allen Organisationen. Fast alles hängt von Qualität und Kompetenz der Führung ab: Wohlstandsniveau, Gesundheitszustand, Erziehung und Bildung und die Frage, ob ein Leben am Ende als sinnvoll angesehen werden kann.

Das Verhalten des Adels konnte noch als »Adelssache« angesehen werden, denn es war mit Geburtsprivilegien verbunden; das Verhalten des Klerus war »Kirchensache«, es wurde religiös begründet und außer Diskussion gestellt; das Verhalten des Unternehmers konnte als »Unternehmersache« betrachtet werden, denn er riskierte sein Vermögen.

Das Verhalten der Führungskräfte in der organisierten Gesellschaft ist aber *öffentlich*, denn sie sind *Angestellte* der Organisationen, sie werden mit *fremdem* Geld bezahlt, und sie setzen *fremdes* Geld ein. Ihr Verhalten ist *sichtbar*, denn es kann in einer Medienwelt nichts mehr geheim gehalten und vertuscht werden. Es wird diskutiert, kritisiert und bewertet, weil immer mehr Menschen Vergleiche anstellen und eine Meinung zu diesen Dingen haben können. Und vor allem haben immer mehr Menschen auch Alternativen. Führung musste früher *erduldet* werden; sie kann heute *akzeptiert* oder *abgelehnt* werden. Man kann sich von Politikern trennen und man kann, zumindest eine Zeitlang, Organisationen verlassen und im Falle des Kopfarbeiters sogar seine Ressourcen mitnehmen. Ich will die noch immer bestehenden Zwangsabhängigkeiten nicht verniedlichen, aber sie sind geringer als früher.

Führungskräfte müssen Standards, die für gesellschaftliche Stabilität wichtig sind, *vorleben* und *sichtbar* machen. *Vertrauen* und *Glaubwürdigkeit* sind fragile Güter. Sie vertragen nicht viele Fehler und gewisse Fehler überhaupt nicht. Für die Bewältigung der vor sich gehenden Transformation der Gesellschaft sind Vertrauen und Glaubwürdigkeit der Führung von allergrößter Bedeutung. Von ebensolcher Bedeutung ist daher die Entwicklung von Mechanismen und Institutionen für Ausbildung und Formation von Führungskräften; für ihre Auswahl und Platzierung; für die Bewertung ihrer Leistung, bevor sich diese in schlechten Geschäftsergebnissen oder sichtbarem Versagen der Zweckerfüllung zeigen, für Sanktionierung von Fehlverhalten und schließlich Entfernung aus den Positionen.

Auf den ersten Blick mag es manchen absurd erscheinen, die Standards kompetenter Führung konstitutionell fassen zu wollen. Aber genau dies war historisch der Weg von den *Künsten* zu den *Berufen*. Dies machte die Künste nicht weniger bedeutsam. Das Einmalige und Einzigartige wird ihnen noch immer vorbehalten bleiben, und jenen wenigen, die Zugang dazu haben. Die Künste werden es vermutlich auch sein, die immer wieder neue und noch bessere Standards schaffen.

Verändert werden die Welt und das Leben der Menschen aber nicht durch die Künste, sondern durch die Berufe, nicht durch die Spitzenleistungen des Genies, sondern dadurch, dass die Kunst zum lehr- und lernbaren Handwerk wird. Dies hat den Fortschritt in der Medizin gebracht und vor allem die Möglichkeit, Millionen von Menschen bemerkenswert gute medizinische Versorgung zukommen zu lassen. Die Nachfolger von Leonardo sind nicht Genies, sondern Hunderttausende von kompetenten Ingenieuren; jene von Imhotep, Phidias, Bramante und Le Corbusier sind die zahllosen Architekten, die zwar nicht Kunstwerke schaffen, aber anständige und brauchbare Leistung für die Menschen erbringen; und die Nachfolger der Gebrüder Wright sind jene Tausende von Berufspiloten, die Zehntausende von Passagieren täglich sicher und zuverlässig zu ihren Destinationen fliegen.

Die Leistungen der Pioniere und Genies werden nach Jahrtausenden noch bestaunt; jene der Berufsleute, der handwerklichen Professionals, sind weniger spektakulär, aber sie haben unser Leben verändert.

Was in Hunderten von Disziplinen gelungen ist, braucht für *Führung* nicht als unmöglich angesehen zu werden. 1946 sagte Winston Churchill im Pentagon anlässlich eines informellen Treffens mit einer Gruppe von etwa 30 der herausragendsten Militärs der US-Streitkräfte, er habe gewusst, dass Amerika in der Lage sei, mit seiner ungeheuren Wirtschaftskraft das erforderliche Kriegsmaterial bereitzustellen, aber es habe ihn wirklich überrascht, dass die Amerikaner eine so große Zahl von so ausgezeichneten Offizieren in so kurzer Zeit einsetzen konnten.

Die Lösung der Frage, woher die Tausenden von Kommandanten kamen, die eine Streitmacht von zuletzt über 10 Millionen Männern und Frauen führten, ist einfach: aus den Militärakademien, in denen sie ausgebildet und vorbereitet wurden, und aus den Trainingscamps, die im Zuge der durch Pearl Harbour initiierten Mobilisierung eingerichtet wurden.

Was auf dem Gebiet der militärischen Führung gelungen ist, kann selbstverständlich auch auf jenem der zivilen Führung gelingen, aus einer Kunst, die nur *wenige* Menschen beherrschen: ein Handwerk und einen Beruf für *viele* zu machen. Inhalte und Methoden werden verschieden sein, manche Prinzipien mögen Ähnlichkeiten aufweisen. Die Notwendigkeit als solche ist hier wie dort gegeben. Jede Gesellschaft braucht für die erfolgreiche, friedliche und den Menschen gemäße Bewältigung der vor sich gehenden Transformation eine große Zahl kompetenter, wirksamer und verantwortender Führungskräfte. Nicht nur Ingenieure werden gebraucht, sondern Ingenieure, die managen können; nicht nur Naturwissenschaftler, sondern solche, die sich und andere führen können; nicht nur Betriebswirtschaftler, sondern solche, die ihr Wissen und jenes anderer durch Management in Nutzen umwandeln können. Dies gilt nicht nur für die Wirtschaft, sondern für alle Organisationen, und nicht nur für die obersten Ebenen, sondern für alle, auf denen sich Führungsaufgaben stellen.

Investitionen in Management und in Managementkompetenz können wir heute zwar noch nicht rechnen, aber sie werden die Leistungs- und Wettbewerbsfähigkeit von Organisationen, Branchen, Ländern und Wirtschaftsblöcken mehr als je zuvor bestimmen. Sie werden ausschlaggebend sein für den Wohlstand, die Beseitigung von Armut und Elend und die Korrektur der ökologischen Schäden; und sie werden entscheidend sein dafür, ob die junge Generation eine Zukunft hat und wie sie aussehen wird.

Kapitel 4

Corporate Governance

Die Bedeutung einer wirksamen Unternehmensaufsicht

Die Vermeidung von Unternehmenszusammenbrüchen und Sanierungsfällen und die damit verbundene Kapitalvernichtung *allein* sind schon ein hinreichender Grund für eine starke und wirksame Unternehmensaufsicht. Das genügt aber noch nicht. Es braucht ein starkes Aufsichtsorgan nicht nur, um etwas zu *vermeiden*, sondern man braucht es, um etwas zu *bewirken* – nämlich den bestmöglichen Einsatz des Kapitals und aller anderen Ressourcen.

Aus unmittelbar das Unternehmen betreffenden Gründen der Wettbewerbsfähigkeit, aber auch aus volkswirtschaftlichen Gründen hat die Unternehmensaufsicht dafür zu sorgen, dass produktive Leistung erbracht wird und Ergebnisse erzielt werden. Der Maßstab dafür müssen die weltbesten Produktivitäten und Resultate sein.

Bis heute weiß niemand, *wie* produktiv »produktiv« ist. Die Wirtschaftslehre hat bisher keine absoluten Maßstäbe für die Nutzung von Ressourcen geliefert. Vielleicht gibt es sie auch nicht. Man kann bis jetzt nicht einmal sagen, *was* ökonomische Ressourcen sind, denn auch das ist ständigem Wandel unterworfen. Daher benötigt die gesellschaftliche »Zelle« wirtschaftlicher Tätigkeit ein Organ, das permanent darauf achtet und dafür sorgt, dass auf den Einzelfall bezogen und nicht nur abstrakt nach den bestmöglichen Verwendungen aller aktuellen und potenziellen Ressourcen gesucht wird. Das kann nur die Unternehmensaufsicht sein.

Aufgabe der Exekutivorgane ist es, die Arbeit zu *tun;* dafür zu sorgen, *dass* sie getan wird, ist Aufgabe der Aufsicht. Das ist weit *mehr* und etwas *anderes* als nur gerade Kontrolle. Es erfordert Einflussnahme auf Ziele und Maßstäbe zur Beurteilung von Leistung und Ergebnissen. Obwohl es Menschen geben mag, die drei Funktionen gleichzeitig und selbst erfüllen können, nämlich sich Ziele *zu setzen*, die entsprechende Leistung *zu erbringen* oder zu mobilisieren *und* die Qualität von Zielen und Ergebnissen *zu beurteilen*, ist das doch die Ausnahme. Anders formuliert, es darf nicht im Ermessen der einzelnen Menschen liegen, ob sie das tun oder nicht, sondern die Wahrnehmung dieser Funktionen muss *konstitutionell* sichergestellt sein. Dazu bedarf es mindestens *zweier* konstitutioneller Organe.

Etwas Weiteres ist zu beachten: Die Unternehmensaufsicht kann beinahe als Zwillingsschwester des *Marktes* angesehen werden.

Wir leben – wie im letzten Kapitel dargestellt – in einer *organisierten* Gesellschaft, in einer Gesellschaft, die aus Organisationen und Institutionen besteht. Jede Organisation benötigt *Management* (egal welche Bezeichnungen dafür verwendet werden) als gestaltendes, bewegendes und lenkendes Organ. Es ist das *Management* der gesellschaftlichen Organisationen, das *ihre* Leistungsfähigkeit und ihre Leistung bestimmt und damit Leistungsfähigkeit und Leistung einer *Gesellschaft als Ganzes*.

Management ist der Beruf mit den größten *gesellschaftlichen Wirkungen*, seien sie positiver oder negativer Art. Durch Management werden die Ressourcen einer Gesellschaft, insbesondere Kapital und Menschen, einer produktiven oder unproduktiven Nutzung zugeführt; Management schafft oder vernichtet Werte, betreibt oder verhindert Innovation, schafft oder verhindert die Zukunft.

Daher sind an die Ausbildung und Ausübung dieses Berufes die höchsten Anforderungen zu stellen und daher muss es eine *wirksame Kontrolle* der Ausübung dieses Berufes auch auf höchsten Führungsebenen geben, und zwar *bevor* der Markt seine Wirkung tut – *denn diese kommt immer zu spät*. Das Risiko eines Versagens des Managements ist zu groß, um es *allein* dem Markt zu überlassen. Dieser mag eine ausreichende Kontroll- und Korrekturinstanz gewesen sein noch zu Zeiten, wo ein Firmenzusammenbruch kaum spürbare Folgen hatte. Außerdem: Der Markt genügt nicht, um wirtschaftliche Leistung *herbeizuführen*, schon gar nicht gesellschaftliche Leistung.

Diese Aussage ist keine Konzession an marktfeindliche Auffassungen – im Gegenteil. Es gibt Leute, die deshalb mit dem Markt und marktwirtschaftlichen Lösungen unzufrieden sind, weil ihnen die *Ergebnisse* marktwirtschaftlicher Prozesse nicht passen, etwa die Einkommensverteilung oder der Leistungsdruck. Das ist *nicht* mein Argument. Ich bin mit dem Markt aus anderen Gründen nicht zufrieden: Er ist zu *langsam*, er hat keine *voraus-*, sondern nur eine *nach*laufende Wirkung, und er hat im Kern *nur eine bestrafende* Wirkung.

Der Markt sagt nicht, wo und wie Ressourcen eingesetzt werden *sollen*, sondern nur, wo und wie man sie einzusetzen *gehabt hätte*. Wenn dieses Signal vom Markt kommt, ist es *zu spät* für das Unternehmen und insbesondere für *große* Unternehmen. Auch das schnellste Unternehmen hat seine »*Totzeit*«, wie man die Zeitverzögerung zwischen Signal und Wirkung des Signals in einem System nennt. Der Markt als solcher bewirkt *nichts Positives,* und er *vermeidet* nicht Fehler. Er *bestraft* diese nur – aber erst dann, wenn sie schon passiert sind, und daher zu spät. Das muss *gerade* von Befürwortern marktwirtschaftlicher Problemlösungen gesehen werden.

Ferner ist zu berücksichtigen, dass – so wichtig in anderer Hinsicht der Mittelstand ist – gerade die *Großunternehmen* vielleicht das wesentlichste Zentrum *gesellschaftlicher Anpassung und Erneuerung* sein müssen. Es ist eine Illusion zu glauben, dass dies von der *Politik* geleistet werden könnte, und ein noch größerer Trugschluss ist die verbreitete Meinung, dass die wirklich wesentlichen Innovationen in erster Linie von kleinen oder mittleren Unternehmen getätigt werden könnten. Diese sind weder ausreichend mit Management-Kapazität ausgestattet, noch haben sie genügend Kapital. Management wird sich – zum Teil ist dies heute schon der Fall – als der Schlüsselfaktor für Wettbewerbsfähigkeit schlechthin sowohl für Unternehmen als auch für die Gesellschaft erweisen.

Dabei ist nicht nur an *technologische* Innovation zu denken. Die *größte Herausforderung* werden die großen Unternehmen auf einem anderen Gebiet zu bestehen haben: Auf jenem der *sozialen Innovation*. Diese Entwicklung ist nicht zu begrüßen, aber es gibt zahlreiche Indizien dafür, dass sie nicht mehr aufzuhalten ist, obwohl sie vielleicht noch nicht in ihren vollen Konsequenzen sichtbar ist.

Der Wohlfahrtstaat ist – wie erwähnt – am Ende, aber er hat keine Aufgabe gelöst. Gesundheitswesen und Bildungssystem sind in fragwürdigem Zustand, und es ist zweifelhaft, ob diese Systeme innert nützlicher Frist reformiert werden können. Einzig die Wirtschaft hat immer wieder aufs Neue bewiesen, dass sie letztlich doch in der Lage ist, die erforderlichen Veränderungen vorzunehmen – wenn auch gelegentlich spät. Ihre Strukturen und Organisationsformen, Systeme und Prozesse, ihre Leistungsfähigkeit und Leistung mögen nicht besonders gut sein, aber sie sind jedenfalls weniger schlecht als die der anderen gesellschaftlichen Institutionen.

Umso wichtiger ist es, der *Qualität ihrer Führung* Aufmerksamkeit zu schenken, höchste Maßstäbe anzulegen und auch scheinbar geringfügigen Erosionserscheinungen gegenzusteuern.

Den Großunternehmen aller Branchen kommt nicht nur deshalb eine besondere Bedeutung zu, weil ihre Kapitalkraft und damit ihre Macht groß sind, sondern vor allem deshalb, weil sie *öffentlich sichtbar* sind. *Sie sind als maßstabsprägende Institutionen relevant; sie setzen oder ruinieren die Orientierungsmarken.* Damit entscheiden sie über *Führung* oder *Verführung.* Leistung, Verantwortung, Haftung und Vorbild der für die Großunternehmen handelnden Personen, ihre Glaubwürdigkeit und das Vertrauen, das man in sie hat und haben kann, sind vor allem in Zeiten grundlegenden Wandels einer besonderen Belastungsprobe ausgesetzt. Dann nämlich, wenn jene schwierigen, unpopulären, einschneidenden, harten und menschliches Leid verursachenden Entscheidungen getroffen und vollzogen werden müssen, die vom Heute in die Zukunft führen. Die Politik kann diese Entscheidungen, selbst wenn sie wollte, aus naheliegenden Gründen nicht treffen.

Die Menschen hatten zu allen Zeiten die *Fähigkeit*, sich anzupassen und, wenn es sein musste, Opfer zu bringen; sie waren fähig, hart zu arbeiten. Dazu konnten sie auch durch Gewalt und Terror gebracht werden. Über die bloße Fähigkeit jedoch hinausgehende *Bereitschaft* und *Motivation* ist aber immer nur dann und so lange möglich gewesen, als die Menschen *ihrer Führung vertraut* haben, wenn diese *glaubwürdig* war und zu ihrer *Verantwortung* gestanden ist. Nur dann ist aus bloßer Arbeit auch *Leistung* entstanden, sind *Wohlstand* und *Werte* geschaffen worden und haben die Menschen in ihrer Arbeit einen Sinn gesehen.

Daher ist Unternehmensaufsicht nicht nur eine Frage der juristischen Gestaltung, sondern vor allem ein Problem der *faktischen* Wirkung und Wirksamkeit. Die Frage der gewaltfreien, aber wirksamen Kontrolle von Menschen durch andere Menschen ist bis heute weitgehend ungelöst. Sie war früher aber nicht so bedeutsam, weil wir eine andere Gesellschaftsstruktur hatten, weil das Leben anders geführt wurde. Nicht zuletzt deshalb war das nicht so bedeutsam, weil Fehler und Versagen immer nur lokale und limitierte Auswirkungen hatten. *Zum Ersten ist die Lösung dieser Frage wirklich wichtig.*

Wenn meine Analyse in Teil I, Kapitel 3 auch nur teilweise stimmt, kann die Bedeutung der Führung von Unternehmen nicht hoch genug eingeschätzt werden. In Wahrheit wird es nicht nur um die Führung der Wirtschaftsunternehmen gehen, sondern aller gesellschaftlichen Institutionen, der Gewerkschaften, der Institutionen des Bildungs- und Gesundheitswesens, der Verwaltung und vor allem des immer wichtiger werdenden Non-Profit-Sektors. Ich klammere die Politik aus, nicht weil sie prinzipiell unwichtig wäre, sondern weil sie innerhalb der nationalstaatlichen Grenzen immer weniger Wirkung haben und es vermutlich noch lange dauern wird, bis wir eine transnationale Politik mit Effektivität haben werden.

Die nationalstaatliche Politik wird wahrscheinlich über längere Zeit eher die Rolle des Verhinderns im transnationalen Spiel der Kräfte ausüben, wie das z. B. England im Verhältnis zur EU tut. Weil keine einzelne Regierung mehr imstande sein wird, jene Lösungen herbeizuführen, die für das eigene Land gut wären (und zu ihrer Wiederwahl führten), wird sie sich wenigstens bemühen, für Land und Wiederwahl negative Entwicklungen so gut es geht zu verhindern. Die Politik wird sich somit weitgehend selbst paralysieren, wie praktisch alle jüngeren Fälle zeigen, in denen nur gemeinsames und international koordiniertes Vorgehen Lösungen hätte bringen können, von Bosnien bis zum Nahen Osten und von ökologischen Fragen bis zur Lebensmittelkontrolle. Es wird daher viel mehr auf die Wirksamkeit der Führung von Wirtschaftsunternehmen ankommen als je zuvor.

Das Unternehmen ist eine *ökonomische* Institution und hat als solche einen ganz bestimmten Zweck zu erfüllen. Darüber hinaus ist das Unternehmen aber weit mehr – es ist eine *politische* und *moralische* Institution, und daher muss es sich an bestimmte Rahmenbedingungen und Spielregeln halten. Die erste Aussage findet allgemeine Zustimmung. Die zweite ist umstritten. Der Streit ist aber müßig, denn es steht in niemandes freier Entscheidung, ob Unternehmen auch politische und moralische Institutionen sind; sie sind es *de facto*, insbesondere die großen Unternehmen. Der Versuch, diesen zweiten Aspekt auszuklammern, der in letzter Zeit in Form eines missverstandenen (Schein-)Liberalismus wieder Mode geworden ist, ist bestenfalls naiv, in Wahrheit aber gefährlich.

Man sieht das, wenn man überlegt, unter welchen Bedingungen überhaupt ein Unternehmen betrieben werden kann. In einer verrotteten Gesellschaft kann man zwar *Geschäfte* machen, aber nicht ein *Unternehmen* betreiben. Jede verkommene, ruinierte Gesellschaft bietet Anschauungsmaterial, von den zusammengebrochenen kommunistischen Ländern bis zu den korrupten lateinamerikanischen, afrikanischen oder asiatischen Fällen.

Die Lösung dieses Problems ist eine Kernfrage einer modernen Gesellschaft. Wenn die Führungskräfte der Wirtschaft sich in der Lösung dieses Problems nicht sichtbar, aktiv und konstruktiv engagieren, dann wird es von *anderen* außerhalb der Wirtschaft gelöst, und aller Erfahrung nach in einer für die Wirtschaft unvorteilhaften Weise. Nicht einmal ein Ausweichen in andere Länder – wie das jetzt unter dem Etikett der Globalisierung geschieht – ist ein Ausweg.

Diese Problematik ist das Kernthema der Corporate Governance. Die wesentlichsten Probleme hängen zusammen mit *Natur und Funktion des Gewinnes* und mit der Frage, *in wessen Interesse* und daher *nach welchen Maßstäben* ein Unternehmen geführt werden soll. Bezüglich beider Fragen gibt es Missverständnisse und Irrtümer. Ich will im Folgenden die wichtigsten Irrlehren knapp behandeln und die meines Erachtens richtige Position skizzieren. Selbstverständlich sind das Fragen, die es im Rahmen der Gesamtführung eines Unternehmens zu *diskutieren* gilt. Es sind Fragen, in deren Diskussion die Unternehmensaufsicht eine maßgebliche Rolle spielen und das *letzte Wort* haben muss. Wie immer letztlich die Entscheidung in einem speziellen Falle aussehen mag, meine Empfehlung ist, zumindest die nachfolgenden Überlegungen dabei zu berücksichtigen.

Gewinnmaximierung zerstört das Unternehmen

Der Gewinn gehört noch immer zu den am meisten missverstandenen Elementen einer Wirtschaft. Er wird vom Publikum missverstanden – vor allem deshalb, weil er von den meisten Managern und Unternehmern missverstanden wird und sie ihn daher falsch und irreführend gegenüber der Öffentlichkeit darstellen.

Gewinn wird aber auch von einem großen Teil der Wissenschaft falsch verstanden. In den meisten marktwirtschaftlich orientierten, ökonomischen Theorien finden sich die Denkfiguren des *Gewinnmotivs* als Grund und Antrieb für ökonomisches Handeln und die Vorstellung der *Gewinnmaximierung* als Ziel. Gerade die Rezession der neunziger Jahre hat, wenn auch teilweise unter anderen Etiketten, das Gewinnmaximierungsdenken wieder in den Vordergrund treten lassen.

Man kann prinzipiell niemandem verwehren, ein Unternehmen aus der Sicht des Gewinnes zu verstehen und es als Mittel zur Gewinnmaximierung einzusetzen. Die diesbezüglichen »Theorien« erscheinen so plausibel, dass sie kaum hinterfragt werden, und wenn, dann in erster Linie aus ideologisch-politischen Gründen.

Allerdings gibt es seit langem ernstzunehmende Kritik auch aus dem Lager jener, die ideologisch klar für eine freie Marktwirtschaft sind. *Gerade* dann, wenn man für ein »*Free Enterprise System*« ist, kann man den Gewinn *nicht* als oberstes Unternehmensziel akzeptieren. Immer wieder wurde gezeigt, dass sowohl das Gewinnmotiv als auch die Ökonomie der Gewinnmaximierung *inhaltsleer* sind. Was aber wichtiger ist, sie sind *irreführend* und *gefährlich*, und zwar in mehrfacher Hinsicht. Gewinn als *oberstes Ziel* zerstört die Ertragskraft eines Unternehmens und führt zwangsläufig zu seinem Ruin.

Selbstverständlich müssen Unternehmen Gewinne machen. Die finanzwirtschaftliche Disziplin muss höchsten Maßstäben genügen. Das hat aber wenig mit Gewinnmaximierung als oberstem Ziel oder als Zweckbestimmung zu tun. *Erstens* sind die Gewinnermittlungs- und Feststellungsmethoden außerordentlich problematisch; im Kern sind sie willkürlich und lediglich durch Konventionen quasi legitimiert. *Zweitens* können wesentliche Elemente des *Wertes* eines Unternehmens durch die Instrumente des Rechnungswesens gar nicht abgebildet werden, auch nicht durch die fortgeschrittensten und modernsten, und daher kann man ein Unternehmen auch mit den Mitteln der Bilanz und der Gewinn- und Verlustrechnung bzw. des Rechnungswesens ganz allgemein weder beurteilen noch führen. Führung auf Basis der Finanzkennziffern ist *operative* Führung. Wenn sich Probleme in den Zahlen des Rechnungswesens niederschlagen, ist es für deren Korrektur in der Regel *zu spät*.[21] Es braucht daher auch eine strategische Führung, die auf ganz andere Messgrößen ausgerichtet, aber durch die finanzwirtschaftlichen Maßstäbe diszipliniert sein muss. Aus diesem Grunde werden in Teil I, Kapitel 5 andere Mess- und Beurteilungsgrößen vorgeschlagen, und daher darf sich auch das Aufsichtsorgan mit den Ergebnissen des Rechnungswesens nur limitiert befassen. Es gibt Wichtigeres.

Gewinn schlage ich vor als *Ergebnis* der Geschäftstätigkeit zu betrachten, aber nicht als deren *Ursache* oder treibende Kraft. Gewinn ist der *Maßstab* für die Richtigkeit und Effektivität dessen, was das Unterneh-

---

21 Diese und die nachfolgenden Überlegungen gelten auch dann, wenn an die Stelle des Gewinnes der Cash-Flow gesetzt wird.

men tut, er ist aber nicht der *Grund* für das, was getan wird. Gewinn und Gewinnmaximierung können niemandem sagen, was er tun *soll*. Die Ursachen für gute Ergebnisse sind *Innovation, Marketing* und *Produktivität*, und an diesen muss man sich orientieren, lange bevor über Gewinn gesprochen oder dieser ermittelt werden kann.

Der Zweck des Unternehmens liegt *außerhalb* desselben, im Markt und in der Gesellschaft. In der Erbringung einer wirtschaftlichen Leistung für den Markt und für die Gesellschaft liegt die Legitimation des Unternehmens. Sein Zweck ist *die (Er-)Schaffung von Kunden durch eine Marktleistung und die Transformation von Ressourcen in ökonomische Werte.* Der Kunde kauft und bezahlt nicht, *damit* das Unternehmen einen Gewinn erzielt, sondern weil er eine Leistung erhält. Der Gewinn ist aber der Maßstab dafür, ob das Unternehmen diesen Zweck richtig und gut erfüllt.

Ist aber nicht doch, wie fast durchweg behauptet, das *Gewinnmotiv* die treibende Kraft für Menschen, Unternehmer zu werden? Es mag solche Menschen geben. Da es aber bis heute nicht gelungen ist, Motive überzeugend nachzuweisen, ist es besser, diese Frage offen zu lassen. Die ökonomischen Theorien unterstellen das Gewinnmotiv einfach als Prämisse; sie können für dessen Existenz aber keine Evidenz vorlegen. Das Gewinnmotiv als Prämisse macht das Theoretisieren leicht und das Rechnen einfach.

Den Biografien der Gründerpioniere und Tycoone, aber auch Gesprächen mit vielen heutigen Unternehmern kann entnommen werden, dass sie keineswegs von einem Gewinnmotiv getrieben wurden, als sie ihre Unternehmen gründeten. Es gibt zahlreiche Hinweise darauf, dass Unternehmer mindestens so häufig, wie sie angeben, Gewinne machen zu wollen, etwas anderes anstreben – nämlich tatsächlich eine Leistung zu erbringen, ein Produkt zu vermarkten, eine Idee zu realisieren. Viele haben jahrelang auf alles verzichtet, Bankrotte gemacht, wieder von vorne angefangen, immer wieder neue Wege versucht, bis sie endlich unternehmerischen Erfolg hatten, der sich auch in Gewinnen messen ließ.

Es ist ein Leichtes, auch ihnen nichts anderes als Gewinnstreben zu unterstellen – eben nicht kurz-, sondern langfristig. Genau darin liegt eine der Schwächen der am Gewinn orientierten Theorien: Sie müssen immer wieder *ausweichen* – vom Kurzfristigen ins Langfristige und vom Konkreten ins Abstrakte. Damit entleeren sie sich selbst ihres Gehaltes. Sie immunisieren sich gegen den Test der Wirklichkeit. Es gibt Leute, die gute und gesicherte Existenzen aufgeben, um Unternehmer mit einer höchst riskanten Zukunft zu werden. Hätten sie ökonomische Rechnungen gemacht und z. B. den Barwert ihres berechenbaren, weil gesicherten Einkommens ermittelt und diesen mit dem völlig unberechenbaren und wenn, dann katastrophal negativen Barwert ihrer unternehmerischen Tätigkeit verglichen, hätten sie diesen Schritt – ökonomisch gewinnmaximierend – nie machen dürfen.

Was also das Motiv ist, weiß man nicht. Einige mögen ihre Gewinne maximieren wollen, andere ein Lebenswerk schaffen und wieder andere berühmt oder mächtig werden. Man weiß es nicht – und die meisten dürften es nicht einmal selbst zweifelsfrei wissen. Es hat daher auch keinen Sinn, mit Motiven zu operieren. Wesentlich ist, auf das zu achten, *was* die Leute tun, nicht *warum* sie es tun. Dabei wird man feststellen, dass selbst zahlreiche jener Unternehmer und Manager, die die Rhetorik der Gewinnmaximierung verwenden, sich tatsächlich überhaupt nicht gewinnmaximierend verhalten. Und jene, die es tun, sind meistens rasch in großen Schwierigkeiten oder bankrott.

Selbstverständlich muss sich jemand, wenn er ein Unternehmen gegründet hat, der *Disziplin ökonomischer Gesetzmäßigkeiten* unterwerfen. Er muss das, was er tut, letztlich gewinnbringend tun, aber das bedeutet nicht, dass er es *wegen* des Gewinnes tut. Gewinn ist eine *notwendige* Bedingung unternehmerischer Existenz, aber er ist bei weitem keine *hinreichende* Bedingung für das, *was* das Unternehmen tut. Man kann aus dem Gewinn heraus daher auch nicht erklären, was das Unternehmen in der Vergangenheit getan hat und warum. Ebenso wenig lässt sich aus dem Gewinn ableiten, was das Unternehmen in Zukunft tun wird und warum.

Der Gewinn ist *Ergebnis* und *Maßstab* für die Qualität unternehmerischen Handelns. Er ist Test für die Richtigkeit der häufig unausgesprochenen Prämissen und Theorien, die unternehmerischem Handeln zugrunde liegen, aber nicht der Grund für ihr Zustandekommen.

Welchen Gewinn jedoch meint man? Es ist schon besser, statt von Gewinn von *Kosten* zu sprechen. Sobald man diese Betrachtung anwendet, sieht man, dass auch das modernste Rechnungswesen nur einen Teil der relevanten Kosten zu erfassen erlaubt, und was es daher als Gewinn ausweist, nämlich den Unterschied zwischen Ertrag und Aufwand, ist entweder falsch oder irreführend.

Es gibt zwei Arten von Kosten: die Kosten des *laufenden* Geschäftes und jene Kosten, die erforderlich sind, *um im Geschäft zu bleiben*. Das sind nicht etwa *Kosten der Zukunft*, sondern es sind *heutige* Kosten; Kosten, die schon angefallen sind, lediglich noch nicht zu bezahlen waren. Sie sind das, was man als »*deferred*« oder »*accrued costs*« bezeichnen kann.

Die Schlüsselfrage, die daher zu stellen ist, lautet nicht: *Wie groß ist das Gewinnmaximum?* Bemerkenswerterweise hat die Betriebswirtschaftslehre darauf bis heute keine Antwort zu geben gewusst. Die entscheidende Frage muss auf das Gegenteil gerichtet sein, nämlich auf das *Gewinnminimum*. Sie muss lauten: *Welches Minimum an Gewinn benötigt das Unternehmen, um auch morgen noch im Geschäft zu sein?*

Diese Frage hat nichts mit Gewinnfeindlichkeit zu tun, im Gegenteil. Wer immer diese Frage durchdenkt, wird zum Ergebnis kommen, dass das so verstandene Minimum erheblich *oberhalb* dessen liegt, was die meisten Leute als Gewinnmaximum zu akzeptieren bereit sind.

Das Minimumerfordernis finanzwirtschaftlicher Disziplin ist die Deckung der Kosten des *Gesamtkapitals*. Das Problem eines Unternehmens ist daher nicht die Gewinnmaximierung, sondern es besteht darin, *genügend Gewinn* zu erzielen, um die *Kosten des Kapitals zu decken* und die *Risiken der zukünftigen ökonomischen Aktivität zu finanzieren*. Gewinn ist die einzige Quelle, aus der ökonomische Risiken finanziert werden können, und zwar jene des Unternehmens selbst *und* jene der Gesellschaft.

Wie die Theorie auch sein mag, die *Praxis* der Führung eines Unternehmens nach dem Gewinnmaximierungsprinzip führt zwangsläufig zu *kurzfristig orientiertem, rein finanziell ausgerichtetem Handeln. Sind aber nicht doch die US-Unternehmen und ihre Erfolge ein Beispiel dafür, dass es richtig ist, gewinnmaximierend zu führen?* Amerika gilt zwar als Hochburg des Gewinnmaximierungsprinzips. Aber die klugen amerikanischen Manager wissen, dass das Denken in kurzfristigem Gewinn zum Verlust lukrativer Märkte geführt hat, und zwar an Japan und an Deutschland – etwa auf den Sektoren der Unterhaltungselektronik, des Fernseh-, Video- und Faxgerätes, der Werkzeugmaschinen und des Automobils.

Beide Wirtschaften hatten nach dem Zweiten Weltkrieg praktisch keine Chance, jemals wieder eine weltwirtschaftliche Rolle zu spielen, die die Japaner früher ohnehin nie hatten. In beiden Ländern waren und sind die führenden Unternehmen nicht in erster Linie am Gewinn, schon gar nicht am kurzfristigen Gewinn orientiert, sondern an anderen Zielen: an *langfristiger Markterschließung* (die Japaner ganz explizit an der

Maximierung ihrer Marktposition) und an *Kundennutzen* und *Qualität*. Die Gewinne waren ein *Ergebnis* dieser Strategien. In beiden Ländern waren die Unternehmen immer auch *gesellschaftlichen* Zielen verpflichtet, nicht immer freiwillig, aber dennoch. Deutsche und japanische Führungskräfte waren sich in den letzten 150 Jahren darüber im Klaren, dass soziale Spannungen, Klassenkämpfe, Streiks und eine verarmte Bevölkerung kein gutes Umfeld für unternehmerische Tätigkeit bilden. In Japan ist diese Auffassung bis heute gültig. (Die zur heutigen Krise führenden Verhaltensweisen hatten ihren Ursprung in der Finanzwelt, nicht in der Industrie.) In Deutschland und in der Schweiz hat diese Haltung erst ab Mitte der neunziger Jahre unter dem Einfluss des Shareholder Value zu erodieren begonnen.

Nach all den Desastern, die diese Länder (ausgenommen die Schweiz) zu bewältigen hatten – im Gegensatz zu den USA, die davon profitierten –, ist der vielgelobte amerikanische Wirtschaftserfolg jedenfalls zu *relativieren*. Er ist in nicht unerheblichem Maße seit dem Civil War auf *politisch-militärische* Umstände zurückzuführen, die mindestens so kausal waren wie die US-Management-Praktiken. Relativ dazu schätze ich die deutschen und japanischen Wirtschaftserfolge *höher* ein. Dass zurzeit diese beiden Wirtschaften in zum Teil großen Schwierigkeiten stecken, ändert daran nichts und ist kein Grund, unkritisch amerikanische Gepflogenheiten zu übernehmen.

An dieser Stelle sei außerdem noch darauf hingewiesen – nicht als Argument, sondern als Illustration –, dass einige der profitabelsten Unternehmen bezeichnenderweise gerade solche sind, die keinen Gewinn anstreben. Beispiele sind die Migros in der Schweiz, die Raiffeisenorganisationen in Deutschland und Österreich sowie überhaupt nicht unwesentlich die Genossenschaften. Aber auch die VISA-Kreditkartenorganisation wurde als nichtgewinnorientiert gegründet. Sie ist heute das größte und profitabelste Unternehmen auf diesem Gebiet. Vielleicht liegt der Grund gerade darin, dass diese Organisationen sich vollständig in den Dienst am Kunden gestellt haben – und ihre Gewinne als *Folge* dieser Haltung entstanden sind.

Wie gesagt, jedes Organ der Unternehmensaufsicht wird in Zusammenarbeit mit den Exekutivorgan zu diesen Fragen eine Meinung bilden müssen, und es steht jedem Unternehmen frei, sich für die Gewinnmaximierung zu entscheiden. Man sollte das aber wenigstens in Kenntnis der Argumente tun, die dagegen vorgebracht werden können.

Wenn man sich *dafür* entscheidet, dann muss man es im vollen Bewusstsein dessen tun, dass man damit dem exekutiven Management eine *leichte* Aufgabe stellt. Es ist keine Kunst, die Gewinne eine Zeitlang, durchaus einige Jahre, drastisch zu erhöhen, und die Börse wird das honorieren. Die wesentliche Frage ist, auf welchem Wege das gemacht wird und welche Konsequenzen es hat.

In aller Regel wird man feststellen, dass die *Voraussetzungen* des Gewinnes, die Ertrags*potenziale* des Unternehmens, dadurch nachhaltig geschädigt werden. Es wird eine starke Versuchung bestehen, z. B. Investitionen in die Marktstellung zurückzunehmen, bei Forschung und Entwicklung zu bremsen und bei der Entwicklung des Humankapitals. In Wahrheit gibt man dem Management damit einen Freipass, die langfristige Gesundheit des Unternehmens erodieren zu lassen zugunsten kurzfristiger Gewinne. Man muss damit rechnen, dass es dann, wenn die zunächst unsichtbare Erosion der Gewinnpotenziale sich in den Zahlen des Rechnungswesens niederschlägt, zu spät ist, um die Entwicklung zu korrigieren. Gewinn als *oberstes* und *einziges* Ziel und *a fortiori* Gewinnmaximierung zerstören die Leistungskraft des Unternehmens.

Drei Modelle der Corporate Governance – und ein viertes

Um Sinn und Unsinn heutiger Corporate Governance zu erkennen, ist es nützlich, einen Blick auf ihre Entstehung zu werfen. Corporate Governance, wie sie heute verstanden wird, ist aus den früheren Praktiken der Gesamtführung gewachsen, teils als Konsequenz aus deren Schwächen und schließlichem Versagen, teil aus tiefgreifenden Veränderungen in der internationalen und globalen Wirtschaft und im Finanzsystem und zum größten Teil aus Irrtümern.

Die Vorläufer des heutigen *Shareholder*-Modells sind das *Eigentümer*-Modell und das *Stakeholder*-Modell. Beide haben sich überholt oder sind gescheitert, was Ende der achtziger Jahre mit dem Buch von Alfred Rappaport zum Shareholder-Modell führte.

Das Shareholder-Modell hat sich rasch verbreitet, und das wiederum hat den Anschein erweckt, es sei das richtige Modell und alle müssten es übernehmen, ein typisch massenpsychologisches Phänomen, das aus dem

Zeitgeist der neunziger Jahre erwuchs. *Wo Tauben sind, da fliegen Tauben zu,* sagt ein Sprichwort ...[22]

Das Shareholder-Modell fand seinen Nährboden im neoliberalen Denken der Zeit. Dazu kamen andere und gewichtigere Gründe, die zur Verbreitung und zu weitgehend kritikloser Akzeptanz führten. Darin lagen die größeren Risiken für die Fehlsteuerung der Unternehmensführung.

Das Shareholder-Modell macht die Führung des Unternehmens für das Topmanagement scheinbar *einfach,* und zwar in mehrfacher Hinsicht. Denn statt der Forderung, mehrere oberste Zielsetzungen gegeneinander abzuwägen und zu balancieren, was naturgemäß schwierig ist, muss gemäß Shareholder-Doktrin erstens nur noch *eine* Größe beachtet werden. Zweitens ist diese Zielgröße quantifizierbar, sogar in Geldgrößen. Sie ist, drittens, jeden Tag an den Aktienmärkten ablesbar, so dass man im Grunde nicht einmal mehr Controller braucht. Viertens wurde der Shareholder Approach weltweit in den MBA-Programmen gelehrt, womit man sich im Konsens mit »den Besten« befand und keinen Grund hatte, die Richtigkeit des Shareholder-Ansatzes zu hinterfragen.

Das Shareholder-Modell macht Unternehmensführung aber nur *scheinbar* einfach. Unternehmen sind in Wahrheit keine eindimensionalen, rein ökonomischen Gebilde, sondern *komplexe, vieldimensionale Systeme.* Ihre vieldimensionale Natur setzt sich über kurz oder lang durch.

Als mit den ersten Skandalen und Firmenzusammenbrüchen die Grenzen des Shareholder-Modells sichtbar wurden und Reformen notwendig wurden, hat man unter dem Etikett des Fortschrittes in Wahrheit einen grotesken Schritt zurück gemacht zu demjenigen Modell, dessen Scheitern den nun ebenfalls scheiternden Shareholder Approach überhaupt erst entstehen ließ, nämlich dem Stakeholder Approach.

Die wirklich entscheidende Alternative wurde nicht gesehen, nämlich sich von der Fixierung auf *Interessengruppen* zu lösen, die außerhalb des Unternehmens stehen, und stattdessen das *Unternehmen selbst* in das Zentrum zu stellen. Die Logik dieser fundamentalen Wende um 180 Grad ist einfach und klar: *Was für das Unternehmen gut ist, kann für die verschiedenen Interessengruppen nicht schlecht sein. Was hingegen für die Interessengruppen gut sein mag, kann für das Unternehmen den Untergang bedeuten.*

Geschichtlich gab es im Wesentlichen *drei grundlegende Modelle,* die

---

22 Pelzmann, Linda: *M. o. M.®* 05/11.

gleichzeitig drei Grundformen des marktwirtschaftlichen Systems oder des Kapitalismus darstellen: Owner-Kapitalismus, Stakeholder-Kapitalismus und Shareholder-Kapitalismus, der gelegentlich auch als Spekulanten-Kapitalismus bezeichnet wird.[23]

Das Eigentümer-Modell und Corporate Capitalism

Im Eigentümer-Kapitalismus gibt es einen oder eine kleine Zahl von Eigentümern, die das Unternehmen kontrollieren. Dieses Modell wird von der Figur des klassischen *Großkapitalisten*, des Tycoons, dominiert.

Das Modell des Tycoons hat die Zeit etwa von 1850 bis 1950 geprägt. Jedes Land hatte seine Industriepioniere: In Deutschland waren es die Krupps, Thyssens und Siemens, in den USA die Carnegies, Morgans und Duponts, Rockefellers und Fords, in der Schweiz die Browns, Boveris, Sulzers, Eschers und Wyss. Beispiele von Leuten sind etwa Warren Buffet und Bill Gates. Diese Männer haben ihre Unternehmen selbst aufgebaut und geführt, mit eigenem Geld gehaftet, zum Teil ganze Industrien begründet, und sie haben mit der unbestrittenen Autorität der umfassenden *Sachkenntnis* in Kombination mit dem unbeschränkten *Eigentum* und extensiver *Haftung* ihre unternehmerischen Ziele verfolgt.

An die Stelle des klassischen Eigentümer-Kapitalisten sind – geschichtlich – in *Europa* die *Banken* getreten, in Deutschland unter der Führerschaft der Deutschen Bank. In einigen Ländern waren es, bis die Deregulierung einsetzte, auch in wesentlichem Umfange direkt oder indirekt der Staat bzw. die *Regierungen*, etwa in Italien, Frankreich und Österreich. In Japan sind die *Keiretsus* die Nachfolger der Tycoons, und in den USA war es, bis die Pension Funds Gewicht erlangten, das *Publikum*.

Eigentum und Kontrolle lagen somit in den Händen von *Institutionen*, die durch entsandte Personen in den Führungsorganen von Unternehmensexekutive und Unternehmensaufsicht vertreten waren. Damit ist entstanden, was man als *Corporate Capitalism* bezeichnen kann, genauer: *Corporate Capitalism I*, die erste Variante dieses Modells. Es überwog eine der Eigentümerhaltung ähnliche, *langfristig orientierte Denkweise*, die an Investitionen, an Marktstellung und teilweise – in enger Koordination

---

23 Siehe zum folgenden auch Drucker, Peter F.: *Managing for the Future*, London 1992.

mit Regierungen und Gewerkschaften – an gesamtwirtschaftspolitischen, evtl. sogar an gesellschaftspolitischen Zielen ausgerichtet war.

Das deutsche »Hausbanken«-System, vor rund 130 Jahren von Georg von Siemens, dem ersten Vorstandsvorsitzenden der Deutschen Bank, erfunden, war im Grunde und in erster Linie nicht an Dividenden und Kursgewinnen des Portefeuillebestandes interessiert, sondern am *Kommerzgeschäft* mit seinen Großkunden. Die japanischen Keiretsus waren vor allem an wirtschaftlicher *Macht* interessiert und gleichzeitig am direkten Geschäft mit den »Familien«-Mitgliedern und nicht an Beteiligungserträgen; und in den politisch dominierten Ländern waren und sind es eben *politische Interessen*, die die Führung der Wirtschaftsunternehmen bestimmen. Geschäftliche und politische Interessen sind es also, die die Geschicke in diesem Modell bestimmen, und *nicht* die Aktionärsinteressen.

Die umstrittenen personellen Verflechtungen, die dieses Modell zur Folge hat, haben neben gravierenden Nachteilen jedenfalls den Vorteil, dass in den Großunternehmen ein im Kern *uniformer Grundkonsens* darüber existierte, nach welchen Gesichtspunkten ein Unternehmen zu führen ist, worin Leistung und Ergebnisse bestehen müssen und wonach sie zu beurteilen sind. Die Ziele sind langfristige, fruchtbare Geschäftsbeziehungen und tragfähige Koexistenz politischer Gruppen.

Abgesehen von jenen Fällen, wo nicht nur wohlverstandene Staats- und Regierungsziele als solche, sondern letztlich *parteipolitische* Interessen *vor* die Wirtschaftslogik gestellt wurden, wie etwa in Österreich und Italien, darf dieses Modell als erfolgreich betrachtet werden. Deutschland und Japan hätten kaum auf anderem Wege ihre weltwirtschaftliche Bedeutung erlangen können, und auch Frankreich kann nicht verstanden werden ohne Kenntnisse der wirtschaftlich-politischen Kooperation. Der größte Nachteil bzw. die größte Gefahr dieses Modells liegt in der Machtakkumulation bei einer kleinen Zahl von Personen, von deren Fähigkeit, Qualität und Kompetenz die Wirtschaft abhängt – zum Guten, wenn es die richtigen Personen sind, zum Schlechten im gegenteiligen Fall.

In den USA war die Entwicklung zunächst ganz anders. Aufgrund eines anderen Stellenwertes, den dort die Finanzmärkte, insbesondere die Aktienbörse, schon immer hatten, und aufgrund einer anderen Struktur des Bankensystems war das Eigentum weit gestreut. Kein einzelner Aktionär war – von Ausnahmen abgesehen – stark genug, das Unternehmen in nennenswertem Umfang zu kontrollieren. Die Aktionärsinteressen waren nicht organisierbar. Die Kontrolle lag daher in Wahrheit nicht bei den Eigentümern, sondern beim *Management*. Aufgrund des US-Boardsystems mit seiner Vermischungsmöglichkeit von Aufsicht und Exekutive war somit das Topmanagement in Wahrheit *niemandem* verantwortlich bzw. es konnte sich seine Verantwortlichkeit *selbst definieren*.

Aus dieser Situation heraus entstanden in der Zeit nach dem Zweiten Weltkrieg zwei Theorien der Corporate Governance, die *Stakeholder*-Theorie und – viel später, die Anfänge erst Ende der achtziger Jahre und ins Bewusstsein des Publikums tretend erst Mitte der neunziger Jahre – die *Shareholder*-Theorie. Keine dieser Theorien hat sich bewährt. Die erste ist sichtbar gescheitert; die zweite ist dabei zu scheitern, auch wenn viele das – noch – nicht zu sehen vermögen.

Das Stakeholder-Modell

Die eine der beiden Theorien ist unter der Bezeichnung »*Stakeholder Approach*« populär geworden. Die Grundposition ist folgende: Wenn das Management keiner spezifischen Einzelgruppe verantwortlich ist, so muss das Unternehmen im Interesse *aller* am Unternehmen interessierten Gruppen geführt werden – »*in the best balanced interest*« eben aller »*Stakeholder*«, der Aktionäre, der Mitarbeiter, Lieferanten, Banken und eventuell der lokalen politischen Institutionen oder der Politik überhaupt. So plausibel dieses universelle »Harmoniemodell« zunächst aussieht, so desaströs sind seine Konsequenzen. Das Unternehmen wird damit den sich wandelnden Interessenlagen unterschiedlichster Interessengruppen ausgesetzt und steht permanent im Risiko, Sonderinteressen befriedigen zu müssen, statt seinen wirtschaftlichen Zweck zu erfüllen. In den USA und England waren es die Gewerkschaften und in Italien und Österreich die politischen Parteien, die über Jahrzehnte große Teile der Wirtschaft zu ihren eigenen Vorteilen missbrauchten.

Der Erste, der den Stakeholder Approach formulierte, war *Ralph Cordiner*, CEO von General Electric, in den frühen fünfziger Jahren. Das war ein brauchbarer Ausgangspunkt, aber es stellt sich die Frage, was »*best balanced interest*« heißt, welche *konkreten* Leistungen und Ergebnisse das Unternehmen also erreichen soll und wie die Verantwortung des Managements tatsächlich eingeführt, eingelöst und unter Umständen erzwungen werden soll.

Eine praktische Antwort darauf wurde nie gefunden. Somit war die weitere Entwicklung vorgezeichnet. Die Manager – in enger Interessengemeinschaft mit dem Board – letztlich *de facto* niemandem verantwortlich, haben in vielen Fällen die Zügel schleifen lassen und sind bequem geworden, oder sie haben sich als das verhalten, was man in der Staatslehre »gütige Tyrannen« oder »aufgeklärte Despoten« nennt. In Ermangelung verbindlicher Maßstäbe wurde von Fall zu Fall – und nicht unwesentlich von eigenen Interessen geprägt – definiert, was in wessen Interesse lag. Das war zwar nicht überall so. Es gab Firmen, die auch in dieser Zeit vorbildlich geführt wurden und bestens funktionierten. Aber wenn die Führung in Ordnung war, lag es an den *Personen*, an den konkreten handelnden Individuen, und es wurde nicht vom *Modell* erzwungen.

Es war diese *konstitutionelle* Schwäche im amerikanischen System, zusammen mit den Möglichkeiten, die die Aktienbörse bot, die zur Übernahmewelle führte, die in den achtziger Jahren, erleichtert durch die Börsenhausse, an Dynamik gewann und zu den bekannten Exzessen führte. Diese Entwicklung war konstitutionell programmiert, aber zunächst fehlte noch der Zugang zu den erforderlichen finanziellen Mitteln. Die amerikanischen Banken konnten feindliche Übernahmen nicht finanzieren, weil ihnen wegen des amerikanischen Spezialbankensystems die Mittel fehlten, oder sie waren aus prinzipiellen Erwägungen oder wegen eines befürchteten Klumpenrisikos zurückhaltend. Die Voraussetzung zur Übernahmewelle ist durch das *Investment-* und *Pension Fund System* entstanden, das zu einer *Kapitalakkumulation* ohne Beispiel in den Händen weniger Institutionen führte. Die Pension Funds allein kontrollierten schon Anfang der neunziger Jahre rund 2,5 Billionen Dollar, heute ist es ein Vielfaches davon. Sie haben in den USA als Kapitalakkumulationsstellen weitgehend die Banken ersetzt.

Dieses akkumulierte Kapital sucht nach Anlagen und Rendite. Der größte Teil dieser Mittel ist in die Aktien- und Obligationenmärkte geflossen. Die amerikanischen »Werktätigen« sind somit über ihre Pensionskassen zu den Eigentümern der amerikanischen Wirtschaft geworden. Es ist das entstanden, was von Peter Drucker schon 1976 in seinem weithin unbeachtet gebliebenen Buch *The Unseen Revolution* als »Pension Fund Socialism« bezeichnet wurde – es ist die amerikanische Art des Volkskapitalismus. Pension Funds sind mit über 50 Prozent an der Summe der Großunternehmen beteiligt, sei es über Aktien oder Obligationen.

Die *Eigentümer* der amerikanischen Großunternehmen sind somit Millionen von Amerikanern. Die *Verfügungsgewalt* über diese Mittel liegt aber direkt oder indirekt in den Händen der *Pension Fund Manager*, direkt, insoweit sie unmittelbar in Wertpapieren engagiert sind, und indirekt, insoweit sie die Mittel in Investment Funds angelegt haben. Das hat zwei zwangsläufige Folgen:

Die *erste* – negative – Folge ist, dass es die Welle der *feindlichen Übernahmen* ermöglichte. Die frühen Wall Street Raiders hätten ohne die direkte oder indirekte Hilfe der Pension Funds ihre feindlichen Übernahmeaktionen nicht realisieren können. Obwohl nicht wenige Fund Manager diesen ersten Aktionen durchaus skeptisch gegenüberstanden, waren sie *de facto* und teilweise sogar nach dem Gesetz dazu gezwungen, Hand zu bieten, weil sie sonst Treuebruch- und Schadenersatzklagen seitens der Anleger zu erwarten gehabt und auch ihre Performance-Ziele nicht erreicht hätten.

Die kompetenten Pension Fund Manager waren zu Recht skeptisch, denn es hat sich erwiesen, dass kaum eines der feindlich übernommenen Unternehmen *nach* der Übernahme besser gestellt gewesen wäre als *vorher*. Im Wesentlichen haben nur die Management-Buy-outs zu guten Ergebnissen geführt, aber nicht die feindlichen Übernahmen.

Mit Ausnahme einiger weniger Fälle sind schuldenüberlastete Ruinen oder überhaupt zerschlagene Firmen das Resultat dieser Übernahmen gewesen. Noch schlimmer, die Folge war Bitterkeit, Zynismus und Lethargie bei den Mitarbeitern, denn sie mussten zur Kenntnis nehmen, dass sie wie eine Ware gehandelt und anschließend in Massen entlassen wurden, während ihre Manager, die zuvor mit hehren Worten und großen Idealen operierten – Loyalität, Motivation usw. – die Belegschaft »opferten«, selbst aber in oft gigantischem Umfange von den Deals profitierten. Wie auch immer die Absichten gewesen sein mochten, in der Optik der Mitarbeiter konnte das nicht anders denn als Verrat an allem empfunden werden, was ihnen bis dahin gepredigt worden war. Diese Lektion blieb keineswegs auf die unmittelbar betroffenen Firmen beschränkt, sondern die Signalwirkung ging weit darüber hinaus, weil jeder Mitarbeiter in jeder Firma damit rechnen musste, dass ihm dasselbe widerfahren kann. Es gibt kaum einen schnelleren und wirksameren Weg, den sozialen Kitt einer Gesellschaft zu zerstören.

Diese Dinge wurden und werden in der Rhetorik der Raiders und ihrer Helfer gerechtfertigt mit dem Argument, dass die Aktionäre von diesen Bewegungen profitiert hätten. Selbst wenn das stimmte, wäre zu fragen, ob die sozialen Kosten dieser Profite nicht zu hoch sind. In Wahrheit stimmt es aber gar nicht, zumindest nicht allgemein. In aller Regel wurden die zum Teil in absurde Höhen getriebenen Übernahmepreise nur teilweise oder gar nicht bar bezahlt, sondern in Form von Schuldverschreibungen aller Art, in großem Umfange mit Junk Bonds, finanziert. Die meisten dieser Papiere haben nach dem Übernahme-Coup rasch an Wert verloren. Per Saldo hat von diesen feindlichen Übernahmen und spektakulären Raider-Aktionen niemand profitiert, außer die Raider selbst, ihre Anwälte, einige Manager und die Investment-Banker.

Die Übernahmewelle hat aber als *zweite* – im Kern positive – Folge die Art, wie die amerikanischen Unternehmen geführt werden, in wenigen Jahren *radikal* verändert. Plötzlich war Leistung gefordert, sei es um Übernahmen abzuwehren, sei es um nach einer Übernahme erfolgreich zu sein, oder sei es um in der allgemeinen Optik gut dazustehen. Fast unmittelbar zeigte sich aber die negative Begleiterscheinung dieser an sich wünschenswerten Veränderung: Die Topmanager sahen sich nun gezwungen, ihre Unternehmen nach Orientierungsmarken zu führen, die nichts mit solidem Unternehmertum zu tun haben, sondern mit den kurzfristig ausgerichteten, immer hektischer und immer begehrlicher werdenden Erwartungen der Finanzanalysten. Jeder musste darauf achten, dass er nicht Objekt der Begierde der Raiders wurde, und hat daher alles getan, um den Aktienkurs seines Unternehmens nach oben zu treiben.

An die Stelle des gescheiterten Stakeholder-Modells ist aus diesen Gründen das *Shareholder-Modell* getreten. Die Raiders konnten ihre Pläne ja nur verwirklichen, wenn sie glaubhaft machen konnten, den Interessen der *Aktionäre* besser zu dienen als das amtierende Management. Dass das gesamthaft damals nicht eingetreten ist, ist eine der Ironien des Marktes. *Einen* Zweck haben die feindlichen Übernahmen somit gut erfüllt: Sie haben gemütlich vor sich hin dösende, nach allen Seiten abgesicherte und niemandem verantwortliche Manager aufgeschreckt und auch die Aufsichtsorgane, die jahrelang die mangelhaften Leistungen der Manager geduldet haben. Und sie haben die Diskussion über die Grundfragen der Corporate Governance in Gang gebracht.

Das Shareholder-Modell

Der Shareholder Value ist zum neuen *Credo* geworden und hat jede andere Überlegung beiseite gedrängt. Im Kontext des Shareholder Value wird alles exklusiv und zulasten jedes anderen Faktors in den Dienst der Kapitalrendite, meistens in den Dienst der Eigenkapitalrendite gestellt. Dieses Modell kann langfristig nicht funktionieren, weil es elementare Grundsätze der Unternehmensführung verletzt. Das vorrangige Problem war aber von Anfang an, dass es nur in Zeiten einer Börsenhausse überhaupt Platz greifen konnte. Selbst in den USA passt das Modell nicht. Es sind dort bereits politische Bewegungen im Gange, die auf eine radikale Begrenzung der Aktionärsrechte zielen. Schon gar nicht passt dieses Modell in die soziale Landschaft Europas, wo es nun aber fleißig und – wie immer – auch unüberlegt nachgeahmt wird.

Dabei wird übersehen, dass *erstens* die US-Wirtschaft keineswegs *wegen* ihrer Orientierung am Gewinn und am Aktionär stark ist, soweit sie es überhaupt ist, sondern aus anderen Gründen, unter anderem aus politischen und deshalb, weil es noch genügend amerikanische Topmanager gibt, die zwar ihre *Rhetorik* an die Wall Street-Denkweise angepasst haben, die aber nicht immer danach handeln. Das gilt besonders und leicht beweisbar für den Mann, der von manchen Medien als Universal-Kronzeuge des Shareholder-Modells missbraucht wird, *Jack Welch*, den CEO von General Electrics. *Zweitens* wird übersehen, *warum* die Shareholder-Orientierung in den USA überhaupt entstanden ist und dass dort eine ganz andere Situation gegeben ist als außerhalb der USA. Und *drittens* wird verkannt, dass Europa und Japan bezüglich der Corporate Governance in wichtigen Punkten viel weiter entwickelt waren als die USA.

Alle Rhetorik und erklärten Absichten beiseite gelegt, wie sieht die *unvermeidbare, praktische* Wirkung des Shareholder-Value-Kapitalismus aus? Fund-Manager werden nach ihrer Performance beurteilt, d. h. nach dem finanziellen Zuwachs des von ihnen verwalteten Kapitals. Aufgrund der Konkurrenz zwischen den über 10 000 Fonds um die nach Anlage suchenden Gelder und im Umfeld der total euphorisierten Wall Street-Industrie heißt das nichts anderes als *kurzfristige* Performance. Es *kann* in der Praxis nichts anderes heißen. Die Ergebnisse der Funds werden täglich publiziert. Dutzende von Rating-Agenturen und Investment-Services vergleichen monatlich, mindestens quartalsweise das Abschneiden der Funds und veröffentlichen Ranglisten. Wer nicht ständig Top-Performance ausweisen kann, fällt zurück – mit möglicherweise desaströsen Folgen für den Fund, insbesondere wenn Gelder abzufließen beginnen.

Fund-Manager *können* sich also mit dem ihnen anvertrauten »Eigentum« gar nicht als *Eigentümer* verhalten, sondern sie *müssen* sich als *kurzfristige Spekulanten* betätigen. Sie investieren nicht in *Unternehmen*, sondern in *Aktien*. Sie verkaufen diese daher wieder genauso schnell, wie sie sie erwerben, sobald Dividenden oder Kurse nicht die von ihnen gebrauchten Performance-Werte erzielen – z. B. weil das Unternehmen selbst eine langfristige Investitions- oder Innovationsstrategie betreibt, die vorübergehend auf die Gewinne drückt. Sie sind im Grunde am Unternehmen als solchem überhaupt nicht interessiert; sie *können* es aufgrund der Logik des Finanzsystems gar nicht sein. So etwas wie Loyalität gegenüber einem Unternehmen hat darin keinen Platz.

Die heutigen Hohepriester des Shareholder Value, Fund-Manager und Finanzanalysten, werden sogar *aktiv* und *exzessiv* Shareholder Value *vernichten*, sobald wir wieder einen Bear Market haben werden. Die Fund-Manager werden dann nämlich Performance nur noch auf der Short-Seite erzielen können, und sie werden – falls es nicht durch Börsenregulierungen unterbunden oder erschwert wird – die Aktienkurse auf immer tiefere Niveaus treiben. Die Finanzanalysten werden ihnen zu ihren Verkaufsstrategien raten.

Die Unternehmensmanager können sich dem Diktat der am Shareholder Value orientierten Performance-Messung ebenfalls nicht entziehen. Sie haben in der öffentlichen Meinung oder präziser in der Meinung der Finanzanalysten nichts als Schwierigkeiten, wenn ihre Aktien nicht erwartungsgemäß performen. Ihr Blick ist daher auf den Kursverlauf an den Finanzplätzen gerichtet – sie schauen in den *Reuters-Bildschirm* statt dorthin, wohin sie wirklich schauen sollten – auf den *Markt*. Sie beginnen, die Führung des Unternehmens an den Interessen und am Verhalten der *Börse* auszurichten statt an dem der *Kunden*. Sie orientieren sich an den Interessen der *Spekulation* statt an jenen des *Unternehmens*. Das wurde durch die markanten Einbrüche in den Börsenkursen, insbesondere bei den vorher spektakulär aufgezogenen Erstemissionen, klar bewiesen.

Selbst jene Topmanager, die klug und erfahren genug sind, um die Gefahren des kurzfristigen, ausschließlich an Finanzzahlen orientierten Handelns zu kennen, sehen sich gezwungen, wenigstens rhetorisch den Erwartungen der Finanzwelt zu genügen. Ihre Rhetorik mag richtig sein gegenüber den Finanzanalysten; sie ist schädlich gegenüber Mitarbeitern, Kunden und Lieferanten, und leider können sie nicht zwei widersprüchliche Nachrichten gleichzeitig von sich geben, ohne ihre Glaubwürdigkeit aufs Spiel zu setzen.

Die Shareholder-Value-Theorie wird sich möglicherweise als *noch kurz-*

lebiger erweisen als die Stakeholder-Theorie, die immerhin rund 40 Jahre überdauerte, und möglicherweise als *noch schädlicher*. Sie konnte nur Wirkung bekommen im Kontext des historisch größten Bull Market, und sie wird mit dessen Ende und dem nächsten Bear Market auch wieder verschwinden, aber ein wirtschaftliches Trümmerfeld hinterlassen. Das wird auch die Pension Funds wieder zur Einsicht zwingen, dass es einen Unterschied zwischen Eigentum an *Aktien* und Eigentum an einem *Unternehmen* gibt, obwohl beides durch dasselbe Papier verbrieft wird. Sie werden sich zwar nicht als Manager der von ihnen dominierten Unternehmen verhalten können, aber sie werden sich als Unternehmer-Aktionäre verhalten müssen – weil sie nämlich gar nicht wie bisher ihre Aktien verkaufen können. Der Markt wird das – sobald wir in einem Bear Market sein werden – gar nicht mehr ermöglichen, außer mit großen Kursverlusten. Sie werden die alte Erfahrung aller »Großkapitalisten« machen: *»If you can't sell, you have to care …!*«

Durch die Shareholder-Value-Theorie ist der Unterschied zwischen einem *Investor*-Eigentümer und einem *Unternehmer*-Eigentümer oder unternehmerischen Manager vollkommen verwischt worden. Dieser Unterschied fällt aber ins Gewicht. Ich fasse die wesentlichsten Punkte zusammen: Der Investor operiert auf *Zeit*; die unternehmerische Tätigkeit ist hingegen auf *Dauer* angelegt. Der Investor *gibt bei Schwierigkeiten auf – he sells* –, und wenn er klug ist, gibt er schon vor Auftreten von Schwierigkeiten auf, er legt seine ganzen Investments nachgerade so an, dass er sich möglichst rasch wieder von ihnen *trennen* kann; der Unternehmer (-Manager) *kämpft* aber gerade dann, wenn es Schwierigkeiten gibt – *he cares*. Der Investor maximiert *eine* Ressource, nämlich Geld; die unternehmerische Aufgabe ist aber in der Kombination *mehrerer* Ressourcen zu sehen. Der Investor ist nur am *finanzwirtschaftlichen* Ertrag interessiert; der Unternehmer ist aber an der *Leistung* und *Leistungsfähigkeit* des Unternehmens interessiert. Für den Investor ist die Börse *unabdingbar*; der Unternehmer braucht *keine Börse*, Unternehmen gibt es auch ohne Börsen, und selbst wenn diese zusammenbrechen und temporär geschlossen werden, wird es weiterhin Unternehmen geben. Der Investor des Shareholder-Value-Typs tritt nur in *Bull Markets* auf; der Unternehmer ist ein *Allwettertyp*.

Die hier dargelegten Unterschiede bedeuten *nicht*, dass es einen Grund gäbe, *gegen* Finanzinvestoren und Spekulation zu sein. Beide erfüllen wichtige Funktionen in einer Marktwirtschaft. Nur sind es eben ganz *andere* Funktionen, als sie vom Unternehmen und vom Unternehmensmanager zu erfüllen sind. Man kann sie nicht gegenseitig austauschen oder ersetzen. Man darf sie auch nicht verwechseln.

Die nachfolgende Tabelle fasst die entscheidenden Unterschiede nochmals zusammen.

Investor	Unternehmer
… he sells	… he cares
operiert auf Zeit	operiert auf Dauer
gibt bei Schwierigkeiten auf und verkauft	kämpft um die Sache, weil er gar nicht verkaufen kann
braucht nur eine Ressource – Geld	kombiniert mehrere Ressourcen – Geld, Menschen, Maschinen, Material etc.
maximiert Gewinn	maximiert Marktstellung
Shareholder Value	Customer Value
Blick auf Reuters TV	Blick auf Markt
Börse unabdingbar	braucht keine Börse
nur in Bull Markets	wirtschaftlicher Allwettertyp
vernichtet Werte aktiv in Bear Markets	schafft Werte auch in Bear Markets

Das Corporate-Modell oder Corporate Capitalism II

Es gibt nur *eine* richtige Art, ein Unternehmen zu führen, nämlich *im Interesse des Unternehmens* – und nicht im Interesse einer Gruppe oder auch aller Gruppen zusammen. Nicht »Best Balanced Interests of Interest Groups«, sondern »*Best Interest of the Company*« muss die bestimmende Maxime sein, und zwar wegen der spezifischen Aufgabe, die das Unternehmen in der Wirtschaft zu erfüllen hat. Damit komme ich zum *Modell II des Corporate Capitalism.*

Die echten Unternehmer in allen Teilen der Welt, die Führer von heute wirklich starken und gesunden Unternehmen, die »Empire Builders«, haben als *oberste* Richtschnur nicht balanciert, sie haben durchaus *maximiert,* aber nicht die Gewinne – sondern *sie maximieren die wohlstandsprodu-zierende Kapazität des Unternehmens durch die bestmögliche Erbringung ihrer Marktleistung für Kunden.* Sie achten selbstverständlich *auch* auf die Gewinne, aber nicht im Sinne von etwas, das verdient ist und daher in erster Linie ausbezahlt werden kann, sondern als etwas, das wieder investiert wird und der Deckung von Risiken dienen muss. Ihre *Bottom Line* ist nicht, was die Buchhalter als solche definieren, sondern es ist das *Überleben* des Unter-nehmens, und ihr *oberstes Funktionsziel* sind *Gesundheit* und *Lebensfähig-keit* (im Englischen wird von *Sustainability* gesprochen, obwohl das bessere Wort *Viability* ist) ihrer Firma. Aus exakt diesem Grunde sind sie auch nicht an *Wachstum* als solchem interessiert, sondern an *Stärkung der Marktstel-lung* und erst als Folge dessen an Wachstum. Nicht Größe, sondern Stärke ist ihr Kriterium. Sie unterscheiden sorgfältig zwischen verschiedenen *Arten* von Wachstum – zwischen Wachstum, das zu Stärke führt, solchem, das lediglich Fettansatz ist, und Wachstum, das Krebs bedeutet.

Zusammengefasst:

Sie maximieren ihre Marktstellung und nicht ihr Wachstum. Sie maxi-mieren den Kundennutzen und nicht die Eigenkapitalrendite. Sie maxi-mieren ihre Innovationskraft und nicht den Gewinn. Sie kennen genau den Unterschied zwischen Investor und Unternehmer. Sie achten auf Customer Value und erst als Folge auf Shareholder Value. Sie beginnen Planungen nicht mit Finanzen, sondern mit ihrer Mission.

Als Ergebnis, nicht als Ursache stellt sich der Gewinn ein, meistens viel höher als bei anderen, und somit kommen auch die Shareholder zu ihren Kapitalerträgen, als Ergebnis von unternehmerischem Erfolg, nicht durch finanzielles Ausbluten des Unternehmens.

Die Orientierung an Lebensfähigkeit und Gesundheit des Unterneh-mens ist die *einzige* Möglichkeit, alle anderen Interessen, gleichgültig wie lautstark und kraftvoll sie vertreten werden, gegeneinander und gegen die Interessen des Unternehmens abzuwägen. Es ist die *einzige* Möglichkeit, kurz- und langfristiges Denken zu integrieren, und es ist die *einzige* Mög-lichkeit, die Topmanagement-Organe richtig zu organisieren, ihre Auf-gaben und Arbeitsteilung richtig zu gestalten, ihre Zusammenarbeit und ihre Beziehungen untereinander und zum Unternehmen richtig zu regeln. Es ist auch die *einzige* Möglichkeit, überhaupt eine Chance zu haben, die *schwierigsten* Konflikte zu lösen, nämlich jene, die ihre Wurzeln in den *Wertvorstellungen* bezüglich Zweck und Funktion eines Unternehmens – der Corporate Governance – haben.

In gewisser Weise ist das eine Rückkehr zum *Corporate Capitalism* – aber nur in einer bestimmten Hinsicht. Wie Peter Drucker es einmal sinngemäß formuliert hat: *Der Corporate Capitalism der frühen Jahre hat die richtige Frage formuliert, nur hat er eine falsche Antwort gegeben.* Es ist aber möglich, eine *richtige* Antwort auf diese Frage zu geben. Die richtige Antwort liegt in den sechs Schlüsselgrößen, die ein gesundes Geschäft definieren, den Central Performance Controls, wie ich sie nenne[24] und im nächsten Kapitel behandle.

Es ist die in letzter Konsequenz vielleicht wichtigste Aufgabe der Unternehmensaufsicht, eine Antwort auf diese entscheidende Frage zu erarbeiten und sie im Unternehmen verbindlich als oberstes Ziel vorzugeben. Wie die Antwort in *kleinen* Unternehmen ausfällt, mag relativ bedeutungslos sein. Die *großen* Firmen tragen hier aber eine besondere Verantwortung. Äußerste finanzwirtschaftliche Disziplin und außer Diskussion stehende Performance als Unternehmen sind *oberste Gebote*. Daran darf es keinen Zweifel geben. Hier hat die *alte* Form des Corporate Capitalism versagt. Aber finanzwirtschaftliche Performance allein genügt nicht. Die Fixierung darauf hat zur Folge, dass zuerst schleichend, dann aber mit dramatischer Beschleunigung die anderen Faktoren, die unternehmerisch wichtig sind, vernachlässigt werden. Sie hat auch zur Folge, dass Wachstum und Größe falsch verstanden werden, mit zum Teil desaströsen Folgen, wie jede in Schwierigkeiten befindliche Fusion zeigt. Wer an einem Free Enterprise -System interessiert ist, muss auf viel mehr achten als nur auf finanzielle Performance.

Nicht zuletzt muss auch das Umfeld des Wirtschaftens beachtet werden. Keine Gesellschaft kann auf Dauer mit Wirtschaftsfeindlichkeit funktionieren. Man wird es den Menschen in keiner Gesellschaft und unabhängig von ihrem Wohlstandsniveau verständlich machen können, dass sie mehr zu leisten haben, produktiver sein müssen und unter Umständen in Massen entlassen werden – *nur um Aktionäre reich zu machen*. Sie leisten – und bringen möglicherweise auch Opfer –, wenn es im *Dienste des Unternehmens* sein muss, aber nicht, um ohnehin schon »reiche Leute noch reicher« zu machen. So wird der Shareholder Value, wie immer er gemeint sein mag, in einer Mediengesellschaft, von jenen nämlich verstanden,

---

24 Malik, Fredmund: *Unternehmenspolitik und Corporate Governance. Wie Organisationen sich selbst organisieren.* Frankfurt/New York 2008 (Band 2 der Reihe »Management: Komplexität meistern«).

die wirklich die Leistung erbringen – und es gibt keine Möglichkeit, es anders darzustellen. Man wird die Optik immer gegen sich haben; wie ich glaube, aber auch die Wahrheit. Das wird dramatisch bewiesen durch den praktisch vollständigen Zusammenbruch der Stock Options-Systeme an den Neuen Märkten, in denen man ein Wunderrezept der Entlohnung der Mitarbeiter und der Reichtumsmehrung geschaffen zu haben glaubte.

Genauso wenig kann man es den Menschen verständlich machen, dass sie Leistung für die Bereicherung von Managern erbringen sollen. Das Einzige, was durch Rhetorik und Verhalten in diese Richtung erreicht wird, sind neue Klassenkämpfe, Militanz der Gewerkschaften und Demotivation der Mitarbeiter. Auch dafür liegt heute der Beweis in Form jener Fälle vor, wo es zu parasitärer finanzieller Selbstbedienung von Managern und Verwaltungsräten kam. Zwar ist das eine Minderheit, und es sind Ausnahmeerscheinungen. Wegen der Medienwirkung haben sie aber desaströse Wirkung auf das Ansehen des gesamten Managements. Für die Medien sind verständlicherweise nicht die anständigen, mit Augenmaß operierenden Manager interessant, sondern die anderen.

Es geht hier um *weit mehr* als nur ökonomische Leistung, so wichtig diese ist. Es ist sehr zweifelhaft, ob eine Gesellschaft auf Dauer funktionieren kann, wenn alles nur gerade *einem* Ziel untergeordnet wird, und sei es ein so wichtiges wie wirtschaftliche Leistung. Seit Aristoteles sind alle großen Staats- und Gesellschaftsphilosophen – insbesondere die konservativen und liberalen – zum Ergebnis gekommen, dass die Unterordnung aller gesellschaftlichen Ziele unter ein einziges, gleichgültig welches es ist, letztlich die Fähigkeit dieser Gesellschaft zerstört, überhaupt noch Ziele zu erreichen, Leistung zu erbringen und Resultate zu erzielen – ja, überhaupt zu funktionieren.

Kapitel 5

Was ist ein gesundes Unternehmen? – Messfelder für die Performance-Beurteilung des Unternehmens

Wenn das Unternehmen selbst und dessen Prosperität, Gesundheit und Lebensfähigkeit im Zentrum der Unternehmensführung stehen sollen und nicht wie auch immer definierte Interessengruppen, dann muss auch klar sein, nach welchen Gesichtspunkten ein Unternehmen, seine Leistung und sein Erfolg zu beurteilen sind. Diese Frage ist sowohl für die Unternehmensaufsicht als auch für das Exekutivorgan wichtig und darüber hinaus für sämtliche höheren und mittleren Managementebenen.

Die Schlüsselfrage muss lauten: *Was ist ein gesundes Unternehmen, und worauf ist zu achten, wenn man seine Gesundheit beurteilen will?* Die Antwort beeinflusst das gesamte Aufgabenspektrum der Unternehmensaufsicht – ja, es *definiert* sie nachgerade. Sie legt damit als Konsequenz auch die Tätigkeit aller anderen Organe und des Unternehmens als Ganzes fest. Die Antwort auf diese Frage bestimmt den Informationshaushalt des Aufsichtsorgans. Sie bestimmt, worauf die Manager ihre Aufmerksamkeit richten müssen, und sie bestimmt, nach welchen Gesichtspunkten die Tätigkeit der Unternehmens-Controller und damit die Berichterstattung an die Unternehmensaufsicht erfolgen müssen.

Die Messgrößen für Erfolg und Gesundheit des Unternehmens führen zu einer erheblichen Ausweitung der üblichen Rückschaufunktion des Aufsichtsorgans, die viel zu stark auf Rechnungswesen gestützt ist. Diese Messgrößen oder Messfelder beeinflussen *alle* Aufgaben der Aufsicht. Diese Faktoren sollten das »Cockpit«[25] sowohl des Exekutivorgans

---

25 In meinem neuesten Buch *Unternehmenspolitik und Corporate Governance. Wie Organisationen sich selbst organisieren*, Frankfurt/New York 2008 (Band 2 der Reihe »Management: Komplexität meistern«) nenne ich die Gesamtheit dieser Größen zwecks sprachlicher Eindeutigkeit »Central Performance Complex«, abgekürzt CPC.

als auch des Aufsichtsorgans bilden. Sie sind die Grundlage für die Ausübung der Corporate Governance und die *einzige* Möglichkeit, sowohl die Fallstricke der Stakeholder-Theorie als auch die der Shareholder-Theorie zu vermeiden.

Einer der schwersten Fehler in Zusammenhang mit den Fragen der Messung der Unternehmensleistung ist es, alles, was nicht im üblichen Sinne messbar ist, als unwichtig auszuklammern, nur *weil* es nicht messbar ist. Genau das ist in den meisten Fällen der tiefere Grund dafür, dass man sich verzweifelt an die finanziellen Messgrößen klammert, die eben leicht quantifiziert werden können und somit – scheinbar – Sicherheit, Objektivität, Genauigkeit und Zuverlässigkeit liefern. Bei genauer Analyse wird sich zeigen, dass finanzielle Messgrößen in Wahrheit alles andere als sicher, objektiv, genau und zuverlässig sind.

Das dominierende Instrument zur Kontrolle und Beurteilung eines Unternehmens und seines Geschäftserfolges ist in der heutigen Corporate Governance noch immer das Rechnungswesen. Bei allen Verbesserungen, die auf diesem Gebiet gemacht wurden, genügt das *nicht*, um den Geschäftserfolg feststellen und beurteilen zu können.

Wie und woran kann man erkennen, ob ein Geschäft gesund ist? Welche Schlüsselgrößen liefern die richtigen Informationen, um eine Firma und ihren Geschäftsgang wirklich zuverlässig und umfassend beurteilen zu können? Auf welche Dinge muss man achten, um drohende Schwierigkeiten früh genug erkennen zu können und noch Zeit zum Handeln zu haben?

Es gibt *sechs* Schlüsselgrößen, die – einzeln und im Verbund – eine rechtzeitige und zuverlässige Beurteilung eines Unternehmens erlauben. Für die Qualifizierung und empirische Validierung dieser sechs CPC-Größen ist das mit Abstand beste Tool das sogenannte PIMS-Forschungsprogramm.[26] Man muss dafür sorgen, dass die Controller diesen Größen ihre Aufmerksamkeit widmen, sie ermitteln und verfolgen und darüber in geeigneter Weise berichten. *Zusätzlich* zu diesen Größen wird man noch vieles andere wissen wollen. *Ohne* diese sechs Schlüsselgrößen hat man aber das systematische Risiko der *Fehlbeurteilung* und *Irreführung*.

---

26 Siehe Malik, Fredmund: *Management. Das A und O des Handwerks* (Band 1 der Reihe »Management: Komplexität meistern«), Frankfurt/New York 2006 sowie Buzzel, Robert D./Gale, Bradley, T.: *The PIMS Principles. Linking Strategy to Performance*, New York 1987.

Diese sechs Größen erlauben es auch, die problematische Kluft zwischen *kurzfristiger* und *langfristiger* Beurteilung zu überbrücken.

Die Marktstellung

Die erste Schlüsselgröße ist die *Markstellung* des Unternehmens und seiner einzelnen Geschäftsbereiche.

Es hat lange gedauert, bis diese Bedeutung der Marktstellung ausreichend bekannt war und akzeptiert wurde. Man findet jedoch noch immer viele, die mit dieser Tatsache Mühe haben, sie noch nicht voll begriffen haben und Gründe dafür angeben, warum das z. B. nur für die Großkonzerne gelte oder gerade für ihre Branche nicht. Auch in der betriebswirtschaftlichen Standardliteratur nimmt die Marktstellung nicht jenen Raum ein, der ihr zukommt.

Fortgesetzte Verbesserung der Marktstellung oder *zumindest das Halten* einer *verteidigungsfähigen* Marktposition ist die erste Schlüsselgröße für die Beurteilung des Geschäftserfolges. Die Marktstellung ist erfolgskritisch – und zwar für *alle* Arten von Unternehmen, für *alle* Branchen und für *alle* Größenordnungen von Unternehmen.

Aber selbst in jenen Firmen, in denen das anerkannt wird, wird oft zu wenig getan, um diesen Faktor systematisch zu definieren, ihn zu ermitteln und kontinuierlich zu verfolgen. Die Marktstellung ist auch dort noch immer kein selbstverständlicher Standard-Tagesordnungspunkt in den Vorstandssitzungen und in Aufsichts- und Verwaltungsräten. Man überlässt die Befassung mit dieser Messgröße den Planungsabteilungen und Stäben. Sie gehört aber *als Erstes* in das Wahrnehmungsspektrum der *Top-Organe*.

Die Marktstellung ist eine *komplexe* Größe und daher nicht leicht zu definieren. Sie lässt sich in aller Regel auch nicht durch eine einzige Kennziffer allein quantifizieren. Natürlich gehören der *Marktanteil* bzw. die Marktanteile je Geschäftseinheit und vor allem die *relativen* Marktanteile dazu.

Aber die Marktstellung als solche geht über die Erfassbarkeit durch Marktanteile hinaus. Bekanntheitsgrad, Kundenzufriedenheitsgrad, Kundennutzen-Kennziffern, Präsenz in den einzelnen Segmenten gehören ebenfalls dazu.

In Wahrheit muss man mit den Fragen beginnen: »Was charakterisiert in unserem speziellen Falle die Marktstellung? Was gehört dazu und was nicht? Und wie können wir sie am besten bestimmen und beurteilen?« Man kann nicht erwarten, vorgefertigte Antworten, etwa aus Lehrbüchern, zu bekommen. Im Gegenteil, die gründliche Auseinandersetzung mit genau diesen Fragen ist eine der primären Aufgaben der Spitzenorgane.

Verbessert sich die Marktstellung in den *richtigen* Märkten, bei den *richtigen* Kundengruppen und in den *richtigen* Vertriebskanälen? Zum Beispiel Pharmaunternehmen, die eine hervorragende Marktstellung haben – aber nur bei den Ärzten in den oberen Altersklassen, während die jüngeren Ärzte dazu tendieren, die Konkurrenzprodukte zu verschreiben. Andere Pharmaunternehmungen sind stark vertreten in den Apotheken, aber nicht in den Krankenhäusern.

Darüber hinaus muss man wissen, wie man relativ zu den *Substitutionsprodukten* steht. Eine gute Position im kommerziellen Kreditbereich bspw. wurde und wird noch immer als wesentlich für eine Kommerzbank angesehen. In den USA hat der Kommerzkredit aber in den letzten 15 Jahren in kaum für möglich gehaltenem Umfang an Bedeutung verloren. Selbst mittelgroße Firmen finanzieren sich über den Markt und nicht über den Bankkredit.

Man muss auch die *Substitutionskanäle* kennen. Nichts hat sich in den letzten Jahren so rasch verändert wie die Vertriebskanäle. Fast alle Fachhandelssparten weisen massive Erosionserscheinungen auf, wurden abgelöst durch andere Handelsformen oder mussten sich anders organisieren. Dies alles scheint in den offiziellen Statistiken und im Sozialprodukt nicht auf. Die ökonomischen Analysen, wie sie typischerweise gemacht werden, erfassen diese Dinge nicht.

Es gibt keine Theorie oder Methode, mit der man zweifelsfrei und allgemein die Marktstellung bestimmen könnte. Jedes Unternehmen muss, bezogen auf seinen *Einzelfall,* diese Arbeit machen und durchdenken, welche Komponenten seine Marktstellung hinreichend umschreiben und abzubilden erlauben.

Die Innovationsleistung

Die zweite Messgröße ist die *Innovationsleistung* eines Unternehmens. Sie ist das zuverlässigste *Frühwarnsignal* für die Beurteilung des *langfris-*

tigen Erfolges. Ein Unternehmen, das aufhört zu innovieren oder dessen Innovationskraft nachlässt, befindet sich im Abwärtstrend, und zwar lange bevor sich dieser in den Zahlen des Rechnungswesens feststellen lässt. Es kann Jahre dauern, bis diese Entwicklung mit den klassischen Instrumenten entdeckt werden kann, dann ist es aber zu spät für Korrekturen.

Ein typischer Fall ist die US-Firma Sears Roebuck – nach allen Kriterien eine Erfolgsstory über 60 Jahre, dann in großen Schwierigkeiten, aus denen sie sich nur langsam erholt. Das Unternehmen hat in den siebziger Jahren deutliche Schwächen bezüglich seiner Innovationsleistung erkennen lassen. Erst 15 Jahre später hat sich die volle Wahrheit gezeigt. Aber sichtbar war die Gefahr schon früh, wenn man auf die Innovationskraft achtet.

Hier gilt dasselbe wie für die Marktstellung: Es gibt keine Standardantworten auf die Frage nach der Innovationsleistung. Die *Frage* ist zwar für alle Branchen und alle Unternehmen *gleich*; die *Antworten* sind aber für jeden Fall *verschieden*.

Eine der Kennziffern für die Innovationsleistung ist die *Innovationsrate*: wie viel Prozent des Umsatzes macht man mit Produkten oder Leistungen, die nicht älter als drei bis fünf Jahre sind? Die richtige Höhe dieser Rate muss im Einzelfall bestimmt werden, aber unter 10 Prozent sollte sie nie sinken, und wenn sie über 30 Prozent steigt, hat das in aller Regel deutlich negative Auswirkungen auf die mittel- bis langfristige Rendite.

Eine weitere Kenngröße für die Innovationsleistung ist das Verhältnis von *erfolgreichen Start-ups zu den Flops*. Wieder eine andere ist *Time to Market*, die Zeit, die man von der Idee bis zur Lancierung einer Neuerung auf dem Markt braucht. Diese Kennziffern müssen in Vergleich gesetzt werden, über die Zeit und mit jenen der Konkurrenz.

Die Innovationsleistung bezieht sich nicht nur auf marktbezogene Innovationen. Ebenso muss die Erneuerungskraft *innerhalb* eines Unternehmens »gemessen« und verfolgt werden, um beurteilen zu können, ob das Unternehmen zu wenig oder zu viel innoviert. Zu wenig innere Innovation bedeutet langsames Absterben und Verkalken; zu viel bedeutet Hektik, Unruhe, Aktionismus und Geschäftigkeit statt Wirksamkeit. Die Beurteilung und Interpretation solcher Kenngrößen ist mit schwierigen und risikobehafteten Entscheidungen verbunden. Man hat es hier nicht mit simplen Messungen zu tun.

Die Produktivitäten

Ein drittes Feld der Erfolgsbeurteilung ist die *Produktivität* oder besser: es sind die Produktivitäten. Über die letzten 100 Jahre wurde die Produktivität im Wesentlichen nur mittels *einer* Größe gemessen, nämlich der *Arbeitsproduktivität.* Diese bleibt wichtig, aber sie *genügt nicht mehr.* In zunehmendem Maße werden andere Produktivitäten bedeutsam, insbesondere die Produktivität des *Geldes,* die Produktivität der *Zeit* und die Produktivität des *Wissens.*

Die Produktivität der Arbeit

Die klassische Messgröße der Produktivität schlechthin ist die Arbeitsproduktivität. Sie beschäftigt die Wirtschaft seit rund 100 Jahren, und ihre Verbesserung ist – wie ich schon darlegte[27] – eine ihrer großen Erfolgsgeschichten. Dennoch ist das am weitesten verbreitete und am häufigsten benützte Produktivitätsmaß – nämlich Umsatz pro Kopf – auch gleichzeitig das schlechteste.

Der Anfang muss mit der *Wertschöpfung*[28] pro Kopf gemacht werden. Aber obwohl diese Kennziffer leicht zu ermitteln ist, wird sie nur in wenigen Unternehmen systematisch verfolgt und in den Spitzenorganen diskutiert. Darüber hinaus ist es wichtig, die Arbeitsproduktivität der verschiedenen Arbeits- oder »Arbeiter«-Kategorien zu bestimmen: Wertschöpfung pro Blue Collar Worker, pro Außendienstmitarbeiter, pro Laborangestelltem, pro Manager, pro Stabsmitarbeiter, pro Administrationsmitarbeiter usw.

Man wird weiterhin die Arbeitsproduktivität verbessern müssen. Gerade in den letzten Jahren wurden aufgrund der Rezession große Versäumnisse sichtbar. Inzwischen wurde in Deutschland gesamtwirtschaftlich in den letzten drei bis vier Jahren die Arbeitsproduktivität um 15 bis 20 Prozent verbessert. Das ist eine ansehnliche Gesamtleistung, und einzelne Unternehmen waren dabei noch viel erfolgreicher. Aber es

---

27 Siehe Teil I, Kapitel 5.
28 Wertschöpfung ist hier Umsatz abzüglich zugekaufte Vorleistungen. Dies entspricht nicht dem Economic Value Added, wie er heute im Vordergrund steht, aber in diesem Zusammenhang keine Aussagekraft hat.

genügt noch nicht. Es ist noch mehr zu tun, trotz aller sozialen Folgen, die das hat.

Dennoch muss klar gesehen werden, dass die Arbeitsproduktivität nicht mehr der »Hauptkriegsschauplatz« der Produktivitätsverbesserung ist. Wir werden dieses Problem weiterhin haben, aber es wird nicht mehr das Wichtigste sein. Andere Produktivitäten sind viel kritischer.

Die Produktivität des Geldes

Noch wichtiger als die Arbeitsproduktivität ist inzwischen die Produktivität des Geldes, des Kapitals, geworden. Sie lässt sich auch am schnellsten und leichtesten verbessern. Geld kennt keine Ermüdungserscheinungen, braucht nie motiviert zu werden, ist nicht gewerkschaftlich organisiert, arbeitet 24 Stunden und 365 Tage. Geld ist auch die einzig wirklich globale Ressource. Es spricht alle Sprachen, und es kann heute in Frankfurt, morgen in New York und übermorgen in Tokio arbeiten. Umso erstaunlicher ist es, dass es noch viele Firmen gibt, die dieser Produktivität deutlich zu wenig Aufmerksamkeit widmen. Anders lässt es sich kaum begründen, dass es derart große Unterschiede zwischen den Werten der Geldproduktivität bei Firmen ein und derselben Branche und Struktur gibt. So hat beispielsweise General Electric schon über Jahre etwa die doppelte Kapitalproduktivität von Westinghouse und deutlich mehr als Siemens.

Die Messung der Geld- und Kapitalproduktivität muss mit der *Wertschöpfung* pro investierter Geldeinheit beginnen. Diese – grobe – Anfangsgröße muss dann verfeinert werden: Wertschöpfung pro Geldeinheit in den verschiedenen Positionen des Anlage- und des Umlaufvermögens, bezogen auf das Geld, das im Durchlaufprozess steckt, aber auch Wertschöpfung pro Geldeinheiten, die in den wichtigsten Aufwands- und Ertragspositionen aufscheinen. Das beste, wenn auch etwas radikale Mittel zur Verbesserung der Geld- und Kapitalproduktivität besteht darin, die Tochtergesellschaften und Geschäftsbereiche mit hohen Zinsen zu belasten und sie knapp mit Geld zu halten. Die Manager der Unternehmenseinheiten sollten unter dem Druck des knappen und teuren Geldes stöhnen, und das sollte eine Klagepunkt an jeder Managementkonferenz und ein Standardthema jeder Budget- und Ergebnisbesprechung sein. Durch nichts lernen die Menschen so schnell und eindringlich das Alphabet der Wirtschaft wie durch knappes und teures Geld; und nichts verseucht das Denken so sehr und so rasch, wie reichlich billiges Geld zur Verfügung zu haben. Letztlich ist das das einzige Mittel, um wirtschaftliches und unternehmerisches Denken ins Unternehmen zu bringen. Nur unter dem Druck hoher Kapitalkostenbelastungen beschäftigen sich die Manager mit den ökonomischen und betriebswirtschaftlichen Gesetzmäßigkeiten und nur auf diese Weise lernen sie diese Dinge.

Die Produktivität der Zeit

Mit den beiden ersten Produktivitäten, jener der Arbeit und jener des Geldes, besteht der relativ größte Vertrautheitsgrad. Weniger vertraut ist man mit der Produktivität der Zeit und am wenigsten mit der gleich folgenden Produktivität des Wissens. Hier wird also noch viel Arbeit zu leisten sein.

Eine der wenigen variablen Größen eines Unternehmens ist die Zeit. Man kann etwas schneller oder langsamer machen. Zeit ist eine der absolut kritischen Dimensionen des Marktgeschehens, und daher muss man wissen, auch im Aufsichtsorgan, ob das Unternehmen tendenziell schneller wird, stagniert oder sich verlangsamt. Bei den Entwicklungs- und den Durchlaufzeiten ist das erkannt. Teilweise wurden erhebliche Verbesserungen erzielt. Auch die Reaktionsgeschwindigkeit bezüglich etwa des Kundendienstes oder der Bearbeitung von Kundenreklamationen ist zu einem Thema geworden. Aber das ist noch nicht genug.

Es müssen systematisch *alle* Vorgänge auf ihre Zeitproduktivität hin untersucht und verbessert werden. Am wichtigsten wird die Zeitproduktivität der am raschesten gewachsenen und noch immer wachsenden Einzelgruppe unter den Beschäftigten sein – die Zeitproduktivität der *Kopfarbeiter*. Aber nur in ganz wenigen Unternehmen hat man begonnen, die Zeitproduktivität der Kopfarbeiter, also von geistiger Arbeit, zu bestimmen. Kaum auf einem anderen Gebiet gibt es daher größere Unterschiede zwischen den Spitzenleistungen, dem Mittelmaß und den schlechten Leistungen.

Die meisten Kopfarbeiter haben noch nicht damit begonnen, Zeitaufschreibungen zu führen, die die Grundlage der Produktivitätsbeurteilung und -verbesserung in diesem Bereich wären. Sie tappen daher bezüglich ihrer Produktivität im Dunkeln. Viele bilden sich darauf sogar etwas ein und meinen, das könne man gar nicht, weil doch die *Qualität* und die *Komplexität* einer geistigen Leistung so entscheidend seien.

Natürlich sind Qualitätsfragen hier wichtig. Aber *erstens* gibt es eine ganz erhebliche Zahl von geistigen Arbeiten, die *durchaus untereinander vergleichbar* sind. Ich sehe zum Beispiel keine wesentlichen Gründe, warum man die Erstellung einer Marktanalyse für Italien nicht mit jener für Spanien vergleichen können sollte, wenn wir übliche Standards bezüglich des Inhaltes unterstellen, die es durchaus gibt. Ich sehe auch keinen Grund, warum nicht die Planung eines Hotelneubaus und jene eines Verwaltungsgebäudes zumindest teilweise vergleichbar sein sollte, bezogen etwa auf wichtige Kenngrößen wie umbauten Raum, Geschossflächen, Bausumme usw.

Zweitens gibt es selbst mit Bezug auf an sich *sehr verschiedene* geistige Leistungen noch immer sehr wichtige Anhaltspunkte, wenn man die dafür erforderlichen Zeiten über eine längere Strecke und eine größere Zahl systematisch verfolgt. Zum Beispiel können Zeitungsredakteure, die auf diese Dinge achten, nach einigen Jahren durchaus grob angeben, wie lange sie brauchen, um einen Leitartikel zu schreiben, auch wenn gänzlich verschiedene Themen zu behandeln sind. Erfahrene Orchesterdirigenten können sagen, wie lange sie etwa brauchen, um selbst sehr unterschiedliche Symphonien einzustudieren. Erfahrene Manager wissen, wie lange sie etwa für die Vorbereitung einer wichtigen Sitzung oder Verhandlung brauchen, und sie planen diese Zeit sehr bewusst ein; und Wissenschaftler, die gelernt haben, auf solche Dinge zu achten, können ebenfalls angeben, wie lange sie etwa brauchen, um ein druckfertiges Manuskript zu schreiben, und wie groß etwa ihre Tagesleistung bezogen auf die produzierte Seitenzahl eines guten Artikels ist.

Natürlich arbeitet man hier mit *Spannweiten* und *ungefähren* Angaben. Über einen *längeren* Zeitraum gibt es *Regelmäßigkeiten*, *typische* Merkmale und *außergewöhnliche*, es gibt *Muster* und *Konvergenzen*. Ganz sicher kann man mit der Zeit erkennen, ob sich die Produktivität *tendenziell verbessert* oder *verschlechtert*, auch wenn das nie auf Kommastellen genau möglich ist, was auch nicht nötig ist.

Die Produktivität des Wissens

Völlig am Anfang steht man noch mit der Produktivität des Wissens. Wenn die These stimmt, die ich in Teil I, Kapitel 5 darlegte, dann wird Wissen die wichtigste Ressource der Wirtschaft sein. In vielen Branchen ist das heute schon Realität. Wenn Management die Transformation von Wissen in Nutzen ist, dann werden wir darauf angewiesen sein, die Produktivität von *Wissen* und seiner *Nutzung* und damit auch die Produktivität von *Management* zu messen. Es ist durchaus möglich, in speziellen Fällen grob zu sagen, wie viel Prozent des an sich verfügbaren Wissens zum Beispiel von einer Arbeitsgruppe genutzt und verwertet wurde, die ein bestimmtes Problem zu lösen hat. Und man kann auch die Arbeit mehrerer Arbeitsgruppen damit, wenn auch grob, vergleichen und beurteilen. Eine weitere, relativ einfache Möglichkeit besteht darin, zum Beispiel die Wertschöpfung pro angestelltem Akademiker (und anderen Ausbildungskategorien) zu messen. Wenn sich diese im Zeitablauf nicht verbessert, haben wir zwar die hohen Kosten der akademisch ausgebildeten Leute, wahrscheinlich aber nicht den Nutzen aus ihrem besseren Wissen.

Für die Messung der Produktivität des Wissens wird noch viel Arbeit zu leisten sein, und man wird sich noch für längere Zeit mit der Angabe grober Näherungswerte begnügen müssen. Aber es ist heute damit zu beginnen, wenn morgen das Problem unter Kontrolle sein soll. Jedem Unternehmen muss empfohlen werden, nicht zu warten, bis die Wissenschaft das Problem gelöst hat, sondern selbst mit der Arbeit anzufangen, so unbefriedigend die ersten Ergebnisse sein werden. Wenn man es nicht tut, könnte es leicht zu einem bösen Erwachen kommen, dann nämlich, wenn man feststellt, dass Konkurrenten es getan haben und aufgrund dessen wesentliche, vielleicht nicht mehr einzuholende Vorsprünge erlangten.

Total Factor Productivity

Letztlich müssen sich alle *Teilproduktivitäten*, also alle Produktivitäten der *wichtigen Schlüsselressourcen*, fortgesetzt verbessern. Man kommt damit zur Bestimmung der »*Total Factor Productivity*«. Diese und alle ihre Komponenten müssen stetig verbessert werden. Nicht alle Unternehmen werden in Zukunft stetig *wachsen* können; aber alle können ständig *besser* werden.

Eine *einzelne* Produktivitätskomponente *allein* genügt nicht mehr für die Beurteilung des Produktivitätsfortschrittes. Es ist durchaus möglich, dass man erfolgreich zwar die Produktivität der Arbeit *verbessert*, gleichzeitig aber die Produktivität des Geldes *verschlechtert*. Die Zeiten sind vorbei, wo es als ökonomisches Gesetz gelten durfte, dass die Produktivitätssteigerung der Arbeit durch größeren Einsatz von Kapital automatisch Kostensenkung bedeutet. Dies ist einer der wesentlichen Gründe für die großen Schwierigkeiten, in denen einige Bereiche stecken, wie z. B. das Gesundheitswesen oder Teile der Computerindustrie.

Attraktivität für gute Leute

Die vierte Messgröße für Gesundheit und Erfolg eines Unternehmens ist die Fähigkeit, *gute Leute anzuziehen und zu halten*. Obwohl es banal klingt, dass die Menschen die wichtigste Ressource einer Organisation sind, so ist es trotzdem wahr und wichtig; und obwohl es eine Selbstverständlichkeit sein müsste, handeln noch immer viele Führungskräfte nicht ausreichend danach.

Übliche Kennziffern wie die *Personalfluktuationsrate* und z. B. die *Absenzenrate* sind zweifellos wichtig. Aber diese beiden Kennziffern sind, obwohl sie wichtige Anhaltspunkte liefern, noch nicht das Wesentliche. Wirklich wichtig ist nicht, *wie viele* Leute das Unternehmen verlassen und eintreten, sondern *welche*. Ein Warnsignal, das man nicht ignorieren darf, liegt vor, wenn *wirklich gute* Leute das Unternehmen zu verlassen beginnen oder man Mühe hat, solche zu finden und sie für das Unternehmen zu interessieren.

Fluktuation im Personal als solche verursacht zunächst *nur Kosten*. Auch das ist ernstzunehmen, insbesondere wenn sie branchen- oder geschäftstypische Marken übersteigen. Fluktuation der *wirklichen Performer* hingegen, von qualitativ wichtigen Leuten, richtet andere und ernstere Schäden an. Sie reduziert die *Leistungsfähigkeit* einer Organisation, und sie ist ein *Signal*, auf das alle anderen Mitarbeiter in der Organisation achten. Es ist ein Warnsignal bezüglich des *Vertrauens*, das man in die Führung des Unternehmens, in das Unternehmen selbst und seine Zukunft hat. Der Verlust guter Leute macht andere Mitarbeiter nachdenklich und lässt Zweifel aufkommen. Das hat unmittelbare Auswirkungen auf ihre Motivation, ihre Entschlossenheit und ihren Glauben an das Unternehmen.

Wenn zusätzlich seitens der Geschäftsleitung solche Vorkommnisse heruntergespielt und mit fadenscheinigen Begründungen gerechtfertigt werden, was häufig passiert, ist die *Glaubwürdigkeit des Managements rasch verloren.* Wenn man solche Ereignisse schon nicht vermeiden kann, muss man wenigstens dazu stehen und zeigen, dass man das ernstnimmt und Maßnahmen ergreift, um Wiederholungen zu vermeiden. Hier kann man *Leadership* unübersehbar und wirksam zeigen.

Man muss also in Zusammenhang mit dieser Signalgröße die Fluktuationsraten genau untersuchen und darf sich nicht mit pauschalen Messungen begnügen, sondern muss auf einzelne *Namen* abstellen. Es ist aus einer Reihe von Gründen außerordentlich wichtig, dass bei Austritten wichtiger Leute mit diesen gesprochen wird, dass man ihre Beweggründe kennt, und zwar auch dann, wenn man am Austritt selbst nichts mehr ändern kann. Diese Gespräche sind meistens unangenehm, weil man oft bittere Wahrheiten über die Firma und über sich selbst zur Kenntnis nehmen muss. Aber sie sind notwendig, auch wenn man noch so sehr den Impuls verspürt, sie lieber nicht zu führen.

Jede Topführungskraft – auch die Mitglieder des Aufsichtsorgans – ist gut beraten, sich ständig die Namenslisten der austretenden Mitarbeiter vorlegen zu lassen, und zwar über alle Hierarchiestufen der Organisation. Es muss dafür gesorgt werden, dass die Vorgesetzten der einzelnen Ebenen diesen Dingen nachgehen und sie dokumentieren. Die wichtigen Fälle muss man selbst und höchstpersönlich untersuchen, um die Wahrheit zu ermitteln und Klarheit zu bekommen. Das ist eine der besten Methoden, um die wirklich wichtigen Dinge über die Unternehmenskultur und das Betriebsklima herauszufinden.

Ich rate nicht davon ab, gelegentlich auch Personalumfragen im Unternehmen (Surveys) durchzuführen, obwohl ich bezüglich ihres Nutzens skeptisch bin. Es ist zweifelhaft, ob die Mitarbeiter, selbst wenn die Umfragen anonym durchgeführt werden, wahrheits- und wirklichkeitsgetreu berichten. Objektiv wirklichkeitsgetreu können sie das ohnehin nicht; nicht selten tun sie es aber nicht einmal relativ zu ihren subjektiven Empfindungen. Man weiß, dass die Antworten oft »Protestantworten« sind. Die Leute wollen dem Management »eine Lehre erteilen«. Das mag seine Berechtigung haben, aber dafür die richtige Interpretation zu finden ist schwierig bis unmöglich. Der Augenblick der Wahrheit – wenn es ihn gibt – ist die Frage des Mitarbeiters im Gespräch nach eingereichter Kündigung: »*Wollen Sie wirklich wissen, warum ich gehe …?*«

Liquidität und Cash-Flow

Mit der nächsten Messgröße komme ich zu eher vertrauten Gebieten. Von den Zahlen, die man aus dem Finanz- und Rechnungswesen erhält, sind *Cash-Flow* und *Liquidität* von besonderer Bedeutung.[29] Umsätze, Auftragseingang, Kosten und Gewinne sind selbstredend wichtig. Aber es ist eine alte Weisheit, dass ein Unternehmen *auch ohne Gewinn* noch lange über die Runden kommt, solange Cash-Flow und Liquidität aufrechterhalten werden können, während das Umgekehrte nicht stimmt. Im Falle von Verlusten trennt man sich zuerst von den *schlechten* Geschäften, was richtig ist und oft schnell zu einer Verbesserung der Ergebnisse führt. Im Falle eines Liquiditätsengpasses muss man sich hingegen von den *besten* Geschäften trennen, denn nur dies führt rasch genug zu den rettenden Mittelzuflüssen. Damit sind aber die späteren Schwierigkeiten häufig programmiert. Cash-Flow und Liquidität sind genauso wichtig wie Ölstand und Öldruck beim Auto. Warnsignale auf diesem Gebiet erfordern *unverzügliches* Handeln.

Man muss z. B. auch und gerade im Aufsichtsorgan darauf achten, ob Manöver zur Gewinnsteigerung – etwa über die Ausweitung der Umsätze – zulasten der Liquidität gehen. Häufig wird man entdecken, dass das Management sich Umsätze »erkauft«, statt sie zu »verdienen«, etwa durch Rabattpolitik, durch Vorfinanzierung von Kunden, durch Übernahme von Zinsen usw. Märkte und Kunden aber, die auf diese Weise »erkauft« werden, sind instabil. Sie werden verloren, sobald ein Konkurrent noch bessere Konditionen bietet. Die amerikanische Autoindustrie musste diese Erfahrung anfangs der neunziger Jahre schmerzlich machen.

Profitabilität

Die letzte der sechs Messgrößen ist die *Profitabilität* der einzelnen Geschäfte und des Unternehmens insgesamt. Hier haben die meisten

---

29 Siehe Siegwart, Hans: *Der Cash-Flow als finanz- und ertragswirtschaftliche Lenkungsgröße*, 3. überarbeitete und erweiterte Auflage, Stuttgart/Zürich 1994.

Unternehmen ein ausgebautes Instrumentarium und zahlreiche Kennziffern. Ich beschränke mich daher auf wenige Punkte. *Erstens* müssen alle außerordentlichen und/oder einmaligen Erträge und Aufwände für die Beurteilung der Profitabilität *ausgeschieden* werden, und *zweitens* muss man die Profitabilität *vor* Umlage von Overheads messen. *Drittens* muss man berücksichtigen, welche Wirkung Inflation oder Deflation auf die Beurteilung der Profitabilität haben. In jedem Falle sollte man *kaufkraftbereinigte* Werte zusätzlich zu den nominellen Größen verwenden.

Ferner ist zu beachten, auf *welche Weise* die Profitabilität zustande gekommen ist. Operativer Gesamtgewinn ist bekanntlich Marge mal Umschlagshäufigkeit des Kapitals. Viele Firmen tendieren dazu, ihre *Margen* zu maximieren. Das ist aber eine offene Einladung an die Konkurrenten zur Offensive, und es ist daher eine Politik, deren Folgen man sehr genau überlegen muss. Der Gesamtgewinn lässt sich in der Regel zwar nicht schneller, aber doch leichter und gefahrloser verbessern durch die Veränderung der Umschlagshäufigkeit des Kapitals, entweder durch Reduktion des gebundenen Vermögens oder dadurch, dass das vorhandene Kapital ein größeres Geschäftsvolumen zu bedienen hat.

Zwei weitere Aspekte sind in diesem Zusammenhang wesentlich: Erstens, die Profitabilität von Geschäften kann man nur zuverlässig beurteilen, wenn man auch weiß, welche *Zinsen* den einzelnen Geschäftsgebieten, Divisionen oder Tochtergesellschaften für das in ihnen gebundene Kapital belastet werden. *Costs of Capital* und *Total Costs of Money Management* sind wichtigere Faktoren, als die meisten Führungskräfte wahrhaben wollen. Natürlich wissen das die *Finanzchefs*, aber viele andere sind sich darüber kaum im Klaren.

Sie sind sich vor allem der Tatsache nicht bewusst, dass die Total Costs of Money Management *viel höher* sind als nur gerade die Zinsen, also die Costs of Capital im engeren Sinne. Ganz grob kann man davon ausgehen, dass die gesamten Costs of Money Management etwa *doppelt* so hoch sind wie der Kapitalmarktzins, wenn wir eine normale Zinssituation haben. Bei einer außergewöhnlichen Zinslage von deutlich über 10 Prozent wird diese grobe Zahl nicht mehr stimmen; sie reduziert sich dann auf die Hälfte oder auf ein Drittel. Es ist daher wichtig und »erzieherisch« außerordentlich wertvoll, den einzelnen Business Units *hohe Zinsen zu belasten*, wie ich schon bei der Produktivität des Geldes sagte.

Als zweiten und letzten Punkt möchte ich auf den Gedanken zurückkommen, den ich in einem früheren Kapitel bereits darlegte. Hier wird er nun seine *praktische Anwendung* finden. Es ist die Orientierung am *Gewinnminimum* statt am Gewinnmaximum. Hierher gehört also die diesbezügliche Schlüsselfrage: »*Wie viel Gewinn – oder auch Cash-Flow – benötigt dieses Unternehmen mindestens, um auch morgen noch im Geschäft zu sein?*« Die entsprechenden Begründungen sind im erwähnten Kapitel zu finden und brauchen hier nicht wiederholt zu werden. Es sei nur nochmals erwähnt, dass die Frage nach dem für die Zukunftsbewältigung erforderlichen Gewinnminimum keineswegs Ausdruck einer anspruchslosen, minimalisierenden und schon gar nicht einer gewinnfeindlichen Haltung ist. Die Haltung, die dahintersteht, ist in Wahrheit viel anspruchsvoller, fordernder und führt zu höheren Leistungsstandards als die Frage nach dem Gewinnmaximum. Sie führt vor allem zur Diskussion der Zukunftsprobleme.

Zum Schluss ist darauf hinzuweisen, dass ein zeitpunktbezogener Gewinnausweis und seine Beurteilung selbstverständlich nichts aussagen. Dem erfahrenen Praktiker ist das ohnehin klar. Aber auch der Vergleich mehrerer Zeitpunkte ist noch zu wenig. Am besten ist es, den Gewinn in Form von gleitenden Durchschnittswerten über einen Zeitraum von 36 bis 48 Monaten zu verfolgen, vorzugsweise nicht nur in absoluten Zahlen, sondern als Indexgröße. Erst die darin sich ausdrückenden Veränderungen und Tendenzen geben relevante Information.

Gelegentlich empfiehlt es sich, die Total Returns on Total Assets über lange Zeiträume – 10, 15 oder 20 Jahre – über das gesamte Unternehmen anzuschauen. Man wird dabei immer wieder vor dem Problem der mangelnden Vergleichbarkeit stehen, weil das Unternehmen in diesen Zeiträumen seine Geschäftstätigkeit fundamental verändert hat oder mehrfach total umstrukturiert wurde. Trotz aller Schwierigkeiten ist die Vergleichbarkeit aber dennoch in gewisser Weise gegeben bzw. sie spielt gar keine entscheidende Rolle. Das Unternehmen hatte zu jedem Zeitpunkt ein Gesamtergebnis und es hatte ein Gesamtinvestment. Es ist wichtig zu wissen, ob die Fähigkeit, Ressourcen produktiv zu nutzen, insgesamt zu- oder abgenommen hat, dies kommt durch das vorgeschlagene Verfahren gut zum Ausdruck.

Präzision der Messgrößen

Nicht wenige Manager glauben, nur eine sehr genaue, detaillierte und präzise »Messung« liefere Information. Aber jeder erfahrene Praktiker weiß natürlich, dass das ein Irrtum ist. Auch relativ grobes Datenmaterial kann einen hohen Informationsgehalt haben. Wichtiger als Präzision, die in der Wirtschaft ohnehin selten ist, sind die Proportionalitäten, die Beziehungen zwischen verschiedenen Daten, und vor allem ihre Veränderungstrends im Zeitablauf.

Dies ist der Grund, warum ich zwar von »Messung« spreche, aber dieses Wort immer wieder in Anführungszeichen setze. Wie ich schon zu Beginn dieses Kapitels sagte, können wir in der Wirtschaft nicht die Genauigkeit von naturwissenschaftlichen oder technischen Messungen erwarten. In der Wirtschaft werden *Interpretation, Beurteilung* und *Urteilskraft* immer mindestens so wichtig sein wie eine Messung, auch wenn in Zukunft Fortschritte auf diesem Gebiet gemacht werden. Es ist daher wichtig, dass Manager ihre Urteilskraft systematisch verbessern, trainieren und schärfen.

Ein Urteil kann nie nur aufgrund *eines einzelnen* Datums oder Datenpunktes getroffen werden. Man muss *Vergleiche* anstellen, insbesondere Strukturvergleiche und Vergleiche *im Zeitablauf.* Die üblichen Budget- und Soll-/Ist-Vergleiche sind daher auch *nicht* ausreichend, um sich ein Urteil über Gesundheit und Erfolg eines Unternehmens zu bilden.

Am besten ist es, wenn man, wie ich schon beim Abschnitt über den Gewinn darlegte, die wichtigen Kenngrößen als *gleitende Durchschnitte* über einen Zeitraum von 36 bis 48 Monaten darstellt, absolut und als Indizes. Diese Werte und ihre Veränderungen geben relevante Information.

Die richtigen Diskussionen führen

Geeignetes Controlling und Reporting der hier besprochenen CPC-Schlüsselgrößen für den Unternehmenserfolg führt zu *radikalen* Veränderungen der Qualität und Relevanz der Sitzungen von Exekutiv- und Aufsichtsorganen. Die Aufmerksamkeit ihrer Mitglieder wird damit auf die *richtigen* Dinge gelenkt.

Der Nutzen einer Befassung mit diesen Fragen beginnt aber lange *bevor* man diese Faktoren rapportieren kann. Schon wenn man beginnt, sich mit diesen Problemen zu befassen, wird man feststellen, dass keine zwei Fachleute im Unternehmen oder in der Wissenschaft darüber übereinstimmen, welches die besten, wichtigsten und zuverlässigsten Faktoren, Variablen und Definitionen in Zusammenhang mit den genannten sechs Bereichen sind.

Die Meinung der Marketingspezialisten, der Rechnungswesen- , Produktions- und F & E-Manager etc. werden weit auseinandergehen. Es wird daher Diskussionen geben – und diese gehören *zum Wertvollsten*, was die Organe in Gang setzen können. Selbst wenn am Ende längerer Diskussionsrunden noch immer keine einmütige Meinung herrschen wird (dies ist nicht anders zu erwarten), werden alle Beteiligten *viel mehr* über das Unternehmen wissen und gelernt haben als vorher. Sie werden den Charakter des Geschäftes besser verstehen. Die Mitarbeiter werden kompetenter und wertvoller geworden sein; ihr Denken, ihre Aufmerksamkeit und damit schließlich ihr Handeln sind *relevanter* geworden, weil sie sich mit den *richtigen* und *wichtigen* Dingen befasst haben.

Was gleichzeitig massiv zurückgehen wird, sind die dazu vergleichsweise deutlich weniger wichtigen Diskussionen über Motivationsfragen, Führungsstilprobleme, Betriebsklimakümmernisse und die große Philosophie der Unternehmenskultur.

Biologisches Denken im Management ist die Zukunft

Dem Leser wird aufgefallen sein, dass ich zum Teil Begriffe aus Biologie und Medizin verwende, wie Gesundheit, Überleben und Lebensfähigkeit. Dazu sind erklärende Bemerkungen nützlich.

Zum *Ersten* verwenden Wirtschaftspraktiker selbst – und ich meine zu beobachten, gerade die *kompetenten* und *erfahrenen* Praktiker – solche Begriffe, wenn sie über ein Unternehmen sprechen und dabei *mehr* meinen als nur gerade den Zustand, den das Rechnungswesen abbilden kann. Für das, was mit dem Rechnungswesen erfassbar ist, verwenden sie die Fachausdrücke des Rechnungswesens. Sobald es aber darum geht, *mehr* und *anderes* und vielleicht noch *Wichtigeres* über das Unternehmen zu diskutieren, gebrauchen sie oft intuitiv eher Begriffe aus der *Biologie*.

Sie wissen vorher schon, dass eine gesunde *Bilanz* noch lange nicht ein gesundes *Unternehmen* bedeutet. Es gibt – oder besser: gab – Unternehmen, die sogar über viele aufeinanderfolgende Jahre ausgezeichnete Ergebnisse vorlegten, die allen Finessen der Bilanz- und Cash-Flow-Analyse standhalten konnten – und dennoch bereits todkrank waren und schließlich untergingen. So war es beispielsweise in der schweizerischen Uhrenindustrie in den frühen siebziger Jahren und vorher schon in der europäischen Büromaschinenindustrie bis Mitte der sechziger Jahre. Später passierte dasselbe in der Autoindustrie, bei Computern und Unterhaltungselektronik, in der New Economy und im Finanzsektor. Diese Unternehmen waren Perlen der Industrielandschaft. Die Desaster waren dennoch programmiert und unabwendbar. Es war aber nicht das geringste Warnsignal mit den Instrumenten des Rechnungswesens erfassbar, und das wäre auch mit dem heutigen Stand des Rechnungswesens nicht möglich. Es muss also einen Grund haben, dass manche Praktiker eher die Terminologie der Biologie verwenden. Ich sehe daher keinen Anlass, das in diesem Buch nicht auch zu tun. Die Frage lautet nicht, ob etwas zur Terminologie einer speziellen wissenschaftlichen Disziplin oder eines Faches gehört, sondern ob es hilft, etwas besser zu verstehen.

Die hier vorgeschlagenen Messgrößen *definieren*, was ein gesundes Unternehmen ist. Wenn sich alle genannten Messgrößen in einer guten Konstellation befinden und sich fortgesetzt verbessern oder wenigstens nicht verschlechtern, dann hat man schon sehr viel für das Unternehmen getan. Das ist immer noch kein Grund, sorglos zu sein, aber die wichtigsten Dinge sind dann unter Kontrolle.

Zum *Zweiten* ist meine Vermutung, dass wir ohnehin in Zukunft für die Führung eines Unternehmens, aber auch aller anderen Organisationen einer Gesellschaft mehr aus den *biologischen Wissenschaften* lernen können als aus den Wirtschaftswissenschaften. Ich halte es für einen Grundmangel der Wirtschaftswissenschaften, dass sie sich noch immer auf eine Weise definieren, die vor etwa 200 Jahren üblich wurde, nämlich durch das, was man die »Abgrenzung akademischer Disziplinen« nennt. Bei Entstehung der heutigen Universität mussten die Fächer organisiert und daher voneinander abgegrenzt werden. Es entstanden eben die Disziplinen. Diese Art der Organisation wissenschaftlicher Arbeit hat zwar zum Fortschritt der Wissenschaft beigetragen, aber sie ist auch ein ständiges Problem und hat ebenso oft Stagnation und Irrelevanz der Wissenschaft bedeutet. Albert Einstein soll gesagt haben, der liebe Gott verstehe nichts von Physik. Damit wollte er kein Sakrileg begehen, sondern zum Ausdruck bringen, dass die Welt, die Natur, nicht in akademische Disziplinen gegliedert, sondern eine Ganzheit ist. An der Universität und im Laboratorium kann man abgrenzen, isolieren und auf ein paar wenige Aspekte reduzieren. In der Wirklichkeit fließen aber alle Dinge zusammen.

Die Wirtschaftswissenschaften haben nicht *die* Wirtschaft zum Gegenstand, sondern nur gewisse Aspekte der Wirtschaft. In Wahrheit reden und forschen sie nicht über die Wirtschaft, sondern über das, was sie an der Wirtschaft als ökonomische Aspekte für wichtig halten. Die Wirtschaft ist aber *viel mehr.* Vor allem umfasst sie auch den ganzen Menschen und nicht eine akademische Abstraktion, genannt Homo oeconomicus, und sie ist in eine Gesellschaft eingebettet, mit der sie untrennbar verwoben ist.

Besonders deutlich wird das beim Unternehmen und seiner Führung. Die Betriebswirtschaftslehre hat keineswegs *das* Unternehmen zum Gegenstand, sondern – wie jedem Lehrbuch entnommen werden kann – nur die »wirtschaftliche Seite« des Unternehmens. Dass diese wichtig ist, ist klar; ob sie genügt, wäre aber zu fragen. Der Unternehmer, ob Angestellter oder Eigentümer, und die Organe eines Unternehmens müssen zwangsläufig das Unternehmen als Ganzes mit all seinen relevanten Aspekten im Auge haben.

Diese Art von ganzheitlicher Sicht ist im Grunde nur in der *Biologie* und in den sogenannten *Systemwissenschaften* zu finden, die in einem engen Zusammenhang stehen. Die Biologie hat den lebenden Organismus als Ganzes zum Gegenstand und die Systemwissenschaften immer ein System als Ganzes.[30] Deswegen werden wir, wie ich sagte, von diesen Gebieten mehr lernen können als aus der sezierenden Betrachtungsweise der klassisch abgegrenzten Disziplinen.

Damit behaupte ich nicht, dass ein Unternehmen ein lebender Organismus *sei.* Diese Sicht trifft man gelegentlich an, aber sie ist so natürlich nicht richtig. Man muss aufpassen, nicht platte und vordergründige Analogien zu bemühen. Aber weniger vordergründig kann doch die Frage gestellt werden: *Gesetzt den Fall, das Unternehmen wäre ein lebender Organismus, was könnten wir dann von der Biologie lernen?*

Zum *Dritten* möchte ich noch einen Gedanken deponieren, der heute vielleicht noch etwas eigentümlich anmutet, aber wahrscheinlich schon bald eine erhebliche Rolle im Wettbewerb spielen wird. Die Transforma-

---

30 Vester, Frederic: *Die Kunst, vernetzt zu denken,* München 2007; Malik, Fredmund: *Strategie des Managements komplexer Systeme. Ein Beitrag zur Management-Kybernetik evolutionärer Systeme,* Bern/Stuttgart 1984 (9. Auflage 2006); Blüchel, Kurt G./Malik, Fredmund: *Faszination Bionik. Die Intelligenz der Schöpfung,* München 2006.

tion, die ich im 3. Kapitel von Teil I behandelte, ist wesentlich von den Fortschritten in Informatik und Elektronik geprägt und getrieben. Daher wird häufig gesagt, wir bewegten uns auf die *Informationsgesellschaft* zu. Es wird dann weiter behauptet, dass damit ein sogenannter *Paradigmawechsel* verbunden sei oder vor sich gehe: nämlich der Wechsel von einer grundsätzlich am Modell der *Mechanik* orientierten Wirtschaft zu einer, die grundsätzlich am Modell der *Informatik* ausgerichtet sei.

Das ist zwar nicht falsch, es ist aber nicht das Wesentliche. In der Tat gehen wir durch einen Paradigmawechsel – aber welcher Art? Informatik und Elektronik sind ihrem Wesen nach genauso *mechanistisch* wie die Mechanik selbst. Ja mehr, die Informatik ist nachgerade der *Superlativ* der Mechanik und einer mechanistischen Denkweise. Der »Doppelklick auf die Maus« ist das sichtbare Symbol dafür. Informatik und Elektronik führen zur perfekten Maschine, in der es nicht einmal mehr die »alten Bekannten« der Ingenieure, nämlich Reibung und Abnützung, gibt. Wir wollen ja, dass Computer perfekt und zuverlässig funktionieren. Die Informatik als solche führt also in gar keiner Weise aus dem bisherigen mechanistischen Paradigma heraus.

Aber etwas *anderes* wird durch die Informatik erstmals eröffnet: Der wirkliche Schritt zu einem neuen Paradigma wird erst getan sein, wenn wir die Informatik dazu benützen, die Organisationen der Gesellschaft, allen voran die Wirtschaftsunternehmen, nach dem *Modell biologischer Organismen* oder – allgemeiner – nach dem *Modell lebensfähiger Systeme* zu gestalten. Dann erst werden alle jene Eigenschaften und Fähigkeiten in die Reichweite des Möglichen kommen, die mit Recht an den lebenden Organismen beeindrucken – ihre Flexibilität, Anpassungsfähigkeit, Lernfähigkeit, ihre Selbstregulierung und Selbstorganisation und nicht zuletzt ihr perfekter Wirkungsgrad. Der Schritt wird also vom *Modell der Mechanik* zum *Modell der Biologie* zu machen sein – und die Informatik kann und wird darin das »*Enabling Link*« bilden, genau jenes Element, das diesen Schritt ermöglicht.

Diese letzten Überlegungen mögen für den »hartgesottenen Shareholder Value-Vertreter« weder verständlich sein noch relevant erscheinen. Es könnte sich aber für die obersten Organe eines Unternehmens als nützlich erweisen, diesen Aspekt genauer zu durchdenken. Gelänge es nämlich einem Konkurrenten, vermittels der Informatik die Eigenschaften und Fähigkeiten eines hochentwickelten lebenden Organismus anstelle der doch erheblichen Schwerfälligkeit selbst der besten Unternehmen zu erlangen, so wäre das für alle anderen Konkurrenten ein gravierendes Problem. Erste Versuche werden gemacht, obwohl sie mir noch untauglich erscheinen. Aber immerhin sind die Begriffe da – der lernenden Organisation, der Netzwerkstruktur usw. Die gegenwärtigen Versuche und Schriften halte ich deshalb für noch untauglich, weil sie *naiv* sind und gerade den enormen Erkenntnisstand der biologischen Wissenschaften, der Systemwissenschaften und der Kybernetik *nicht nutzen*.[31]

---

31 Das Beste auf diesem Gebiet sind die Arbeiten des schon erwähnten Management-Kybernetikers Stafford Beer zum Modell lebensfähiger Systeme, das eine der größten Innovationen in der Managementlehre ist. Diese Arbeiten sind leider nur wenigen bekannt. Beer, Stafford: *The Heart of Enterprise*, London 1979 und 1994; Beer, Stafford: *Brain of the Firm. The Managerial Cybernetics of Organization*, Chichester 1972 und 1994.

Teil II

Kapitel 1

Architektur des Topmanagements

Trotz aller Bemühungen und einer seither voluminösen Literaturproduktion und Diskussion inklusive der Entstehung der Corporate Governance Codes sind wesentliche Punkte einer inhaltlich richtigen Unternehmensführung bisher nicht erfüllt. Praktisch alle Unternehmenskrisen, Skandale und Affären einschließlich gigantischer Kapitalvernichtung und Bereicherungsexzesse[32] in den zehn Jahren seit der Erstauflage dieses Buches sind einer inhaltlich fehlgeleiteten Corporate Governance zuzuschreiben.

Für das praktische Funktionieren noch schwerer wiegt aber die konstitutionelle Unfähigkeit heutiger Corporate Governance, mit Komplexität umzugehen. Architektur und Funktionsweise der Governance und ihrer Organe müssen auf die hochkomplexen Systeme des 21. Jahrhunderts, ihre Unkalkulierbarkeit und Unverstehbarkeit gerichtet sein. Sie müssen fähig sein, Komplexität zu meistern und zum Vorteil des Unternehmens zu nutzen. Nicht Steigerung von ökonomischen Werten, sondern Steigerung der Funktionsfähigkeit und Funktionszuverlässigkeit müssen die Gestaltungskriterien für die Corporate Governance sein. Der Text dieses kurzen Kapitels ist nahezu unverändert, damit sichtbar wird, wie der Stand 1997 war.

Eine kurze Rekapitulation:

In Teil I, Kapitel 1 vertrete ich die Auffassung, dass die Unternehmensaufsicht eine *aktive Rolle* in der Gesamtführung übernehmen soll. Teil I, Kapitel 2 enthält eine Diskussion von ins Gewicht fallenden *Fehlern der Unternehmensführung*, die in der unmittelbar zurückliegenden Vergan-

---

32 Wie erwähnt, betreffen die Exzesse eine Minderheit. Jedoch verfälscht ihre Medienwirkung die wirtschaftliche Realität in gefährlichem Ausmaß und schafft so sozialen Sprengstoff.

genheit zu verzeichnen waren – Fehler, die direkt dem Topmanagement zugeschrieben werden müssen und bei kompetenter, professioneller Unternehmensführung zu vermeiden gewesen wären. Der damit verbundene *materielle Schaden*, direkt in Form von Verlusten und der Aufzehrung von Reserven, könnte prinzipiell berechnet, zumindest einigermaßen geschätzt werden. Es ist erhebliche Kapital- und Ressourcenvernichtung zu verzeichnen. Die *indirekten Schäden* sind aber wahrscheinlich noch viel größer, auch wenn sie nicht berechnet werden können. Es sind die entgangenen Gewinne, und es ist vor allem der Verlust an Weltmarktpositionen bzw. das Versäumnis, diese auszubauen. Die Chancen wären gerade seit 1990 sehr groß gewesen, weil die in diesem Jahr einsetzende und seither anhaltende Rezession in Japan die japanischen Firmen eher in die Defensive gedrängt hat. Diese Chance wurde vertan. Dies allein wäre also Grund genug, Verbesserungen der Unternehmensführung zu fordern.

Es gibt aber weitere, noch wichtigere Gründe. In Teil I, Kapitel 3 wurde dargelegt, dass die größten Bewährungsproben für die Führung noch bevorstehen, weil sich Wirtschaft und Gesellschaft in einem radikalen *Umwandlungsprozess* befinden und wir mitten in einer Periode stehen, in der die Führung höchsten Maßstäben genügen muss.

In Teil I, Kapitel 4 und 5 wurde schließlich gezeigt, dass es durchaus eine brauchbare, wenn auch vielleicht noch nicht in allen Details fertige *Theorie der Corporate Governance* gibt und dass darauf gestützt auch die wichtigsten *Größen zur Beurteilung* von Unternehmen und ihrer Gesundheit abgeleitet werden können.

Relativ dazu muss allerdings festgestellt werden, dass gerade die jüngsten Bewegungen in der Wirtschaft, nämlich die Ausrichtung am Shareholder Value, zwar eine prinzipielle Veränderung der Denkweise in den Topetagen bedeuten, aber in die exakt *falsche* Richtung. Dadurch ist das Risiko entstanden, die langfristige Performance durch kurzfristige und vordergründige Erfolge zu schädigen. Das verschärft das Problem noch zusätzlich. Die Diagnose lautet somit, dass eine erhebliche Zahl von Unternehmen nicht geführt, sondern *irregeführt* wird. Die daraus potenziell resultierenden Folgen können an die Fundamente einer demokratischen, rechtsstaatlichen Gesellschaft gehen. Der Zustand der Wirtschaft wiegt umso schwerer, als das Unternehmen im Grunde die *einzige* gesellschaftliche Institution ist, die im Kern handlungsfähig ist oder es zumindest sein könnte.

Wie auch immer der Zustand jedes einzelnen Unternehmens ist – manche sind schon fortgeschritten, andere hängen zurück –, wäre es ein Leichtes, innerhalb eines halben Jahres überall eine brauchbare Unternehmensverfassung einzuführen und das Handeln daran auszurichten. Was ist dafür erforderlich?

1. Eine funktionierende Topmanagement-Struktur muss aus *zwei Organen* mit einer sorgfältig durchdachten Arbeitsteilung bestehen, ergänzt und unterstützt durch eine *Revisionsinstanz*. Das einstufige Modell ist konstitutionell nicht funktionsfähig, obwohl es dann funktionieren kann, wenn es in den Händen der richtigen Personen liegt, womit man aber nicht grundsätzlich rechnen kann. In der Praxis der gut geführten Unternehmen hat es sich daher auch dort, wo die Rechtsordnung es zulässt, zu einem *de facto* dualistischen System entwickelt.[33] Es hat allerdings den Vorteil, dass es sehr *flexible* zweistufige Lösungen ermöglicht. Das *zweistufige* System ist somit vorzuziehen, allerdings nur dann, wenn Aufsicht nicht als reine Kontrolle und schon gar nicht als nachlaufende Kontrolle verstanden wird. Es muss also etwa in Deutschland deutlich mehr als nur gerade das gesetzliche Minimum erfüllt werden. Aber wie schon gesagt, auch die deutsche Regelung erlaubt durchaus die Ausgestaltung der zwei Top-Organe so, dass sie *allen* Anforderungen im Prinzip gerecht werden können.

2. Vom Grundsatz her kann und muss die Aufgabenverteilung zwischen den beiden Topmanagement-Organen überall *gleich* sein. Sie kann, abhängig von personellen Gegebenheiten, mit etwas unterschiedlichen Akzenten gehandhabt werden. *Aufgaben* und *Verantwortlichkeiten* sowie *Arbeitsweise* der beiden Spitzenorgane müssen schriftlich dokumentiert werden, entweder in der Satzung selbst oder – was vorzuziehen ist – in separaten Dokumenten, deren Legitimität sich aus der Satzung ableitet. Gleichzeitig ist zu bestimmen, wie die Revisionsinstanz organisiert sein soll. Wenn zu diesem Zweck Satzungsänderungen und daher Aktionärsversammlungen für ihre Genehmigung erforderlich sind,

---

33 In England hat sich die Praxis der Zweistufigkeit in Gestalt der Trennung der beiden Spitzenpositionen von Aufsicht und Exekutive, Chairman und CEO inzwischen weitgehend durchgesetzt. 95 Prozent der englischen Unternehmen haben diese Lösung eingeführt, was nach allgemeiner Auffassung zu besserer Governance und Performance führt. In den USA sind es nur rund 15 Prozent der Unternehmen (*The Economist*, 24. Mai 2008). In der Schweiz wird die Trennung im Corporate Governance Code empfohlen, aber nur halbherzig befolgt. Bereits 1936 wurde die Zweistufigkeit in Deutschland eingeführt.

braucht die Inkraftsetzung etwas länger als das erwähnte halbe Jahr. Die *praktische* Ausrichtung an einer neuen Unternehmensverfassung kann aber in den meisten Fällen schon beginnen, bevor die Formalitäten erledigt sind.

Ich spreche hier bewusst von *Aufgaben* und *Verantwortlichkeiten* und nicht von *Rechten* und *Pflichten*. Dass Aufgaben immer auch mit Rechten und Pflichten verbunden sind, ist klar. Diese müssen aber aus den Aufgaben abgeleitet werden und nicht umgekehrt.

3. Gestützt auf diese Elemente der Unternehmensverfassung müssen im zweiten Schritt die *materiellen* Fragen der *Corporate Governance* geklärt werden. Die Ergebnisse sind ebenfalls schriftlich festzuhalten. Das ist ein weiteres Dokument für die Arbeit des Topmanagements.

4. Im Anschluss daran und gestützt auf diese Reglemente muss es zu einer *Verpflichtung* der Mitglieder von Aufsichts- und Exekutivorgan kommen, ihre Mandate entsprechend der erwähnten Dokumente auszuüben. Am besten ist es, das in einem speziellen Vertrag zu regeln. Hier sind wohl einige juristische Fragen bezüglich der Abschlusszuständigkeit für derartige Verträge zu lösen. Aber selbst wenn das aus irgendwelchen Gründen nicht gehen sollte, als unnötig oder nicht opportun erscheint, kann dennoch eine *faktische* Verpflichtung entstehen bzw. von den Topmanagement-Mitgliedern eingegangen werden, die Unternehmensverfassung einzuhalten und sich daran auszurichten.

5. Bis hierher sind die einzelnen Schritte fast vollständig *unabhängig* von Branche und Geschäftstätigkeit des Unternehmens. In einem weiteren Schritt sind sodann *Geschäftsverteilung* und *Geschäftsordnung* für das Exekutivorgan entsprechend anzupassen. Hierfür sind Branche und Geschäftstätigkeit zu berücksichtigen, obwohl ein erheblicher Teil der Organisation des Exekutivorgans davon noch immer unabhängig ist, und zwar gerade jener Teil, der Effektivität und Qualität der Unternehmensführung als solcher bestimmt.

6. Als letzten Schritt ist ein systematischer Prozess der Überprüfung und allenfalls Neubestimmung von *Zweck*, *Auftrag* und *Mission* des Unternehmens einzuleiten – dessen also, was man »*The Theory of the Business*« nennen kann.[34] Dies sind die Grundlagen und Inputs für die Unternehmensstrategie.

---

34 Diese ist ausführlich dargestellt in Band 1 und 2 meiner Reihe »Management: Komplexität meistern«.

Die folgende Abbildung zeigt das Grundmodell meines General Management Systems, das im Buch über Unternehmenspolitik ausführlich beschrieben ist.[35]

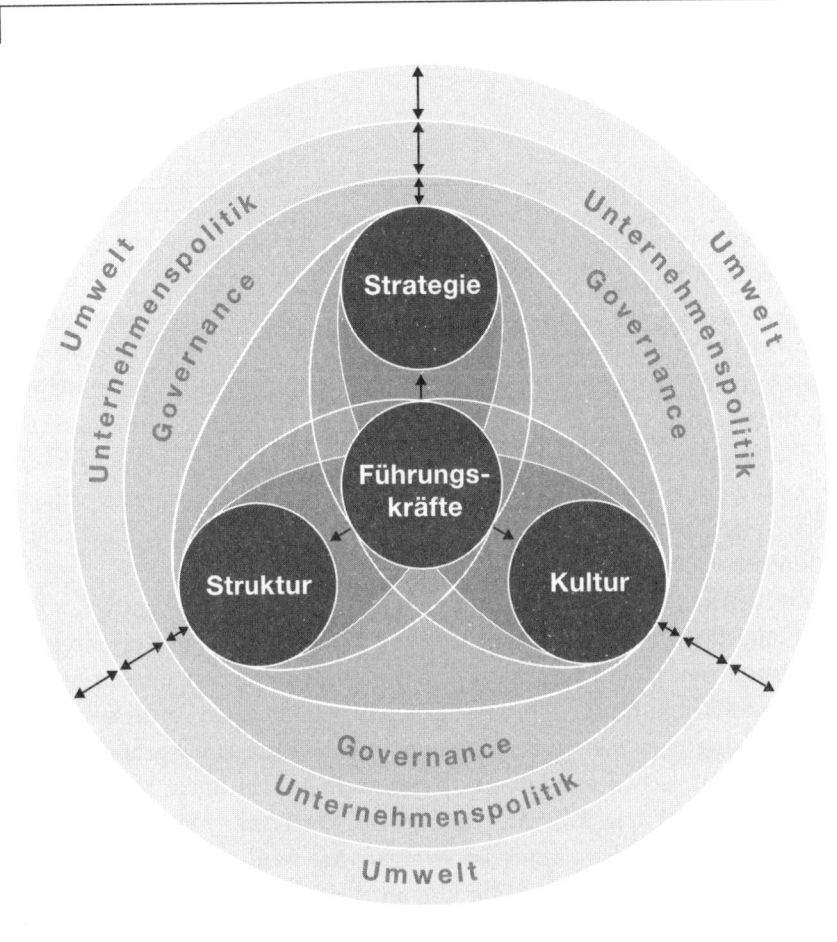

35 Siehe mein Buch *Unternehmenspolitik und Corporate Governance. Wie Organisationen sich selbst organisieren*, Frankfurt/New York 2008, sowie www. malik.ch

Kapitel 2

Gestaltung des Aufsichtsorgans

Die Aufgaben der Unternehmensaufsicht sind im Grunde unabhängig von der Rechtsordnung. Die Gesetze mögen es erleichtern oder erschweren, diese Aufgaben zu erfüllen; sie mögen im Einzelnen einen bestimmten Rahmen, bestimmte Bedingungen und Verfahren für ihre Erfüllung vorschreiben. Die Aufgaben ergeben sich aber nicht in erster Linie *aus* der Rechtsordnung; sie sind durch diese auch nicht ausreichend formuliert.[36]

Die Aufgaben der Unternehmensaufsicht resultieren aus *zwei* Quellen: *erstens* aus dem *Zweck* des Unternehmens und seiner für dessen Erfüllung notwendigen Funktionsweise und *zweitens* aus der Tatsache, dass Unternehmen von *Menschen* geleitet werden.

Zweck des Unternehmens ist die Schaffung von zufriedenen Kunden oder allgemeiner: die Transformation von gesellschaftlichen Ressourcen in Kundennutzen. Dass Unternehmen von Menschen geleitet werden, ist der wichtigste Grund für die Notwendigkeit eines wirksamen Aufsichtsorgans. Die Führung eines Unternehmens und insbesondere eines großen Unternehmens, das sich dem globalen Wettbewerb stellen muss, erfordert ein Zentrum – das Exekutivorgan – mit großer Machtfülle. Macht kann aber nur legitimiert werden, wenn sie verantwortet wird. Macht korrumpiert bekanntlich, und absolute Macht korrumpiert absolut. Daher darf Macht nicht absolut werden, sondern muss kontrolliert sein. Wenn die Geschichte eines beweist, dann, dass sich niemand selbst kontrollieren kann.[37]

---

36 Auch in den Corporate Governances sind Zweck und Aufgaben teils gar nicht und teils nicht ausreichend formuliert. In der Regel enthalten sie Formalbestimmungen, aber kaum inhaltliche Substanz.

37 Hier mag eingewendet werden, dass der Eigentümer-Unternehmer sich schon immer selbst kontrolliert habe. Er wird zwar nicht zwingend von einem Aufsichtsorgan kontrolliert, wohl aber durch den Kunden, vor allem aber durch seine Vermögenshaftung, die bei Konzernorganen weitgehend fehlt.

Den Exekutivorganen muss und soll ein erhebliches Maß an Macht gegeben werden. Sie brauchen es, um ihre Aufgaben der Unternehmensführung zu erfüllen. Es ist aber gleichzeitig eine Gegenmacht erforderlich, um die unter Umständen an die Grenze des menschlich Zumutbaren und Erträglichen gehende Macht zu einer kontrollierten und verantworteten Macht zu machen.

Aufgaben des Aufsichtsorgans

Um ein Unternehmen wirksam kontrollieren zu können, sind *fünf Funktionen* erforderlich. Sie können mit ausreichender Wirkung prinzipiell in allen Rechtsordnungen erfüllt werden, wenn auch die prozeduralen Aspekte im Einzelnen unterschiedlich sein mögen. Basis für die Erfüllung dieser fünf Aufsichtsfunktionen und ihr Gegenstand sind der Zweck und die im letzten Kapitel behandelten Messgrößen für Prosperieren und Funktionieren des Unternehmens.

1. Die Rückschaufunktion

Die Feststellung der Ergebnisse und die Beurteilung ihrer Qualität sind ein erstes Aufgabenbündel des Aufsichtsorgans, das in allen Rechtsordnungen explizit diesem zugewiesen ist. Die entscheidende Frage ist aber, worauf sich diese Aufgabe beziehen muss und wie sie zu erfüllen ist. Diese Funktion kann sich aus den in Teil I, Kapitel 4 dargelegten Gründen nicht in der Feststellung und Beurteilung des Geschäftsabschlusses, in Bilanz- und Ergebnisrechnung erschöpfen.

Es sind *mindestens* die sechs in Teil I, Kapitel 5 behandelten komplexen Ergebnisfelder zu kennen und zu diskutieren, um sich ein Urteil bilden zu können, und zwar für das Unternehmen als Ganzes und für jedes seiner wichtigen Geschäftsgebiete, also:

- die *Marktstellung* des Unternehmens und ihre Veränderung über die Zeit;
- die *Innovationsleistung* des Unternehmens;
- die *Produktivität* und ihre Veränderung bezogen auf die wichtigsten

Segmente der produktiven Ressourcen – Kapital, Menschen, Zeit, Wissen;

- die Fähigkeit des Unternehmens, *gute Leute* anzuziehen, zu halten und richtig einzusetzen;
- *Liquidität* und *Cash-Flow*, ihre Veränderung und vor allem ihre Qualität und
- die *Profitabilität* und deren Veränderung und innere Qualität.

Nur die beiden letzten gehören heute zum selbstverständlichen und regelmäßigen Inhalt der Tagesordnungen von Aufsichtsorganen. Aller Wahrscheinlichkeit nach werden in Zukunft – in einigen Branchen ist es schon so – noch *zwei weitere* Faktoren dazukommen: die Ergebnisse bezüglich der Wahrnehmung der *ökologischen* und der *sozialen* Verantwortung[38] im weitesten Sinne.

2. Die Vorschaufunktion

Nachlaufende, ja selbst begleitende Kontrolle funktioniert, wie erwähnt, bestenfalls in einem stabilen und ökonomisch günstigen Umfeld. Eine von Turbulenzen, Diskontinuitäten und fundamentalem Wandel gekennzeichnete Welt erfordert mehr – nämlich *vorauslaufende, vorsteuernde* Kontrolle.[39]

Es ist notwendig, auch wenn es aufgrund einer spezifischen Gesetzeslage schwieriger als wünschenswert sein mag, dass sich Aufsichtsorgane – wenn sie ihrer Aufgabe nachkommen wollen – intensiv mit den *Strategien*, *Strukturen* und *Systemen* eines Unternehmens befassen sowie mit der *Unternehmenskultur*, dass sie in das Zustandekommen diesbezüglicher Entscheidungen involviert sind und hierbei das letzte Wort haben. Es wird zu prüfen sein, ob sich die Exekutivorgane mit den *richtigen Themen* und

---

38 Die Entwicklung ist effektiv in diese Richtung gegangen. Corporate Citizenship und Corporate Responsibility sind heute in den Corporate-Government-Dokumenten Standard.

39 Das ist eines der Grundgesetze der Kybernetik und eine der unabdingbaren Voraussetzungen für das Funktionieren von Systemen. Für die Begründung, Beispiele und Lösungen siehe Malik, Fredmund: *Unternehmenspolitik und Corporate Governance. Wie Organisationen sich selbst organisieren*, Frankfurt/New York 2008 (Band 2 der Reihe »Management: Komplexität meistern«).

den *richtigen Prioritäten* befassen, ob sie dies *gründlich* und *sorgfältig* genug tun; welche *Infrastruktur* ihnen zur Verfügung steht, um *Trends* und *Trendbrüche* so früh wie möglich wahrzunehmen, ob diese Infrastruktur zu groß oder zu klein ist, welche Leistungsfähigkeit und Wirksamkeit sie hat.

Es ist nicht nur der Erfolg von Gegenwart und Vergangenheit zu beurteilen, sondern die diesem vorauslaufenden Erfolgs*potenziale*, etwa die technologische Innovation und Substitution, und zwar nicht nur anhand vorgelegter Investitionsplanungen, sondern anhand der voraussteuernden *Wahrnehmungskategorien* der Exekutivorgane selbst – gewissermaßen des Radars der Manager –, denn ein zu spät vorgelegtes Investitionsvorhaben ist in der Regel auch ein falsches Investitionsvorhaben. Und es wird weiter zu prüfen sein, ob und in welchem Ausmaß *Modewellen*, *Irrlehren* und *Scharlatanerien* im Unternehmen zugelassen oder sogar aktiv gefördert werden, die letztlich zu nichts anderem als Zeitverschwendung und »*Geistverschmutzung*« führen. Daher müssen gelegentlich auch die *Personalentwicklungs-* und *-ausbildungsprogramme* materiell überprüft werden und nicht etwa nur die diesbezüglichen Budgets.

3. Auswahl, Führung, Beurteilung, Kompensation und Entfernung der obersten Exekutivorgane

Da auch dies eine vom (deutschen) Aktiengesetz explizit dem Aufsichtsorgan zugeschriebene Aufgabe ist, die darüber hinaus einen der stärksten Hebel bildet, sollte man meinen, dass sie gut erfüllt wird. Die Wirklichkeit zeigt ein überwiegend gegenteiliges Bild.

Die Art und Weise, wie Personalentscheidungen getroffen werden, ist keineswegs außer Zweifel (siehe dazu Teil II, Kapitel 6). Die Kriterien sowohl für die *Auswahl* von obersten Exekutivmanagern als auch für die *Beurteilung* ihrer manageriellen Leistung sind weder klar noch konsensiert. In aller Regel findet eine ernsthafte Beurteilung gar nicht statt.

Am wenigsten problematisch ist bisher im deutschsprachigen Raum die *Einkommensbemessung* für die Topmanager – aber auch das beginnt sich zum Schlechten zu verändern,[40] während sie in den USA teilweise völlig

---

40 Der Trend zu Exzessen war bereits erkennbar, als dieses Buch entstand, aber noch nicht, wie weit der Trend gehen würde. Die Initialzündung für die spätere

aus dem Ruder gegangen ist, was für die amerikanische Wirtschaft noch erhebliche Schwierigkeiten nach sich ziehen wird.

Fragwürdig sind hingegen auch in Europa die in den Verträgen der Exekutivmitglieder in aller Regel vorgesehenen »*Golden Parachutes*«, die *Abfertigungen* und *Pensionsregelungen*. Diese Konditionen sind qualitativen Höchstleistungen keineswegs förderlich, insbesondere deshalb, weil sie fast jedes Risiko eliminieren und außerdem in den meisten Fällen an die falschen Bemessungsgrößen gebunden sind.

Ein spezielles Problem ist in Deutschland und Österreich die *Abberufung eines Vorstandes*. Der allgemeinen Meinung zufolge kann das – unter Wahrung seiner anstellungsvertraglichen Ansprüche selbstverständlich – relativ problemlos vorgenommen werden. Das ist ein Irrtum. Gesetz und Rechtsprechung zufolge ist eine Abberufung nur aus wichtigem Grunde möglich, und das wird außerordentlich restriktiv ausgelegt. So sind beispielsweise »*unüberbrückbare Differenzen zwischen Vorstand und Aufsichtsrat über grundsätzliche Fragen der Unternehmenspolitik grundsätzlich kein wichtiger Grund zur Abberufung, solange sich der Vorstand im Rahmen des ihm nach Paragraf 76 AktG zustehenden Ermessensspielraum bewegt, d. h. seine Ermessensentscheidung vertretbar ist.*«[41] Der Aufsichtsrat müsste in einem solchen Falle eine Hauptversammlung einberufen, die dem Vorstand das Vertrauen zu entziehen hätte. Es sind durchaus praktische Fälle denkbar, in denen ein abberufenes Vorstandsmitglied seinen Wiedereinsatz sogar gerichtlich einklagen kann.

Im Kontext der in diesem Buch vorgesehenen Rolle des Aufsichtsorgans sind gerade »unüberbrückbare Differenzen über grundsätzliche Fragen der Unternehmenspolitik« der entscheidende *casus belli*, der klare Führung erfordert. In einem solchen Fall muss man sich also praktisch »im guten Einvernehmen« trennen, was in der Regel nicht nur hohe Kosten mit sich bringt, sondern auch die falsche Signalwirkung hat. Die Abberufung des Vorstandes ist einer der Punkte, der eine gesetzliche Neuregelung des deutschen Rechtes wünschbar erscheinen lässt.

Entwicklung war die Anpassung der Einkommen der Daimler-Benz-Topmanager an die Höhe des Chrysler-Managements nach dem Merger.

41 Hoffmann-Becking, Michael (Hg.): *Münchener Handbuch des Gesellschaftsrechts*, Band 4: Aktiengesellschaft, München 1988, 141 (Hervorhebungen im Original).

Exekutivorgane müssen, entgegen einer weit verbreiteten Meinung, *geführt* und nicht nur kontrolliert werden. Sie müssen zweifellos nach anderen Gesichtspunkten, nach anderen Kriterien und auf andere Weise geführt werden als »gewöhnliche« Manager, aber sie sind eben doch zu führen. Insbesondere ist es wichtig, dafür zu sorgen, dass die Exekutivorgane ihre nach innen und nach außen erforderliche *Vorbildfunktion* auch tatsächlich erfüllen und nicht nur darüber reden.

»Vorbild« mag ein altmodischer Ausdruck sein. Aber nicht nur Unternehmen, sondern die Gesellschaft als Ganzes können auf Dauer nicht funktionieren, wenn jene Personen, die hohe und höchste Führungsaufgaben zu erfüllen haben, *kein* bzw. ein *schlechtes* Vorbild sind. Nichts ist rascher verloren – insbesondere in einer Medienwelt – als *Vertrauen* und *Glaubhaftigkeit*, und nichts verseucht die Gesellschaft, ihre Organisationen und deren Leistungsfähigkeit so nachhaltig wie dieser Verlust.

Terrorregime, Privilegienwirtschaft, demonstrativer Luxus, Intrigen, Arroganz, Inkompetenz, Bereicherung, exzessive Entlöhnung, ja selbst »kleine« Unkorrektheiten an der Spitze machen eine Organisation über kurz oder lang *unführbar*. Auch noch so gut gemeinte Maßnahmen und Programme greifen dann nicht mehr; sie werden im Gegenteil als besonders raffinierte Formen des Zynismus empfunden. Dies sind *wesentliche* Ursachen für das Entstehen von sozialen Gräben, von Feindseligkeiten, Bitterkeit und Agonie in der Belegschaft, für den Zusammenbruch der Motivation und für die Entstehung von »Klassengesellschaften« innerhalb eines Unternehmens, denn jede nachgelagerte Organisationsebene macht das »Vorbild« von oben auf ihre Weise nach. Außerhalb des Unternehmens entstehen dadurch Wirtschaftsfeindlichkeit, Aggressivität, militantes Verhalten der Gewerkschaften und letztlich politische Bewegungen zur Überregulierung der Wirtschaft.

Es wird aus diesen und anderen Gründen daher häufiger als tatsächlich zu beobachten ist nötig sein, Führungskräfte aus ihren Positionen zu *entfernen*, sie verantwortlich zu halten, Verantwortung und Haftung auch einzulösen und zu erzwingen, und zwar ohne »Golden Handshake« und sicheres Auffangnetz. Dies ist eines der wenigen wirksamen Mittel, um die Qualität von Entscheidungen, die Wirksamkeit der Führung und die Unternehmenskultur nachhaltig zu verbessern. Es ist auch das einzige Mittel, um die Kredibilität der Wirtschaft gegenüber der Gesellschaft zu erhalten.

4. Organisation des Exekutivorgans, Geschäftsverteilung und Geschäftsordnung

Das Aufsichtsorgan hat die Aufgabe, das Exekutivorgan zu organisieren, seine *Geschäftsverteilung* und *Geschäftsordnung* festzulegen. Das ist zusammen mit Aufgabe 3 der *stärkste Hebel*, mit dem auf die Gesamtführung des Unternehmens Einfluss genommen werden kann. In Ländern, die eine an das amerikanische Board-System angelehnte, also monistische Regelung der Gesamtführung haben, ist das ohnehin klar, wird aber bei weitem nicht immer professionell gehandhabt.

Aber auch im dualistischen deutschen Aktienrecht fällt diese Aufgabe in die Kompetenz des Aufsichtsrates, die ihm nach dem Stand von Lehre und Rechtsprechung[42] nicht entzogen werden kann. Bezüglich der Inhalte einer Geschäftsordnung ist im Aktiengesetz nichts geregelt. Dieses Mittel kann somit extensiv eingesetzt werden.

In der einschlägigen Literatur[43] gibt es Hinweise darauf, dass Änderungen der Geschäftsverteilung Probleme bereiten können, wenn sie mit den anstellungsvertraglichen Regelungen der Vorstände kollidieren. Daraus ergibt sich, dass eben die Geschäftsverteilung Grundlage der Anstellungsverträge sein muss und nicht umgekehrt. Die Bedeutung dieser Aufgabe des Aufsichtsorgans ist daher umso größer. Worauf bei Geschäftsverteilung und Geschäftsordnung geachtet werden muss, findet sich in Teil II, Kapitel 3.

5. Die Gestaltung der Beziehungen zu den Anspruchsgruppen

Weil sich das Großunternehmen *de facto* längst über seine unmittelbar wirtschaftliche Funktion hinausentwickelt hat und zu einem der entscheidenden Faktoren sozialer, ökonomischer, ökologischer und politischer *Stabilität*, aber gleichzeitig auch zu dem vielleicht wesentlichsten Organ gesamtgesellschaftlicher Anpassungsfähigkeit geworden ist, hat es nicht mehr *einen* Konstituenten, die Eigentümer, sondern deren *viele*, und sehr *verschiedenartige*. Ob dies wünschenswert und ordnungspolitisch vorteil-

---

42 Siehe Hoffmann-Becking, Michael (Hg.): *Münchener Handbuch des Gesellschaftsrechtes*, Band 4: Aktiengesellschaft, München 1988, Seite 175ff.

43 Siehe Hoffmann-Becking, Michael (Hg.): *Münchener Handbuch des Gesellschaftsrechtes*, Band 4: Aktiengesellschaft, München 1988, Seite 175ff.

haft ist, bleibe dahingestellt. Es ist eine Tatsache. Auch wenn die Stakeholder-Theorie, wie in Teil I, Kapitel 4 dargestellt, als Richtschnur für gutes Management falsch ist, so kann man doch an der Gegebenheit nicht vorbeigehen, dass Großunternehmen mit vielen sich meistens krass widersprechenden Ansprüchen konfrontiert sind.

Daher muss es mit zu den Aufgaben eines Aufsichtsorgans gehören, sich mit den zahlreichen *Konstituenten* zu befassen und vor allem mit der Frage, ob, in welchem Ausmaße und allenfalls wie deren legitime oder faktische Ansprüche und Interessen zu befriedigen sind. Das erfordert Zeit, intensive Kontakte mit den einzelnen Anspruchsgruppen und ihren Vertretern sowie erhebliche Kommunikations- und Erklärungsfähigkeit. Diese Dinge können, zumindest in den Grundsatzentscheidungen, nicht subalternen Stellen wie PR- und Corporate Communication-Abteilungen überlassen werden, auch wenn diese in der Ausführung einen wesentlichen Beitrag zu leisten haben werden. Das Aufsichtsorgan wird diese Aufgabe nicht allein erfüllen können, sondern dies in Zusammenarbeit mit dem Exekutivorgan tun. Zumindest müssen entsprechende Aufgaben und Regelungen in der Gestaltung der Geschäftsordnung für das Exekutivorgan enthalten sein.

Dies sind also die *Schlüsselaufgaben* für das Aufsichtsorgan. Damit wird klar, dass wirksame Unternehmensaufsicht deutlich mehr ist als nur Kontrolle. Auch der Begriff »Aufsicht« ist in Wahrheit ungeeignet. Der Umstand, dass es im Deutschen im Grunde keinen passenden Ausdruck für das hier dargestellte Aufgabenbündel eines Aufsichtsorgans gibt, ist möglicherweise bezeichnend dafür, dass die Frage der wirksamen Führung formal und materiell bis jetzt weitgehend ungelöst ist.[44]

Größe und innere Organisation des Aufsichtsorgans

Größe

Größe, innere Organisation und Arbeitsfähigkeit des Aufsichtsorgans stehen in engem Zusammenhang. In der Vergangenheit war eher ein Trend

---

44 Seither ist der Begriff »Corporate Governance« gewissermaßen imperialistisch ausgeweitet in Gebrauch gekommen, wodurch sich aber mehr vernebelt als geklärt hat. Für die Begründung siehe das neue Vorwort und die neue Einführung von 2008.

zur Vergrößerung des Aufsichtsorgans festzustellen. Es gab viel zu wenig Überlegung zur Frage nach der optimalen Anzahl der Mitglieder eines Aufsichtsgremiums. In zahlreichen Fällen wurden Aufsichtsorgane aus Prestigegründen, wegen guter Beziehungen, um Gegenrecht zu halten usw. über jedes vernünftige Maß hinaus aufgebläht.

Inzwischen sind Veränderungen im Gange. Es besteht die deutliche Tendenz zur *Verkleinerung*, auch wenn das nicht leicht zu realisieren ist, vor allem aus Gründen vermeintlicher Rücksichtnahme. Die Größe eines Gremiums ist ein absolut kritischer Faktor für seine Effektivität. Es spricht fast alles für ein *kleines* Aufsichtsorgan.

Dazu stehen Praxis und zum Teil Gesetz in Widerspruch. Insbesondere in Deutschland muss in diesem Zusammenhang zwischen mitbestimmungsfreien und mitbestimmten Unternehmen unterschieden werden. Für mitbestimmungsfreie Aktiengesellschaften ist eine Mindestzahl von drei Aufsichtsräten vorgeschrieben; wenn eine größere Zahl von Aufsichtsräten bestellt wird, muss ihre Zahl durch drei teilbar sein. In mitbestimmten Unternehmen sind bis 10 000 Arbeitnehmer 12, bis 20 000 Arbeitnehmer 16 und darüber 20 Mitglieder als Maximum vorgesehen.[45]

In der Schweiz sieht das Gesetz nichts vor. Der Verwaltungsrat kann aus einem Mitglied bestehen. In der Praxis ist die Größe sehr unterschiedlich. Im Durchschnitt liegt die Zahl der Verwaltungsräte bei 12 in der Industrie und bei 15 im Dienstleistungsbereich.[46] Es gibt große Unternehmen, die kleine Verwaltungsräte mit fünf Mitgliedern haben, während die größten Verwaltungsräte 20 bis 30 Mitglieder umfassen.[47]

---

45 Die Maximalzahlen müssten nicht ausgeschöpft werden, was die Wirksamkeit deutlich erhöhen würde.

46 Glaus, Bruno U.: *Unternehmungsüberwachung durch schweizerische Verwaltungsräte*, Zürich 1990.

47 Das hat sich zwar zum Besseren, aber nicht zum Guten geändert. Die Verwaltungsräte der großen Schweizer Aktiengesellschaft haben um die zwölf Mitglieder, was ich noch immer für zu groß halte. Das zeigt sich rasch, wenn man den Kommunikationsbedarf analysiert. Bei zwölf Mitgliedern gibt es innerhalb der Gruppe bereits 132 Beziehungen. Wenn außerdem fünf Ausschüsse aus je vier Mitgliedern bestehen, kommen nochmals 60 Beziehungen hinzu, so dass rund 200 verschiedene Beziehungen zu managen sind. Sitzungszeit und -organisation reichen naturgemäß nicht, diese potenzielle Komplexität handzuhaben. Obwohl im Schweizer Corporate Governance Code eine »kleine Anzahl« empfohlen wird, reduzieren die Schweizer Aufsichtsorgane durch ihre unnötige Größe

Wie sieht die Frage der Größe aus Sicht der Wirksamkeit aus? Eine Gruppe, die mehr als zehn Personen umfasst, ist *als solche*, das heißt als Ganzheit nicht arbeitsfähig. Sie ist entweder unwirksam, oder es entsteht zwangsläufig eine innere Struktur, oder man muss ihr eine solche geben. Es gibt *keinen* Grund für die Mammutaufsichtsorgane, wie sie so häufig festzustellen sind, außer jenem, sie de facto unwirksam zu machen oder einigen wenigen Personen eine in letzter Konsequenz nicht kontrollierbare Macht in die Hand zu spielen.

Eine über die Arbeitseffizienz hinausgehende Größe eines Aufsichtsorgans kann selbstverständlich immer mit zahlreichen Argumenten begründet werden – Rücksichtnahme auf die verschiedensten Beziehungen, Repräsentations- und Imagegründe bis hin zu Versorgungspositionen für Familienmitglieder oder altgediente Politiker. Diese Gründe mögen ihren Stellenwert im Einzelfall haben, mit Arbeitswirksamkeit im Sinne der Corporate Governance hat das aber nichts zu tun.

Je größer ein Aufsichtsorgan ist, umso schwerfälliger ist es in praktisch jeder Hinsicht; umso weniger Disziplin wird es geben; umso mehr Absenzen sind festzustellen, weil das einzelne Mitglied weder auffällt noch fehlt. Der Einzelne fällt auch nicht mehr ins Gewicht, es werden von immer mehr Personen immer weniger aktive Beiträge geleistet, und die zwangsläufigen Folgen sind faktische Wirkungslosigkeit und die Entstehung aller denkbaren Varianten von Kleingruppierungen, Koalitionen, Allianzen usw. Ein großes Gremium wird in kurzer Zeit kein Aufsichtsorgan mehr sein, sondern ein *politischer* Apparat im negativen Sinne des Wortes. Als Folge braucht es dann eine innere Struktur – nämlich Ausschüsse –, aber die Arbeit kann genauso gut gleich von einem kleinen Gremium geleistet werden.[48]

---

selbst ihre eigene Effektivität. Auch noch so gut gemeinte Corporate Governance Codes können das nicht wettmachen. In diesen wird das Problem nicht behandelt und scheint unentdeckt geblieben zu sein. In Deutschland wird die Effektivität durch die geltenden Mitbestimmungsgesetze reduziert, was weder im Interesse des Unternehmens noch der Belegschaft ist. Bemerkenswert ist, dass im deutschen und im schweizerischen Corporate Governance Code nicht einmal eine Empfehlung bezüglich der Größe enthalten ist, obwohl dies eine der wirksamsten Maßnahmen zur Steigerung der Corporate Governance Effektivität wäre.

48 Die in den Corporate Governance Codes vorgeschriebenen oder empfohlenen Standardausschüsse sind kein Fortschritt, sondern reduzieren in Wahrheit Funktionstüchtigkeit und Verantwortlichkeit der Aufsicht.

Wenn man davon ausgeht, dass der Vorsitzende eines Aufsichtsorgans zwei Stimmen hat, wofür vieles spricht und was die Rechtsordnungen auch zulassen, muss das Aufsichtsorgan eine *gerade Zahl* von Mitgliedern einschließlich des Vorsitzenden haben, weil ansonsten das Stichentscheidungsrecht des Vorsitzenden unwirksam würde. Die *optimale Zahl* liegt daher entweder bei *sechs* oder bei *acht* Mitgliedern. Mit *zehn* Mitgliedern wird man gerade noch arbeiten können. Was darüber liegt, halte ich im Grundsatz von der Effektivität her für nicht mehr vernünftig.

Selbstverständlich wird man immer Einzelfälle anführen können, wo auch ein größeres Gremium volle Wirksamkeit entfalten konnte. Es liegt dann meistens an der besonders ausgeprägten Professionalität aller Beteiligten, mit der man aber selbst bei sorgfältigster Auswahl der Personen nicht prinzipiell rechnen kann.

In Deutschland kann aufgrund der Mitbestimmung bei großen Unternehmen die optimale Größe des Aufsichtsorgans nicht eingehalten werden. Dies trägt jedenfalls nicht zur Verbesserung der Unternehmensaufsicht bei. Man muss somit zwangsläufig entweder mit Ausschüssen arbeiten oder dann mit einem schwerfälligen Plenum. Die tatsächlich gegebene Spaltung der großen Aufsichtsrate in die Fraktionen der Kapital- und Arbeitnehmervertreter ist eines der entscheidenden Hindernisse für eine effektive Aufsicht.

Eine Gruppe von *weniger* als sechs Personen entwickelt eine *zu große Intimität.* Selbst bei größtem Bemühen um Sachlichkeit hat man es immer mit Menschen und ihren spezifischen Verhaltensweisen zu tun. Es lässt sich gar nicht vermeiden, dass persönliche Beziehungen entstehen, positive wie negative, die sich vom Prinzip her immer dysfunktional auswirken, vor allem wenn die Aufsicht wirklich gefordert ist.

Wenn, aus welchen Gründen auch immer, mit einer Größe gearbeitet werden muss, die über die genannten Zahlen hinausgeht, bleibt nichts anderes übrig, als Ausschüsse zu etablieren. Sie haben ihre Vor- und Nachteile.

Innere Organisation – Präsidium und Ausschüsse

In einem kleinen Aufsichtsorgan von bis zu sechs Personen empfiehlt sich weder die Bildung von Ausschüssen noch die eines Präsidiums. Sie verbessern die Effektivität nicht wesentlich, werden aber leicht als diskriminierend von jenen Aufsichtsmitgliedern empfunden, die nicht in einem Ausschuss vertreten sind. Will man das vermeiden, dann muss *jedes* Mitglied in einem Ausschuss mitwirken können, was aber auch wieder zu eigentümlichen Konstruktionen führt. Ein Gremium dieser Größe braucht lediglich einen *Vorsitzenden* und einen, eventuell (aber selten) zwei *Stellvertreter*. Sie sollen aber nicht als *Präsidium* agieren. Mit sechs Personen kann praktisch alles im Plenum erledigt werden. Statt Ausschüsse zu bilden, ist es viel besser, *bei Bedarf* die einzelnen Mitglieder des Aufsichtsorgans mit speziellen *Aufgaben* bzw. *Aufträgen* zu betrauen.

Bei Größen von acht bis zehn Mitgliedern gilt im Wesentlichen dasselbe. Allerdings empfiehlt es sich hier, ein *Präsidium* aus drei Personen – Vorsitzender und zwei Stellvertreter – zu etablieren, das mit bestimmten Agenden betraut wird, wobei insbesondere die Vorbereitung von Personal- und Finanzentscheiden infrage kommt. Das Präsidium sollte keine Entscheidungsbefugnis haben – außer für Krisenfälle –, und wenn es sie für Einzelfälle hat, soll der Stichentscheid des Vorsitzenden im Präsidium keine Wirkung haben.

Wenn ein Aufsichtsorgan über die hier empfohlene Größenordnung hinausgeht, ist über das Präsidium hinaus die Bildung von Ausschüssen *unvermeidlich*. Damit stellt sich die Frage, nach welchen Gesichtspunkten, vor allem zu welchen Themenbereichen sie gebildet werden sollen. Aus der Managementperspektive kommen in erster Linie die Problembereiche *Personal*, *Finanzen* und *Strategie* infrage, und zwar in dieser Prioritätenfolge.

In letzter Konsequenz kann man ein Unternehmen nur über die Personal- und über die Finanzentscheidungen kontrollieren. Von Strategie soll das Aufsichtsorgan zwar etwas verstehen, und es muss sie letztlich auch verantworten, aber es muss sie nicht selbst entwickeln. Vor die Situation gestellt, aus Personal und Finanzen nochmals ein Gebiet auswählen zu müssen, ist meine Empfehlung, sich auf die *Personalfragen* zu konzentrieren.

Darüber hinaus, wenn es die personellen Ressourcen erlauben, kommt fast jedes Thema aus dem Spektrum der Topmanagement-Aufgaben für die Bildung eines Ausschusses infrage. Man kann dafür keine Empfehlungen aussprechen, weil sie von den Notwendigkeiten des spezifischen Falles abhängen.

Mindestens so wichtig wie die Bestimmung der thematischen Schwerpunkte ist es aber, dafür zu sorgen, dass die Ausschüsse *effizient* arbeiten.

Sie brauchen einen klaren Auftrag, eine Leitung, eine spezifische Arbeitsmethodik, die Dokumentation ihrer Arbeit muss sichergestellt werden und außerdem ihre Berichterstattung an das Gesamtorgan. Weiter ist dafür zu sorgen, dass Ausschüsse auch wieder *aufgehoben* werden, wenn sie ihre Aufgaben erfüllt haben.

Personelle Zusammensetzung

Dass der personellen Zusammensetzung des Aufsichtsorgans im Kontext der genannten Aufgaben größte Bedeutung zukommt, braucht nicht betont zu werden. Die Rechtsordnungen machen im Allgemeinen diesbezüglich keine Vorschriften. Ausnahmen sind die in einigen Ländern vorgesehene *Arbeitnehmervertretung* im Aufsichtsorgan, die ebenfalls in einigen Ländern bestehende *Unvereinbarkeit*, gleichzeitig im Exekutiv- und im Aufsichtsorgan mitzuwirken, sowie das Verbot der *Überkreuzverflechtung* im deutschen Aktiengesetz. Ansonsten ist prinzipiell jede geschäftsfähige Person wählbar. In der Praxis haben sich freilich für die Wahl in ein Aufsichtsorgan Kriterien und Usancen herausgebildet, die zu einem erheblichen Grad keineswegs zur Wirksamkeit der Unternehmensaufsicht beitragen.

Im Allgemeinen wird die Meinung vertreten, die Funktionsweise und vor allem die Effektivität der Unternehmensaufsicht hänge von den darin vertretenen *Persönlichkeiten* ab. Dies impliziert gleichzeitig zu viel und zu wenig. Es ist richtig und falsch zugleich.

Die Auffassung, was die Bedeutung der Persönlichkeiten angeht, ist selbstverständlich in dem Sinne richtig, als man Personen braucht, die den anspruchsvollen Aufgaben genügen können. Das ist sowohl richtig als auch trivial, obwohl es nicht immer eingehalten wird. Es ist aber in dem Sinne falsch, als die Funktionsweise des Aufsichtsorgans gerade nicht von den letztlich doch gegebenen Zufälligkeiten auch einer noch so sorgfältigen Auswahl abhängig sein darf, sondern *konstitutionelle* Bedingungen erfüllt sein müssen, wie sie in Teil II, Kapitel 1 behandelt wurden.

Vom Grundsatz her gelten für die Ausgestaltung der Unternehmensaufsicht dieselben Überlegungen wie für die Funktionsweise der Organe eines Rechtsstaates. So wichtig es ist, dass sie mit den bestgeeigneten Persönlichkeiten besetzt werden, und so sehr alles dafür getan werden muss, dass dieses Ziel erreicht wird, so wenig gibt es eine Garantie dafür, dass dies auch gelingt. Gerade für den Fall des Nichtgelingens müssen zwingende konstitutionelle Vorkehrungen vorhanden sein, die auch bei Versagen der personellen Komponente wenigstens den Schaden für das Unternehmen minimieren.

Im Einzelfall werden bei der Bestellung des Aufsichtsorgans zahlreiche Faktoren zu berücksichtigen sein, von der öffentlichen Reputation einer Person bis zu familiären Rücksichten. Die beiden wichtigsten Auswahlkriterien sind aber *fachliche Kompetenz* und *Unabhängigkeit*.

Fachliche Kompetenz

Dass Kompetenz *in der Sache* wichtig ist, braucht nicht erwähnt zu werden. Erfahrung im Geschäftsleben oder in einem anderen gesellschaftlichen Bereich und wohl auch ein erhebliches Maß an Lebenserfahrung sind unverzichtbare Voraussetzungen für die wirksame Ausübung eines Aufsichtsmandates.

Es ist jedoch *nicht* unbedingt erforderlich, dass jemand unmittelbare Branchenerfahrung mitbringt. Branchenkenntnisse lassen sich aneignen. Es müssen auch nicht umfassende Generalistenkompetenzen verlangt werden. Obwohl der Ruf nach Generalisten häufig erschallt, sind die echten und kompetenten Generalisten selten. Da ein Aufsichtsorgan immer aus mehreren Personen besteht, kommt es eher auf die Zusammensetzung an, auf die *Kombination* von individuellen Kompetenzen, die für das Unternehmen wichtig sind. Eine besondere Stärke einer Person auf einem Gebiet, die für das Unternehmen besonders wichtig ist, ist in der Regel in Kombination mit Stärken anderer Personen besser als allgemeines und daher häufig unverbindliches Generalistentum.

Von größerer Bedeutung ist es aber, dass *alle* Mitglieder der Unternehmensaufsicht sich völlig darüber im Klaren sind, welche Aufgaben das Aufsichtsorgan zu erfüllen hat, und dass sie sich diesen Aufgaben mit aller *Gewissenhaftigkeit* stellen. Wirksames Arbeiten in der zur Verfügung stehenden, meist viel zu kurzen Sitzungszeit setzt voraus, dass die Eckwerte klar sind, an denen sich die Corporate Governance auszurichten hat; es müssen die Messgrößen für die Beurteilung eines Unternehmens bekannt sein, die Grundzüge richtiger Unternehmensstrategie, -struktur und -kultur – und zwar *allen* Mitgliedern der Unternehmensaufsicht. Diese Dinge sind unabhängig von der Branche eines Unternehmens. Wenn auf diesen Gebieten zuerst Grundlagen-, Überzeugungs- und Bildungsarbeit zu leisten ist, wird die Arbeit eines Aufsichtsorgans mühsam und zeitraubend.

Was häufig festgestellt werden kann, ist, dass Personen, die in ihren eigenen Unternehmen *exekutive* Aufgaben erfüllen, die damit verbundene Denkweise in die Aufsichtsorgane anderer Unternehmen einbringen. Es ist bei weitem keine Selbstverständlichkeit, dass selbst hochkarätige Führungskräfte gewissermaßen »ihre Hüte wechseln« können. Genau das ist aber notwendig, weil es sonst zu einer sachlich und psychologisch unheilvollen Vermischung von exekutiver Rolle und Aufsichtsfunktion kommt. Im Zweifel ist es Sache des Präsidenten oder Vorsitzenden, die nötige Klarheit zu schaffen und dafür zu sorgen, dass niemand »aus seiner Rolle fällt«.

Unabhängigkeit

Noch wichtiger aber als sachliche Kompetenz ist – ausgenommen die Interessen, die aus dem *Eigentum* resultieren – das Kriterium der *Unabhängigkeit,* und zwar in zweifacher Hinsicht. Das Aufsichtsmitglied darf in seiner Interessenlage nicht vom Unternehmen berührt sein. Umgekehrt darf das Unternehmen aber auch nicht von der Interessenlage des Aufsichtsmitgliedes abhängig sein.

Ich finde es bemerkenswert und bezeichnend, dass dieses Kriterium bei Bleicher[49] überhaupt keine Erwähnung findet, und zwar weder in den Fragen noch in den Antworten seiner doch repräsentativen Untersuchung. Auch in der sehr ausführlichen und umfassenden Untersuchung Wunderers[50] über den Verwaltungsratspräsidenten gibt es dazu keinen Hinweis. Andererseits wird »Independence« in den USA durchgängig als wichtigstes Kriterium genannt.[51]

Unternehmensaufsicht kann nicht wirksam ausgeübt werden, wenn auch nur der Schein einer Interessenabhängigkeit besteht. Ein Aufsichtsmitglied muss für die Erfüllung seiner Aufgaben, insbesondere in schwierigen und heiklen Fällen, *Gewicht* haben. Das wird nur möglich sein, wenn

---

49 Bleicher, Knut: *Der Aufsichtsrat im Wandel,* Gütersloh 1987.
50 Wunderer, Felix R.: *Der Verwaltungsrats-Präsident,* Zürich 1995.
51 NACD-Report on Director Professionalism, Washington 1996.

es *Glaubwürdigkeit* und *Überzeugungskraft* hat. Das ist besonders dann gefordert – und im Grunde auch nur dann, aber dann *wirklich* wichtig –, wenn es um Entscheidungen geht, die nicht aufgrund von Sachargumenten allein entschieden werden können. Diese sind in Aufsichtsorganen relativ häufig; sie sind sogar eher die Regel als die Ausnahme. Aber selbst Sachargumente haben keine Überzeugungskraft mehr, wenn Interessenlagen gegeben sind oder unterstellt werden können. Aus diesem Kriterium leitet sich logisch eine Anzahl von Negativ- oder *Ausschlussregeln* ab, die – das muss zugegeben werden – zu sehr schwierigen Entscheidungen zwingen.

Es ist somit viel leichter zu sagen, wer *nicht* in ein Aufsichtsorgan gehört, als zu bestimmen, wer hineingehört. Letztlich kann die positive Entscheidung – wer also zu wählen ist – nur auf den Einzelfall bezogen getroffen werden; die negative Entscheidung – wer nicht zu wählen ist – kann aber verallgemeinert werden.

Auch wenn die nachfolgende Negativliste extrem erscheinen mag und im Einzelfall auch Gründe für einen Kompromiss gegeben sein mögen, kann sie nicht ignoriert werden. Die schwerwiegendste Konsequenz dieser Liste ist, dass die Besetzung von Aufsichtsorganen *schwieriger* wird und sorgfältiger Vorbereitung bedarf, weil der infrage kommende Personenkreis eingeengt wird, was aber nicht unbedingt ein Nachteil ist, sondern nur zu *mehr* Vorbereitungsarbeit und zu *kleineren* Gremien führt.

Ausschlussregeln

Vom *Prinzip* her gehören *nicht* in ein Aufsichtsorgan:

1. aktive und ehemalige Mitglieder des Exekutivorgans *desselben* Unternehmens;
2. Personen, die in *aktiver* Geschäftsbeziehung zum Unternehmen stehen (Kunden, Lieferanten, Anwälte, Berater, Wirtschaftsprüfer usw.);
3. Vertreter der *Hausbanken*, außer wenn sie echte Eigentümerinteressen vertreten;
4. Personen mit *vielen Mandaten*;
5. Personen, die *keine Zeit* haben.

Diese Negativliste muss kommentiert werden. Sie verstößt gegen eine Reihe von ungeschriebenen Gesetzen der Wirtschaftspraxis und von Usancen, für die unter Umständen gewichtige Gründe vorgebracht werden können. Zum Teil kollidiert sie auch mit Besitzständen und Machtpositionen. Daher wird mein Vorschlag möglicherweise nicht nur sachliche Reaktionen auslösen.

Das Kriterium der fachlichen Kompetenz *allein* würde selbstverständlich zu einer anderen Liste führen. Ich halte aber, wie schon erwähnt, das Unabhängigkeitskriterium für *noch wichtiger*. Mitglieder eines Aufsichtsorgans müssen unter Umständen unangenehme Aufgaben erfüllen. In einer Reihe von Aspekten muss daher ihre Unabhängigkeit derjenigen von Richtern entsprechen oder nahekommen, sonst können sie ihre Funktion nicht wirksam wahrnehmen. Solange ein Unternehmen gut geht, das wirtschaftliche Umfeld günstig ist, die Konjunktur läuft usw., ist Unabhängigkeit nicht wichtig. Die einzige unangenehme Aufgabe der Unternehmensaufsicht besteht dann möglicherweise darin, gelegentlich zu fragen, ob das Unternehmen nicht noch viel bessere Ergebnisse erzielen könnte, als es sie ohnehin ausweist. Damit ist man als Aufsichtsmitglied vielleicht lästig, aber im Grunde nicht wirklich unangenehm und vor allem nicht bedrohlich.

Die Bewährungsprobe für die Unternehmensaufsicht stellt sich dann, wenn es *echte* Probleme zu lösen gilt, gleichgültig, worin sie ihre Ursache haben. Massive Veränderungsnotwendigkeiten, Umstrukturierung des Unternehmens, harte Auseinandersetzungen um die richtigen Entscheidungen in unternehmensbedrohenden Angelegenheiten, Opposition gegen das Exekutivorgan und gravierende Personalentscheidungen sind Beispiele, in denen neben der sachlichen Kompetenz eines Aufsichtsmitgliedes vor allem seine Unabhängigkeit und die nicht nur formelle, sondern faktische, vor allem auch psychologische Freiheit seiner *Meinungsbildung* und *Meinungsäußerung* vital sind. Es sollte keinen »übermenschlichen« Mut und kein »Märtyrertum« brauchen, um in einem Aufsichtsorgan wirksam zu werden.

Aktive und ehemalige Mitglieder des Exekutivorgans

a) Die Mitgliedschaft aktiver Exekutivmanager in der Aufsicht *desselben* Unternehmens ist nur in Ländern mit einer einstufigen Regelung der Unternehmensaufsicht möglich. In Deutschland ist sie vom Gesetz ausgeschlossen. Ich halte das deutsche Prinzip in diesem Punkt für geeigneter. Es ist vom Grundsatz her nicht gut, wenn Menschen an ihrer eigenen Kontrolle mitwirken. In Wahrheit ist es inhuman oder korrumpierend –

und es funktioniert nicht. Was immer sie sagen oder tun, sie können der Befangenheitsvermutung nie entkommen.

Für besonders schlecht halte ich es, wenn die Exekutivmanager gar eine Mehrheit im Aufsichtsorgan haben, wie es etwa nach schweizerischem Recht durchaus möglich ist. Wenn das gegeben ist, wird man progressiv Schwierigkeiten haben, überhaupt kompetente externe Persönlichkeiten für eine Mitwirkung im Verwaltungsrat zu gewinnen. Sie haben *erstens* nie den Informationsstand der Insider, und sie würden *zweitens* im Zweifel auch noch bei Abstimmungen unterliegen – die typische Situation einer Marionettenrolle oder eines Aushängeschildes.

b) Aktive Exekutivmanager können jederzeit auf andere Weise in die Arbeit des Aufsichtsorgans ihres eigenen Unternehmens und im konkreten Falle des Verwaltungsrates einbezogen werden. Sie können und sollen an den Sitzungen in ihrer Gesamtheit oder zu ausgewählten Tagesordnungspunkten teilnehmen. Sie berichten, beantragen und nehmen aktiv teil an der Diskussion. Diese Arten der Kooperation mit den Exekutivorganen werden bei guter Zusammenarbeit eher die Regel als die Ausnahme sein. Dennoch muss es die Möglichkeit geben, dass das Aufsichtsorgan allein, unter Ausschluss der exekutiven Manager diskutiert, berät und entscheidet. Man muss das auch faktisch praktizieren, damit es nicht zu tatsächlichen oder psychologisch als solchen empfundenen Besitzständen kommt und dann heikle Belastungen der Stimmung und Zusammenarbeit entstehen, wenn man dann doch einmal den Ausstand der Exekutive verlangt.

c) Auch *frühere* Exekutivmitglieder – das ist vielleicht die heikelste oder umstrittenste Ausschlussregel – sollten nicht in das Aufsichtsorgan *desselben* Unternehmens wechseln.[52] So wertvoll ihre Erfahrung ist – die japanische Methode ist in diesem Zusammenhang weit besser, nämlich für diese Elder Statesmen einen Advisory Council zu etablieren oder ihre Fähigkeiten durch Konsulentenverträge für das Unternehmen verfügbar zu halten. Je mehr frühere Vorstände in der Unternehmensaufsicht mitwirken, umso schwieriger ist es, im Unternehmen Änderungen herbeizuführen.

---

52 Während es früher mehrheitlich, fast zu zwei Dritteln, üblich war, dass der ehemalige Vorstandsvorsitzende oder CEO in die Aufsichtsorgane übertrat, ist es inzwischen nur noch in etwa einem Fünftel der Fälle so. Das ist ein Fortschritt, und verwunderlich ist nur, dass es so lange dauerte, diesen Zustand zu erreichen. Im deutschen Corporate Governance Code ist diese Regel inzwischen enthalten.

Wenn die Ära des früheren Vorstandsvorsitzenden positiv für das Unternehmen war, wird er nun als Aufsichtsratsmitglied oder gar Vorsitzender des Aufsichtsrates das ganze Gewicht des früheren Erfolges für sich haben, und daher werden aus diesem Grunde Änderungen durch den neuen Vorstandsvorsitzenden nur schwer durchsetzbar sein.

War hingegen die Ära des früheren Vorsitzenden nicht besonders erfolgreich, spricht ohnehin nichts dafür, ihn in den Aufsichtsrat zu bestellen, und falls man es tut, wird er Änderungen immer als direkten oder indirekten Vorwurf gegen seine frühere Amtsführung empfinden müssen. In jedem Falle ist er befangen.

Es ist mir bewusst, dass es Fälle gab und gibt, wo die Rochade vom Vorstandsvorsitz an die Spitze des Aufsichtsorgans ausgezeichnet funktioniert. Es gibt *starke* Gründe, die man zu ihren Gunsten anführen kann. Es ist eine der schwierigsten und auch riskantesten Entscheidungen, und man wird in diesem Punkt am ehesten von der Regel abzuweichen geneigt sein.

Zusammenfassend und grundsätzlich halte ich es aber für besser, wenn bisherige Mitglieder der Exekutive nicht ins Aufsichtsorgan wechseln. Der Weg für ein neues Management muss frei sein. Der oder die Nachfolger müssen ihre Aufgaben auf ihre Weise erfüllen können, ohne Rücksicht nehmen zu müssen.

Personen mit aktiver Geschäftsbeziehung

Personen mit aktiver Geschäftsbeziehung zum Unternehmen bzw. solche, die Firmen repräsentieren, die solche unterhalten, werden ständig mit dem Problem der tatsächlichen oder potenziellen, der gegebenen oder vermuteten Interessenkollision konfrontiert sein. Selbstverständlich ist der unter 2 und 3 genannte Personenkreis an sich in Aufsichtsorganen sehr wertvoll und willkommen. Das Mindeste ist jedoch, dass für die Zeit eines Mandates klargestellt werden muss, dass keine kommerziellen Beziehungen nennenswerten Umfanges mit dem Unternehmen gegeben sind.

Eine Kompromisslösung kann darin bestehen, dass sie sich bei den heiklen Entscheidungen ihrer Stimme enthalten oder generell bei solchen Tagesordnungspunkten in Ausstand treten. Die Geschäftsordnung muss Bestimmungen enthalten, die es sowohl dem Vorsitzenden als auch jedem Mitglied ermöglichen, das unter Umständen auch zu erzwingen.

Es geht hier außer dem Problem der Befangenheitsvermutung auch darum, dass es dem Unternehmen freistehen muss, unberührt von Beziehungen zu Aufsichtsmitgliedern die Marktkonkurrenz in vollem Umfange und ohne Rücksicht auf Mitglieder des Aufsichtsorgans zu nutzen. Im Speziellen sind bei der gegenwärtigen und auf eine lange Tradition zurückblickenden Praxis die *Hausbankenvertreter* von dieser Ausschlussregel betroffen. Es gelten dieselben Argumente, außer die Hausbanken vertreten *echte* Eigentümerinteressen.

Personen, die keine Zeit haben

Obwohl inzwischen der Unsinn der Mandatskumulierung weitgehend gesehen wird und entsprechende Begrenzungen der Zahl der Mandate pro Person in den Rechtsordnungen verankert sind, sind auch diese Grenzen noch zu hoch gesetzt.

Es mag sein, dass es Menschen mit derart ausgeprägter fachlicher Kompetenz und Erfahrung gibt, die zusätzlich auch noch eine perfekte Arbeitsmethodik und/oder eine entsprechende Infrastruktur haben, dass sie zehn Mandate als gewöhnliche Mitglieder oder fünf als Vorsitzende, wie im deutschen Aktienrecht möglich, wirksam erfüllen können.[53] Sie sind aber die *Ausnahme*, selbst in der ohnehin schon kleinen Gruppe der Top-Leute, denen man solche Fähigkeiten zuzuschreiben geneigt ist. Aber selbst wenn jemand das bewältigen kann, ist die Gefahr von Interessenkollisionen, wirklichen oder scheinbaren, nur umso größer. Darüber hinaus wird es zu einer Häufung von Terminkollisionen kommen. Es müssen unangenehme, optisch nicht sehr förderliche und in Wahrheit eine Zumutung darstellende Prioritätenentscheidungen getroffen werden, wenn Sitzungstermine verschiedener Firmen kollidieren. Dies alles erschwert die Arbeit des Aufsichtsorgans.

Auch bei größter Kompetenz und Arbeitseffektivität wird man ständig mit der unausgesprochenen Frage konfrontiert sein, ob man wirklich fünf Großkonzerne, die aus Konkurrenzgründen wohl in verschiedenen Branchen tätig sein werden, mit all ihrer typischen Komplexität wirklich so gut verstehen kann, dass man mit gutem Gewissen an existenzwichtigen Entscheidungen mitwirken kann. Unternehmen dieser Art sind unter Umständen in mehreren Dutzend verschiedenen Geschäftsgebieten engagiert. Jeder Geschäftsbereich ist meistens an sich schon ein Unternehmen

---

53 Auch fünf Mandate, wie im deutschen Governance-Code, halte ich als Regelfall für zu viel.

von ansehnlicher Größenordnung; alle operieren in unterschiedlichen Märkten, mit unterschiedlicher Konkurrenzsituation, in unterschiedlichen Ländern und unterschiedlichen Technologien.

Wie groß also muss das Genie einer Person sein, um selbst auf der Abstraktionsebene eines Aufsichtsorgans alles ausreichend überblicken, verstehen und beurteilen zu können? Es wird immer bei allen anderen Aufsichtsmitgliedern, vor allem bei den Exekutivmanagern, ein nagender Zweifel vorhanden sein, der bezüglich Glaubwürdigkeit und Überzeugungskraft des betreffenden Aufsichtsmitgliedes nicht förderlich ist.

Die entscheidende Problematik – das wäre für mich das *schlagende* Kriterium bei einer solchen Entscheidung – tritt aber dann auf, wenn es irgendwo – und wie es meistens der Fall ist, an mehreren »Frontabschnitten« gleichzeitig – *Schwierigkeiten* gibt. Dann wird eine solche Person keinen Nutzen mehr bringen, weil sie keine Zeit hat. Die Mandatshäufung ist eine typische Folge lang anhaltender wirtschaftlicher Prosperität, Stabilität und Kontinuität, eine Folge jener Zeiten, in denen weder die Exekutiv- noch die Aufsichtsorgane wirklich gefordert waren.

Zusammenfassend kann gesagt werden, dass die personelle Zusammensetzung eines Aufsichtsorgans mit Blick auf die *schwierigen* Situationen – im negativen wie im positiven Sinne – vorzunehmen ist. Man muss jene Situationen im Auge haben, in denen vom Aufsichtsorgan wirklich *voller* Einsatz und *ungeteilte* Aufmerksamkeit verlangt werden muss. Dann wird es wirklich gebraucht. Niemand kann im Voraus wissen, ob und wann solche Situationen eintreten und wie sie dann aussehen werden. Vielleicht kommen sie nie; vielleicht kommen sie rasch und überraschend. Aufgrund der tiefgreifenden Veränderungen, die in Wirtschaft und Gesellschaft vor sich gehen, muss für die nächsten Jahrzehnte wohl eher mit dem zweiten Fall gerechnet werden.

Ob es Krisen oder Chancen sind, spielt keine Rolle. In beiden Fällen haben weder Exekutiv- noch Aufsichtsorgan »business as usual«. Dann müssen schwierige und fast immer auch rasche Entscheidungen getroffen werden. Es ist eine größere Zahl von Sitzungen notwendig, die kurzfristig einzuberufen sind. Dann müssen die Mitglieder der Unternehmensaufsicht wirklich verfügbar sein, und darüber hinaus sind genau dann auch jene *gründlichen* Kenntnisse über das Unternehmen unabdingbar, die man viel zu häufig zugunsten des unverbindlichen Generalistentums zu unterschätzen neigt.

Aufgrund der Bedeutung der personellen Besetzung des Aufsichtsorgans möchte ich nochmals auf die *positive* Frage eingehen – warum also jemand gewählt werden soll. Ich sagte einleitend, dass man diese Entscheidung nur im Einzelfall treffen könne. Das ist richtig. Dennoch möchte ich vor einem weit verbreiteten Fehler dringend warnen. Das ist die Suche nach dem *Universalgenie*. Leider gibt es viele Publikationen zu den Anforderungen, die an Mitglieder der Unternehmensaufsicht gestellt werden oder werden sollen, die einfach *unerfüllbar* sind. Dasselbe gilt übrigens auch für die Exekutivorgane und für Management schlechthin. Es ist ziemlich leicht, einen Katalog für die *ideale* Person aufzustellen – die Liste der geforderten Eigenschaften und Fähigkeiten wird immer sehr *imposant* und plausibel aussehen. Sie hat nur den Nachteil, dass es *niemanden* gibt, der alles erfüllt. Solche Kataloge sind Fiktionen – häufig akademische. Wenn ich gelegentlich selbst von »höchsten Ansprüchen« spreche, die an Aufsichts- und Exekutivmitglieder zu stellen sind, dann meine ich immer »höchste *realistische* Ansprüche«.

Was man braucht, sind nicht Menschen, die einfach in einem *allgemeinen* Sinne »gut«, »reputiert« usw. sind, sondern solche, die *spezifische* Stärken haben, aufgrund welcher sie einen *konkreten* Beitrag für das Unternehmen leisten können. Das Ideal ist somit nicht der »ideale Anforderungskatalog« an eine Person, sondern das Ideal bestünde darin, für jede Unternehmenssituation das Aufsichtsorgan mit genau jenen Personen besetzen zu können, die für die *Situation* die größte Kompetenz mitbringen, in der sich das Unternehmen befindet.

Naturgemäß stößt das an praktische Grenzen, kann aber bis zu einem gewissen Grade durch die Bestimmung der Amtsdauer und bei jeder Neubestellung berücksichtigt werden (siehe dazu auch den nächsten Abschnitt). Ein rasch und forciert wachsendes Unternehmen benötigt im Grunde ein anderes Aufsichtsorgan als ein Unternehmen, das in einer Krise steckt. Ein Unternehmen, das eher regional operiert, braucht andere Kompetenzen in der Aufsicht als eines, das weltweit tätig ist oder den Schritt zur Globalisierung zu machen beabsichtigt. Mehr zur Personalauswahl und zu Personalentscheidungen findet sich in Teil II, Kapitel 6.

Amtsperiode und Altersgrenze

In Deutschland ist keine Mindestdauer, sondern nur eine Höchstdauer der Amtsperiode vorgesehen, die in der Praxis regelmäßig fünf Jahre beträgt.[54] In der Schweiz dauert eine Amtsperiode mindestens drei und maximal sechs Jahre. In beiden Rechtsordnungen ist unlimitierte Wiederwahl möglich. Aus der Perspektive der Wirksamkeit der Unternehmensaufsicht ist die Amtsdauer keine Nebensächlichkeit. Einerseits braucht ein Aufsichtsmitglied eine gewisse *Mindestzeit*, um sich einzuarbeiten und um zu zeigen, dass es einen Beitrag zu leisten in der Lage ist.[55] Andererseits muss man sich von als unfähig oder ungeeignet erweisenden Mitgliedern einigermaßen problemlos und mit Anstand trennen können. Unlimitierte Wiederwahlmöglichkeit lässt außerdem eine *Interessenlage* entstehen, nämlich auf Wiederwahl, insbesondere wenn die Honorare hoch sind.

Im Kern geht es bei der Bestimmung der Amtsdauer sowohl für das Aufsichts- als auch für das Exekutivorgan um die Bewältigung von *zwei* Dilemmas: *Flexibilität* bezüglich der personellen Zusammensetzung versus *Kontinuität* einerseits und kurzfristiger Leistungsdruck versus langfristige Orientierung andererseits. Es scheint, insbesondere wenn man beide Organe gleichzeitig im Auge hat, keine ideale Lösung zu geben. Sicher gibt es auf diese Fragen auch nicht nur eine Antwort. Jedes Unternehmen muss die für seinen Fall zweckmäßigste Lösung unter Berücksichtigung aller Umstände finden. Nach Abwägung der Vor- und Nachteile neige ich dazu, Flexibilität verbunden mit Leistungsdruck den Vorzug zu geben, weil ich glaube, dass deren potenziell nachteilige Wirkungen leichter kompensiert werden können als im umgekehrten Fall.

Die beste Lösung scheint mir eine Amtsdauer von *drei Jahren* mit *einmaliger, eventuell zweimaliger* Wiederwahlmöglichkeit zu sein. Innerhalb von drei Jahren kann man beurteilen, ob eine Person im Aufsichtsorgan etwas leistet oder nicht. Die Zeit ist lange genug, um sich auch in ein komplexes Unternehmen einzuarbeiten. Man kann beweisen, was man kann. Wenn eine Person keine Leistung bringt, kann das Mandat nach drei Jahren dadurch beendet werden, dass man es nicht mehr erneuert. Damit können alle Beteiligten ihr Gesicht wahren. Ein Austausch ist dann auch flexibel möglich, wenn das Unternehmen aufgrund einer veränderten

---

54 Hoffmann-Becking, Michael (Hg.): *Münchener Handbuch des Gesellschaftsrechts*, Band 4: Aktiengesellschaft, München 1988, Seite 273ff.

55 Die inzwischen verbreitete Amtsdauer von einem Jahr erhöht zwar die Flexibilität des Austausches von Personen, ist für die sachliche Wirksamkeit aber nicht nützlich. Durch die Wiederwahlmöglichkeit wird das jedoch kompensiert.

Situation eine andere Stärkenkombination im Aufsichtsorgan benötigt. Diese Flexibilität scheint mir aufgrund des raschen Wandels besonders wichtig zu sein.

Erweist sich ein Aufsichtsmitglied aber als befähigt, kann es wiederbestellt werden. Durch eine lediglich einmalige Wiederwahlmöglichkeit kann keine ins Gewicht fallende Interessenlage entstehen. In der zweiten Amtsperiode fehlt sie völlig. Man kann also mit voller Unabhängigkeit und Freiheit agieren.

Der Nachteil dieses Vorschlages besteht darin, dass man nach sechs resp. allenfalls neun Jahren auf die weitere Mitwirkung einer wirklich fähigen Person verzichten muss. Das mag bedauerlich sein, aber es gibt andere fähige Personen, und neue Köpfe bringen möglicherweise auch neue Ideen. Abgesehen von den sonstigen Vorteilen hat diese Lösung auch den Vorzug, dass keine dauerhaften Seilschaften und Allianzen unter Aufsichtsmitgliedern entstehen können.

Eine Ausnahme könnte gemacht werden für den Präsidenten. Es kann Vorteile haben, wenn ein fähiger Präsident zwei Präsidialperioden bestreiten kann. Für diesen Fall könnte somit eine zweimalige Wiederwahl als Präsident vorgesehen werden. Konkret würde das bedeuten: Wenn eine Person eine Amtsperiode als gewöhnliches Aufsichtsmitglied gewirkt hat, was die Regel sein wird, und in der zweiten Amtsperiode Präsident war, dann könnte sie nochmals – als Präsident – wiederbestellt werden, nicht jedoch als gewöhnliches Mitglied. Insgesamt neun Amtsjahre genügen auch für die fähigsten Menschen, ihre Fähigkeiten zu vollem Einsatz zu bringen und dann ein Mandat auch wieder zurückzulegen. Wenn man sich für eine zweimalige Wiederwahl der gewöhnlichen Aufsichtsmitglieder entscheidet, muss die Regelung für den Vorsitzenden entsprechend angepasst werden.

Bezüglich der Altersgrenze schlage ich eine großzügige Lösung vor. Ich sehe keinen Grund, ein Alterslimit einzuführen. *Erstens* gibt es – entgegen allgemeiner Meinung – keine Korrelation zwischen Alter und Kompetenz. Es gibt Menschen mit sehr fortgeschrittenem Alter, die in ihren hohen Siebzigern oder Achtzigern stehen und von bemerkenswerter Leistungsfähigkeit sind. In Zweifelsfällen regelt sich das meiste über die Lösung für die Amtsdauer und Wiederwahl. Allerdings sollte jemand im Alter von über 70 kein Präsidium mehr übernehmen, da damit ein erhebliches Maß an Arbeit und Belastung verbunden ist. Diese Aufgabe ist wohl besser in den Händen jüngerer Personen aufgehoben.

Honorierung des Aufsichtsorgans und Principal Agent Theorie

Die Arbeit des Aufsichtsorgans entsprechend den Vorschlägen dieses Buches ist genau das – *Arbeit*, und zwar *viel* und *harte*. Sie ist mit einem ins Gewicht fallenden Zeitaufwand verbunden, der sich bei weitem nicht aus Anzahl und Dauer der Sitzungen ableiten lässt.

Ein gewöhnliches Mitglied des Aufsichtsorgans eines komplexen Unternehmens wird mit 15 bis 20 Arbeitstagen pro Jahr rechnen müssen, wenn es die Aufgaben gewissenhaft erfüllen will. Diesem Umstand müssen auch die Honorare Rechnung tragen. Niemand sollte ein schlechtes Gewissen haben müssen, volle Leistung, entsprechenden Einsatz und daher auch Zeit von den Aufsichtsmitgliedern zu verlangen, und diese selbst sollten kein schlechtes Gewissen haben müssen, Entsprechendes zu erbringen. Es gibt *keinen* Grund, ein Mitglied der Unternehmensaufsicht weniger gut zu bezahlen als einen wirklich hervorragenden Consultant, einen Spitzenanwalt oder – *pro rata temporis* – ein Vorstandsmitglied. Allerdings soll das Honorar wiederum nicht so hoch sein, dass eine wirtschaftliche Abhängigkeit des einzelnen Mitgliedes entsteht. Die Entscheidung kann also nur im Einzelfall unter Berücksichtigung dieser Prinzipien getroffen werden, ist dann allerdings meistens nicht schwierig.

Der *Vorsitzende* eines Aufsichtsorgans muss erheblich mehr Einsatz leisten als das gewöhnliche Mitglied. Die Tätigkeit des Vorsitzenden eines *großen* Unternehmens läuft – wenn die hier vorgeschlagenen Qualitätsmaßstäbe angelegt werden – auf eine ganzlich oder beinahe *vollamtliche* Tätigkeit hinaus. Mit weniger als 25 bis 50 Prozent einer gewöhnlichen Jahresarbeitszeit wird er seinen Aufgaben aber auch bei kleineren dynamischen Unternehmen kaum gerecht werden können. Die Honorierung ist dementsprechend zu gestalten. Die Kosten, die unter diesen Bedingungen für die Unternehmensaufsicht inklusive der für sie notwendigen Infrastruktur anfallen, stehen zu den sonstigen Aufwänden großer Unternehmen und vor allem zu den Risiken eines Versagens des Aufsichtsorgans in einem sehr günstigen Verhältnis.

Aufgrund der bisherigen Entwicklung der Corporate Governance ist die relativ beste Lösung, dass alle Mitglieder der Unternehmensaufsicht, unabhängig von einer allenfalls gegebenen persönlichen Beteiligung, ein fixes, gleiches und der Aufgabe entsprechend hohes Honorar erhalten, aber *keine* vom Ergebnis abhängige *variable* Vergütung. Das Honorar des

Vorsitzenden und allenfalls der Präsidiumsmitglieder ist der zusätzlichen Arbeit entsprechend höher, aber ebenfalls fix.

Für die Objektivität von Willensbildung und Entscheidungsfindung im Unternehmensinteresse ist das die zweckdienlichste Regelung. Die Mitglieder des Aufsichtsorgans sollen nicht in Versuchung stehen, persönliche finanzielle Gründe implizit in Entscheidungen einfließen zu lassen. Auch für die Außenwelt soll dies klar ersichtlich sein.

Für die spezielle Arbeitsleistung von Personen wird ein eigener Vertrag gemacht, der nicht von der Generalversammlung, sondern vom Plenum des Aufsichtsorgans genehmigt werden muss. Betroffene Personen stimmen dabei nicht mit.

Man muss die Illusion aufgeben, dass durch finanzielle Anreize ein Alignment von Aufsichts- und Exekutivorganen mit dem Interesse des Unternehmens geschaffen werden kann. Nur mit kurzfristigen Geldinteressen kann man damit ein Alignment schaffen. Ein funktionell richtiges Aligment ist einzig durch zeitlich dauerhaftes Eigentum mit erschwerten Trennungsmöglichkeiten zu schaffen.[56]

Man darf aber auch die Prämissen der Principal Agent Theorie aufgeben, dass Manager potenzielle Betrüger der Eigentümer seien. Zwar gibt es das Principal Agent Problem, aber es wird hochstilisiert von einer Theorie, die nicht berücksichtigt, dass dieses Problem seit Tausenden von Jahren in vielen Varianten gelöst worden ist, auch wenn es dabei immer wieder Pannen gab. Es ist nur so, dass das Problem des gegenseitigen Vertrauens und des einseitigen Missbrauchs dieses Vertrauens keine innerökonomische Lösung hat, wohl aber viele Lösungen, wenn man sich von den rigiden und wirklichkeitsfremden Annahmen der rein ökonomischen Betrachtungsweise löst.

Das Problem des Vertrauens und Vertrauensmissbrauches hat vielleicht keine *allgemeine* Universallösung, aber es hat so viele Lösungen für den speziellen Einzelfall, dass Wirtschaftsunternehmen und viele andere Organisationen der Gesellschaft im Großen und Ganzen recht gut funktionieren. Wenn sie es nicht tun, liegen die Probleme nur selten dort, wo die Principal Agent Theorie sie postuliert.

Umgekehrt brauchen wir auch die sogenannte Stewardship-Theorie nicht, die von den gegenteiligen Annahmen ausgeht, nämlich der prinzi-

---

56 Ich erinnere: »*If you can't sell, you have to care …*«, Teil I, Kapitel 4, siehe auch Teil II, Kapitel 5.

piell bestehenden Übereinstimmung der Ziele des beauftragten Managers mit denen seines beauftragenden Eigentümers.

Man sollte überhaupt nicht von solchen im schlechten Sinne theoretischen Annahmen – nämlich Fiktionen – ausgehen, sondern eine der jeweiligen Situation entsprechende Lösung gestalten, was meistens recht einfach ist.

Führung des Aufsichtsorgans

Die Qualität der personellen Zusammensetzung ist eine *notwendige*, aber noch keine *hinreichende* Bedingung wirksamer Unternehmensaufsicht. Ein weiterer wesentlicher Aspekt sind Qualität und Professionalität der *Führung* des Aufsichtsorgans.

Die kompetente Erfüllung der zu Beginn dieses Kapitels genannten Aufgaben erfordert intensive Vorbereitung seitens der Aufsichtsmitglieder, und sie erfordert professionelles Sitzungsmanagement, also Vorbereitung, Leitung und Nachbearbeitung der Sitzungen.

Zahl und Dauer der Sitzungen

Empirischen Untersuchungen[57] zufolge liegt die durchschnittliche *Sitzungshäufigkeit* in Deutschland bei 3,8 und in der Schweiz bei 4,45 Sitzungen pro Jahr.[58] Wichtiger als die Durchschnitte sind aber die häufigsten Werte, die in den empirischen Erhebungen nicht immer angegeben werden. Für Deutschland berichtet Bleicher,[59] dass rund die Hälfte der Aufsichtsorgane

---

57 Siehe Bleicher, Knut: *Der Aufsichtsrat im Wandel*, Gütersloh 1987 und Glaus, Bruno U.: *Unternehmungsüberwachung durch schweizerische Verwaltungsräte*, Zürich 1990.

58 Diese Zahlen sind durch die gesetzliche Mindestregelung von mindestens vier Sitzungen pro Jahr überholt. Für die Schweiz gibt es keine gesetzliche Vorschrift. Der Swiss Code of Best Practice empfiehlt »in der Regel« mindestens vier Sitzungen, darüber hinaus »wenn immer erforderlich« (Art. 14).

59 Bleicher, Knut: *Der Aufsichtsrat im Wandel*, Gütersloh 1987 und Glaus, Bruno U.: *Unternehmungsüberwachung durch schweizerische Verwaltungsräte*, Zürich 1990, Seite 41f.

viermal pro Jahr zusammentritt und ein weiteres Viertel dreimal pro Jahr. An anderer Stelle wird festgestellt, dass man sich in größeren Unternehmen meist mit drei Sitzungen begnüge.[60] Die amerikanischen Boards haben mit acht bis neun Sitzungen eine wesentlich größere Sitzungsfrequenz, die in der Schweiz nur von den Verwaltungsratsausschüssen erreicht wird.

Drei Sitzungen pro Jahr sind *eindeutig* zu wenig.[61] *Eine* Sitzung muss zwangsläufig verwendet werden für die Behandlung der Geschäftsergebnisse für das abgelaufene Jahr und die Vorbereitung der Eigentümerversammlung. Eine *zweite* Sitzung wird benötigt für die Behandlung und Verabschiedung der operativen Planung und des Budgets für das folgende Geschäftsjahr. Beide Materien sind Pflichtgegenstände, haben aber wenig mit wirksamer Aufsicht zu tun.

Die beliebte und daher meistens recht intensive Befassung mit den Ergebnissen des abgelaufenen Jahres ist nicht viel mehr als ein Ritual. Sie ist *Geschichtsanalyse.* An den Tatsachen des Geschäftsverlaufes kann man nichts mehr ändern, sondern diese nur noch öffentlichkeitswirksam darstellen. Ich will die Bedeutung der Sitzung, die sich mit den Jahresergebnissen und dem Geschäftsbericht befasst, nicht unnötig herabsetzen. Für sich genommen und auf das spezielle Thema bezogen ist sie natürlich insofern wichtig, als sie der Einhaltung der Vorschriften zur Rechnungslegung und Berichterstattung zu dienen hat. Fehler und Versäumnisse führen zu unmittelbarer Verantwortlichkeit. Die Erfüllung dieser Aufgabe des Aufsichtsorgans hat aber, abgesehen von gewissen Lehren und Konsequenzen, die aus der Vergangenheit unter Umständen für die Zukunft zu ziehen sind, wenig bis gar nichts mit Gesundheit, Robustheit und Lebensfähigkeit des Unternehmens zu tun. Warnsignale und Fehlentwicklungen, wenn sie sich bereits im Geschäftsabschluss niederschlagen, kommen – wie mehrfach gesagt – zu spät. Jene Informationen, die man zur Beurteilung der grundsätzlichen und langfristigen Entwicklung eines Unternehmens benötigt, sind überdies im Jahresabschluss überhaupt nicht enthalten.

Die Sitzung, die sich mit Planung und Budgetierung für das Folgejahr befasst, ist schon viel wichtiger. Man kann noch wirksam eingreifen und unter Umständen neue und bessere Entscheidungen herbeiführen. Aber

---

60 Hoffmann-Becking, Michael (Hg.): *Münchener Handbuch des Gesellschaftsrechts, Band 4: Aktiengesellschaft*, München 1988, Seite 289.

61 Die heutige Gesetzeslage sieht das ebenso.

auch hier fehlen typischerweise langfristige und strategische Perspektiven. Es bliebe also *eine* Sitzung, die sich mit den wirklich wichtigen und grundsätzlichen Fragen auseinandersetzen könnte. Das ist zumindest im komplexen Unternehmen eindeutig zu wenig, selbst wenn es sich um eine mehrtägige Sitzung handelte, was kaum vorkommt.

Man wird aus diesen Gründen mit weniger als *vier* Sitzungen nicht auskommen können, und eher werden es *sechs* sein müssen – notabene, für *normale* Zeiten und einen *normalen* Geschäftsgang. Die konkrete Zahl muss von der *Komplexität* des Geschäftes abhängig gemacht werden. In einem homogenen, transparenten und daher eher einfachen Unternehmen wird man mit vier Sitzungen und evtl. einer gelegentlichen fünften auskommen können. In einem komplexen Unternehmen, das zahlreiche und sehr verschiedenartige Geschäftstätigkeiten ausübt, eine Reihe von unterschiedlichen Sparten hat und in zahlreichen geografischen Regionen tätig ist, werden wahrscheinlich auch sechs Sitzungen selbst in normalen Zeiten nicht ausreichen. Der unserer Unternehmensaufsicht entsprechende Personenkreis von Mitsubishi z. B. trifft sich – Berichten zufolge – zweimal pro Monat für etwa vier Stunden.

Krisenzeiten, Turnaround-Situationen und Konfrontation mit tiefgreifenden Veränderungen bezüglich der Märkte, der Konkurrenzsituation, der Technologie usw. erfordern – ungeachtet des Vorbereitungsaufwandes – eine deutlich *höhere* Zahl, wenn man die Aufgaben gewissenhaft erfüllen will.

Eine eher kleine Zahl von Sitzungen des Gesamt-Aufsichtsorgans kann kompensiert werden durch umso häufigere Sitzungen der Ausschüsse, falls es solche gibt. Vom Grundsatz her halte ich – obwohl ich prinzipiell gegen eine Häufung von Sitzungen im Unternehmen und insbesondere gegen die weit verbreitete »Konferenzitis« bin – für das *Aufsichtsorgan* eine Sitzungszahl an der *oberen* Grenze der genannten Zahlen für wichtig. Mit drei bis vier Sitzungen pro Jahr steigt die Gefahr der Nichterfüllung oder mangelhaften Erfüllung der Aufsichtsfunktionen drastisch an.

Noch problematischer ist die Situation bei der *Dauer der Sitzungen* des Aufsichtsorgans.[62] Für Deutschland wird eine durchschnittliche Sitzungsdauer von 3 ¾ Stunden angegeben, für die Schweiz liegt sie bei rund 4 ½

---

62 Bleicher, Knut: *Der Aufsichtsrat im Wandel*, Gütersloh 1987, Seite 45ff.

Stunden.[63] Auch hier wären andere statistische Messgrößen nützlicher als die Durchschnittswerte, denn es macht ja selbstverständlich einen Unterschied, ob jene Sitzungen, in denen nur Regularien und Routineangelegenheiten behandelt werden, z. B. – mit Recht – nur zwei Stunden dauern, dafür aber für ein oder zwei Sitzungen und die wirklich wichtigen Dinge sehr viel mehr Zeit vorgesehen wird.

Insgesamt halte ich die Sitzungsdauer für *eindeutig zu kurz*. Praktisch gesehen muss man ja noch zwischen offizieller und wirklicher Sitzungsdauer unterscheiden und darüber hinaus zwischen Bruttopräsenzzeit und Nettoarbeitszeit. Selbst bei sehr gutem Sitzungsmanagement, rechtzeitiger Einladung und straffer Sitzungsführung muss praktisch mit erheblichen Zeitverlusten für Pausen und Pausengespräche, für verspätetes Ankommen und verfrühtes Verlassen der Sitzung durch zumindest einige Teilnehmer und dergleichen mehr gerechnet werden. Die wirkliche *Nettoarbeitszeit* liegt – obwohl es dazu keine Untersuchungen gibt – mit Sicherheit deutlich unter den empirisch ausgewiesenen Werten. In so *kurzen* Zeiten können aber keine *wichtigen* Dinge wirklich *gründlich* behandelt werden. Die gegenteilige, weit verbreitete Meinung ist illusionär oder ein Indiz für managerielle Inkompetenz.

Außer jenen Sitzungen, die – wie gesagt – Regularien und Formalitäten betreffen, spricht *alles* – wenn man Wirksamkeit, Gründlichkeit und Glaubhaftigkeit des Aufsichtsorgans im Auge hat – dafür, Sitzungen regelmäßig *ganztägig* anzuberaumen, und vieles spricht dafür, mindestens einmal pro Jahr eine *zweitägige* Sitzung durchzuführen, unter Umständen unter Einbezug von Teilen des Wochenendes.

Nur dann kann man sicher sein, dass die Materien *gründlich* und dann auch *abschließend* behandelt werden. Nur dann kann man sicher sein, dass die Mitglieder der Aufsicht sich auch entsprechend *vorbereiten*. Über drei bis vier Stunden kann man sich selbst ohne große Erfahrung – und mit ihr ganz besonders – ohne Weiteres durch eine Sitzung »hindurchimprovisieren«, ohne sich vorbereitet zu haben. Einen ganzen Tag lang zu improvisieren ist bereits viel schwieriger. Nur auf diese Weise kann die Zeit der Sitzungsteilnehmer im Interesse des Unternehmens, aber auch in deren eigenem Interesse optimal genutzt werden. Mit Sitzungen ist in der Regel auch entsprechender Reisebedarf verbunden. Es ist deutlich wirk-

---

63 Glaus, Bruno U.: *Unternehmungsüberwachung durch schweizerische Verwaltungsräte*, Zürich 1990, Seite 127.

samer, den ohnehin entstehenden Reiseaufwand für eine gründliche und effektive, wenn auch daher etwas längere Sitzung auf sich zu nehmen, als denselben Aufwand für letztlich ineffiziente, weil zu kurze und zu oberflächliche Sitzungen in Kauf nehmen zu müssen.

Die Hindernisse für diese Art von Handhabung des Aufsichtsorgans sind fast immer nur die Teilnehmer mit *vielen Mandaten* oder sonstiger *Überlastung*, die auch in Befragungen Sitzungen mit noch kürzerer Dauer wünschen[64] – aus verständlichen, aber für das Unternehmen irrelevanten Gründen. *Wer sich keine Zeit nehmen kann, soll nicht in der Unternehmensaufsicht tätig sein und soll dort auch nicht geduldet werden.*

Nicht zu vergessen ist, dass längere Sitzungen auch eine viel gründlichere Vorbereitung seitens der *Exekutivorgane* erzwingen und eine entsprechend überlegte Zusammenstellung der Tagesordnung. Kein Vorsitzender eines Aufsichtsorgans wird es sich leisten können, hochkarätige Persönlichkeiten für einen ganzen Tag zusammenzurufen und sie dann mit Nebensächlichkeiten zu langweilen und mit schlechten Präsentationen zu verärgern. Der Zwang ist also ein *zweiseitiger* – und er ist außerordentlich *nützlich*.

Personelle Präsenz

Bezüglich der Präsenz ist mir nur für die Schweiz eine empirische Zahl bekannt. Hier ist mit 92 Prozent die Anwesenheit vorbildlich. Es bleibt offen, ob man diesen Wert verallgemeinern kann.

Wie dem auch sei – allenfalls mangelnde Präsenz, gleichgültig, wie sie begründet wird, ist ein sicheres Mittel, um drei negative Entwicklungen zu verzeichnen: *erstens* Unterminierung von Autorität und Glaubhaftigkeit des Aufsichtsorgans, *zweitens* Entscheidungsunfähigkeit, Entscheidungsirrelevanz und Brüchigkeit des (Schein-) Konsens sowie *drittens* exponentielle Zunahme der Komplexität der Funktionsweise, weil permanent zusätzlich informiert und koordiniert werden muss.

Es gibt nur *zwei* Möglichkeiten, Präsenz herbeizuführen, die, von Ausnahmesituationen abgesehen, vollständig sein muss. *Zum Ersten* müssen die Sitzungstermine *lange im Voraus* festgelegt werden; *zum Zweiten*

---

64 Bleicher, Knut: *Der Aufsichtsrat im Wandel*, Gütersloh 1987, Seite 45.

müssen Mitglieder mit chronischen Präsenzproblemen aus einem solchen Gremium *entfernt* werden.

Mitglieder von Aufsichtsorganen sind in der Regel vielbeschäftigte Leute mit vollen Terminkalendern. Wenn die Sitzungen nicht 12 bis 18 Monate im Voraus festgelegt sind, kann entweder kaum mit vollständiger Anwesenheit gerechnet werden, oder man produziert permanente Terminänderungsnotwendigkeiten bei den einzelnen Personen. Das ist ein sicherer Weg, sich nicht nur unbeliebt zu machen, sondern als inkompetent zu erscheinen. Im Zweifel sollte man lieber einen oder zwei Sitzungstermine *zu viel* ansetzen. Sitzungen abzusagen, weil sie nicht benötigt werden, ist einfach. Zusätzliche und dann meistens kurzfristig anberaumte Sitzungen sind kaum noch in die ohnehin vollen Terminkalender hineinzudrücken.

Rhythmus

Nicht nur die Häufigkeit der Sitzungen spielt eine Rolle; noch viel wichtiger ist es, die Sitzungen des Aufsichtsorgans auf den *Rhythmus des Geschäftes* abzustimmen. Dazu findet sich in den empirischen Untersuchungen gar nichts. Eines der Managementthemen der letzten Jahre war Time Based Management. Vorwiegend wurde es aber auf das *operative* Geschäft angewandt. Ein Unternehmen kann aber nicht schneller sein, als seine Organe Entscheidungen treffen, und dies tun sie im Rahmen von Sitzungen. Der *Sitzungsrhythmus* ist somit der wesentliche *Taktgeber* einer Organisation auf der Zeitachse. Genauso wie ein Musikstück, eine Symphonie, einen Rhythmus und ein Zeitmaß hat, hat auch ein Unternehmen ein solches. Im Wesentlichen hängt es vom Marktgeschehen ab und muss auf dieses abgestimmt sein. Selbstverständlich müssen die Sitzungen des Aufsichtsorgans koordiniert werden mit dem Sitzungsrhythmus des oder der Exekutivorgane und unter Umständen auch mit dem Arbeitsrhythmus z. B. von strategisch wichtigen Projekten, die ihrerseits Entscheidungsbedarf produzieren.

Es ist keine Übertreibung, die Gesamtkoordination aller Organe mit der Arbeit eines Komponisten zu vergleichen, der sämtliche Instrumentengruppen koordinieren muss. Im kleinen und einfachen Unternehmen kann das nebenbei erledigt werden. Im Großen und Komplexen erfordert das unter Umständen eine beachtliche Infrastruktur.

Nachbearbeitung der Sitzungen, Follow-up und Follow-through

Nach allem, was den offiziellen Dokumenten entnommen werden kann, ist das Desaster von Pearl Harbour auf einen Umstand zurückzuführen, der für sich genommen als Lächerlichkeit erscheinen mag, daher in sehr vielen Organisationen auch heute nicht ernstgenommen wird und so eine der wesentlichsten Ursachen für die vielbeklagte *Umsetzungsschwäche* in Unternehmen ist – es ist systematisches Nachfassen, Follow-through.

Die damalige Infrastruktur des Generalstabes ist den Alarmierungsbefehlen, die tatsächlich erteilt wurden, nicht nachgegangen und hat nicht sichergestellt, dass sie von den zuständigen Stellen auf Hawaii auch in Empfang genommen und vollzogen wurden. Dieses Ereignis führte zu einer vollständigen und tiefgreifenden Reorganisation des War Department, durch die sichergestellt wurde, dass ein derartiges Versagen nicht mehr vorkommen konnte.

Entscheidungen, die von der Unternehmensaufsicht getroffen, und Aufträge, die an Exekutivorgane erteilt werden, dürfen nicht mehr aus den Augen gelassen werden. Sie erfordern einen *systematischen* Prozess des Überwachens, Verfolgens, Nachfassens und der Realisierungskontrolle. Das ist ein wesentlicher Beitrag zur Überwindung der weit verbreiteten Umsetzungsschwäche im großen Unternehmen.

Wem das etwas »militärisch« vorkommt, der verwechselt möglicherweise ein unabdingbares Funktionsprinzip mit dessen äußerer Erscheinungsform. Nicht militärischer *Stil* ist hier gemeint, sondern *Funktionssicherheit* und *Realisierungszuverlässigkeit*. Das Aufsichtsorgan benötigt dafür eine vielleicht nur kleine, aber doch effiziente Infrastruktur. Kaum etwas anderes ruiniert Autorität, Glaubwürdigkeit und Wirkung eines Aufsichtsorgans so nachhaltig wie fehlende oder mangelhafte *Pendenzenkontrolle*. Der Kreislauf zwischen Auftragserteilung und Auftragsvollzug muss »wasserdicht« geschlossen sein. Sonst gibt man sich der Lächerlichkeit preis. Die Mitglieder des Exekutivorgans, aber auch des Aufsichtsorgans müssen wissen, dass die Erledigung aller beschlossenen Angelegenheiten mit aller Konsequenz kontrolliert wird. Nur so wird man ernstgenommen.

Gestaltung der Agenda

Insofern ein Aufsichtsorgan im Rahmen der Rechtsordnung und im Sinne dieses Buches wirklich führen will, muss es das über die *Themenführerschaft* machen, sonst führt es nicht, sondern es wird geführt. Viel zu häufig ist zu beobachten, dass seitens des Vorsitzenden gerade noch die Regularien und Formalitäten aus eigenem auf die Tagesordnung gesetzt werden, alle anderen zu behandelnden Angelegenheiten dann aber vom Vorstand abhängen und bestimmt werden. Damit überlässt man die Führung dem Exekutivorgan und wird in die Defensive gedrängt.

Selbstverständlich kann man die Tagesordnung nicht ohne Abstimmung mit dem Exekutivorgan gestalten, aber man kann sie auch nicht diesem vollständig überlassen, wie das häufig der Fall ist. Da die Vorbereitung der Sitzungen des Aufsichtsorgans Aufgabe des Vorsitzenden ist, obliegt ihm auch formell die Gestaltung der Tagesordnung. Damit ist ihm ein *starker Hebel* in die Hand gegeben, die Geschicke des Unternehmens zu beeinflussen. Klugerweise wird er das nicht im Alleingang machen, sondern zeitgerecht die anderen Mitglieder der Unternehmensaufsicht und das exekutive Management konsultieren, um sich eine Meinung darüber zu bilden, was jeweils von wem und aus welchen Gründen als Hauptprobleme – als *Issues* – angesehen wird. Letztlich ist es aber seine *persönliche* Führungsaufgabe, die Agenda zu bestimmen. Damit realisiert er nicht nur Führung *des* Aufsichtsorgans, sondern auch Führung des Unternehmens *durch* das Aufsichtsorgan. Selbstverständlich bleiben die den einzelnen Aufsichtsratsmitgliedern vorbehaltenen Einflussrechte auf die Tagesordnung unberührt. An den Anfang jeder Sitzung gehört auf jeden Fall eine Pendenzenkontrolle.

Gemäß dem deutschen Recht hat der Aufsichtsrat zwar kein Initiativrecht und schon gar kein Weisungsrecht gegenüber dem Vorstand. Diese Art der Führung über die Gestaltung der Agenda ist aber trotzdem möglich, solange zumindest ein Minimum an Kooperation zwischen den Organen gegeben ist. Sobald im Verkehr und bei der Zusammenarbeit zwischen den Organen die gesetzlichen Vorschriften bemüht werden müssen, ist ohnehin bereits eine bedenkliche Entwicklung eingetreten, die in aller Regel personelle Veränderungen zur Folge haben muss, weil das Unternehmen sonst unführbar wird.

Informationshaushalt des Aufsichtsorgans und Indiskretion

Um die genannten Aufgaben erfüllen zu können, muss das Aufsichtsorgan über geeignete Information verfügen. Woher bekommt und wie beschafft es sie? Im Wesentlichen durch das Exekutivorgan – großzügig und offen oder restriktiv und gefiltert –, was aber gelegentlich auch den Aufsichtsorganen ein beliebtes Argument in die Hand spielt, von nichts gewusst zu haben. Manche *wollen* also gar nicht informiert sein.

Genügt es, wenn die Exekutive bezüglich der Informationen offen und großzügig ist? Ich glaube nicht. Das Aufsichtsorgan muss sich seine eigenen Informationen beschaffen können – ja, beschaffen *müssen* – aus unabhängigen Quellen. Damit stellt sich einer der heikelsten Punkte, nämlich der schmale Grat zwischen Zugang zu allen zwecknötigen Informationen einerseits und der damit unter Umständen verbundenen Schnüffelei, Unterminierung der Autorität des Vorstandes, dem Anzetteln von Intrigen, aber auch der Entstehung einer De-facto-Mitverantwortung andererseits.

In Deutschland hat sich der Aufsichtsrat zum Zwecke der Information »an den Vorstand« zu halten, er kann also nicht beispielsweise mit Managern, die nicht dem Vorstand angehören, direkte Kontakte aufnehmen. Er kann aber in großem Umfange zusätzliche Berichterstattung verlangen, Prüfungen durchführen usw.[65]

Am besten ist wohl folgende Vorgehensweise: In Abstimmung und wo immer möglich mit Zustimmung des Vorstandes (jedenfalls muss dieser informiert sein) werden einzelne Aufsichtsratsmitglieder beauftragt, sich ein entsprechendes Bild der Lage zu machen und an den Aufsichtsrat zu berichten. Unter Umständen muss ein gleichzeitiger Bericht an den Vorstand vorgesehen werden. Darüber hinaus gibt es zahlreiche Möglichkeiten für informelle Informationsgewinnung. Dies ist allerdings mit erhöhtem zeitlichem Einsatz verbunden. Schlussendlich läuft alles auf eine *Vertrauensfrage* hinaus, und zwar auf das Problem des *gerechtfertigten* Vertrauens.

Praktisch bedeutet dies folgendes:

a) Die gegenseitigen Aufgaben und Verantwortlichkeiten müssen klar ausgesprochen sein, sie müssen bekannt und unmissverständlich formuliert sowie schriftlich festgehalten und gegenseitig akzeptiert sein. Das sind gewissermaßen die *Verfassungsgrundlagen* für die Arbeit und Zusammenarbeit der

---

65 Siehe dazu Hoffmann-Becking, Michael (Hg.): *Münchener Handbuch des Gesellschaftsrechts*, Band 4: Aktiengesellschaft, München 1988, Seite 197ff.

Organe. Wer sie nicht akzeptieren kann oder will, gehört nicht in ein solches. Daher spreche ich, wie in Teil II, Kapitel 1 erwähnt, zunächst nicht von Rechten und Pflichten, sondern von Aufgaben und Verantwortlichkeiten.

b) Die Arbeit und Zusammenarbeit muss von *gegenseitigem Vertrauen* getragen sein, wozu jedes Organ auf seine Weise beitragen muss. Der Schlüssel und das Geheimnis sind Klarheit und Offenheit (was unter Umständen durch die Mitbestimmung in Deutschland erschwert wird, wodurch dem Unternehmen kein Dienst erwiesen wird).

c) Ein probates Mittel, um den Informationsstand, die Beurteilungsgrundlagen, aber auch das Verständnis der Mitglieder des Aufsichtsorgans für die Funktionsweise des Unternehmens zu verbessern, ist deren begleitende Mitwirkung in Projekten, die von zentraler und gesamthafter Bedeutung sind. Im schweizerischen Recht ist das möglich und wird von führungsmäßig hochentwickelten Unternehmen nicht selten so gehandhabt. Diese Vorgehensweise hat zwar Nachteile, aber sie erhöht die Involvierung des Aufsichtsorgans.

Zu den Informationsfragen gehört nicht nur, wie das Aufsichtsorgan ausreichende Information bekommt, sondern auch, wie es damit umgeht. Eines der größten Probleme ist Indiskretion. Ein undichtes Aufsichtsorgan kann und wird nicht funktionieren, bevor die undichten Stellen geschlossen sind. Die Funktionen von Meinungs- und Willensbildung können durch Indiskretionen immer unterlaufen werden. Das Gremium wird in kurzer Zeit von Misstrauen und Intrigen verseucht sein. Statt des Unternehmensinteresses domieren Gruppen- oder gar Einzelinteressen. Damit können bei den Sitzungen nur noch Angelegenheiten behandelt werden, für welche Indiskretionen unkritisch sind, die genau deswegen aber auch irrelevant sind.

Gelegentlich kann man undichte Stellen durch Anwendung von geheimdienstlichen Methoden ausfindig machen, soweit diese legal sind, zum Beispiel indem man Verdächtige systematisch mit Fehlinformationen speist, um die Quelle von Indiskretionen indentifizieren zu können.

Evaluierung des Aufsichtsorgans

Ein Organ, das Aufgaben zu erfüllen und Verantwortung zu tragen hat, von dessen Tätigkeit Prosperität und Erfolg, aber auch das Scheitern des

Unternehmens in erheblichem Maße abhängen, das unter Umständen auch selbst zu haften hat, muss regelmäßig über seine eigene Arbeitsweise und Wirksamkeit reflektieren. Es gibt daher kaum einen Grund, auf eine *Evaluierung des Aufsichtsorgans* zu verzichten, außer dem, dass das ungewohnt ist und gelegentlich zu unangenehmen Wahrheiten führt.

Die Unternehmensverfassung sollte daher die systematische und regelmäßige Beurteilung des Aufsichtsorgans durch sich selbst, einen seiner Ausschüsse oder eine Revisionsinstanz vorsehen, und zwar obligatorisch. Es gibt viele Möglichkeiten des Verfahrens, von einer offenen Diskussion über einen formalisierten, anonymen Selbstbeurteilungsprozess oder durch ein spezielles Management Audit.

Die technischen Details spielen hier weniger eine Rolle als die *Wirkung*, die eine regelmäßige, systematische und ernstzunehmende Beurteilung hat. Die Unternehmensaufsicht muss für sich selbst im Prinzip dieselben Grundsätze und Maßstäbe gelten lassen, die es vom Exekutivorgan und vom Unternehmen verlangt. Leistung, Ergebnisse, Produktivität, Qualität und Effektivität gelten für das Aufsichtsorgan genauso wie für alle anderen. Die Grundfragen müssen lauten: *Wie gut haben wir im vergangenen Jahr unsere Aufgabe erfüllt? Worin bestanden unsere wesentlichsten Beiträge für die Prosperität dieses Unternehmens? Was können wir verbessern, und was müssen wir an unserer eigenen Arbeitsweise verändern?*

Ich halte es für wichtig, dass im Unternehmen *bekannt* ist, dass sich auch das Aufsichtsorgan der Logik des Wirtschaftens stellt, dem Zwang zur Leistung und zur Bewertung der Ergebnisse. In den USA gibt es Fälle, vorläufig noch vergleichsweise selten, wo ein spezielles Governance Committee des Boards die Evaluation des gesamten Boards vornimmt und die Ergebnisse der Aktionärsversammlung bekannt gibt. Das hat unter Umständen – vor allem langfristig und in schwierigen Situationen – die größere Wirkung als eine Dividendenerhöhung. Es ist eine *Vertrauensdividende*, die der Aktionär damit erhält.

Interne Revision – Management Audit

Jedes größere Unternehmen und insbesondere jedes dezentralisierte Unternehmen benötigt eine Revision, unabhängig davon, wie gut Finanz- und Rechnungswesen, Controlling usw. ausgestattet sind und funktionieren.

Die Revision in Zusammenhang mit dem Jahresabschluss genügt nicht. Ihr Zeitintervall ist zu groß, sie ist zu restriktiv und zu kalkulierbar.

In der Schweiz ist das weitgehend akzeptiert. Fast immer, wenn ich andernorts vor Führungskräften diesen Vorschlag in den letzten Jahren gemacht habe, waren – mit Ausnahme des Banken- und Versicherungsbereiches – Schweigen, Verständnislosigkeit oder Unmut die Antworten.[66] Menschlich mag das verständlich sein. Vom Standpunkt von Performance, Effektivität und Verantwortung her gesehen oder allgemein vom Funktionieren eines Systems aus betrachtet ist die Logik, die eine Revision fordert, aber zwingend. Mit einer funktionierenden Revision hätten vermutlich alle, sicher aber die gröbsten Skandale und Affären der jüngeren Vergangenheit vermieden werden können.

Dezentralisierte Unternehmen können zu einem erheblichen Teil nur auf *Vertrauensbasis* funktionieren. Weder kann man alles reglementieren, noch kann man alles kontrollieren. So wichtig Vertrauen ist, man muss dennoch klar unterscheiden zwischen *blindem* und *gerechtfertigtem* Vertrauen. Es ist eines der Paradoxe des Vertrauensphänomens, dass Vertrauen dann am größten ist, wenn man gar nicht vertrauen *muss* – deshalb nämlich, weil man nach menschlichem Ermessen sicher sein kann, dass nichts außer Kontrolle gehen kann. Das hat nichts mit dem Lenin'schen Ausspruch zu tun, wonach Vertrauen gut und Kontrolle besser sei. Es hat damit zu tun, dass man ein System so gestaltet, dass es gar nicht missbraucht und unterlaufen werden *kann*.[67] Dann erübrigt sich nämlich die von Lenin gemeinte Art der Kontrolle. In einem derart gestalteten System wird gar kein Missbrauchsversuch unternommen, weil jeder weiß, dass er aussichtslos ist.

Unternehmen brauchen somit eine Revision, die unabhängig von der Abschlussprüfungs-Revision kontinuierlich in Funktion ist. Es spielt keine wesentliche Rolle, ob sie rein organisatorisch durch interne oder externe Kräfte durchgeführt wird. Beide Lösungen haben ihre Vor- und Nachteile. Wesentlich ist, dass sie ihre Aufgabe erfüllen kann. Schon das Wissen

---

66 In der Untersuchung von Bleicher zur deutschen Situation findet das Thema keine Behandlung.

67 Systeme so zu gestalten wie hier beschrieben erfordert Management auf Basis kybernetischer Gesetzmäßigkeiten. Siehe mein Buch *Unternehmenspolitik und Corporate Governance. Wie Organisationen sich selbst organisieren*, Frankfurt/New York 2008.

in einer Organisation, dass es eine Revision gibt, verhindert Missbrauch. Man benötigt daher für die Revision auch keinen großen und teuren Apparat. Es genügen Stichproben. Die moderne Statistik ist eines jener Wissenschaftsgebiete, wo in den letzten Jahren enorme Fortschritte erzielt wurden. Aufgrund dessen kann man schon mit ganz kleinen Stichproben einen praktisch ausreichend hohen Sicherheitsgrad erzielen.

Wichtig ist, dass die Revision *erstens* jederzeitigen und nicht berechenbaren Zugang zu allen Bereichen des Unternehmens hat – niemand darf prinzipiell ausgenommen sein – und dass sie sich *zweitens* auf alle Vorgänge erstreckt. Gegenstand der Revision sind somit nicht nur die Zahlen des Finanz- und Rechnungswesens; ihr Gegenstand sind überhaupt nicht nur Zahlen oder quantitative Aspekte. Es muss prinzipiell *alles* der Revision unterziehbar sein und unterzogen werden. Das System »Unternehmen« und dessen Funktionsweise sind Objekt der Revision. Sie muss als umfassendes *Business*- und *Management Audit* angelegt sein.

Die Exekutivorgane sind für den Gedanken der Revision noch zu haben, wenn sie ihnen unterstellt ist und an sie berichtet. Das ist besser als nichts. Aber aus der Sicht der Corporate Governance muss die Revision mindestens dem *Aufsichtsorgan* unterstellt sein. Noch besser schiene es mir, wenn sie einem eigens dazu von der Gesellschafterversammlung bestellten Aktionärskomitee, einer Art *Geschäftsprüfungskommission*, verantwortlich wäre und entweder nur dieser rapportierte oder dann – um peinliche Situationen zu vermeiden – an Exekutivorgane, Aufsichtsorgan und Geschäftsprüfungskommission *gleichzeitig* berichtete.

Beide Regelungen hätten auch den Vorteil, dass die Evaluation der Funktionsweise des Aufsichtsorgans mit in die unabhängige, unpersönliche, unparteiische und daher – so gut es Menschen eben möglich ist – auch objektive Beurteilung einbezogen wäre. Um jede Beeinflussung auszuschließen, wäre es am besten, mit der Revision eine externe Organisation zu beauftragen, die sie nach professionellen Gesichtspunkten durchzuführen hätte. Aber wie gesagt, auch interne Lösungen sind durchaus möglich und haben ihre Vorteile.

Man kann die Revision ausschließlich von einem *negativen* Standpunkt aus interpretieren und somit Argumente in Richtung Beschnüffelung, Bespitzelung, Freiheitsrestriktion, »Big Brother« usw. dagegen vorbringen. Man kann sie aber auch – ich meine, man muss sie – von der *konstitutionellen* Seite her sehen. Funktionierende Unternehmensaufsicht zusammen mit einer unpersönlichen Revision sind dann die unabdingbaren *Voraussetzungen* dafür, Unternehmen stark genug zu *dezentralisieren*, um sie dadurch zu befähigen, sich in einer komplexen Weltwirtschaft zu behaupten und ihr gesamtes lokales Wissen und Können zu nutzen, gleichzeitig die operativen und exekutiven Manager mit größtmöglichen *Kompetenzen* und *Freiheiten* und der damit zusammenhängenden *Macht* auszustatten, damit sie ihre Aufgaben wirksam erfüllen können. Man kann das tun, weil auf der anderen Seite sichergestellt ist, dass die Macht eine *verantwortliche* und *verantwortete* Macht ist.

Der Vorsitzende der Unternehmensaufsicht

Die Aufgabe und die Verantwortung, für richtige und wirksame Arbeitsweise eines Aufsichtsorgans zu sorgen, liegt bei seinem Vorsitzenden. Wenn man professionelle Qualität als Maßstab vor Augen hat, ist die Führung eines Aufsichtsorgans eine der schwierigsten Aufgaben. Sie erfordert eine Kombination von Fähigkeiten, Erfahrungen und Kenntnissen, die auch unter Führungskräften eher selten sind. Trotz aller Anforderungen ist es jedoch eine Aufgabe, die man professionell bewältigen kann, wenn man sich an ein paar im Grunde einfache Regeln hält.

Der Vorsitzende des Aufsichtsorgans muss mit Menschen zusammenarbeiten, die er sich nicht oder nur sehr bedingt aussuchen kann. Wenn die personellen Entscheidungen für die Besetzung des Aufsichtsorgans richtig getroffen wurden, muss er mit *starken*, d. h. aber auch mit schwierigen, eckigen und kantigen Persönlichkeiten zusammenarbeiten, die ihrerseits Professionals sind. Alle beobachten, wie er agiert, und jeder Fehler wird registriert. Wenn *schwache* Leute vertreten sind, wird seine Aufgabe keineswegs leichter, denn er muss ja trotzdem das Aufsichtsorgan zu Wirkung und zu Resultaten führen.

Vom Vorsitzenden hängen weitgehend die Beziehungen ab, die zwischen Aufsichts- und Exekutivorganen bestehen. Er hat die häufigsten und intensivsten Kontakte zu den Exekutivmanagern. Von seinem Verhalten und von seiner Vorgangsweise hängt es ab, ob zwischen den beiden Topmanagement-Organen eine vernünftige Arbeitsbeziehung besteht oder ob das Gesetzbuch die Beziehungen regelt.

Aus der bloß *juristischen* Perspektive ist die Aufgabe nicht besonders schwierig. Die Einhaltung von gesetzlichen Vorschriften und die Erfüllung juristischer Formalitäten ist relativ leicht. Alles andere ist aber eine Aufgabe, die mit *persönlicher Autorität* und echter *Leadership* zu tun hat (siehe dazu Teil II, Kapitel 4).

Der Vorsitzende des Aufsichtsorgans muss eine *Vertrauensbasis* zwischen den Mitgliedern des Aufsichtsorgans einerseits und zwischen Aufsichts- und Exekutivorganen andererseits herstellen. Misstrauen zwischen den Organen und innerhalb derselben ist Gift für jede vernünftige Arbeit. Der Vorsitzende muss auf diesbezügliche Signale achten, ihnen nachgehen und ihre Ursachen aus der Welt schaffen. Alle Beteiligten müssen wissen, wie sie »mit ihm dran sind«. Seine Interessenlage und die Maßstäbe seines Handelns müssen klar und für jeden erkennbar sein – und seine Interessenlage darf keine persönliche sein, sondern er muss im buchstäblichen Sinne die Interessenlage des Unternehmens verkörpern. *Was ist richtig – für dieses Unternehmen?*, muss seine Maxime sein. Er darf nicht der Versuchung erliegen zu taktieren, und er darf sich nicht in Intrigen verwickeln lassen; dass er selbst keine solchen anzetteln darf, bedarf keiner Erwähnung. Neben sachlicher Souveränität ist wohl das wichtigste Element *charakterliche Integrität*.

Er muss für die erforderliche Diszplin in der Arbeitsweise des Aufsichtsorgans und des Exekutivorgans sorgen. Unter Umständen muss er gravierende Konflikte schlichten. Dafür benötigt er ein erhebliches Maß an Härte, Geradlinigkeit und Durchsetzungs-, aber auch Einfühlungsvermögen. Zu seinen Aufgaben gehört es, für die erforderliche Gründlichkeit, Sorgfalt und Gewissenhaftigkeit der Arbeit sowohl des Aufsichts- als auch des Exekutivorgans zu sorgen. In seiner Hand liegt – wie schon dargestellt – die Themenführerschaft vermittels der Tagesordnung; er muss für angemessene Breite und Tiefe der Diskussion sorgen, für professionelle Berichterstattung und präzise Lagebeurteilung, und an ihm liegt es, *wie* Entscheidungen zustande kommen – und er hat maßgeblichen Einfluss auch darauf, *welche* Entscheidungen getroffen werden.

In der Funktion des Vorsitzenden kann man gegenüber den beteiligten Personen und im Topmanagement-Kontext kaum mit Weisungen, Befehlen und Anordnungen operieren. Es ist also natürliche, aus der Persönlichkeit und dem Verhalten heraus resultierende Führerschaft erforderlich. Der Vorsitzende eines Aufsichtsorgans darf nicht den »Boss« spielen, und dennoch muss er ein »Captain« sein. Er hat zwar meistens einen *Informationsvorsprung* gegenüber den übrigen Mitgliedern des Aufsichtsorgans, darf diesen aber nicht ausnützen, weil sonst sofort Misstrauen und der

Eindruck der Manipulation des Aufsichtsorgans, eventuell sogar der Kumpanei mit dem Vorstand entstehen. Gegenüber dem Exekutivorgan wird er hingegen fast immer im *Informationsrückstand* sein. Er kann nie so viel über die Details des Geschäftes und ihre Zusammenhänge wissen wie etwa die Vorstände. Einen erheblichen Teil der wirklich wichtigen Information kann man nicht den offiziellen Berichten entnehmen, sie sind nur über persönliche Kontakte zu erhalten.

Vom Vorsitzenden des Aufsichtsorgans gehen wichtige Signale für die Kultur des Gesamtunternehmens aus. Es wird maßgeblich an ihm liegen, welche Werte im Unternehmen als wichtig angesehen werden, wie die Moral im Unternehmen ist, ob es mentale Korruption gibt oder nicht. Er hat es auch in der Hand, durch sein persönliches Verhalten die Standards für den Umgang mit Menschen zu setzen.

An ihm liegt es, ob es im Unternehmen jenen Anstand geben wird, der trotz aller Härte des Wirtschaftslebens jedem Menschen gegenüber geboten ist, ob es jenes Minimum an gegenseitigem Respekt geben wird, ohne das man nicht zusammenarbeiten kann, ob Sachlichkeit oder Emotionen dominieren. Vor allem wird es an ihm liegen, ob im Unternehmen der vielleicht wichtigste Grundsatz guten Managements bekannt ist, verstanden und eingehalten wird – nämlich dass man auf die *Stärken* der Menschen achten muss und nicht auf ihre *Schwächen*.

Das beginnt schon bei den Mitgliedern des Aufsichtsorgans. Selbst bei noch so sorgfältiger Auswahl werden die im Aufsichtsorgan vertretenen Personen ihre Stärken haben, aber auch viele Schwächen. Es nützt dem Vorsitzenden und dem Organ nichts, wenn man sich über die Schwächen aufregt. Es gibt nur *eine* Möglichkeit, Resultate zu erzielen – indem man nützt, was die Menschen *können*.

Das setzt sich fort gegenüber dem Vorstand. Es wird und muss offene Diskussionen über die Qualität und Leistung jedes einzelnen Mitgliedes des Exekutivorgans geben. Dabei werden selbstverständlich auch ihre Schwächen zu diskutieren sein. Das ist unumgänglich, und man sollte eine Diskussion auch damit beginnen. Man darf sie damit aber nicht *beenden*. Wenn die Schwächen ausdiskutiert sind, dann muss es jemanden geben, der sinngemäß sagt: *Jetzt kennen wir alle Schwächen unserer Vorstandsmitglieder und wissen, was sie nicht können. Was können sie?*

Wegen seiner Stärken steht jemand auf der Gehaltsliste des Unternehmens und nicht wegen seiner Schwächen. Und nur wegen seiner Stärken wird er für das Unternehmen von Nutzen sein. Es ist eine fast täglich zu machende Erfahrung, dass alle in einem Aufsichtsgremium ganz genau wissen, was die Geschäftsleitungsmitglieder alles nicht können. Sobald die Frage nach ihren Stärken gestellt wird, herrscht betretene Stille.

Diese Denkweise muss der Vorsitzende der Unternehmensaufsicht an die Mitglieder des Exekutivorgans weitergeben, damit sie es ihrerseits in das Unternehmen tragen. Der Vorsitzende wird seine – hoffentlich zahlreichen Kontakte – immer wieder dazu nützen müssen, den Topmanagern kleine, gewissermaßen subkutane Lektionen über gute Unternehmensführung, über die Standards professionellen Managements zu vermitteln. Topmanager gehen normalerweise nicht mehr zu Seminaren, und sie haben kaum Zeit für einigermaßen anspruchsvolle Fachliteratur. Es ist der Vorsitzende, der sie quasi *on the job* permanent weitererziehen, weiterbilden, weiterformen und weiterentwickeln muss, möglichst so, dass sie es gar nicht merken.

In *mitbestimmten* Unternehmen wird eine seiner schwierigsten Aufgaben die Zusammenarbeit mit den Arbeitnehmervertretern sein. Man mag für oder gegen die Mitbestimmung und die spezifischen Formen ihrer Verwirklichung sein – sie sind eine Realität, die man zu akzeptieren und zu managen hat. Es gibt Unternehmen, in denen das Klima zwischen den Aktionärsvertretern und den Belegschaftsvertretern zerstört oder schwer geschädigt ist, wo Misstrauen herrscht, gegenseitige Anfeindungen und Vorwürfe dominieren und unüberwindbare Interessenkonflikte bestehen. Unter solchen Umständen, was immer ihre Gründe sein mögen, ist eine Zusammenarbeit nicht möglich. Damit wird ein Unternehmen in Wahrheit weder Kontrolle noch Aufsicht und schon gar keine Führung durch das Aufsichtsorgan haben. Die Topmanagement-Struktur kollabiert, und die gesamte Führung liegt beim Exekutivorgan, das unter solchen Bedingungen mit schweren Behinderungen zu arbeiten hat. Die Tagesordnungen werden *de facto* entleert; in den Fraktionssitzungen wird primär überlegt, wie man die Gegenseite hereinlegen, austricksen, überlisten oder paralysieren kann. Es wird kaum noch Diskretion geben (unabhängig von den gesetzlichen Vorschriften), und im Grunde kann man aufhören zu arbeiten. Man wird sich darauf konzentrieren, elementare Machtpositionen zu verteidigen.

Es gibt aber auch andere Fälle, wo es – meistens kraft der umsichtigen Führerschaft durch einen kompetenten Vorsitzenden – gelungen ist, zwar nicht gerade von überbordender Sympathie getragene Teamarbeit zu realisieren, wohl aber eine konstruktive, sachliche Zusammenarbeit im Interesse des Unternehmens. Man hat gelernt, die gegenseitigen Positionen zu verstehen und zu respektieren – auch wenn man längst nicht alle akzeptieren kann. Man kennt die unterschiedlichen Interessenlagen, Sichtweisen und politisch-weltanschaulichen Auffassungen – aber man hat es auch verstanden, eine Chance daraus zu machen: *Man integriert sie im Interesse und zum Wohle des Unternehmens.*

Die Schlüssel dafür sind – sie mögen pathetisch oder idealistisch klingen: Offenheit, Anstand, charakterliche Integrität und Zuverlässigkeit seitens des Vorsitzenden, und zwar auch dann, wenn er nicht immer dieselbe Haltung auf der anderen Seite antrifft.

Er muss Versprechungen, die er gibt, auch halten, und er darf nur solche machen, die er auch halten kann. Es geht nicht anders, als Betriebsräte ernstzunehmen, ihre vollen Rechte als Aufsichtsmitglieder zu respektieren und zu erfüllen – möglicherweise sogar überzuerfüllen, ihren Informationsbedürfnissen, soweit es nur möglich ist, entgegenzukommen – über die rechtlichen Pflichten hinaus – und sie als vollwertige Mitglieder des Aufsichtsorgans zu behandeln.

Ich behaupte nicht, dass man dafür immer reichlich »belohnt« wird. Aber es ist die einzige Chance, zu einer vernünftigen Zusammenarbeit zu kommen – falls sie überhaupt möglich ist. Es ist die einzige Möglichkeit, eine Vertrauensbasis aufzubauen. Das bedeutet selbstverständlich nicht, dass man auf sämtliche Forderungen der Arbeitnehmervertreter eingeht. All das beseitigt nicht die Notwendigkeit zu harten Verhandlungen und Auseinandersetzungen. Aber es ist die einzige Möglichkeit, sie überhaupt vernünftig führen zu können.

Der Vorsitzende wird einen unverhältnismäßig großen Aufwand betreiben müssen, immer wieder die Interessen des *Unternehmens* herauszuarbeiten und darzustellen. Aber er darf es nicht nur bei Rhetorik belassen. Davon haben die Belegschaftsvertreter wahrscheinlich in jeder Firma schon genug gehört. Er muss es durch sein *Handeln* sichtbar machen, und er muss sein Handeln *ausschließlich* in den Dienst des Unternehmens stellen und nicht von einzelnen Gruppen. Gerade in diesem Zusammenhang ist ein Verständnis von Corporate Governance entscheidend, wie ich es in Teil I, Kapitel 4 skizziert habe. Hier eben kommt klar zum Ausdruck, wie sehr das Unternehmen eben auch – wohl oder übel – eine politisch-soziale Institution ist und vielleicht sogar eine moralische.[68]

---

68 Außer Korruption gibt es keinen Weg, Arbeitnehmervertreter im Aufsichtsrat dafür zu gewinnen, im einseitigen Interesse der Shareholder zu arbeiten. Ande-

Alles in allem läuft die wirksame Erfüllung der Aufgaben eines Vorsitzenden des Aufsichtsorgans in einem großen Unternehmen *praktisch* auf eine *vollamtliche* oder überwiegende Tätigkeit hinaus. Dazu braucht er eine angemessene Infrastruktur. Dies ist in jenen Ländern, in denen im Wesentlichen das Board-System besteht, erkannt und wird in steigendem Umfange so gehandhabt. In den Ländern mit dualem System ist der vollamtliche Aufsichtsratsvorsitzende hingegen *absolute Ausnahme* und wird in aller Regel abgelehnt.[69] Das erklärt einen nicht unwesentlichen Teil der *faktischen Unwirksamkeit* der Unternehmensaufsicht.

Die in diesem Kapitel behandelten Aspekte betrachte ich als die wesentlichsten für die Wirksamkeit des Aufsichtsorgans. Zusammenfassend: Die ideale Unternehmensaufsicht besteht aus einer kleinen Gruppe von sechs bis zehn fachlich und persönlich höchste Ansprüche erfüllenden Personen, die unter der kompetenten Leitung eines vollamtlichen Vorsitzenden, dem eine ausreichende Infrastruktur (Büro, Sekretariat) zur Verfügung steht, die im ersten Abschnitt aufgezählten Aufgaben gründlich, gewissenhaft und sorgfältig erfüllt, mit reichlich bemessener Zeit und voller Konzentration auf das Unternehmen, unter Bedachtnahme auf Zuständigkeiten und Integrität des Exekutivorgans, mit hohen Maßstäben für Leistung und Ergebnisse und mit größtmöglicher Objektivität ausschließlich im Interesse des Unternehmens, seiner Funktionsfähigkeit und Prosperität. Sie wird dabei unterstützt durch eine Revisionsinstanz.

Ein entscheidender Aspekt, der zum nächsten Kapitel führt, ist der Umstand, dass auch das beste Aufsichtsorgan seine Verpflichtungen nicht erfüllen kann, wenn das Exekutivorgan nicht funktioniert. Wie festgestellt, gehört die Gestaltung des Exekutivorgans mit zu den Aufgaben des Aufsichtsorgans; vielleicht ist das sogar seine wichtigste Aufgabe. Dies ist das Thema des nächsten Kapitels.

---

rerseits treten sie mit Vehemenz für ihre Stakeholder-Gruppe, die Arbeitnehmer, ein. Diese potenzielle Pattsituation kann ausschließlich dadurch vermieden oder gemildert werden, dass konsequent und kompromisslos das Unternehmen selbst und seine Funktionsfähigkeit im Zentrum der Corporate Governance stehen.

69 Bleicher, Knut: *Der Aufsichtsrat im Wandel*, Gütersloh 1987, Seite 64.

Kapitel 3

Gestaltung des Exekutivorgans

Dieses Kapitel ist aus der Sicht des Aufsichtsorgans und seiner Gestaltungsaufgabe geschrieben. Es enthält daher längst nicht alles, was zur Funktionsweise des Exekutivorgans zu sagen wäre, sondern nur jene wenigen, aber wichtigen Aspekte, die das Aufsichtsorgan besonders im Auge behalten sollte. Das Thema würde, aus der Perspektive der Mitglieder des Exekutivorgans behandelt, wohl eher ein selbstständiges Buch bilden müssen.[70]

Wie ich verschiedentlich sagte, muss das Topmanagement in seiner Gesamtheit gesehen werden. Unabhängig davon, welches Grundmodell durch die Rechtsordnung vorgesehen ist, wird es de facto immer eine gewisse Arbeitsteilung in unmittelbare Geschäftsleitung und Aufsicht geben müssen. Jedenfalls ist das zu empfehlen. Je nachdem, wie das Exekutivorgan gestaltet und organisiert ist und wie es arbeitet, wird die Unternehmensaufsicht wirksamer, weniger wirksam oder unter Umständen auch völlig unmöglich sein.

Nun gehört aber zu den wesentlichen Aufgaben des Aufsichtsorgans auch die Gestaltung und die Bestimmung der Geschäftsverteilung des Exekutivorgans. Auch im deutschen Recht fallen *Geschäftsverteilung* und *Geschäftsordnung* und somit die *Organisation des Vorstandes* in die Kompetenz des Aufsichtsrates. Auch per Satzung kann der Vorstand nicht ermächtigt werden, sich selbst zu organisieren.

Damit hat es die Unternehmensaufsicht selbst nach den eher rigiden Vorschriften des deutschen Rechtes in der Hand, die Funktionsfähigkeit des Vorstandes über dessen Organisation sicherzustellen. Neben der personellen Besetzung des Vorstandes und der konkreten praktischen Zusammenarbeit ist das das *wirksamste* Mittel, um eine kompetente Führung des Unternehmens zu bewirken.

---

70 Siehe dazu Band 2 meiner Reihe »Management: Komplexität meistern«.

Bemerkenswert ist, dass diese Aufgabe in der repräsentativen empirischen Untersuchung von Bleicher zur deutschen Situation von den befragten Personen *überhaupt* nicht genannt wird.[71] Erwähnt werden muss allerdings, dass diese Aufgabe in der den interviewten Personen vorgelegten Aufgabenliste gar nicht enthalten war. In den einstufig geregelten Fällen, also etwa in der Schweiz, ist es klar, dass darin eine der *wesentlichsten* Aufgaben der Verwaltung besteht.

Aufgaben des Exekutivorgans

Auf die Wiederholung der üblichen Umschreibungen der Geschäftsführungsbefugnisse verzichte ich. Sie können überall nachgelesen werden. Sie sagen aber kaum etwas aus über die materiell-inhaltliche Qualität der Unternehmensführung und über die Frage, wie man sicherstellt, dass das Unternehmen nicht nur geführt, sondern eben *richtig* geführt wird, dass die Exekutivorgane sich um die richtigen Dinge rechtzeitig genug und intensiv genug kümmern.

Gelegentlich wird das Argument vorgebracht, dies sei durch die allgemeine kaufmännische Sorgfaltspflicht abgedeckt. Unter dieser kann jedoch vieles verstanden werden, und wenn ihre Interpretation Gegenstand von Auseinandersetzungen ist, möglicherweise sogar von gerichtlichen, ist es zu spät. Davon abgesehen kann ein Unternehmen auch trotz voller Beachtung der kaufmännischen Sorgfaltspflichten in den Bankrott geführt werden. Die juristische Sorgfaltspflicht genügt also nicht.

Die Organisation des Exekutivorgans[72] gehört zu den *schwierigsten* Management- und Organisationsfragen. Die Theorie auf diesem Gebiet ist nicht ergiebig, und die Praxis hilft sich mit einigen Standardformen und ihren Kombinationen. Noch immer ist die nach *funktionalen* Gesichtspunkten gegliederte Ressorteinteilung relativ häufig. Abhängig aber von der Struktur des Unternehmens, die heute in vielen Fällen mehreren Orga-

---

71 Siehe Bleicher, Knut: *Der Aufsichtsrat im Wandel*, Gütersloh 1987, Seite 13ff. und Anhang.

72 Mehr dazu in Malik, Fredmund: *Unternehmenspolitik und Corporate Governance. Wie Organisationen sich selbst organisieren*, Frankfurt/New York 2008, Teil IV.

nisationskriterien gleichzeitig genügen muss, findet man vielgestaltige Mehrfachverantwortungen bei den einzelnen Mitgliedern des Exekutivorgans, die deren Arbeit keineswegs erleichtern und darüber hinaus auch gar nicht sicherstellen, dass die wirklich entscheidenden Aufgaben tatsächlich genügend Beachtung finden.

Unabhängig davon, ob im Einzelnen nach funktionalen Gesichtspunkten, produkt- oder spartenbezogen, nach geografischen Kriterien, nach Geschäftsbereichen oder als Matrix organisiert wird, das Exekutivorgan muss *jedenfalls* die folgenden Aufgaben erfüllen, und ihre Erfüllung muss vom Aufsichtsorgan kontrolliert werden.[73]

1. Durchdenken und Bestimmen des Geschäftszweckes und des Geschäftsauftrages sowie Entwicklung einer Strategie.
2. Setzen von Standards und von Maßstäben.
3. Aufbauen und Erhalten der Humanressourcen.
4. Durchdenken und Festlegen der Gesamtstruktur des Unternehmens.
5. Pflege der Schlüsselbeziehungen des Unternehmens nach außen.
6. Wahrnehmung der Repräsentation des Unternehmens.
7. Bereitschaft für Krisen.

Im Unternehmen müssen noch viele andere Aufgaben erfüllt werden, von Forschung und Entwicklung bis Marketing und von Produktion bis Finanzen. Selbstverständlich werden die Mitglieder des Exekutivorgans in die Erfüllung dieser Aufgaben involviert sein. Es ist üblich, dass sie an der Spitze der entsprechenden Ressorts stehen. Wirkliche Topmanagement-Aufgaben sind die Ressortleitungen aber im Grunde genommen *nicht*, auch wenn es noch so üblich ist, sie als solche zu betrachten. Im Kern sind die Ressortleitungen *operative* Managementaufgaben. Die eigentlichen Topmanagement-Aufgaben sind, wie man der Liste entnehmen kann, anderer Natur.

Gerade weil die obersten Exekutivmanager in aller Regel mit Ressortleitungen betraut sind, seien diese nun nach funktionalen Kriterien, nach Geschäftsbereichen oder Regionen gebildet, und noch mehr, wenn sie Mehrfachverantwortung haben, werden die *wirklichen* Topaufgaben *eher schlecht* erfüllt. Man erledigt sie *en passant* oder man *lässt* sie erledigen – durch Berater, oder sie werden schlimmstenfalls *überhaupt nicht* erledigt. Genau aus diesem Grunde ist es eine der entscheidenden Aufgaben des

---

73 Siehe dazu auch Drucker, Peter F.: *Management*, London 1973.

Aufsichtsorgans, darauf zu achten und dafür zu sorgen, dass die Top-Aufgaben die nötige Beachtung finden und dass sichergestellt ist, dass sie als *Hauptsache* und nicht als Nebensache erledigt werden.

Zweck dieses Kapitels kann es nicht sein, die Topmanagement-Aufgaben umfassend darzustellen. Die folgenden Punkte müssen hier genügen.

1. Durchdenken und Festlegen von Geschäftszweck und Geschäftsauftrag; Entwicklung einer Strategie

Die Schlüsselfragen müssen lauten: *Was ist der Zweck dieses Unternehmens, was soll er sein und was soll er nicht sein?* Im Englischen wird in diesem Zusammenhang von den ernstzunehmenden Fachleuten von *Business Purpose* und *Business Mission* gesprochen. Das Wort »Vision«,[74] zu dem ich bereits in früheren Abschnitten einige Bemerkungen machte, ist im deutschen Sprachraum erst in den letzten zehn Jahren modern geworden. Es wird von kompetenten Leute selten verwendet. Ich empfehle jedem Mitglied des Topmanagements, ob Aufsicht oder Exekutive, vorsichtig und wachsam zu werden, wenn über Visionen geredet wird. Das Wort ist meistens inhaltsleer und daher überflüssig. Im schlechten Falle ist es gefährlich, wie zahlreiche Beispiele der jüngeren europäischen, aber auch der amerikanischen Unternehmensgeschichte drastisch belegen.

Ein spontaner Impuls mag sein, in diesem Zusammenhang auf den Gesellschaftsvertrag oder die Satzung hinzuweisen in der Meinung, dass dort der Geschäftszweck festgehalten sei. In der Tat findet man in solchen Dokumenten einen Zweckartikel. Er ist jedoch in aller Regel so allgemein gehalten, dass er als Grundlage für eine Strategie unbrauchbar ist. Die präzise Bestimmung der Business Mission ist aus eben diesem Grunde eine der Kernaufgaben des Topmanagements.[75]

Auf Basis eines klaren und präzisen Verständnisses von Geschäftszweck und Geschäftsauftrag muss eine *Strategie* entwickelt werden. Nach inzwischen rund 20 Jahren Fachdiskussion zum Thema »Strategie« sollte man meinen, dass die Entwicklung einer Strategie sowohl inhalt-

---

74 Siehe mein Buch *Gefährliche Managementwörter. Und warum man sie vermeiden sollte*, Frankfurt/New York 2007.

75 Dazu ausführlich in den Bänden 1 und 2 der Reihe »Management: Komplexität meistern«.

lich als auch methodisch zum selbstverständlichen Handwerkszeug jedes Topmanagers gehört. Das ist nicht der Fall. Es ist sogar im Gegenteil bemerkenswert, wie wenige Mitglieder der Exekutivorgane sich auf diesem Gebiet in nennenswertem Umfang auskennen, von Beherrschung, gar brillanter, kann nur selten gesprochen werden. Sichtbarster Beweis für diese eher unpopuläre Aussage ist der noch immer überdimensionierte Einsatz von Beratern für die Strategieentwicklung und die viel zu zahlreichen, auf strategische Unkenntnis zurückgehenden geschäftlichen Misserfolge.[76]

Mitglieder von Konzernleitungen, Vorständen usw. müssten mit derselben Selbstverständlichkeit das Strategiehandwerk beherrschen, wie Piloten in der Lage sein müssen, ihren Flugkurs zu bestimmen. Dies umso mehr, als sich heute völlig zweifelsfrei angeben lässt, welches die Kernelemente und daher die Kernfragen einer Strategie sind, die zu beantworten sind. Es gibt klare Maßstäbe für die Unterscheidung einer guten von einer schlechten Strategie. Obwohl ich hier nicht auf Details eingehen kann, seien doch die folgenden Aspekte besonders betont.

Die *Grundlage* einer Unternehmensstrategie muss, *erstens*, eine präzise *Lagebeurteilung* sein, umfassend die wichtigsten Entwicklungen von Wirtschaft und Gesellschaft, die Spezifika der Branche sowie die direkte Konkurrenz und die Substitutionskonkurrenz. Teil I, Kapitel 3 ist dafür eine Grundlage. Eine Lagebeurteilung erfordert vor allem eines – *nüchternen Realismus*; und sie ist mit harter Arbeit verbunden. Ich behaupte nicht, dass die Topmanager dabei alles selbst zu machen haben, aber sie müssen sich in angemessenem Umfange mit dieser Thematik höchstpersönlich befassen. Man kann sich eine Lagebeurteilung nicht einfach erarbeiten und dann präsentieren lassen, weder von Stabsmitarbeitern noch von Beratern.

Ein *zweites*, wesentliches Element ist die klare Unterscheidung zwischen den Erfordernissen des *heutigen* Geschäftes und jenen des Geschäftes von *morgen*. Dazu gehört ein präzises Verständnis von *Innovationsdynamik* und *Innovationsmanagement*. In diesem Zusammenhang geht es um die entscheidende Fähigkeit, eine *Balance* zwischen dem *Heute* und dem *Morgen* herbeizuführen. Auf diese Fähigkeit muss die Unternehmensaufsicht

---

76 Durch die Vorherrschaft des Shareholder Value als alleiniger Richtgröße sind rein operative Gesichtspunkt zulasten der Strategie ins Zentrum der Führung gerückt.

besonders achten. Manager, die damit Mühe haben, sind an der Spitze eines Unternehmens gefährlich.

Die entscheidende Kunst im Topmanagement ist es gerade, mehrere Dimensionen *gleichzeitig* im Visier und unter Kontrolle zu haben. Kaum ein Manager hätte Probleme, wenn er sich *vollständig* auf das gegenwärtige Geschäft konzentrieren könnte und – ohne Rücksicht auf die Zukunft – nur auf dessen Erfolg achten müsste. Das kann fast jeder. Und keiner hätte Schwierigkeiten, wenn er *nur* an die Zukunft denken müsste und das laufende Geschäft außer Betracht lassen könnte. Das sind die leichten Aufgaben. Aber sie stellen sich so nicht auf der Top-Ebene.

Als *drittes* Element einer Strategie – und unmittelbar mit dem Balancieren des gegenwärtigen und des zukünftigen Geschäftes verbunden – ist die *Allokation von Ressourcen* zu sehen. Üblicherweise wird das mit den Investitionsentscheidungen identifiziert. Diese gehören *auch* dazu, aber es geht um *viel mehr*. Die Schlüsselressourcen eines Unternehmens bestehen nicht nur aus Geld; sie umfassen Menschen, Wissen, Zeit und Aufmerksamkeit.

Dies etwa sind die Dinge, die in Zusammenhang mit der ersten Aufgabe des Topmanagements zu beachten sind. Jedes Mitglied eines Aufsichtsorgans tut gut daran, sich mit diesen Fragen zu befassen und sich mit den relevanten Inhalten, die hier nur skizziert wurden, auseinanderzusetzen, um *erstens* die richtigen Fragen stellen zu können, *zweitens* ein kompetenter Gesprächspartner für die Exekutivorgane zu sein und *drittens* auf Warnsignale reagieren zu können, die mit der Qualität der Erfüllung dieser Aufgabe verbunden sind.

2. Setzen von Standards und Maßstäben

Die zweite Topmanagement-Aufgabe betrifft im weitesten Sinne das Gebiet, das man seit Beginn der achtziger Jahre als *Unternehmenskultur* zu bezeichnen pflegt. In Teil I, Kapitel 2 ist dazu bereits einiges gesagt worden, so dass ich mich hier kurz fassen kann.

Das exekutive Topmanagement muss durch *persönliches Beispiel* und *Vorbild* führen. Eine andere Art von Führung *gibt es nicht*. Was die Mitglieder des Exekutivorgans nicht vorleben, wird nicht gemacht. Es spielt keine Rolle, was die Topmanager sagen, verkünden, propagieren oder durch große Programme zu verwirklichen versuchen. Wenn es Widersprüche gibt zwischen dem, was sie *sagen,* und dem, was sie *tun,* werden die Menschen in der Organisation sich an ihrem *Tun* orientieren. Das wird der Maßstab sein.

Die Top-Executives müssen die Lücke zwischen dem, was die Organisation *ist,* und dem, was sie *sein könnte,* durch ihre Person sichtbar machen und repräsentieren. In letzter Konsequenz machen sie das sichtbar durch die Art, wie sie ihre Verantwortung einlösen.

Die Mitglieder des Aufsichtsorgans können bezüglich dieser Dinge gar nicht wachsam genug sein, und sie können bezüglich der Maßstäbe, die sie an das Verhalten des Topmanagements legen, gar nicht anspruchsvoll und streng genug sein. Jede Abweichung wird registriert, von der gesamten Belegschaft, von den Managern auf allen Ebenen, die sich ihrerseits am Verhalten der Unternehmensspitze orientieren, und unter Umständen von den Medien und der Öffentlichkeit. Alle Augen sind in solchen Situationen auf die Unternehmensaufsicht gerichtet: *Tun sie nun etwas »da oben«, oder ist es das, was hier gewollt ist ...?*

3. Aufbau und Erhaltung der Humanressourcen

Die dritte Aufgabe des exekutiven Topmanagements betrifft das *Humankapital* des Unternehmens. Dass eine Organisation nicht besser sein kann als die Menschen, die sie hat, in Wahrheit nicht besser als die schwächsten Glieder, wird verbal von fast allen Führungskräften vertreten. Ihr Handeln entspricht dem aber bei weitem nicht immer. Man überlässt die damit zusammenhängenden Aufgaben viel zu oft dem Personalressort. In Wahrheit ist das aber eine der zentralen Aufgaben des Exekutivorgans als solchem. Man kann sie nicht einfach delegieren. Mit »Humanressourcen« ist hier die *ganze* Belegschaft gemeint. Besonders wichtig sind aber die *Führungskräfte* aller Stufen und die *Wissensträger,* die Spezialisten. Es muss für die richtige Altersstruktur gesorgt werden; man muss die High Potenzials identifizieren; man braucht systematische Evaluation und Laufbahngestaltung. Es müssen *heute* die Manager von *morgen* aufgebaut und ausgebildet werden. Es ist dafür zu sorgen, dass sie sich die richtigen Werthaltungen zu eigen machen, dass sie umfassend erprobt und getestet werden, bevor sie größere Führungsaufgaben übertragen bekommen, und dass sie die richtigen Erfahrungen machen können.

Die wichtigsten Entscheidungen in einem Unternehmen sind *nicht* die

Investitions- und Finanzentscheide. So wichtig diese zweifellos sind – es gibt noch Wichtigeres: Das sind die *Personalentscheidungen*. Die besten Investitionsentscheidungen werden ohne Ergebnis bleiben, wenn die Personalbasis des Unternehmens verrottet und verkommt, sei es bezüglich der Fähigkeiten der Mitarbeiter oder sei es bezüglich der Moral. *Alle* Personalentscheidungen im Unternehmen sind wichtig, besonders aber jene, die höhere Führungspositionen betreffen. Personalentscheidungen sind das *wichtigste Signal* für das, was das Management wirklich will, für die Werte, die es vertritt, und für seine Glaubwürdigkeit.

Umso bemerkenswerter ist es, dass etwa zwei Drittel aller Personalentscheide schlecht bis gerade noch tragbar sind. Höchstens ein Drittel entspricht den Standards von gutem Management. Wegen ihrer Bedeutung ist dieser Frage ein eigenes Kapitel in diesem Buch gewidmet.

4. Durchdenken und Festlegen der Gesamtstruktur des Unternehmens

Nur das Exekutivorgan kann die Grundstruktur und Gesamtorganisation festlegen, die das *Unternehmen* braucht, um Leistung zu erbringen und konkurrenzfähig zu sein. Damit kein Missverständnis entstehen kann, sei hier festgehalten, dass zwar die Organisation des *Exekutivorgans* selbst Sache der Unternehmensaufsicht ist, nicht hingegen die Organisation des *Unternehmens* als Ganzes. Die mit Letzterem zusammenhängenden Fragen können nur jene Manager beantworten, die ständig mit dem Geschäft zu tun haben. An der *Entscheidung* über die zu implementierende Unternehmensstruktur muss das Aufsichtsorgan – durchaus intensiv, möglicherweise durch einen Ausschuss oder ein beauftragtes Mitglied – mitwirken, aber nicht unbedingt an der Vorbereitung der Entscheidung und an der Entwicklung der Struktur.

Auch hier gilt Ähnliches, wie es schon zur Strategie vermerkt wurde: Man kann sich eine Organisation nicht machen *lassen*. Als Topmanager muss man sich damit schon selbst befassen. Organisationswissen ist die wahrscheinlich *unterentwickeltste* Kompetenz der Manager. Wenige kennen die wichtigsten Grundfragen des Organisierens, und nur die Besten können sie beantworten. Unter anderem vermeiden diese daher die Matrix-Organisation, die nur schwer zum Funktionieren gebracht werden kann.

Nirgends ist die Abhängigkeit des Topmanagements von externen Experten größer als auf diesem Gebiet. Gleichzeitig wird aber vermutlich kaum ein anderes Gebiet – die Humanressourcen vorbehalten – die *Konkurrenzfähigkeit* in Zukunft so sehr bestimmen wie die Organisationsstruktur eines Unternehmens. Dazu habe ich in Teil I, Kapitel 5 einen kurzen Hinweis gemacht. Sie ist inzwischen unmittelbar mit Informatik- und Telekommunikationsfragen verbunden, die über alle ohnehin gegebenen technischen und organisatorischen Schwierigkeiten hinaus auch noch einen erheblichen Teil der Investitionsmittel beanspruchen – mit sehr ungewisser Rendite, zumindest mit einer Rendite, die sich kaum berechnen lässt.

5. Pflege der Schlüsselbeziehungen

Diese Aufgabe kommt auch beim Aufsichtsorgan vor. Hier ist bewusst Redundanz in die Arbeitsweise der Organe eingebaut. Im Wesentlichen geht es um eine sorgfältig durchdachte Arbeitsteilung zwischen Exekutive und Aufsicht. Manche Beziehungen, z. B. zur Politik, sind in den Händen von Mitgliedern der Unternehmensaufsicht gelegentlich besser aufgehoben als bei der Exekutive; andere, etwa zu den Kunden, gehören eher in deren Agenda. Keinesfalls kann oder soll das Aufsichtsorgan diese immer wichtiger werdende Aufgabe allein erfüllen. Der größere Teil liegt bei den exekutiven Managern.

Es ist somit vorwiegend Sache des Exekutivorgans, die Schlüsselbeziehungen zu Schlüsselgruppen zu unterhalten, zu pflegen und zum Vorteil des Unternehmens zu gestalten. Dazu gehören Kunden, Lieferanten, Kapitalgeber, Medien, Politik und Öffentlichkeit. Die Beziehungen der hier angesprochenen Art bestimmen zu einem erheblichen Teil die Leistungskapazität des Unternehmens. In manchen Branchen sind sie lebenswichtig, in anderen mögen sie etwas weniger bedeutsam sein – unwichtig sind sie nie.

Das Aufsichtsorgan kann es den Exekutivmanagern nicht einfach überlassen, wie sie diese Aufgaben erfüllen. Erstens ist dafür zu sorgen, dass sie es überhaupt und dass sie es intensiv genug tun. Zweitens muss darauf geachtet werden, dass sie es auf die richtige Weise tun. Die Wirtschaftsgeschichte ist übervoll mit Beispielen, wo durch unkluges, manchmal schlicht dummes Verhalten, durch Mangel an Gespür und Unfähigkeit, die Reaktionen der Öffentlichkeit einzuschätzen, existenzbedrohende Situationen entstanden und extreme Schäden angerichtet wurden. Werksunfälle, Tankerunglücke, Schmiergeld- und Bestechungsaffären etc. liefern anschauliches Lehrmaterial für richtiges und falsches Verhalten. Die Unglücke oder Affären selbst mag man in einer Welt mit fehlbaren Menschen als unvermeidbar ansehen. Unkluges Verhalten ist aber vermeidbar.

6. Wahrnehmung der Repräsentation des Unternehmens

Die sechste Aufgabe steht mit der fünften in Zusammenhang, ist aber mit dieser doch nicht identisch. Hier geht es um die *allgemeine* Repräsentation des Unternehmens in Wirtschaft, Politik, Kunst und Wissenschaft. Einladungen, Empfänge, Anlässe verschiedenster Art, Betreuung von und Vertretung in Delegationen bis hin zu Staatsbesuchen bringen Verpflichtungen aktiver und passiver Art mit sich, die zwar nicht immer, aber doch meistens von den Spitzen des Unternehmens zu erfüllen sind.

Zu dieser Topmanagement-Aufgabe sind nicht viele Worte nötig. Normalerweise wird sie gut wahrgenommen. Es gibt zwar Topmanager, die Repräsentationsaufgaben ein Leben lang hassen und sich in dieser Rolle nie wohlfühlen. Manchen fehlen auch Format und Umgangsformen. Die meisten Manager sind aber, sobald sie einmal »auf den Geschmack« gekommen sind, auf diesem Gebiet recht gut. Hier muss seitens des Aufsichtsorgans eher darauf geachtet werden, dass nicht *übertrieben* wird, dass man mit Augenmaß und Fingerspitzengefühl operiert, dass die Verhältnismäßigkeit gewahrt bleibt, dass vor allem in Relation zum Lebensstandard der Mitarbeiter nicht ohne gute Gründe exzessiver Luxus demonstriert wird.

7. Bereitschaft für Krisen und besondere Gelegenheiten

Das Exekutivorgan hat schließlich noch die Aufgabe, ein Standby-Organ für Krisen und Chancen zu sein. Wenn alles versagt, dann bleiben nur die Mitglieder des Exekutivorgans als Reserve, um eine Krise zu meistern. Und wenn sich plötzlich eine besondere Gelegenheit ergibt, z. B. eine Akquisitionsmöglichkeit, dann ist ebenfalls ihr Einsatz erforderlich. Mitglieder der Unternehmensaufsicht können dabei unter Umständen wertvolle Hilfe leisten. Die Hauptarbeit wird aber vom Exekutivorgan zu leisten sein.

Wirksamkeit des Exekutivorgans

Es gibt weitere Dinge, auf die bezüglich der Funktionsweise des Exekutivorgans zu achten ist, unabhängig von der spezifischen Organisation und von der Art der Aufgabenverteilung. Sie berühren die *Qualität* der Führung und ihre *Wirksamkeit* weit stärker als die formalorganisatorischen Fragen.

Kampf gegen die Verzettelung

Auch für Manager der obersten exekutiven Ebenen ist es keine Selbstverständlichkeit, eine wirksame Arbeitsmethodik zu haben und die Prinzipien menschlicher und organisatorischer Effektivität zu kennen und anzuwenden. Als Aufsichtsorgan darf man effektive Arbeitsmethodik bei Topmanagern daher nicht einfach als gegeben unterstellen. Selbstverständlich arbeiten die meisten Top-Führungskräfte hart; lange Arbeitstage sind, selbst wenn man die Repräsentationsverpflichtungen nicht einrechnet, an der Tagesordnung. *Harte* Arbeit ist aber nicht dasselbe wie *wirksame* Arbeit.

Das größte Problem auf der Top-Ebene ist die Gefahr der *Verzettelung* und *Zersplitterung* der Kräfte. Der schwedische Managementwissenschafter Sune Carlson[77] hat schon vor über 40 Jahren in seinen Untersuchungen über die Arbeit von Topmanagern festgestellt, dass keiner der von ihm über längere Zeit beobachteten zwölf Topmanager länger als 20 Minuten ohne Unterbrechung an einer Sache arbeiten konnte. Daran hat sich bis heute nichts geändert – außer bei jenen wenigen, die bewusst und systematisch an ihrer Arbeitsmethodik gefeilt haben. Sie sind *keine* Mehrheit. Verzettelung im Topmanagement überträgt sich fast immer auf die Organisation. Damit tritt Hektik an die Stelle von Effektivität, und Betriebsamkeit ersetzt Resultate.

Gerade *weil* Topmanager *so viel* und vor allem so viel *Verschiedenartiges* zu tun haben, brauchen sie eine präzise und disziplinierte Arbeitsmethodik. Das Geheimnis erfolgreicher Manager liegt in der *Konzentration auf weniges*, auf ein paar sorgfältig ausgewählte Schwerpunkte, möglicherweise sogar nur auf einen einzigen. Es gibt keinen anderen Weg zu Wirksamkeit und zu Ergebnissen.

---

77 Carlsson, Sune: *Executive Behaviour*, Stockholm 1952.

Sobald man als Aufsichtsorgan merkt, dass gegen dieses Prinzip systematisch und über längere Zeit verstoßen wird, besteht Handlungsbedarf. Was man tut, muss im Einzelfall entschieden werden. Es kann ein Gespräch unter vier Augen sein, es kann aber gelegentlich auch eine offene Diskussion im Plenum des Aufsichtsorgans mit den Topmanagern sein; vielleicht genügt eine gezielte Buchempfehlung oder eine geschickt platzierte, humorvolle oder sarkastische Nebenbemerkung; vielleicht kann man das einem Manager auch während eines der ohnehin viel zu zahlreichen Essen oder einer gemeinsamen Geschäftsreise nahebringen. Wie auch immer: Man *muss* es vermitteln, wenn es auf diesem Gebiet Schwächen gibt.

Kampf gegen den Realitätsverlust

Eine der wesentlichen Fragen für die Organisation des Exekutivorgans lautet: *Sollen Topmanager operativ tätig sein oder nicht?* In diesem Zusammenhang wird man leicht in endlose Diskussionen verwickelt. Ich kann aus meiner persönlichen Erfahrung und aus dem Studium von zahllosen konkreten aktuellen Fällen und Biografien nur sagen: *Alle Spitzenleute, die Wirkung erzielten, haben sich eine operative Aufgaben vorbehalten und sich um diese höchstpersönlich gekümmert.*

Es gibt zwei Gründe dafür. Sie gelten besonders für die Vorstandsvorsitzenden und Konzernleitungspräsidenten. Sie sind ebenso einfach wie zwingend: *Zum Ersten* ist man an der Spitze eines Unternehmens weit entfernt von den Realitäten der Wirtschaft, des Marktes, des Kunden und der Konkurrenz. Ohne operative Aufgabe verlieren auch die besten Leute innerhalb von ein bis zwei Jahren das vielleicht Wichtigste, wofür Topmanager besser bezahlt werden als andere Leute – nämlich ihr *Urteilsvermögen*. *Nur* eine operative Aufgabe zwingt einen, sich immer wieder mit der *wirklichen* Wirklichkeit persönlich zu befassen. Tut man das nicht, wird man schicksalshaft abhängig von Berichten über die Wirklichkeit. Diese sind heute, mit all der existierenden Technologie, leicht zu haben. Ob sie *stimmen*, muss aber gefragt werden.

Zwischen die Spitzenleute im Unternehmen und die Wirklichkeit der Wirtschaftswelt schieben sich nur allzu leicht die zahlreichen Filter – Mitarbeiter, Stabsleute, Sekretariate und Berater. Berichten diese über die Wirklichkeit? Nein – und zwar nicht weil sie unfähig wären, sondern weil sie das gar nicht *können*. Sie können nur über *ihre* Wirklichkeit berichten, über jene, die sie sehen. Im günstigsten Falle sind Berichte somit das Produkt selektiver Wahrnehmung. Im schlechtesten Falle sind sie manipuliert. Viele überlegen sich, was der Chef wohl heute hören will – und dann berichten sie genau das.

Der *zweite* Grund dafür, sich eine operative Tätigkeit vorzubehalten, hat damit zu tun, für seine Mitarbeiter und Kollegen ein *kompetenter Gesprächspartner* zu sein und zu bleiben. Wenn man nicht zumindest ein Minimum an Realitätsbezug hat, wird man leicht manipulierbar. Die Leute können einem dann jedes X für ein U vormachen – und man wird es nicht einmal merken. Es bleibt dann nur die *Flucht ins Misstrauen*. Gerade in Spitzenpositionen ist das häufig anzutreffen. Misstrauen vergiftet aber jedes Betriebsklima und jede Unternehmenskultur. Ein anderer Weg ist die Flucht in *abstraktes Philosophieren*, was mehrere der großen Desaster der letzten Jahre erklärt.

Das Aufsichtsorgan muss daher darauf achten, dass die Topmanager des Unternehmens nicht nur ausschließlich *Führungsarbeit* leisten, sondern in gewissem Umfange auch *Sacharbeit*. Der Zeitanteil dafür braucht nicht besonders groß zu sein, und er wird es nicht sein können. Ohne einen *gewissen* Anteil an Sacharbeit – z. B. 20 Prozent – wird man in Kürze *Marionetten* im Exekutivorgan haben, die die Realitäten der Welt nur noch vom Hörensagen kennen. Es werden sich die Fehlentscheidungen häufen, weil das Urteilsvermögen sinkt, es werden abstrakte, realitätsferne Philosophien gedroschen, große Ansprachen gehalten, und es wird immer mehr Form und Stil anstelle von Substanz geben.

Es stellt sich die Frage, welche Art von operativen Tätigkeiten die Spitzenmanager ausüben sollen. Ich sagte oben bereits, dass es nicht unbedingt die Leitung von Ressorts sein muss, ja dass es das im Grunde gar nicht sein soll. Es ist mir bewusst, dass in kleinen Firmen hier immer zahlreiche Kompromisse gemacht werden müssen und man daher um Ressortleitungen kaum herumkommt. In großen Unternehmen hat man aber selbst bei sparsamstem Wirtschaften doch genügend Personalressourcen, um hier keine falschen Kompromisse machen zu müssen.

Wenn man den Spitzenmanagern Ressortleitungen überträgt, dann sollte man darauf achten, dass sie – bei Beförderungen von innen – ihre *bisherigen Ressorts aufgeben*. Insbesondere der Vorsitzende des Exekutivorgans soll sein angestammtes Ressort abgeben, weil sonst immer die Vermutung besteht, dass er seine Macht dafür benutzt, sein bisheriges

Ressort und seine bisherige Tätigkeit zum Wichtigsten im Unternehmen zu machen.

Es ist fast an der Tagesordnung, dass ein Finanzmanager, der Vorstandsvorsitzender wird, das Unternehmen nach finanziellen Gesichtspunkten zu führen beginnt, ein Techniker nach technischen, und ein Marketingmanager trimmt das Unternehmen auf Marketing. Topmanagement bedeutet aber, *alle* für den Erfolg eines Unternehmens wichtigen Dimensionen zu berücksichtigen und zu koordinieren. Genau das macht Topmanagement aus. Wenn ein Manager aber gewissermaßen seine Hausmacht behält, wird er selbst bei größtem Bemühen um angemessene Berücksichtigung aller unternehmerischen Dimensionen die Optik immer gegen sich haben. Die Leute um ihn herum werden immer vermuten, dass er etwas tut, nicht weil es richtig ist, sondern weil es seiner *»déformation professionelle«* entspricht.

Als operative Aufgaben im hier gemeinten Sinne kommen vor allem jene »Querschnittsaufgaben« in Betracht, die ohnehin nur zu leicht zwischen den Maschen der Organisation durchfallen. In einem Falle könnte es zum Beispiel die Verantwortung für wichtige Innovationen sein, die sich der Vorsitzende des Exekutivorgans vorbehält, oder für Akquisitionen oder (was sehr zu begrüßen wäre) für die Personalbesetzung der Schlüsselpositionen des Konzerns. Vielleicht macht er sich die Nachwuchsentwicklung zum besonderen Anliegen oder die Standortentscheide. Diese und ähnliche Aufgaben werden es ihm ermöglichen, es aber auch erzwingen, sein *Gespür für die Realitäten* aufrechtzuerhalten und weiterzuentwickeln.

Es gibt ein paar weitere »Kämpfe«, die zu führen sind, oder »Anfänge«, denen zu wehren ist: der Kampf gegen Personenkult, gegen aufgeblähte Infrastrukturen wie Stäbe und Sekretariate – aber auch gegen »Extrastrukturen« wie exzessiv und häufig sinnlos eingesetzte Berater. Man muss rechtzeitig dem Hang zu Luxus und Feudalismus, zu Arroganz und Selbstgefälligkeit entgegentreten; und man muss als Aufsichtsorgan gegen die Management-Modewellen, die »großen« Theorien und hohlen Phrasen – kurz, gegen die »Geist- und Hirn-Verschmutzung« angehen. Außerdem muss man darauf achten, dass die Exekutivmanager nicht ständig in ihren Büros sitzen, sondern hinausgehen – und persönlich schauen, was wirklich im Unternehmen, in den Märkten, bei Kunden und Konkurrenten passiert.

Amtsdauer

Die Laufzeit der Anstellungsverträge für die Mitglieder des Exekutivorgans ist ein wesentliches Architekturelement seiner Funktionsweise und Wirksamkeit. Es gibt, wie beim Aufsichtsorgan, vermutlich keine Ideallösung. Alle Varianten haben ihre Vor- und Nachteile.[78]

Kurze Amtsperioden von zum Beispiel drei Jahren setzen die exekutiven Manager unter prinzipiell erwünschten Leistungsdruck. Sie müssen rasch Ergebnisse erzielen, wenn sie wieder bestellt werden wollen. Das setzt andererseits auch das Aufsichtsorgan unter den Druck, ständig und gewissermaßen vorsorglich Ausschau nach guten Leuten zu halten. Niemand kann sich in Ruhe zurücklehnen. Diesen Vorteilen stehen aber gravierende Nachteile entgegen. Kurze Vertragslaufzeiten führen auch zu kurzfristig orientiertem Denken und Handeln, in der Tendenz zu Hektik und Geschäftigkeit. Strategien und Projekte, die für ihren Erfolg Kontinuität und Langfristigkeit benötigen, werden weniger leicht Priorität bekommen.

Lange Vertragslaufzeiten von fünf und mehr Jahren haben die umgekehrten Wirkungen. Die an sich wünschbare und oft notwendige langfristige Orientierung des Exekutivorgans erhöht die Gefahr, dass der Leistungsdruck abnimmt, Ergebnisse tendenziell in die Zukunft verschoben werden und sich eine gewisse Gemütlichkeit einstellen kann.

Im Einzelfall wird man für die Regelung der Amtsperiode auch auf die Zeitcharakteristika der Branche abstellen müssen. Es gibt Branchen, in denen wegen der Veränderungsgeschwindigkeit von Märkten und Technologie schon drei Jahre fast eine Ewigkeit sind, wie zum Beispiel in der Mikroelektronik und Telekommunikation. In anderen Branchen benötigen erfolgversprechende Strategien große Zeiträume. Energieversorgung, Flugzeugbau und Teile der Assekuranz gehören dazu.

Es gibt daher für die Frage der Amtsdauer des Exekutivorgans nicht eine allein richtige Antwort. Das ist vermutlich der Grund, warum so oft zum gewissermaßen »goldenen Mittelweg« der fünfjährigen Vertragsdauer gegriffen wird. Der Mittelweg ist aber keineswegs immer die beste

---

78 Die exzessive Zunahme der CEO-Fluktuation von etwa 1995 bis 2005 scheint zwar abzuflachen. Noch immer wird aber die »performance related« Turnover-Rate als positiv gesehen. »Performance« heißt in diesem Zusammenhang selbstverständlich Finanzperformance und nicht Prosperitätsperformance.

Lösung. Das Ideal bestünde wohl eher in der Wiederherstellung jener Situation, die schon immer für den echten Unternehmer Realität war, nämlich dass er im Prinzip auf unbeschränkte Zeit in seiner Funktion tätig war und seine Orientierung sogar auf spätere Generationen ausrichten konnte – ja musste, aber jederzeit vom Markt nicht nur entschädigungslos, sondern mit der Gefahr der Bankrottfolge »abgesetzt« werden konnte.

Am besten wäre es somit, die Mitglieder des Exekutivorgans – und im erweiterten Sinne würde das auch für andere Schlüsselpositionen im Unternehmen gelten – auf *unbestimmte* Zeit zu verpflichten, gleichzeitig aber alle Möglichkeiten vorzusehen, sich von ihnen trennen bzw. sie anderweitig im Unternehmen verwenden zu können. Für die diesbezüglichen Entscheidungen des Aufsichtsorgans einschließlich der Kostenfolgen müsste ein geeignetes Prozedere – ein »due and fair process« – vorgesehen und verpflichtend sein.

Nun wird man aber aufgrund gegebener Usancen vermutlich ohne befristete Verträge nicht auskommen können oder wollen. Den Überlegungen zur Amtsdauer des Aufsichtsorgans in Teil II, Kapitel 2 folgend neige ich zu *kurzen* Vertragslaufzeiten von beispielsweise drei Jahren mit unlimitierter Wiederbestellungsmöglichkeit bis zur Erreichung der Altersgrenze. Alle dort bereits erwähnten Argumente gelten auch hier. Man steht vor den beiden Dilemmas der Flexibilität versus Kontinuität und der kurzfristigen versus langfristigen Orientierung. Hier wie dort scheint es mir *erstens* möglich und *zweitens* leichter zu sein, die Nachteile von Flexibilität und kurzfristiger Orientierung zu kompensieren. Es entsteht auch nur ein scheinbarer Widerspruch zur prinzipiellen Forderung nach langfristiger Ausrichtung der Gesamtführung, die in Teil I, Kapitel 4 und 5 erhoben wurde.

Kurze Vertragslaufzeiten führen, wie erwähnt, zu erwünschtem Leistungsdruck und unerwünschter Kurzfristorientierung. Es ist aber für das Aufsichtsorgan leichter, daraus folgenden Verhaltensweisen entgegenzuwirken, als die Mitglieder des Exekutivorgans ständig antreiben zu müssen, falls aufgrund langer Vertragslaufzeiten eher zu geringer Leistungsdruck und zu viel Gemächlichkeit um sich greifen.

Auf kurzfristige Ergebnisse gerichtete Orientierung braucht keineswegs zwangsläufig zu bedeuten, dass darunter rein finanzwirtschaftliche Ergebnisse verstanden werden. Dies wäre falsch, wie ich hinlänglich begründete. Genau das kann aber durch die Art und Weise, *wie* das Aufsichtsorgan seine Führung ausübt, verhindert werden, dadurch, dass auf die richtigen Messgrößen und auf die Grundsätze inhaltlich, nicht nur formal wohlverstandener Corporate Governance geachtet wird. Es ist außerdem möglich, ja sogar empfehlenswert, den Mitgliedern des Exekutivorgans rechtzeitig vor Ablauf ihrer Verträge zu signalisieren, wenn auch nicht zu garantieren, dass sie mit Verlängerung ihrer Verträge rechnen können, vorbehaltlich gravierender Fehler, die allenfalls bis zum Zeitpunkt der Wiederbestellung gemacht werden.

Andererseits haben die kurzen Vertragslaufzeiten *erstens* den Vorteil, dass Dienstverhältnisse dann durch Nichterneuerung beendigt werden können und keiner Vertragsauflösung bedürfen, was im Kontext der Topmanagement-Positionen Vorteile bezüglich der öffentlichen Optik und des Erklärungsbedarfs hat. *Zweitens* haben sie den großen, in Zeiten rascher Veränderungen besonders ins Gewicht fallenden Vorteil, dass das Exekutivorgan sehr flexibel geänderten Umständen angepasst werden kann. Auch hier gilt wie schon für das Aufsichtsorgan, aber noch ausgeprägter, dass man nicht einfach »gute« Leute in der Exekutive braucht, sondern Personen, die genau jene spezifischen Stärken haben, die das Unternehmen für seinen Erfolg in der speziellen Situation benötigt.

Die Situationen können sich – und im Zuge des Wandels werden sie sich auch – sehr rasch ändern, so dass jede Vertragserneuerung auch ein »Window of Opportunity« ist, neu über die bestmögliche Stärkenkombination nachzudenken. Damit gewinnt die Wirtschaft zumindest teilweise genau jene Flexibilität wieder zurück, die durch die zu langen Vertragslaufzeiten und das auch bei vielen Topmanagern durchaus erkennbare Besitzstands- und Absicherungsdenken verloren wurde. Ich sehe darin auch ein wichtiges Signal der Glaubwürdigkeit gegenüber der Belegschaft, den Gewerkschaften und Teilen der Politik. Man kann seitens der Wirtschaft nicht von jedermann Flexibilität fordern, ohne selbst zu dieser bereit zu sein.

Es ist mir bewusst, dass manche meiner Vorschläge in die Nähe der Quadratur des Kreises kommen. Aber genau das ist ein Charakteristikum der Gesamtführung des Unternehmens und des Zusammenwirkens der beiden Spitzenorgane. Es ist auch klar, dass gewisse meiner Empfehlungen den Kreis der Kandidaten für exekutive Topmanagement-Positionen einengen. Darin sehe ich keinen prinzipiellen Nachteil. In Zeiten rauschender Hochkonjunktur und daher eines Anbietermarktes für Topmanager wird man temporär auch Konzessionen machen müssen. Das alles sollte aber nicht dazu führen, dass eine dauerhafte und systematische Erosion der Grundsätze richtiger und wirksamer Gesamtführung gerechtfertigt wird.

Wie auch immer die Details der Lösungen aussehen mögen, die hier gemachten Vorschläge würden jedenfalls in Verbindung mit Überlegungen, die ich in Teil II, Kapitel 5 zur Haftung von Führungskräften und in Teil II, Kapitel 6 zur Personalauswahl zur Diskussion stelle, in Richtung der Revitalisierung echten Unternehmertums weisen.

Das Exekutivorgan als Team

Exekutives Topmanagement ist in der Regel *Teamarbeit*. Die Aufgaben, die sich hier stellen, sind so vielschichtig, dass man kaum erwarten kann, dass eine Einzelperson sie kompetent und umfassend erfüllen kann. Das Ein-Personen-Topmanagement ist entweder eine *Gefahr* für das Unternehmen, oder es ist eine *Fiktion*. Optisch mag zwar eine Person allein an der Spitze stehen. Bei genauer Analyse zeigt sich aber immer, dass dort, wo scheinbar alles trotzdem funktioniert, die Arbeit in Wahrheit von einem Team getan wird.

»Team« ist ein rasch ausgesprochenes und arg strapaziertes Wort. Es ist an sich schon nicht leicht, in einem Unternehmen Teams zu formieren und zum Funktionieren zu bringen. Für das Topmanagement gilt dies *a fortiori*. Spitzenmanager sind in der Regel keine einfachen Menschen. Gerade wenn sie besonders fähig sind, sind sie auch ausgeprägte *Individuen* und nicht selten *Individualisten*. Sie sind – hoffentlich – *Persönlichkeiten*, aber gerade deshalb sind sie schwierig, eckig und kantig – und sie sollen das auch sein.

Topmanager sind darüber hinaus – so verschieden sie im Allgemeinen als Menschen und Persönlichkeiten auch sein mögen – ähnlich in einem Punkt: sie sind meistens *ausgeprägte Machtmenschen*. Um die in den Spitzenetagen programmierten Erscheinungen wie Macht- und Rangkämpfe, Intrigen, »Platzhirsch«-Gebaren, Egotrips, Profilierungsneurosen usw. zu vermeiden, muss besonders sorgfältig auf die Funktionsweise von Topmanagement-Teams geachtet werden. Wenn sie funktionieren sollen, müssen *drei Bedingungen* und *sechs Regeln* eingehalten werden.

Drei Bedingungen

Die erste Bedingung ist leicht einsichtig und wird allgemein geteilt, wenn auch bei weitem nicht allgemein eingehalten. Die zweite Bedingung wird nur zum Teil eingesehen, und die dritte wird von der Mehrheit abgelehnt. Die Bedingungen lauten:

- äußerste Disziplin;
- persönliche Beziehungen müssen Nebensache sein;
- die »Chemie« darf keine Rolle spielen.

Die *erste* Bedingung, Disziplin, ist für jedes Team wichtig. Es gibt in der Tat ein *klares Kriterium* für den Übergang von einer *Gruppe* zu einem *Team*: Das Team beginnt, wenn man sich entschließt, sich den Luxus der Gruppendynamik nicht mehr zu leisten, und diese durch Disziplin zu ersetzen beginnt. Topmanagement-Teams müssen hier die höchsten Anforderungen erfüllen, und im Allgemeinen gibt es bezüglich dieser Bedingung auch weitgehenden Konsens.

Die *zweite* Bedingung ist bereits nicht mehr allgemein akzeptiert. Gerade deshalb ist sie wichtig. Persönliche Beziehungen, Sympathien, Freundschaften und in extremen Fällen Kumpanei sind Gift für ein Führungsteam. Hier muss die Arbeit von *Sachbeziehungen* dominiert sein. Es darf nicht um die Frage gehen, mit der Zustimmung zu einer Entscheidung einem Kollegen oder Freund einen Gefallen zu erweisen, sondern es ist für die richtige Sachentscheidung zu sorgen – und möglicherweise um diese zu ringen –, unabhängig von den persönlichen Beziehungen. Es empfiehlt sich, sowohl als Mitglied eines Topmanagement-Organs – und noch mehr gilt das für den Vorsitzenden –, Äquidistanz zu den anderen Teammitgliedern zu halten. Allein schon eine getrübte Optik kann erhebliche Schwierigkeiten bereiten.

Zur *dritten* Bedingung: Sie steht mit der zweiten in Zusammenhang, ist mit ihr aber nicht identisch. (Man beachte, die »Chemie« kann auch dann stimmen, wenn man keine Freundschaften unterhält und nicht gemeinsam in den Urlaub fährt.) Die dritte Bedingung wird von fast allen *gewöhnlichen* Führungskräften abgelehnt, oft mit heftigen Emotionen, und sie wird auch von einer Mehrheit der Topmanager entweder nicht akzeptiert oder doch mit Skepsis betrachtet. Von wirklich *erfahrenen* Managern wird sie aber geteilt. Weil diese Bedingung so umstritten ist, sind einige Erklärungen dazu erforderlich.

Selbstredend ist es gut, wenn in einem Team die »Chemie« zwischen den Personen stimmt, und jeder wird lieber mit Menschen zusammenarbeiten, wenn die Gefühls- und Beziehungsbasis zwischen allen in Ordnung ist. So viel ist also zu konzedieren. Dann aber, wenn die Beziehungsebene stimmt, gibt es ohnehin keine Probleme. Die hier zur Diskussion stehende Bedingung und die damit zusammenhängenden Regeln sind jedoch gerade dann wichtig, wenn die »Chemie« aus irgendeinem Grunde *nicht* stimmt. Genau dann muss es sich zeigen, dass ein Topmanagement-Team *trotzdem* noch *arbeitsfähig* ist. Ein Topteam darf nicht *wegen* der »Chemie« funktionieren, sondern es muss *trotz fehlender* »Chemie« noch immer zu einer konstruktiven Sacharbeit fähig sein.

Die Mitglieder eines Exekutivorgans können sich ihre Kollegen gewöhnlich nicht aussuchen; nicht einmal der Vorsitzende kann das, denn sie werden vom Aufsichtsorgan bestellt. Wenn die »Chemie« stimmt, wird vieles leichter, aber das kann in einem Spitzenteam nicht als *Voraussetzung* angesehen werden; und wenn sie *nicht* stimmt, darf das kein Grund für schlechte Zusammenarbeit und keine Ausrede dafür sein.

Wenn ich in Vorträgen und Seminaren diesen Standpunkt vertrete, wird mir entgegengehalten, dass das »aber sehr schwierig sei«. Das ist richtig. Für die einfachen Probleme brauchen wir keine Topmanager. Dafür genügen gewöhnliche Leute. Die Einhaltung der Bedingungen und Regeln für die Wirksamkeit eines Topmanagement-Teams fordern seine Mitglieder unter Umständen gelegentlich bis an die Grenze dessen, was Menschen leisten und ertragen können. Wer dem nicht standhalten kann, gehört nicht in eine Spitzenposition.

Diese drei Bedingungen bedeuten nicht, wie gelegentlich unterstellt wird, die Abwesenheit von Menschlichkeit, Freundlichkeit, ja Humor in den Top-Etagen. Glücklicherweise schließen sich diese Dinge gegenseitig nicht aus.

Sechs Regeln

Die Grundregeln für wirksames Funktionieren eines Topmanagement-Teams sind einfach, ihre Befolgung hingegen ist nicht immer leicht. Die Beachtung der Teamregeln garantiert nicht den Erfolg eines Unternehmens. Ihre *Missachtung* ist aber eine *Garantie* für das Scheitern des Unternehmens oder mindestens dafür, dass es in Schwierigkeiten gerät. Diese Regeln sind unabhängig von der konkreten Organisationsstruktur und auch unabhängig davon, welche Verantwortungslage seitens der Rechtsordnung vorgeschrieben ist. Die im deutschen Recht verankerte Kollektivverantwortung sagt nichts aus über die wirkliche Funktionsweise eines mehrköpfigen Vorstandes. Ein Team, das funktionsfähig und wirksam sein will, muss sich an folgende Regeln halten:[79]

a) Jedes Mitglied eines Topmanagement-Teams hat in seinem Verantwortungsgebiet das letzte Wort, spricht für und verpflichtet das ganze Team.

Das einzelne Teammitglied repräsentiert in seinem Gebiet die Autorität des gesamten Exekutivorgans. Das bedeutet, dass es keine »Berufung« seitens eines Mitarbeiters gegen eine Entscheidung eines Mitgliedes des Top-Teams an ein anderes Mitglied geben darf. Wird dies ermöglicht, kann man sicher sein, dass das Unternehmen in kurzer Zeit intrigenverseucht ist. Es wäre eine offene Einladung zur Unterminierung der Autorität des gesamten Teams. Für spezielle Fälle mag eine Rekursmöglichkeit an das Gesamtorgan oder an seinen Vorsitzenden vorgesehen sein.

b) Keiner trifft eine Entscheidung in einem anderen Verantwortungsgebiet.

Regel 2 ist das Spiegelbild zur ersten Regel. Die Verantwortungsgebiete sind gegenseitig zu respektieren. Wenn ein Exekutivmitglied durch einen Mitarbeiter mit einer Angelegenheit konfrontiert wird, die ein anderes Verantwortungsgebiet betrifft, verweist man ihn direkt an das zuständige Exekutivmitglied, oder man sorgt dafür, dass die Sache dort erledigt wird. Man entscheidet jedenfalls nicht selbst. Ein Verstoß gegen diese beiden Regeln stiftet nicht nur Konfusion in einem Unternehmen und paralysiert letztendlich die Handlungsfähigkeit, es führt auch unweigerlich zu Machtkämpfen. Ich möchte die zweite Regel noch erweitern: Nicht nur trifft man keine Entscheidung für ein anderes Verantwortungsgebiet, man hat dazu *nach außen* nicht einmal eine Meinung.

c) Außerhalb des Teams gibt es keinerlei Qualifikation bezüglich irgendeines Teammitgliedes.

Die Mitglieder eines Managementteams brauchen sich nicht zu mögen. Es mag Fälle geben, wo es ihnen schwerfällt, einander zu akzeptieren, und vielleicht wird man gelegentlich auch einen Fall antreffen, wo sie einander nicht einmal respektieren können, wobei dann zweifellos ein gefährliches

---

79 Siehe dazu auch Drucker, Peter F.: *Management*, London 1973.

Limit erreicht ist. Wie auch immer – es darf *keinerlei Agitation* geben. Man beachte, die Regel gilt *nach außen. Innerhalb* eines Geschäftsleitungsgremiums mag es heftige Auseinandersetzungen geben; es wird sie geben und es soll sie auch – mit gebotener Sachlichkeit – geben. Das ist kaum zu vermeiden, wenn es um lebenswichtige Entscheidungen für das Unternehmen geht. Nach außen hat man aber zu seinen Kollegen keine Meinung, man *qualifiziert* sie nicht – nicht einmal durch ein Lob.

d) Ein Team ist kein Komitee; daher braucht es einen Leiter, einen Vorsitzenden. Dieser muss mit einem Stichentscheidungsrecht ausgestattet sein.

Ein Team ist entgegen einer weit verbreiteten Auffassung keine Gruppe von Gleichberechtigten und Gleichgestellten, selbst wenn – formal – die Rechtsordnung das vorsieht. Teams haben nichts mit *Demokratie* zu tun, sondern mit *Wirksamkeit*. Man ist Mitglied eines Teams, weil man dort einen bestimmten Beitrag zu leisten hat. Daher haben funktionierende Teams sehr wohl eine innere Struktur und auch eine Leitung.[80]

Der Leiter eines Top Executive Teams muss zum einen dafür sorgen, dass das Team seine Arbeit auch wirklich leistet und dass die Regeln für das Funktionieren des Teams eingehalten werden. Er ist zum Zweiten die Schlüsselperson dann, wenn das Team sich selbst zu paralysieren und handlungsunfähig zu werden droht. Dafür muss er mit der Macht ausgestattet sein, im Zweifel eine Pattstellung überwinden zu können. Im Idealfall muss er sein Stichentscheidungsrecht nie benützen. Wenn er es häufig einsetzen muss, ist das ein ernstzunehmendes Warnsignal; vermutlich stimmt dann mit dem Team grundsätzlich etwas nicht. Es muss aber vorhanden sein für Krisensituationen.

Für das Zustandekommen von Entscheidungen sind mehrere Formeln möglich und in der Praxis auch üblich – Entscheide mit einfacher Mehrheit, qualifizierte Mehrheiten oder das Einstimmigkeitsprinzip. Wenn es um oberste Exekutivorgane geht, spricht vieles für das *Einstimmigkeitsprinzip*, obwohl es seine Nachteile hat. Für den Krisenfall muss aber vor allem die Entscheidungsfähigkeit als solche sichergestellt sein.

Obwohl Abstimmungen vorgesehen und möglich sein müssen, sollten

---

80 Nach dem deutschen Aktienrecht kann der Vorstandsvorsitzende kein CEO im angelsächsischen Sinne sein. Der Vorstand der deutschen Aktiengesellschaft handelt als Kollektivorgan; § 77 Aktiengesetz.

sie die seltene Ausnahme sein. Der Vorsitzende des Exekutivorgans muss alles daransetzen, *Konsens* herbeizuführen – aber nicht jene vordergründige Harmonie, die leider so oft beobachtet werden kann, in Wahrheit Probleme aber nur verschleiert, statt sie zu lösen. Er muss daher vor allem den methodischen Umgang mit *Dissens* beherrschen. Tragfähiger Konsens – jener Konsens, der auch in den schwierigen Phasen der Entscheidungsrealisierung noch hält – entsteht nur aus offen ausgetragenem Dissens.

Wenn eine Abstimmung doch erforderlich ist, weil es nicht gelingt, Konsens zu erzielen, müssen sich die unterlegenen Mitglieder des Exekutivorgans hinter die Mehrheitsentscheidung stellen und sie mit Loyalität mittragen. Sie müssen alles tun, damit die Entscheidung planmäßig realisiert wird. Weder aktive noch passive Opposition sind zulässig. Fehlverhalten in diesem Zusammenhang, auch wenn es sehr subtil und nur andeutungsweise zum Ausdruck kommt, unterminiert Autorität und Wirksamkeit des Exekutivorgans fast irreparabel. Wenn jemand eine Entscheidung definitiv nicht mittragen kann, lässt sich das Problem nicht anders lösen als durch das Ausscheiden aus dem Unternehmen.

e) Bestimmte Entscheidungen müssen dem Team als Ganzes vorbehalten sein.

Die erste Regel lautete, dass jeder in seinem Verantwortungsgebiet das letzte Wort hat und für das ganze Team spricht, es also auch verpflichtet. Das ist eine wichtige – wie ich meine unverzichtbare – Regel für die Handlungsfähigkeit eines Unternehmens und für seine Schnelligkeit. Für sich allein genommen könnte diese Regel aber zu Missbrauch führen. Daher braucht sie ein Korrektiv. Gewisse Entscheidungen dürfen von *niemandem allein* getroffen werden. Sie benötigen die Zustimmung *aller*.

Typische Fälle sind Akquisitionen und Allianzen, große Innovationen, Aufnahme oder Schließung ganzer Geschäftsgebiete und Personalentscheidungen für Schlüsselpositionen. Diese dem Gesamtteam vorbehaltenen Fälle sind in der Geschäftsordnung zu regeln. Gleichzeitig muss es die Generalklausel geben, dass im Zweifel das Team eine Entscheidung zu treffen hat und nicht das einzelne Mitglied. Zustimmungs- und Mitwirkungsrechte des Aufsichtsorgans bleiben selbstverständlich auch in diesem Fall aufrecht.

f) Jedes Teammitglied ist verpflichtet, alle anderen Mitglieder über alles informiert zu halten, was in seinem Verantwortungsbereich vor sich geht.

Diese Regel ist ebenfalls als Korrektiv zur ersten Regel zu sehen. Wenn schon *autonome Entscheidungsbefugnis* in jedem Verantwortungsbereich gegeben ist, dann muss es gleichzeitig auch *volle Information* darüber an *alle* anderen geben.

Es ist Aufgabe der Unternehmensaufsicht, die Funktionsweise des Exekutivorgans durch die Etablierung seiner Organisation und die Einführung der Bedingungen und Regeln für ein wirksames Funktionieren sicherzustellen. Die Unternehmensaufsicht muss die Erfüllung der Top-Aufgaben und der Funktionsregeln überwachen, und sie muss Abweichungen unverzüglich und unmissverständlich sanktionieren. Auch kleine Abweichungen dürfen nicht geduldet werden. »*Wehret den Anfängen*« ist das Prinzip.

Die Instrumente für die Regelung dieser Dinge sind Geschäftsverteilungsplan und Geschäftsordnung. Es ist einzuräumen, dass Konzipierung und Formulierung dieser Reglemente anspruchsvoll sind und der interdisziplinären Zusammenarbeit von Juristen und Managementexperten bedürfen. Es geht um die richtigen Inhalte ebenso wie um präzise Formulierung.

Executive Pay

Durch die vorherrschende Art der Corporate Governance ist die Bezahlung des Topmanagements zu einem der zentralen Themen geworden. Die Einkommensexzesse im Management in USA, Deutschland und der Schweiz sind Tagesgespräch und machen Schlagzeilen. Nur in Asien, besonders in Japan, scheint die Tugend der Selbstbeschränkung noch zu existieren.

Shareholder Value und monetäre Wertsteigerung haben zu einer allgemeinen Haltung geführt, alles in Geld zu bewerten, zuvorderst die Leistung von Top-Executives. Zwangsläufig musste es dadurch zu ausgeprägter Geldgetriebenheit von Führungskräften kommen, der nur schwer zu widerstehen ist, auch von jenen Führungskräften, die ihre Aufgabe keineswegs in Geld beurteilen und auch ihre Führungsaufgabe nicht in monetären Kategorien verstehen.

Ich spreche ausdrücklich nicht von Geld*gier*, weil darin eine moralische

Wertung enthalten ist, die sich zwar für Medienmeldungen eignet, aber nicht der Sache dient. Allerdings konnte der psychologisch geldmotivierte und geldgetriebene Persönlichkeitstypus im Kontext heutiger Corporate Governance leichter Karriere machen als früher, weil diese Eigenschaft weithin als positiv qualifizierendes Kriterium angesehen wird. Durch die Einführung des Economic Value Added (EVA) als eindimensionaler Messgröße des Unternehmenserfolges sind Leistung und Leistungsbeurteilung mechanistisch an diese ausschließlich monetäre Größe geknüpft worden.

Ganz anders ist es in den familiengeführten Unternehmen, auch in den großen, wo Geldgetriebenheit fast durchwegs ein Ausschlusskriterium für die obersten Positionen ist.

Die Einkommen von Managern werden vorschnell in ethischen Kategorien diskutiert. Sie sind aber keine ethische Frage, sondern eine Frage des Funktionierens der produktiven Systeme der Gesellschaft, also der Unternehmen. Diese Fragen können daher auch vollständig systemimmanent diskutiert werden. Man braucht dazu weder philosophische noch moralische oder politisch-ideologische Argumente. Selbst dort, wo tatsächlich in keiner Weise zu rechtfertigende Einkommen bezogen werden, ist es weniger eine Frage der Ethik des Versagens der Unternehmensaufsicht, die korrigierenden Personalentscheidungen zu treffen. Darüber habe ich in Teil I, Kapitel 2 geschrieben.

Die Corporate Governance Codes zu Anstandsregularien hochzustilisieren, wie das gerne gemacht wird, ist daher unnötig und verfehlt Zweck und Funktionsanforderungen für Corporate Governance.

Pseudobegründung durch den Markt

Wenn wir nicht die besten Löhne zahlen, bekommen wir nicht die besten Manager. Der Markt verlangt die höchsten Löhne. So wird argumentiert, wenn die exzessiven Einkommen von Führungskräften gerechtfertigt werden sollen. Sind die teuersten Manager aber auch die besten? Gibt es einen Zusammenhang zwischen Einkommenshöhe und Führungsqualität? Bringt der Markt tatsächlich die Besten in die richtigen Positionen?

Solange die Börse boomte und bevor die Skandale sichtbar wurden, konnte man eine entsprechende Argumentation vielleicht noch vertreten, obwohl es seit langem und ganz unabhängig von den jüngsten Übertreibungen begründete Zweifel daran gibt, unter anderem von reputierten und erfahrenen Köpfen wie dem Doyen der Managementlehre, Peter F. Drucker. Nachdem die Skandale ans Licht gekommen sind, kann das Argument nicht mehr aufrechterhalten werden.

Zweifellos müssen gute Leute sehr gut bezahlt werden. Umgekehrt erbringen gut bezahlte Leute aber nicht automatisch gute Leistung. Warum sollten nicht billigere Leute ihre Aufgaben sogar besser machen als die teuren? Wären die exzessiv bezahlten Spitzenmanager von Enron bis Worldcom ihren Firmen erspart geblieben, hätte man nicht nur Geld eingespart, sondern die Firmen würden vermutlich heute noch existieren, und auch die Aktionäre eines führenden deutschen Automobilunternehmens hätten weniger Kapital verloren. Noch schlechter, als die Großverdiener es taten, hätte niemand diese Unternehmen geführt. Ein zerrüttetes Unternehmen oder einen Konkurs kann man auch für weniger Geld haben.

Es ist ein unbewiesenes Dogma, dass hohes Einkommen auch große Leistung, gar Spitzenleistung bedeutet. Einmal mehr wurde die Logik des Marktes ins Gegenteil verdreht: große Leistung rechtfertigt zwar hohes Einkommen, aber der umgekehrte Zusammenhang gilt nicht.

John P. Morgan, einer der überzeugtesten Kapitalisten, ließ zu Beginn des 20. Jahrhunderts eine Untersuchung in seinem Firmenimperium machen. Er wollte wissen, worin die Unterschiede zwischen seinen erfolgreichen Firmen und den nicht erfolgreichen lagen. Ergebnis war, dass nur eine einzige Größe die Performer von den Non-Performern unterschied: Es war die Differenz zwischen den jeweiligen Einkommensstufen im Unternehmen. In den erfolgreichen Firmen J. P. Morgans betrug diese Differenz von Stufe zu Stufe nicht mehr als 30 Prozent, während in den erfolglosen Unternehmen diese Proportion ausnahmslos aus dem Ruder gegangen war. Er führte dieses Verhältnis dann überall ein.

Heute, hundert Jahre später, kann man die Proportion großzügiger bemessen, insbesondere im Erfolgsfalle. Und für die absolute Spitzenleistung soll auch der absolute Spitzenbonus ausgerichtet werden.

Neubeginn für Managereinkommen

Es wird Zeit, mit der Reparatur von Systemen aufzuhören, die nie funktionierten und nie funktionieren werden. Dies liegt im vitalsten Interesse der Top-Executives selbst. Auch die raffiniertesten Reformen, die unternommen werden, um die Ruinen etwa der Stock Options Programme zu retten, werden das Problem nicht lösen. Es gibt kein funktionierendes arithmetisch-mechanisches System der Einkommensbestimmung für die komplexen Aufgaben der Topebene. Kein solches System wird dem raschen Wandel der Bedingungen gerecht, unter denen es funktionieren müsste. Die meisten dieser Bedingungen sind von den Erfindern gar nicht bedacht worden.

Kein arithmetisches System funktioniert sowohl bei steigenden als auch bei sinkenden Börsenkursen, in Phasen der Hochkonjunktur ebenso wie in der Rezession, bei Business as usual genauso wie im Sanierungs- und Turnaround-Fall, bei Akquisition und bei Desinvestition. Es gibt kein System, das auch nur die elementaren Dimensionen der Unternehmensführung auf mechanisch-rechnerische Weise berücksichtigen könnte, die operative gleichermaßen wie die strategische, die kurz- wie die langfristige, das Heute und das Morgen.

Was ist die Alternative? Es gibt nur eine – nämlich die autonome Entscheidung des Aufsichtsorgans in freier Würdigung aller Umstände. Diese Lösung ist weit von einem Ideal entfernt, aber sie ist die beste, sobald das scheinbare Ideal als Illusion erkannt und aufgegeben wird. Kein arithmetisch-mechanisches System funktioniert. Man muss diese Vorstellung ersatzlos aufgeben. In mehr als 30 Jahren habe ich nicht ein solches System gesehen, das funktioniert hätte. Es sind Schönwettersysteme.

Diese Alternative gibt dem Aufsichtsorgan seine wichtigste Funktion zurück, nämlich die Gesamtleistung des Unternehmens, die Art ihres Zustandekommens und den Beitrag der Führungskräfte zu bestimmen und zu bewerten. Diese Funktion wurde unter dem Einfluss pseudo-rationaler Argumente an die starre Mechanik abgegeben. Zweifellos ist das eine der schwierigsten Aufgaben im Kontext von Führung und Kontrolle. Es ist aber auch die wichtigste und vornehmste. Dadurch erfüllt die Unternehmensaufsicht ihre *Kernaufgabe,* und darin liegt ihre eigentliche Bedeutung. Ohne die kompetente und verantwortete Erfüllung dieser Aufgabe wird es keine funktionierende Corporate Governance geben.

Die Lösung ist einfach und klar.[81] Um sie zu sehen, muss man sich jedoch von einigen Dogmen der letzten 15 Jahre trennen, insbesondere auch von falschen betriebswirtschaftlichen und ökonomischen Theorien.

---

81 Siehe dazu auch Teil II, Kapitel 5.

Man muss sich davon lösen, dass die Leistung des Topmanagements in Geld gemessen werden kann. Nur dann können die Mitglieder des Exekutivorgans ihre wahre Leistung und die Rahmenbedingungen, unter denen sie zustande gebracht werden musste, realistisch und umfassend darstellen, statt diese auf monetäre Größen reduzieren zu müssen. Diese Lösung ist somit deutlich besser sowohl für das Exekutivorgan als auch für die Aufsicht.

1. Die Einkommensbemessung muss abgekoppelt werden von Finanzkennziffern und von der Börse.
2. Es darf keine arithmetisch-mechanische Bindung an vorgegebene Faktoren geben.
3. Die Bezahlung erfolgt zwar *aus* dem Ergebnis des Geschäftsjahres, aber nicht *für* dieses Ergebnis.
4. Sie erfolgt für den Beitrag, den das Management für die zukünftige Prosperität und für die Wettbewerbsfähigkeit des Unternehmens geleistet hat. Entgegen allgemeiner Meinung kann dieser Beitrag durchaus mit ausreichender Objektivität und Genauigkeit festgestellt werden.
5. Konkret lässt sich das anhand der ersten vier CPC-Messgrößen beurteilen, die ich in Teil I, Kapitel 5 behandelt habe, also an der Verbesserung von Marktstellung, Innovationskraft, Produktivität und Attraktivität für gute Leute.

Die Konsequenzen sind im Lichte bestehender Praxis ungewöhnlich, aber funktionsdienlich und unverzichtbar für ein gesundes Unternehmen. Die gegebene Praxis ist hier alles andere als »Best Practice«, sie ist nur »Common Practice«. Noch dazu ist sie eine Schönwetterpraxis, die in Zeiten schwieriger Wirtschaftslage gänzlich kontraproduktiv ist. Sie wird auch der tatsächlichen Leistung der Unternehmensführung nicht gerecht, die gerade in den schwierigen Wirtschaftslagen viel größer sein muss, als sich in den Geldergebnissen zeigt.

Bei der hier vorgeschlagenen Art der Einkommensgestaltung wird die Leistung des Topmanagements nicht aus monetären Faktoren abgeleitet, die teils manipulierbar sind und teils von zufälligen Wirtschafts- und Börsenumständen abhängen. Vielmehr kann und muss die Leistung durch das Exekutivorgan in den Kategorien der erwähnten CPC-Messgrößen dargestellt, belegt und begründet werden. Das Aufsichtsorgan andererseits muss sich so intensiv mit der Gesamtlage und den Führungskräften befassen, dass es die Beurteilungsaufgabe kompetent erfüllen kann. Zwar ist das arbeitsintensiv, aber dafür wird die Aufsicht bestellt und bezahlt. In führungstechnisch hoch entwickelten Unternehmen war das immer schon so.

Die häufigsten Gegenargumente lassen sich entkräften.

1. Die Unternehmensaufsicht sei dazu nicht in der Lage, weil sie zu weit von der Realität entfernt sei. Wo es so ist, tut es Not, dass sie näher an diese heranrückt.
2. Das Aufsichtsorgan sei dafür nicht kompetent genug. Dann wird es Zeit, es kompetent zu besetzen.
3. Manager würden dann weniger verdienen.

   Im Gegenteil, das Einkommen kann höher sein. Vor allem führt das zu größerer Leistungsgerechtigkeit, weil zum Beispiel eine Sanierungsaufgabe auch dann bonifiziert wird, wenn das Jahresergebnis selbst negativ ist. Ein Unternehmen aus Verlusten herauszuführen, die durch Missmanagement der Vorgänger verursacht wurden, verdient eine hohe Leistungsentschädigung, obwohl diese durch die heutigen monetär-mechanistischen Systeme ausgeschlossen wird bzw. diese in einem solchen Falle ohnehin unterlaufen werden müssen.
4. Die Entscheidung sei subjektiv.

   Das ist ebenso richtig wie irrelevant. Auch jede Richterentscheidung ist subjektiv, weil sie von einer denkenden, abwägenden, urteilenden Person oder Gruppe getroffen wird. Wichtig ist, dass die Entscheidung nicht *willkürlich* ist. Subjektivität wird regelmäßig mit Willkür verwechselt. Verfahrenstechnisch kann Willkür ausgeschlossen werden, wie die rechtsstaatliche Justizpraxis seit Jahrhunderten demonstriert.
5. Die Manager würden dann nicht mehr im Voraus wissen, was sie Ende des Jahres verdienen.

   Richtig. Genau das war und ist die Situation des Unternehmers. Sein Einkommen war nie im Voraus bekannt, weil Wirtschaften nur selten berechenbar ist. Wenn jemand also unternehmerische Aufgaben hat und dementsprechende Verantwortung, dann muss er dies in Kauf nehmen.

Die Leistungsentschädigung kann sowohl in Geld als auch in Aktien oder Optionen erfolgen. Allerdings müssen Optionsprogramme, wenn sie wesentliche Größenordnungen des Einkommens bewirken, in beide Richtungen – Gewinn und Verlust – spielen können, weil sie sonst ihren Zweck mehrfach verfehlen.

Kapitel 4

Management oder Leadership

Beide Topmanagement-Organe kommen um die Themen »Führerschaft«, »Führung« und »Führer« kaum herum. Wo wenn nicht an der Spitze des Unternehmens soll es Leadership geben? Das Aufsichtsorgan hat die Verantwortung dafür, die obersten Exekutivpositionen mit den besten Leuten zu besetzen, die man bekommen kann. Sollen sie Manager oder Führer sein? Gibt es einen Unterschied – und wenn ja, welchen? Die heutigen Leadership-Theorien leisten in der Sache wenig und produzieren umso mehr Irrlehren. Man kann aber recht genau sagen, worin Leadership besteht und wodurch sie entsteht, sobald die Irrtümer erkannt und beseitigt sind. Unter anderem muss dazu zwischen *großen* und *echten* Leadern unterschieden werden.

Irrtümer und Missverständnisse

In diesem Kapitel und auch in Teil II, Kapitel 6 mag es dem Leser auffallen, dass ich häufiger als bisher Namen von Personen nenne. Für manche mögen es zu viele amerikanische Beispiele und zu viele aus Politik und Militär sein. Der Grund dafür ist nicht, dass es keine vergleichbaren Beispiele aus der Wirtschaft aus anderen Ländern, auch solche aus dem deutschsprachigen Raum gäbe. Ich habe auch keine übertriebene Vorliebe für den politisch-militärischen Sektor oder die angelsächsische Geschichte.

Der Grund ist einfach: Die Geschichte politischer und militärischer Führer ist weit besser *dokumentiert* als jene der Wirtschaftsführer. Sie hat immer in viel größerem Ausmaß das Interesse der Historiker und Biografen gefunden. Speziell gilt das für die jüngere Zeitgeschichte der USA, wo Politik und Militär *öffentlich* waren und insbesondere in den beiden Weltkriegen wenig vor der freien Presse verheimlicht werden konnte, die auf ihre demokratischen Rechte pochte. Man weiß also über die von mir im Folgenden als Beispiele angeführten Personen mehr als über andere, die ebenfalls Beispiele sein könnten. Kaum etwas wurde so sorgfältig dokumentiert wie etwa das Handeln der amerikanischen Generäle im Zweiten Weltkrieg, im Gegensatz zu Deutschland, wo aufgrund des politischen Systems vieles unaufgezeichnet blieb und aussagekräftige Materialien in den Kriegswirren untergingen.

Es gibt eine Flut von Schriften, Kongressen und Seminaren zum Thema dieses Kapitels. Leadership wird zu einer *Modewelle,* und wie immer bei Modewellen ist die *Substanz dünn.* Kaum etwas ist zu Ende gedacht, sauber recherchiert oder hinterfragt, von Argumenten oder gar Beweisen ganz zu schweigen.

Bei einer Reihe von anderen Modewellen wie dem Chaos-Management,[82] der Empowerment-Bewegung oder der New-Age-Welle ist die damit verbundene Oberflächlichkeit unschädlich, weil es eben reine Modethemen sind, die ebenso schnell wieder verschwinden werden, wie sie aufgetaucht sind.

Mit Leadership verhält es sich anders. Jedes Unternehmen muss sich damit befassen. Gleichzeitig ist es aber auch ein *heikles* Thema, wie die Geschichte beweist. Es ist ja bezeichnend, dass in den deutschsprachigen Ländern für die Begriffe »Führer« und »Führerschaft« immer die englischen Wörter verwendet werden. Sie lassen sich zwar problemlos wörtlich ins Deutsche übersetzen, aber man scheint anzunehmen, mit den englischen Begriffen seien keine heiklen Assoziationen verbunden. »Leader« scheint problemlos zu sein; »Führer« ist es nicht.

Umso wichtiger ist es, an dieses Thema mit *Bedacht* heranzugehen. Als Modewelle verkommt es entweder zu geistigem Schrott, oder es wird gefährlich. Wer sich berufsbedingt mit Leadership auseinandersetzen muss, sollte einige Tendenzen, Irrtümer und Missverständnisse kennen und bei seinen Entscheidungen beachten:

1. Fast die gesamte in den letzten Jahren entstandene Literatur ist *geschichtslos.* Es wird der Eindruck vermittelt, als sei dieses Thema gerade jetzt entdeckt worden und als habe es vorher nie so etwas wie Führer, Führung und Führerschaft gegeben.

---

82 Um Missverständnisse zu vermeiden: Die *mathematisch-physikalische* Chaostheorie ist ein Fortschritt. Was daraus an Übertragung auf Management gemacht wurde, ist unhaltbar. Siehe dazu auch Teil I, Kapitel 2.

Dem ist nicht so. Es mag sein, dass unsere Zeit mit ihren Problemen einen besonders ausgeprägten Bedarf nach Führung hat. Ganz sicher ist unsere Zeit aber *nicht die erste*, in der eine Befassung mit Leadership-Fragen gegeben hat. Die letzte liegt gerade gute 50 Jahre zurück – und sie weist das gesamte Spektrum an Möglichkeiten auf, dieses Thema zu diskutieren.

2. Der größte Teil der neueren Literatur ist *eindimensional.* Es wird über Leadership in der *Wirtschaft* geredet, als ob es nicht viele andere Gebiete gäbe, in denen Führer und Führung wichtig sind, etwa die Kirchen und Orden oder die militärischen Organisationen oder die Politik. Die Diskussion ist in diesen Bereichen weiter fortgeschritten und auf einem höheren Niveau, als sie es in der Wirtschaft bisher war. Damit deute ich nicht an, dass man Führungstheorien von dort in die Wirtschaft übertragen kann oder soll. Ohne eine Auseinandersetzung mit den Beständen dieser Gebiete wird es nicht gehen. Man kann das nicht einfach ignorieren.

3. Durchgängig wird Leadership *verabsolutiert.* Es wird nach einem »Absolutum« der Führung gesucht, und dieses wird in bestimmten *Persönlichkeitseigenschaften* vermutet. Wie ich noch zeigen werde, gibt es so etwas wie Führereigenschaften nicht. Hier geht es mir aber um etwas anderes: Führerschaft ist nicht absolut, sondern relativ, nämlich abhängig von der *Situation* und nur aus einer solchen heraus erklärbar.

Ein und dieselbe Person kann in der einen Situation Führerschaft zeigen und in einer anderen versagen. Ein Beispiel ist Churchill. Es bedurfte der Situation des Zweiten Weltkrieges, um aus Churchill einen großen Leader zu machen. Nach seiner frühen Erfolgsphase führte er ein politisch bedeutungsloses Leben als Hinterbänkler im britischen Parlament. Er war eher nahe an der verkrachten Existenz, als dass Leadership bei ihm zu erkennen gewesen wäre.

Die Situation und das spezifische Handeln in dieser Situation sind es, die Leadership ausmachen. Ohne die Situation wäre das als Leadership zählende Handeln weder nötig noch möglich, noch würde es Sinn machen. Wenn man Leadership auf die Spur kommen will, so muss gefragt werden: *Was war es an oder in der speziellen Situation, in die die Person gestellt war, das sie zum Leader machte oder werden ließ?*

In diesem Zusammenhang kommt etwas hinzu, das ständig übersehen wird: Im Allgemeinen glaubt man, Führerschaft sei etwas sehr *Seltenes* und *Außergewöhnliches,* und daher sucht man nach jenen »geheimnisvollen« Eigenschaften der »seltenen« Führer. Leadership-Verhalten kommt im Gegensatz zur allgemeinen Meinung aber häufig vor. In den meisten

Fällen ist es aber so, dass die Situation, in der jemand Leadership zeigte, nicht besonders beachtenswert oder berichtenswert ist. Es lässt sich zum Beispiel medial nichts daraus machen, weil die Situation alltäglich ist. Jemand, der ein Kind aus einem Fluss oder einem brennenden Haus rettet oder bei einem Verkehrsunfall Hilfe mobilisiert, zeigt alle Merkmale von Leadership. Ob er ein Held ist, bleibe dahingestellt, aber er ist ein Leader. Mehr als eine kurze Notiz in der örtlichen Zeitung wird es darüber kaum geben. Es sind die besonders berichtenswerte, aufsehenerregende Situation und das spezielle Handeln darin, die zu öffentlich wahrgenommener, von den Menschen als solcher registrierten Leadership führen. Da solche *Situationen*, nicht das Leadership-Verhalten, eher selten sind, schließt man auf die Seltenheit und Außergewöhnlichkeit von Leadership.

4. Eine Leadership-Theorie, die der Befassung wert erscheinen will, muss auf *jeden Fall* und *mindestens* eines leisten: Sie muss sich dem Problem der Unterscheidung zwischen *Führern* und *Verführern* stellen. Eine gute Leadership-Theorie muss eine klare Unterscheidung möglich machen, ja erzwingen. Sie muss präzise Kriterien dafür liefern, wie wir die Verführer identifizieren und ausscheiden können.

Viele Autoren scheinen dieses Problem nicht zu sehen, ganz zu schweigen davon, dass sie Lösungsansätze dafür hätten. Sie fabulieren über irgendwelche Qualitäten und Eigenschaften, die Menschen ihrer Meinung nach haben müssen, um Leader zu sein. Sie fantasieren von Begeisterung, Inspiration, großen Visionen und irgendwelchen Siegergestalten. Ich halte das im günstigsten Falle für romantisches Geschwätz. Manche scheinen aus ihrer Infantilität nie herauszukommen. Sie verbleiben im Trapper-Indianer-Stadium – ein bisschen Winnetou, ein Schuss Jung-Siegfried, eine Prise »Go West« – natürlich global und via Internet.

Aber so wird es nicht gehen. Man wird schon angeben müssen, welche *Gemeinsamkeiten*, vor allem aber welche *Unterschiede* es gibt zum Beispiel zwischen Churchill und Hitler oder Truman und Stalin. Und man wird herausarbeiten müssen, worin über den Umstand *hinaus*, dass sie *historisch* erwähnenswert sind, die *Führerschaft* von Menschen wie Kennedy, Adenauer, De Gaulle, Beckett, Loyola, Calvin, Mindszenty oder Tschu En Lai bestand.

5. Was besonders auffällt, ist die ausgeprägte Tendenz bei den meisten, die sich mit Leadership befassen, Management und Leadership in einen *krassen Gegensatz* zu stellen. Um die Bedeutung von Leadership möglichst *groß* zu machen, machen sie jene von Management möglichst *klein*.

Demnach wären *Manager* bloße Administratoren, Operateure und Exekutoren, die an den gegebenen Zuständen kleben, gegenwartsorientiert sind, mit Regeln und Kontrollen arbeiten – im Kern also Bürokraten sind, während die *Leader* als Innovatoren, begeisternde Visionäre und Pioniere gesehen werden. Jedem steht es frei, die Dinge so darzustellen. Die Frage ist, was damit gewonnen wird.

Ich mache einen anderen Vorschlag: Wenn wir hoffen wollen, das Wesentliche an Leadership zu erkennen, zu analysieren und es möglicherweise, falls das überhaupt geht, zu lehren und zu lernen, dann muss man von einem *möglichst positiv* verstandenen Bild von Management ausgehen und von dort aus fragen, was Leadership *darüber hinaus* noch *zusätzlich* bedeutet. Tut man das nicht, wird einfach alles *Schlechte* als Management bezeichnet und alles *Gute* als Leadership. Über Leadership hat man damit aber nichts gelernt.

Es gibt viele Führungskräfte, die zukunftsorientiert sind, Weitsicht haben, Innovationen schaffen und allen Kriterien von Führern entsprechen, aber als Menschen zu *bescheiden* oder zu klug sind, um sich als Leader zu bezeichnen oder bezeichnen zu lassen. Das würde ihnen anmaßend erscheinen. Es genügt ihnen, als gute Manager gesehen zu werden.

Zuerst muss also zwischen *schlechten* und *guten* Managern unterschieden werden, und dann erst kann sinnvoll gefragt werden, was den Leader vom *guten* Manager unterscheidet und wo der Leader noch über den guten Manager hinausgeht.

Mystifizierung über die Zuschreibung von Eigenschaften

Der verbreitetste Fehler ist die *Mystifizierung* von Führern – vermeintlichen oder echten – und ihre Glorifizierung, jedenfalls der als positiv wahrgenommenen Personen. Die anderen werden – zu Recht oder Unrecht – verteufelt. Diese Überhöhung erfolgt über die Zuschreibung von Eigenschaften, in denen die besonderen Leadership-Qualitäten gesehen werden und die daher als Grund, Ursache oder Ursprung von Führerschaft gelten.

Hier lieg ein gravierendes Missverständnis vor und – für jene, die Personalentscheidungen zu treffen haben – eine Quelle der Irreführung. Es gibt eine so große Zahl von Beispielen dafür, dass Menschen hervorragende

Führungsleistungen erbracht haben, ohne auch nur eine einzige der immer wieder geforderten *Eigenschaften* zu besitzen, dass damit die gesamte Eigenschaftstheorie wertlos wird.

Weder der amerikanische Präsident Harry S. Truman noch General George C. Marshall[83] – beide gehören zu erstrangigen Kandidaten unter den echten Führern des 20. Jahrhunderts – hatten besondere Eigenschaften. Truman ist ein besonders gutes Beispiel. Das Wesentliche an ihm ist möglicherweise nicht einmal die Tatsache, dass er US-Präsident war und dass er als solcher eine Reihe von schwierigen und wichtigen Entscheidungen traf. Das Wesentliche für die Erklärung seiner Leadership besteht darin, dass er dies *ohne* eine *einzige* jener Voraussetzungen wurde und und tat, die üblicherweise als wichtig angesehen werden. Wenige haben aus einer so schlechten Startposition heraus in so kurzer Zeit so bemerkenswerte Leistungen erbracht wie Truman.

Er hatte keine auffallenden Eigenschaften, schon gar nicht jene, die in der einschlägigen Literatur immer gefordert werden. Niemand hätte von Trumans Persönlichkeitsstruktur auf seinen späteren politischen Erfolg schließen können. Wahrscheinlich wäre er bei allen »Leadership-Tests« durchgefallen. Truman hatte ein paar *Grundsätze*, die ihm geholfen haben, auch in schwierigsten Situationen klaren Kopf zu bewahren, vor allem in jenen Lagen, wo er ob der Last der Aufgaben eher der Verzweiflung nahe war und sich nichts sehnlicher wünschte, als dass ihm das Schicksal dieses schwierige Amt erspart hätte. Er fühlte sich häufig überfordert und weit über seine Fähigkeiten hinaus beansprucht. Da gab es nichts von einem »strahlenden Helden« – im Gegensatz zum Beispiel zur Figur eines seiner »Gegenspieler« – General Douglas MacArthur.

Roosevelt hatte Truman auch gar nicht wegen dessen Leadership-Qualitäten zum Vizepräsidenten gemacht, sondern – im Gegenteil – wegen deren Fehlens. Nach allem, was man über Truman wusste, konnte er Roosevelt niemals gefährlich werden, und das war – abgesehen von gewissen parteipolitischen Kompromissen – der Hauptgrund für Roosevelt, Truman die Vizepräsidentschaft anzutragen.

Am Beispiel Trumans sieht man auch gut, wie entscheidend die *Situation* als Element von Leadership ist. Es bedurfte des zum ungünstigsten Zeitpunkt kommenden Todes Roosevelts am 12. April 1945, um Truman

---

83 Marshall war Stabschef der amerikanischen Armee von 1939 bis 1945; danach Außenminister und anschließend Verteidigungsminister.

zu einem der Führer des 20. Jahrhunderts zu machen. Ohne dieses Ereignis wäre er eine Fußnote der Geschichte geblieben.

Truman hatte ein paar *Prinzipien*, und zwar solche, die ihn in den Augen der meisten Leadership-Experten eher disqualifizierten. Und er hat sich in der historisch bedeutsamen Situation, in die er gestellt war, auf eine bestimmte Weise *verhalten*. Das war es, was ihn zum Leader machte. Die wesentlichen, verallgemeinerungsfähigen Dinge sind im nachfolgenden Abschnitt dargestellt.

In Wahrheit gibt es keine Gemeinsamkeiten in den *Eigenschaften* von Menschen, die man typischerweise als Leader ansieht. Manche sind außerordentlich intelligent, andere eher mittelmäßig. Manche sind »nette Burschen«, umgänglich und locker; andere sind eher unnahbar, zurückhaltend und spröde, von strenger Disziplin, vielleicht von Askese geprägt. Manche sind Draufgängertypen und »Machos«; andere sind kultivierte Menschen, leise und vornehm. Manche lieben Luxus und Show; andere können das nicht ausstehen. Es gibt solche, die eher impulsiv und spontan sind, während andere alles gründlich studieren und lange Perioden grübelnden Nachdenkens und bohrender Zweifel hinter sich bringen müssen, bis sie zu einer Entscheidung kommen. Manche suchen den Kontakt mit Menschen, haben immer ein offenes Haus oder Büro, während andere sich unter Menschen überhaupt nicht wohl fühlen und eher zu Einsamkeit und Zurückgezogenheit tendieren.

Es sind ganz bestimmte *Verhaltensweisen* – in ganz bestimmten *Situationen* –, nicht Eigenschaften, die die Führerschaft einer Person erklären und begründen und die eines bewirken: *Gefolgschaft*, *Glaubwürdigkeit* und *Vertrauen* – und nicht nur Kumpanei.

Eigenschaften sind nicht kausal für Führerschaft. Wenn man der Sache auf den Grund geht, zeigt sich praktisch immer, dass hier ein Fehler ganz besonderer Art vorliegt: Es ist der Fehlschluss vom Späteren auf das Frühere. »Danach – also deswegen« ist die irrige Schlussfolgerung. Sobald sich Führerschaft herauskristallisiert und Gefolgschaft entwickelt, steht die betreffende Person naturgemäß im Mittelpunkt des Interesses ihrer unmittelbaren Umgebung und, seit es Massenmedien gibt, vor allem im Interesse der Medien. Dann – und meistens nicht vorher – fallen den Leuten alle möglichen Eigenschaften auf, die der Führer tatsächlich hat (manchmal mögen es auch nur Projektionen sein), die vorher aber niemand für beachtenswert empfand.

Dann wird der Schluss gezogen, der Führer habe *wegen* dieser Eigenschaften Führerschaft erlangt. In aller Regel ist es aber genau umgekehrt: diese Eigenschaften gelten als bemerkenswert, *weil* er Führerschaft erlangte. Zuerst war die Führerschaft da und dann erst – und deswegen – werden Eigenschaften überhaupt bemerkt. Es ist ein klassischer Fehlschluss, der in Zusammenhang mit dem Kausalitätsdenken in den Wissenschaften immer wieder vorkommt, wissenschaftsphilosophisch ziemlich gut erforscht ist und daher von guten Wissenschaftlern auch vermieden wird.

Vom Manager zum Führer

Grundlage guten *Managements* sind *handwerkliche* und damit lehr- und lernbare *Kompetenzen*: die Einhaltung einiger weniger *Grundsätze*, die gewissenhafte Erfüllung einiger *Schlüsselaufgaben* und die Beherrschung einiger *Werkzeuge*. Auch *Leader* kommen nicht ohne die handwerkliche Basis guten Managements aus, und keine Organisation wird ohne diese funktionieren können.

Echte Führer bleiben dabei aber *nicht stehen*; sie gehen ein paar Schritte *darüber hinaus*. Sie beherrschen einige Dinge besonders gut – nicht weil sie ihnen angeboren wären (obwohl dies gelegentlich der Fall sein mag), sondern weil sie bewusst oder intuitiv wissen, dass sie nur wenige Mittel zur Verfügung haben, um menschliche Kräfte zu mobilisieren, und daher konzentrieren sie sich auf die wesentlichen Dinge und arbeiten unermüdlich und konsequent an den entscheidenden *Kompetenzen der Führung*.

Ich spreche ausdrücklich von *echten* Führern und nicht von *großen*. Es gibt als »groß« angesehene Führer, die man bei genauer Analyse nicht als echte Führer bezeichnen kann. John F. Kennedy ist ein Beispiel.[84] Kennedy war ein Medienereignis, das Produkt einer Public-Relations-Strategie und nach seinem Tod einer gezielten Überhöhung durch beauftragte Biografen. Politisch hat er – objektiv gesehen – wenig erreicht, und so wäre es auch gewesen, wenn er eine längere Amtszeit gehabt hätte. Die meisten seiner wichtigen Entscheidungen waren Desaster. Andererseits gibt es Leute, die von niemandem als »groß« angesehen werden, aber durchaus echte Führer

---

84 Ich muss zugeben, dass es mir Mühe bereitete, das einzusehen. Kennedy war eines der Idole meiner Jugend, wie auch der meisten anderen damals Gleichaltrigen. Er verkörperte alles, was uns wichtig war.

waren. Kriege, Naturkatastrophen, Unfälle usw. liefern beliebig viele Beispiele dafür, dass Menschen echte Führerschaft bewiesen haben, ohne dass sie deswegen als »historisch große Führer« Beachtung gefunden hätten.

Es ist wichtig, dass die Mitglieder des Aufsichtsorgans bei ihren Personalentscheidungen für die obersten Positionen, die, wie schon dargelegt, kritisch sind, auf die folgenden Überlegungen achten. Mein Vorschlag läuft *nicht* darauf hinaus, unbedingt Personen auszuwählen, die echte Führer sind. Ob man einen Führer auf einer Position braucht oder ob es ein guter Manager auch tut, hängt vom konkreten Einzelfall ab. Wichtiger erscheint es mir, darauf zu achten, ob ein Kandidat für eine Spitzenposition erkennbar gegen die im Weiteren beschriebenen Anforderungen *verstößt*. Wenn das der Fall ist, läuft man Gefahr, dass das Unternehmen nicht geführt, sondern verführt wird und über kurz oder lang außer Kontrolle gerät.

Echte Führer sind auf die Aufgabe konzentriert

Ihre Schlüsselfrage lautet nicht: *Was will ich? Was passt mir usw.?*, sondern ihre Frage lautet: *Was muss getan werden?* Der unmittelbare »Return« ist ihnen meistens unwichtig. Sie orientieren sich nicht an der Belohnung, schon gar nicht an geldmäßigen Belohnungen. Sie empfinden die Verpflichtung, zu tun, was zu tun ist. Diese Verpflichtung kann bis zur Besessenheit und zur Verdrängung aller anderen Dinge gehen. Die treibende Kraft ist dabei immer die *Aufgabe* und nicht persönliche Bedürfnisse. Nicht selten stellen sie im Dienst an der Aufgabe alle ihre Bedürfnisse zurück und nehmen Opfer und Verzichtsleistungen auf sich – was meistens in ihrer Umgebung auf Verständnislosigkeit stößt.

Sie sind getrieben von der Frage: *Was kann ich tun? Wo und wie kann ich eine Veränderung bewirken, einen Unterschied machen? Was ist richtig für diese Organisation? Worin bestehen die richtigen Ziele und Aufgaben für das Unternehmen?* Was für sie zählt, sind nur die Leistungen und Ergebnisse bezüglich dieser Aufgaben.

An den üblichen Motivationen sind sie nicht interessiert. Ihre Motivation (und auch ihre Kraft) resultiert aus der Aufgabe und aus den damit zusammenhängenden Erfolgen. *They are working for a cause.* Eine gut gelöste Aufgabe ist ihnen Befriedigung genug.

Echte Führer zwingen sich zuzuhören

Die Betonung liegt auf »*zwingen*«, denn keinem fällt das leicht. Die meisten Führer sind ungeduldig, und viele sind zutiefst davon überzeugt, richtig zu handeln. Dennoch wissen sie, wie ungeheuer wichtig jene Informationen sind, die sie nur von anderen bekommen können, und zwar vor allem von der Basis ihrer Organisation. Sie bringen immer wieder den Willen und die Selbstdisziplin auf, scheinbar geduldig zuzuhören – nicht zuletzt auch deshalb, weil sie wissen, dass sie ansonsten das *Vertrauen* ihrer Organisation verlieren. Sie erwecken zumindest den Anschein, als interessiere sie das, was andere zu sagen haben, besonders intensiv, und die wirklich guten Führer erwecken nicht nur diesen Anschein, sondern *es ist wirklich so.*

Das braucht nicht zu bedeuten, dass sie *lange* zuhören. Meistens haben sie wenig Zeit. Aber auch wenn sie sich nur zehn Minuten Zeit nehmen – in diesen hören sie für den anderen erkennbar aufmerksam zu.

Echte Führer arbeiten unermüdlich daran, sich verständlich zu machen

Sie sind sich dessen bewusst, dass das, was *ihnen* klar ist, *ihre* Sicht der Dinge und *ihre eigene* Vorstellungswelt, allen anderen *überhaupt nicht klar* ist. Daher *wiederholen* sie die ihnen wichtig erscheinenden Botschaften immer wieder auf ein Neues, mit Geduld und Beharrlichkeit, möglicherweise mit einer an Sturheit grenzenden Konsequenz. Im Bemühen, sich verständlich zu machen, vereinfachen sie und befleißigen sich der Sprache des anderen oder der bildhaften Analogie. Gelegentlich übersimplifizieren sie, weil sie wissen, dass komplizierte Dinge nicht verstanden werden und daher auch nicht wirksam werden können. Im Bemühen, verstanden zu werden, greifen sie, wo immer möglich, zum besten Mittel der Kommunikation: *sie machen die Dinge vor.* Sie verhalten sich selbst so, wie sie es von anderen wollen, und jeder Führer hat auf die eine oder andere Art die Erfahrung machen müssen, dass er letztlich *nur durch Beispiel* führen kann. Führer müssen die Regeln, die sie durchgesetzt haben wollen, selbst besonders peinlich befolgen. Sie können sich auf anderen Gebieten durchaus Privilegien herausnehmen, aber sie müssen die Grundregeln selbst strikt einhalten, weil sie sonst die *Glaubwürdigkeit* in ihrer Organisation verlieren. Verstoßen sie gegen dieses Prinzip, beginnt die Erosion ihrer Führungsposition.

Echte Führer verzichten auf Alibis und Ausreden

Sie sind an *Resultaten* interessiert, und wo sich diese nicht einstellen, flüchten sie nicht in faule Begründungen und Ausreden. Hier kann gut der Punkt erkannt werden, an dem historische Personen gescheitert sind. Ihre Führungsposition hat in dem Augenblick zu erodieren begonnen, wo sie mit Alibis und Ausreden zu operieren begannen oder mit dem Errichten von Sündenböcken und Verschwörungstheorien. Eine Zeitlang kann das funktionieren, aber der Keim des Scheiterns, des Verlustes der Glaubwürdigkeit und Überzeugungskraft ist gelegt. Es mag in bestimmten Situationen noch recht lange gedauert haben, bis das Scheitern in voller Tragweite offenkundig wurde, dennoch beginnt es in der Regel damit, dass der Führer in dieser Frage *nicht mehr authentisch* und *ehrlich* ist. Jede andere Art des Taktierens mag toleriert oder sogar als ein Zeichen besonderer Intelligenz und Schlauheit gewertet werden – nicht jedoch Taktieren bezüglich dieses Aspektes.

Echte Führer akzeptieren ihre eigene Bedeutungslosigkeit relativ zur Aufgabe

Ich betone: relativ zur *Aufgabe* – und nicht etwa relativ zu anderen *Personen*. Führer wissen sehr wohl, dass sie wichtig sind, und sie lassen das die anderen auch spüren.

So sehr in der einen oder anderen Weise *Personenkult* mit Führern verbunden sein mag und dieser manchmal auch gegen ihren Willen von ihrer Umgebung verlangt und aufgebaut wird, sie selbst stellen sich *unter die Aufgabe*, die immer größer und bedeutsamer ist als sie selbst. Dies ist der *einzige* Weg, trotz und gerade in der Einmaligkeit einer Leadership-Situation noch genug *Objektivität* zu bewahren, um sich ein klares Bild über die Lage verschaffen zu können. Sie *akzeptieren* die Aufgabe in ihrer vollen Bedeutung, aber sie *identifizieren* sich nicht mit ihr. Die Aufgabe bleibt immer etwas anderes als sie selbst, sie ist immer von ihrer Person verschieden. Auch dies ist ein Punkt, an dem viele historische Führer gescheitert sind. Sobald die »L'état-c'est-moi«-Haltung im Vordergrund stand, mag zwar eine besonders *glanzvolle Periode für die Person* begonnen haben, aber in der Regel hat damit auch der *Anfang vom Ende der Führung* begonnen.

Es kommt noch etwas dazu, was wichtiger ist: die Akzeptanz der Bedeutungslosigkeit der eigenen Person relativ zur Aufgabe ermöglicht es echten Führern, im entscheidenden Augenblick *Mut* und *Zivilcourage* aufzubringen, genau dann nämlich, wenn sie zwischen der Bedeutung der Aufgabe und ihrer richtigen Erfüllung einerseits und ihrer eigenen Karriere andererseits entscheiden müssen. Im Zweifel opfern sie ihre Karriere um der Sache willen. Das ist es, was ihnen den Respekt der anderen verschafft, und zu einem wesentlichen Teil liegt darin die Quelle ihrer *Überzeugungskraft*. Ihre Umgebung sieht, dass es ihnen nicht um die eigenen Interessen geht, sondern um die Sache – und dies in einem so großen Ausmaß, dass sie ihr persönliches Scheitern in Kauf nehmen, um der Sache zu dienen. Mehr kann ein Mensch kaum in die Waagschale werfen, und wenn er das tut, ist das für die anderen ein kaum zu übersehendes Signal, dass er *meint*, was er *sagt*. Es beweist *charakterliche Integrität*.[85]

Eines der besten Beispiele ist das Verhalten von General George Marshall gegenüber Präsident Roosevelt. Eine der Episoden,[86] wo Marshall dem Präsidenten bis hart an die Grenze des für diesen Erträglichen Paroli bot, mag für die Veranschaulichung nützlich sein: Wenige Wochen nach seiner Berufung zum Stabschef der amerikanischen Armee nahm Marshall an einer Sitzung mit dem Präsidenten und mehreren anderen Regierungsmitgliedern und hohen Militärs teil. Er hatte mit dem Präsidenten bis dahin nur wenige Male zu tun gehabt. Roosevelt, der zwar ein Faible für die Luftwaffe hatte, aber wenig bis gar keine Sachkenntnis, legte seine Vorstellungen über den Ausbau der Air Force dar. Marshall erkannte, dass die Pläne Roosevelts zu einem Desaster führen würden. Nachdem der Präsident lange, aber in den Augen Marshalls beinahe verantwortungslos oberflächlich über die Aufrüstung der Luftwaffe referiert hatte, wandte er sich an die anwesenden Teilnehmer, um jeden nach seiner Meinung zu fragen. Alle stimmten mit dem Präsidenten überein und sagten – höflich zurückhaltend – nette

---

85 Dazu auch mein Buch *Führen Leisten Leben. Wirksames Management für eine neue Zeit*, Frankfurt/New York 2006, Teil II, Kapitel 5.

86 Siehe Cray, Ed: *General of the Army. George C. Marshall, Soldier and Statesman*, New York/London 1990.

Worte. Zum Schluss fragte Roosevelt den Stabschef, was er von seinen Vorschlägen halte. Marshall sagte mit einem scharfen Unterton in seiner Stimme: »*Mr. President, I am sorry, but I don't agree with that at all.*« Roosevelt schaute Marshall schweigend an – und brach die Sitzung abrupt ab. Offenkundig hatte Marshall soeben einen tödlichen Fehler im Umgang mit dem Präsidenten gemacht, so tödlich, dass der ebenfalls anwesende damalige Finanzminister, Henry Morgenthau, beim Hinausgehen zu Marshall sagte: »*Well, it's been nice knowing you.*« Marshalls Karriere war in seinen Augen beendet, noch bevor sie begonnen hatte.

Genau dadurch gewann General Marshall aber Respekt und Vertrauen nicht nur des Präsidenten, sondern auch aller anderen in die Kriegsfragen involvierten Personen. Dies war es unter anderem, was Marshall zu einem der besten und unbestrittensten Führer dieses Jahrhunderts machte. Er hatte den Mut, für die Sache einzutreten, auch wenn es das Ende seiner Karriere bedeuten konnte – was er mehrmals im Laufe seines Lebens bewiesen hatte und was einer seiner Charakterzüge war. Und es spricht auch für die Führerqualitäten Roosevelts, dass er Marshalls Karriere deswegen nicht beendete.

Echte Führer geben ihr Bestes für die Organisation, aber nicht ihr Leben

Sie streben ständig nach Perfektion und – wie gesagt – sie geben (fast) alles *für die Sache*. Sie fordern von sich und von den Menschen *größte Leistung* und *höchste Maßstäbe* – sie *bieten* nicht etwas, sondern sie *stellen Forderungen*. Sie wissen, dass es die Leistung der Organisation ist, die Stolz, Achtung und Selbstrespekt erzeugt, und daher haben sie größte Erwartungen in die Leistungen der Menschen. Und obwohl sie – buchstäblich oder im übertragenen Sinne – das Leben anderer in besonderen Situationen gelegentlich fordern müssen, so geben sie doch nicht ihr eigenes – es sei denn, sie werden dazu *gezwungen*. Es gibt somit einen Unterschied zwischen Führern und Märtyrern.

Echte Führer stehlen ihren Leuten nicht den Erfolg

Bei allen Erfolgen, die sie selbst haben mögen, und bei aller Überzeugtheit, vieles besser machen zu können als andere, schmücken sie sich nicht mit fremden Federn. Sie denken »*wir*« statt »*ich*«. Sie wissen, was ihre Mitarbeiter und die Organisation leisten, und sie *anerkennen* das. Der Erfolg in der *Sache* ist ihnen wichtig, nicht *ihr* Erfolg als Person.

Echte Führer haben keine Angst vor starken Leuten

Das gilt in beide Richtungen, gegenüber Unterstellten und gegenüber Vorgesetzten. Sie wissen, dass nur die *besten Kräfte* genügen werden, um die großen Aufgaben der Organisation zu erfüllen, und sie tun alles, um beste Kräfte anzuziehen, sie zu fördern und zum Einsatz zu bringen. Sie werden möglicherweise hart und gelegentlich auch brutal gegen Versuche vorgehen, ihre *Autorität* infrage zu stellen und zu unterminieren, aber sie eliminieren nicht die starken Leute aus purer Angst um ihre eigene Autorität. Das Versammeln von Schwächlingen, Günstlingen und Ja-Sagern und die oft hermetische Abschottung gegen Kritik ist ein *sicheres Anzeichen* für *schwache* Führung.[87] Echte und starke Führer sind fast allergisch gegen Ja-Sager. Sie wollen die ehrlichen und kontroversen Meinungen, wobei es durchaus sein kann, dass sie sie mit Unmut und Barschheit entgegennehmen.

Es ist nicht so, dass Führer Kritik *gerne* hören. Eher das Gegenteil ist der Normalfall, wie bei den meisten Menschen. Es ist daher wahrscheinlich, dass ein Führer unwirsch auf Kritik reagiert. Dennoch – und das ist das Wesentliche –, ein *unechter* Führer ignoriert sie, und meistens unterdrückt er sie; der *echte* Führer – egal wie seine emotionale Reaktion sein mag – nimmt sie *zur Kenntnis*, was jedoch nicht bedeutet, dass er sie immer akzeptiert.

Die Episode, die ich oben über das Verhältnis von General Marshall und Präsident Roosevelt berichtete, illustriert auch diesen Punkt sehr anschaulich.

---

87 Einige der dramatischen Schieflagen von Großunternehmen resultieren aus dem Versagen von Top-Executives in diesem Punkt, unter anderem wiederholt bei einem Unternehmen der Automobilindustrie. Über solche Führungsschwächen erfährt man in der Öffentlichkeit selten, sie sind aber Tagesgespräch im Unternehmen selbst und bei den engsten Mitarbeitern.

Echte Führer akzeptieren die Verschiedenartigkeit von Menschen

Nicht nur akzeptieren sie das, sie machen daraus eine *Chance*. Sie orientieren sich an dem, was die Menschen *können*, und sind häufig tolerant in Bezug auf die Schwächen von Menschen. Es geht ihnen nicht um Sympathie und Popularität. Die Stärken, die die Bewältigung der Aufgabe erfordert, sind für sie beinahe das Einzige, das zählt. Wie auch immer sie anderen Menschen gegenüber sein mögen – humorvoll, locker und jovial oder streng, spröde und unnahbar –, das sind nicht die wesentlichen Aspekte, sondern Oberflächenerscheinungen. Was zählt, sind Aufgabe und Ergebnisse – und so tolerant sie bezüglich der Verschiedenartigkeit von Menschen sein können, so unnachgiebig sind sie, wenn es um *Leistung*, *Ergebnisse* und die damit zusammenhängenden *Werte* geht.

Echte Führer müssen keine begeisternden Menschen sein

Durchgängig wird in der Literatur und in Diskussionen gefordert, Leader müssten *begeisternde* Menschen sein, solche, die bei anderen *Enthusiasmus* wecken können. Das halte ich nicht nur für einen Trugschluss, sondern Begeisterung ist in den wirklich kritischen Führungssituationen ein entscheidendes *Hindernis* für echte Leadership. Wer Begeisterungsfähigkeit bei Führern fordert, hat offenbar nur die *positiven* und die *leichten* Führungssituationen vor Augen. Wirkliche Führung ist aber dann notwendig, wenn es um die *schwierigen* Situationen geht, wenn die unpopulären, harten, Opfer verlangenden – jedoch richtigen – Entscheidungen getroffen werden müssen. Solange es um etwas geht, wofür man Menschen prinzipiell überhaupt begeistern kann, ist nicht wirkliche Führerschaft erforderlich, meistens genügt dann brillante Rhetorik. Ein Führer muss unter Umständen außerordentlich *harte* Entscheidungen treffen und von den Menschen vielleicht übermenschliche Leistungen verlangen. In solchen Situationen muss er zwar *überzeugen*, aber Begeisterung wäre fast immer kontraproduktiv.

Beispiele sind etwa ein militärischer Rückzugsbefehl nach einer verlorenen und die Truppe dezimierenden Schlacht oder die Notwendigkeit, Zehntausende von Menschen entlassen zu müssen. Nur Zyniker und Sadisten könnten für solche Maßnahmen Begeisterung aufbringen oder andere für so etwas begeistern wollen. Es sind gerade die deprimierendsten Dinge in einer Organisation, die die wirklichen, schwierigen Führungsentscheidungen erfordern. Niemand kann eine solche Entscheidung mit Begeisterung treffen, und würde er es tun, hätte er augenblicklich Vertrauen und Gefolgschaft verloren. Die Menschen würden sich seiner faktischen Macht beugen, aber nicht seiner Führerschaft folgen.

Churchill hat keine Begeisterung erkennen lassen, als er in der aus englischer Sicht kritischsten Phase des Zweiten Weltkriegs von der britischen Bevölkerung größte Opfer verlangen musste. Aber er hat es verstanden, die Menschen von der Notwendigkeit dieser Opfer zu überzeugen. Er hat an Pflichtgefühl, Durchhaltevermögen und Leistungswillen appelliert, aber zu begeistern gab es in dieser Situation nichts, und nichts wäre weniger am Platz gewesen als der Versuch, Begeisterung zu erwecken. Es war eine *Pflicht* zu tun.

Echte Führer sind keine Utopisten

Sie mögen eine Vision, noch besser: eine *Mission* haben, aber sie wollen nicht den Himmel auf Erden schaffen, sondern sie konzentrieren sich darauf, die Hölle zu vermeiden. Echte Führer sind *Realisten* in Bezug auf die *menschliche Natur,* und sie bemühen sich, aus der Geschichte zu lernen. Sie wissen, dass man trotz aller faszinierenden, utopischen Philosophien keinen neuen Menschen schaffen, sondern das Elend dieser Welt nur Schritt für Schritt und bescheiden verbessern kann. Möglicherweise operieren sie in ihrer Öffentlichkeitsarbeit mit einem *Hauch von Utopie*, weil sie um die Faszination solcher Entwürfe auf die Menschen wissen. In ihrem *Handeln* lassen sie sich aber vom Wissen um die Risiken jedes Eingriffes in ein komplexes soziales Gebilde leiten und um die unbeabsichtigten Nebenwirkungen auch noch so gut gemeinter Veränderungen. Sie wissen, dass es *unmöglich* ist, Utopien zu realisieren.

Echte Führer sind weder geboren, noch sind sie gemacht

Wenn sie weder geboren noch gemacht sind, was sind sie dann? – Sie sind praktisch immer *selbst* gemacht, und der Weg dazu ist immer derselbe. Es sind vier Elemente, die wichtig sind: Ausgangsbasis ist *erstens* die *Situation*, in die eine Person gestellt ist. Dies mag eine historisch bedeutsame

Situation sein, mit der sich später die Historiker befassen, oder es mag eine Alltagssituation sein, die keine Erwähnung erfahren wird. Das ist eine Zufallskomponente, denn kaum jemand kann sich die Situationen aussuchen, die die Chance – oder auch die Bürde – mit sich bringen, echte Führerschaft zu beweisen.

In dieser Situation erkennen sie *zweitens* die *entscheidende,* für die *Veränderung* der Situation wesentliche *Aufgabe,* sei es die Lösung eines Problems oder die Nutzung einer Chance. Darin mag die so oft geforderte Vision gesehen werden; häufig ist es aber kein transzendentaler oder kreativer Funke, der die Vision zum Blühen bringt, sondern schlichtes, aber *sorgfältiges Durchdenken* der Alternativen und Prioritäten.

Und *drittens, sie stellen sich kompromisslos* dieser Aufgabe. Situation und Aufgabe mögen historisch so bedeutsam sein wie jene Churchills nach Jahren einer bedeutungslosen Politikerexistenz in den hinteren Rängen oder sie mag so alltäglich sein wie die einer Mutter, die ihr krankes Kind nächtelang aufopfernd pflegt, bis die Krisis überwunden ist. In beiden Fällen haben wir alle Elemente echter Führerschaft. Die Wertung durch die Historiker wird je ganz verschieden sein. Die *Wertung durch die Menschen* ist, wie wir von *Viktor Frankl*[88] wissen, immer dieselbe.

Und *viertens* schließlich übernehmen sie für diese entscheidende Aufgabe die *Verantwortung.* Lange präsent war der Satz von *Harry Truman:* »*I am president now, and the buck stops here.*« Damit wollte er zum Ausdruck bringen, dass *er* die Aufgabe erfüllen und die Entscheidung treffen musste – und sie an niemanden delegieren konnte.

Charisma

Zum Schluss noch ein paar Überlegungen zum Thema »Charisma«. Die Forderung nach *charismatischen Führern* für Wirtschaft und Gesellschaft ist allgegenwärtig und zeigt eine der größten Schwächen des heutigen Leadership-Zeitgeists.

Charisma ist ein *gefährliches* Thema. Das 20. Jahrhundert war *das* Jahrhundert der charismatischen Führer schlechthin – *Hitler, Stalin* und

---

88 Frankl, Viktor: *Der Mensch vor der Frage nach dem Sinn,* München 1979 (3. Auflage 1982).

Mao. Sollten wir nicht genug davon haben? Sollte man nicht überlegter mit diesem Thema umgehen? Sind 50 Jahre Abstand schon genug, um alle Erfahrungen zu löschen?

Regelmäßig haben charismatische Führer *Katastrophen* bewirkt. Nur wenige waren glücklich genug, einen *Chef* zu haben, der das *Schlimmste zu verhindern wusste.* Feldmarshall *Montgomery,* einer der charismatischsten militärischen Führer des Zweiten Weltkriegs, ist ein Beispiel: Sein Chef – Churchill – wusste seine Wirkung auf Menschen richtig einzuschätzen, verhinderte aber auch immer wieder Katastrophen. So hat er ihn beispielsweise nie *gegen Eisenhower* unterstützt.

Vielleicht kannte Churchill die Beurteilung, die Montgomery als junger Leutnant in Britisch-Indien von seinem damaligen Vorgesetzten bekam. Sie lautete sinngemäß: »People will follow Montgomery wherever he will go; but I suspect, it will be out of curiosity and not out of confidence.«

Montgomery war ein Draufgänger, ein Held, der mit »gezogenem Säbel« der Truppe voranstürmte. Das hat Wirkung auf die Leute, das interessiert sie, und sie stürmen solchen Menschen nach. Aber sie tun es aus Neugier und nicht aus Vertrauen. Solche Führer haben Gefolgschaft, weil »da etwas los ist«. Die wirklichen Führer haben Gefolgschaft, weil die Menschen ihnen vertrauen.

Die *Wirkung* von Charisma auf die Menschen bestreite ich nicht; auch nicht, dass es charismatische Menschen gibt. Entscheidend ist aber nicht, *ob* wir stürmen, sondern *wohin*; nicht *ob* wir geführt werden, sondern *wohin* wir geführt werden. Dies ist der wesentliche Punkt, an dem so viele Missverständnisse entstehen. Wirkung von Führern ist wichtig, aber sie muss kontrolliert sein durch die *Art der Ziele* und durch *Verantwortung*. Das ist auch der Grund, warum letztlich die Überlegungen, die ich im Kapitel über Corporate Governance anstellte, und die damit verbundenen Ziele und Maßstäbe so wichtig sind.

Im Gegensatz zu Montgomery hatten andere hochwirksame Führer dieses Jahrhunderts überhaupt kein Charisma, wie etwa Dwight Eisenhower, George C. Marshall, Harry S. Truman, Konrad Adenauer, Kurt Schumacher und Gottlieb Duttweiler. Und kaum jemand hat im vorigen Jahrhundert so wenig Charisma besessen wie Florence Nightingale, Abraham Lincoln, Georg von Siemens und Henry Dunant. Ich würde sie alle als Beispiele für echte Führer, wenn auch auf je ganz verschiedenen Gebieten, ansehen. Diese Menschen machten gewissenhaft ihre Hausaufgaben, sie führten durch Selbstdisziplin und durch Beispiel, nicht durch große

Slogans und Hurrageschrei. *Nicht Charisma, sondern Vertrauen war ihr Kapital.*

Charismatische Führer sind *gefährlich,* weil sie sich nicht an Spielregeln halten, sie sind unberechenbar; sie glauben, das Universum unter Kontrolle zu haben, sie verfolgen Utopien; sie glauben, in allem recht zu haben, werden rigid und sind daher recht bald auf der falschen Spur. Sie sind keine *Führer,* sondern *Verführer.*

Es ist möglich, dass charismatische Persönlichkeiten *auch* gute Führer sein können; aber sie sind großen Gefahren und Versuchungen ausgesetzt. *Sie sind immer ein Risiko.*

Kapitel 5

Macht, Verantwortung und Haftung

Mit obersten Führungspositionen ist Machtfülle verbunden. Ihre Macht wird in den Großunternehmen vervielfacht über die ihnen zur Verfügung stehenden Ressourcen. Die Macht des Topmanagements ist daher häufig Gegenstand von Kritik und lässt in regelmäßigen Abständen alle denkbaren Varianten von Verschwörungstheorien entstehen. Diese Macht ist aber notwendig, wenn Unternehmen Leistung erbringen sollen. Ich mache daher in diesem Buch keine Vorschläge zur Machtbegrenzung der Spitzenorgane. Meine Überlegungen beziehen sich auf die *Verteilung* der *relativen* Macht zwischen den beiden Topmanagement-Organen.

Macht an sich ist *nicht* das Problem. Das Problem ist *Machtmissbrauch*. Daher muss Macht *kontrolliert* und *verantwortet* sein. Für Kontrolle der Macht gibt es, wie ich gezeigt habe, genügend Ansatzpunkte. Wie steht es jedoch mit der *Verantwortung* von Macht?

Verantwortung hängt mit *Ethik* zusammen. An dieser Stelle meine ich aber nicht die großen philosophischen Theorien über die Ethik, sondern etwas viel Schlichteres – eine Art *Alltagsethik*. Letztlich besteht sie darin, für das, was man tut – und auch für das, was man zu tun versäumt hat – *einzustehen*. Es gibt kaum ein Management-Symposium und kaum eine Ansprache von Top-Persönlichkeiten, wo nicht über die Verantwortung des Managements gesprochen würde, oft mit bedeutungsschweren Worten. So wichtig aber das Thema Verantwortung ist, ich bevorzuge das Wort »Haftung«. Wofür und womit *haften* Führungskräfte?

Anlässlich eines solchen Symposiums mit hochgestellten Führungskräften, das zwei Tage lang der Verantwortung der Führung gewidmet war, fragte ich in der Plenumsdiskussion: *»Wir haben zwei Tage lange über Verantwortung gesprochen; wofür aber haften Sie eigentlich?«* Es gab – nebst einigen Unmutsäußerungen – betretenes Schweigen, und das Fazit der Diskussion war dann: *»Wir haften mit unserer gesellschaftli-*

chen Reputation.« Für die Machtfülle des Topmanagements ist das nicht genug.[89]

Sorgfaltspflicht allein genügt nicht

Ich meine hier nicht die in den Rechtsordnungen festgeschriebenen Haftungen für deliktisches Verhalten und auch nicht jene für die Verletzung der Sorgfaltspflicht. Dafür haben wir die Gesetze und die Vollzugsbehörden. Ich meine die Haftung für die *Qualität der Führung*, für Gewissenhaftigkeit des Handelns und für die Richtigkeit von Entscheidungen, Haftung für die Erbringung des Leistungsauftrages des Unternehmens, für die produktive Nutzung der dem Unternehmen anvertrauten Ressourcen, für Innovationsleistung und die Schaffung oder Erhaltung der Konkurrenzfähigkeit, die Haftung also für die *Erfüllung der unternehmerischen Aufgabe*. Es kann jemand in jeder Hinsicht den *Sorgfaltspflichten* des ordentlichen Kaufmannes oder Geschäftsführers nachkommen und trotzdem *unternehmerisch* versagen.

Das rückt die Figur des *Unternehmers* in den Vordergrund. Unternehmerisches Verhalten gehört in fast allen Unternehmen heute zu den wichtigsten Forderungen. Man will Manager und Mitarbeiter zu Unternehmern machen, und wenn sie schon keine »Entrepreneurs« mehr sein können, dann sollen sie wenigstens »Intrapreneurs« sein. Diesem Zweck sind denn auch zahlreiche und oft großangelegte Ausbildungsprogramme gewidmet, und die Beurteilungs- und Incentive-Systeme werden daraufhin ausgerichtet. Schafft das aber Unternehmer?

Unternehmer und unternehmerisches Verhalten werden oft unnötig hochstilisiert, überhöht und glorifiziert. Man hat einen bestimmten *Persönlichkeitstyp* vor Augen, nämlich die kreative, wagemutige, visionäre Pionierpersönlichkeit. Es gibt solche Menschen, aber es ist ein Irrtum, in Unternehmern generell die »strahlenden Helden« der Wirtschaft zu sehen. Unter den Unternehmern gab und gibt es alle Arten von Persönlichkeiten, genauso wie unter allen anderen Menschen. In Wahrheit gibt es keine Gemeinsamkeiten in ihren Persönlichkeiten. Manche entsprechen dem Idealtyp, andere sind weit davon entfernt.

---

89 Das negative Medienbild entspricht nicht der Wirklichkeit der Topmanager.

Es gibt nur ein *einziges* Element, das durch die Geschichte dem Unternehmer gemeinsam war und den Unternehmer *definierte* – es ist das Element der *Haftung*. Unternehmer ist, wer für seine Entscheidungen selbst haftet, und zwar *unbeschränkt, solidarisch für alles, was in seiner Organisation vor sich geht, ohne Rücksicht auf das Verschulden und mit seinem ganzen Vermögen.* Lange haben der Unternehmer und seine Familie mit Freiheit und Leben gehaftet. Die Folge unternehmerischen Versagens war nicht die Absentierung aus der Verantwortung durch den Bankrott einer juristischen Person, sondern die Schuldknechtschaft.

Das Rad der Geschichte wird man weder zurückdrehen wollen noch können. Es hat gute Gründe, weshalb die moderne Kapitalgesellschaft mit beschränkter Haftung als juristische Person entstanden ist. So wichtig, ja unverzichtbar sie ist, ihre *Folge* ist, dass an die Stelle des Unternehmers der Manager getreten ist. Manager haften nicht, jedenfalls nicht in derselben Weise. Sie mögen besonders befähigt sein und ihre Pflichten mit großer Kompetenz erfüllen; sie mögen hochrangig sein und ein Einkommen beziehen, von dem frühere oder heutige Unternehmer nur träumen können. Aber sie sind Angestellte. Auch der Vorstandsvorsitzende eines Weltkonzerns ist ein bezahlter Angestellter. Er arbeitet mit fremdem Geld; die Folgen seiner Entscheidungen treten zunächst und vor allem im Vermögen anderer Personen ein, und dies umso mehr, als es wahrscheinlich keinen Topmanager gibt, der nicht aufgrund der anstellungsvertraglichen Regelungen höchst komfortabel abgesichert ist und großzügige Abfindungs- und Pensionsansprüche hat.[90]

Die Haftung mit gesellschaftlicher Reputation und auch das Risiko, nicht wiederbestellt oder entlassen zu werden, haben fraglos ihre Wirkung. Aber wegen bloßer Unfähigkeit kann ein Vorstand nach deutschem Recht jedenfalls nicht entlassen werden. Auch ein Aufsichtsrat wird deswegen kaum aus seinem Amt entfernt. Man trennt sich, wie gesagt, »einvernehmlich«. Die Business Community weiß zwar, was dahintersteht, und die Person wird es daher schwer haben, eine andere, äquivalente Position zu bekommen. Dennoch machen die Abfindungen dieses Problem häufig zu erträglich.

---

90 Unter dem Einfluss des Shareholder Value hat sich das teilweise geändert. Die variablen Anteile an den Einkommen überwiegen. Manager haben daher zwar persönliches Risiko, aber für ihr Handeln dennoch keine Haftung. Außerdem ist die Fehlsteuerung durch rein monetäre Anreize exzessiv gestiegen. Abfindungen sind weiterhin gängige Praxis.

Vor allem ist eines wichtig: Man wird es den Menschen, die unter Umständen wegen des Versagens des Topmanagements zu Zehntausenden entlassen werden, nicht erklären können, warum kein Vorstand und Aufsichtsrat zurücktritt oder entlassen wird, und man wird es ihnen auch nicht erklären können, dass jemand im Falle eines Rücktritts auch noch mit hohen Abfindungssummen belohnt wird. Es geht hier nicht so sehr um das Geld, sondern es geht um die *Signalwirkung* auf die Menschen. Es geht darum, dass sie immer wieder darin bestätigt werden, dass es die »kleinen Leute« trifft, während die » großen Tiere« unbeschadet davonkommen.

Die Haftungsfrage in der Angestellten-Gesellschaft

Durch die Entstehung der juristischen Person ist also das entstanden, was man die *Angestellten-Gesellschaft* nennen kann, eine Gesellschaft, die durch den *Verlust der Haftung* gekennzeichnet ist. Das ist eine junge Entwicklung. Obwohl die Vorläufer der Organisationsform wirtschaftlicher Tätigkeit als juristische Person mit beschränkter Haftung wohl in das 17. Jahrhundert datiert werden können, hat der größte Teil der Menschen für lange Zeit noch nicht in Unternehmen gearbeitet. Das Leben spielte sich in der Familie, auf dem Bauernhof und im ganz kleinen Handwerksbetrieb ab. Heute arbeiten fast alle Menschen als Angestellte von Organisationen. Das damit gleichzeitig entstandene Problem des Haftungsverlustes und daher auch des potenziellen Verantwortungsverlustes hat, wie mir scheint, bisher wenig Beachtung gefunden.

Fast alles, was ein Manager für seinen Beruf braucht, kann man lehren, Verantwortung hingegen nicht. Man kann diese fordern, man kann appellieren. Letztlich aber läuft alles auf eine *Entscheidung* hinaus, die jede Person *höchstpersönlich* zu treffen hat, die Entscheidung, für das, was man tut, auch einzustehen. Entgegen dem Anschein, den Medien erwecken, handelt die Mehrheit der Führungskräfte in diesem Sinne und erfüllt freiwillig ihre Aufgaben mit aller erforderlichen Verantwortlichkeit. Wenn man der Sache auf den Grund geht, stellt sich heraus, dass es eine Erziehungsfrage ist.

Es gibt aber auch die anderen, die sich im entscheidenden Augenblick ihrer Verantwortung entziehen und alle Fluchtwege aus der Verantwortung benützen, die es in jedem Unternehmen, besonders in den großen, immer gibt. Sie handeln nach dem Motto: *Ich habe einen Fehler gemacht, aber schön dumm müsste ich sein, dafür auch noch einzustehen.*

Angesichts der mit obersten Führungspositionen verbundenen Machtfülle stellt sich somit die Frage, ob es genügt, sich auf jene Menschen zu verlassen, die ihre Verantwortung freiwillig übernehmen, und ob nicht auch für viele von diesen eine zu große Versuchung besteht, im entscheidenden Moment die Fluchtwege zu benützen. Es stellt sich die Frage, ob man die Haftung nicht wieder *konstitutionell* und *unausweichlich* in das Topmanagement einbauen muss, so schwierig das auch erscheinen oder sein mag.

Ich maße mir nicht an, dieses Problem lösen zu können, meine aber, dass eine Gesellschaft auf Dauer ohne Verantwortung nicht funktionieren kann. Wie für vieles, was ich in diesem Buch vorschlage, gilt auch hier, dass man mit den heutigen Lösungen sowohl für die Unternehmensaufsicht als auch für die Verantwortung so lange leben kann, wie es im Wesentlichen allen jedes Jahr besser geht, immer wieder mehr zu verteilen da ist und daher soziale Spannungen über materiellen Wohlstandszuwachs ausgeglichen werden können.

Wie sieht es aber aus, wenn das nicht mehr möglich ist und daher viele vom Wohlstand ausgeschlossen sein werden und womöglich sogar durch die sozialen Netze mangels ihrer Finanzierbarkeit nicht mehr aufgefangen werden können? Muss dann nicht damit gerechnet werden, dass diese Menschen, wenn sie zahlreich genug sind, die Frage nach der Verantwortung auf ganz andere Weise als bisher stellen werden? Werden sie dann unter Umständen die Einlösung der Haftung nicht mit Gewalt fordern? Und sollte es daher nicht schon vorsorglich Überlegungen dafür geben, mit welchen Lösungen man solchen Entwicklungen, die ich keineswegs für unmöglich halte, vorbeugen kann, damit sie überhaupt kein Angriffsziel haben können?

So schwierig das Problem von konstitutionell verankerter Verantwortung und Haftung für angestellte Führungskräfte auch zu lösen sein mag, wenn wir nur einen Bruchteil der Intelligenz, die in die Entwicklung des Wohlfahrtsstaates investiert wurde, diesem Problem zuwenden, dann werden Lösungen zu finden sein. Es ist übrigens keineswegs nur ein Problem der Wirtschaft. Obwohl wir also noch viel zu wenig darüber wissen, wie das in einer komplexen Gesellschaft zu bewerkstelligen ist, ist doch die Aufgabenstellung klar: *Kappe jeden Fluchtweg aus der Verantwortung und aus der Haftung für die Führer der gesellschaftlichen Organisationen.*

So sehr es zu respektieren ist, dass es, wie schon gesagt, Menschen gibt, die sich *freiwillig* ihrer Verantwortung stellen, muss wohl der Schwerpunkt der Suche nach Lösungen auf die *Systemgestaltung* gerichtet sein. Die Systeme sollten so gestaltet sein, dass die Verantwortung in diese eingebaut ist. Führer sollten sich der Verantwortung nicht entziehen können; das sollte der unveränderbare Preis für die Erlangung einer hohen Führungsposition sein – wie er es ja für den Unternehmer immer gewesen ist.

An sich kann jedes Unternehmen seine eigenen Lösungen finden. Ihre Ausgestaltung und ihr Vollzug werden naturgemäß zu einem erheblichen Teil in den Händen des Aufsichtsorgans liegen müssen. Aus Gründen der Gleichheit der Konkurrenzbedingungen kann es sein, dass man zum Ergebnis kommt, dass gewisse Fragen auch durch gesetzliche Vorschriften zu regeln sind.

Richtungsweisende Beispiele für Haftungsregelung

Einige Beispiele für unternehmensindividuelle Regelungen gibt es. Es sind jene Unternehmen, in denen die Geschäftsleitungsmitglieder persönlich haftende Gesellschafter sein müssen und jemand, der diese Haftung nicht eingeht, nicht Geschäftsleitungsmitglied werden kann.

Eine weitere Möglichkeit sehe ich in jenen Fällen, wo die Topmanager einen Teil ihres Einkommens in Form von Aktien des Unternehmens oder Optionen erhalten (wobei Aktien im Interesse der begünstigten Manager vorzuziehen sind), allerdings nur dann, wenn diese mit erheblichen Wartefristen bezüglich ihrer Verkäuflichkeit verbunden sind. Vorzugsweise sollten Papiere dieser Art erst etliche Jahre nach dem *Ausscheiden* des Begünstigten aus dem Unternehmen verkauft werden können, nämlich dann erst, wenn die Wirkungen ihrer Entscheidungen in den Ergebnissen sichtbar werden. Das ist mit dem Riskio verbunden, dass Nachfolger wiederum andere und auch falsche Entscheidungen treffen. Außerdem läuft man das Risiko einer Börsenentwicklung, die unabhängig von der Leistungskraft des Unternehmens alle Kurse negativ beeinflusst, was in Bear Markets der Fall ist. Wie bekanntlich die Flut alle Schiffe, auch die ausgemusterten, hebt, lässt Ebbe alle sinken, auch die besten. Nachbesserungen der Optionspreise müssen selbstverständlich ausgeschlossen sein.

Eine andere Lösung könnte zum Beispiel darin bestehen, Pensionen und Abfindungen nicht vom vergangenen Unternehmenserfolg abhängig zu machen, sondern vom zukünftigen. Es könnte zum Beispiel die Hälfte der einem Topmanager zustehenden Pension so ausgestaltet sein, dass sie erstmals drei Jahre nach Ausscheiden aus dem aktiven Dienstverhältnis und vielleicht ein zweites Mal nach fünf Jahren nochmals verhandelt werden kann oder automatisch an den dannzumaligen Cash-Flow gebunden ist.

Lösungen dieser Art erzwingen *erstens* die Zukunftsorientierung von Führungskräften, *zweitens* eine langfristige Denkweise und *drittens* die unternehmerische Haftung mit eigenem Geld. Die beabsichtigte Wirkung solcher Lösungen zielt nicht auf Schadenersatzfragen zugunsten des Unternehmens. Dafür wären im Regelfall die involvierten Summen zu klein. Die Wirkung zielt auf die Erzwingung der *Gewissenhaftigkeit* der Aufgabenerfüllung und die *Qualität* der Entscheidungen. Diese Vorschläge bezwecken, den Kreislauf zwischen der Entscheidung und den Wirkungen und Folgen dieser Entscheidung im Vermögens- und Einkommensbereich des Entscheiders zu schließen. Man entscheidet anders, wenn auch eigenes Geld im Spiel ist und man einen Mangel an Sorgfalt dort unmittelbar zu spüren bekäme.

Ich habe es zu oft erlebt, dass Topmanager und ihre Mitarbeiter Entscheidungen, die für das Unternehmen erfolgskritisch waren, mit bemerkenswerter Oberflächlichkeit getroffen haben, um diese Fragen nicht ernstzunehmen. Ich habe Fälle erlebt, wenn auch selten, wo Vorstände vor ihren eigenen Mitarbeitern sagten, dass sie, wenn es um ihr Geld und ihr Unternehmen ginge, dieser oder jener Entscheidung nie zugestimmt hätten. Darin kann kaum ein Vorbild für gute Führung gesehen werden.

Solchen Vorschlägen wird man entgegenhalten, dass sie es schwieriger machen, eine ausreichende Zahl von befähigten Personen zu finden. Andererseits kann argumentiert werden, dass das kein Nachteil sein muss, denn ein Topmanager, der solche Risiken nicht einzugehen bereit ist, denen ins Gewicht fallende Chancen gegenüberstehen, ist für das Unternehmen möglicherweise nicht der beste. Vielleicht glaubt er nicht an seine eigenen Fähigkeiten, oder er will diesen Glauben – aus welchen Gründen auch immer – jedenfalls nicht durch haftende Mittel unterlegen. Es stellt sich dann die Frage, ob man ihm die Verantwortung über fremde Ressourcen und über andere Menschen übertragen sollte.

Solche Regelungen würden sich positiv auf die Selektionsmechanismen für Führer auswirken und auf ihre individuellen Ambitionen. Wären sich die potenziellen und die Möchtegern-Führer darüber im Klaren, dass sie sich bei Erlangung einer Führungsposition in eine ausweglose Lage bezüglich Verantwortung und Haftung begeben, würden viele darauf verzichten, solche Positionen überhaupt anzustreben, was kein Schaden für die Gesellschaft wäre. Andere wiederum würden sich besser vorbereiten und bilden und würden sich intensiver mit den Anforderungen an Führung auseinandersetzen.

Wiederum ein anderes Argument lautet, dass die Dynamik eines Unternehmens reduziert würde, weil die Exekutive unter Haftungsbedingungen nicht mehr bereit wäre, Risiken mit Innovationen und Investitionen einzugehen. A prima vista ist das plausibel. Andererseits gibt es genügend Beispiele für Risikofreude und Innovationskraft vollhaftender Unternehmer.

Eine Gesellschaft, die die Fragen der Machtkontrolle, der Verantwortung und der Haftung nicht oder schlecht löst, wird auf die Dauer beträchtliche Schwierigkeiten mit Qualität, Wirksamkeit und Glaubwürdigkeit ihrer Führung haben. Diese Schwierigkeiten können an die Wurzeln einer freiheitlichen und rechtsstaatlichen Gesellschaft gehen, und ein Rückfall in längst überwunden geglaubte Gesellschaftsformen anarchistischen oder totalitären Zuschnitts ist nicht auszuschließen, wie die Beispiele in den früheren kommunistischen Ländern, aber auch in den korrupten Gesellschaften Lateinamerikas, Asiens und Afrikas zeigen.

Kapitel 6

Personalauswahl und Besetzung der obersten Positionen

Gesamtführung des Unternehmens und Funktionsweise der beiden Spitzenorgane müssen – das ist die Grundthese dieses Buches – *konstitutionell* geregelt sein. Es darf nicht vom Ermessen der handelnden Personen abhängig sein, welche Aufgaben erfüllt werden und wie das geschieht. Letztlich muss die Arbeit aber doch von Menschen getan werden. Ihre Auswahl ist daher kritisch, selbst wenn die Unternehmensverfassung noch so gut durchdacht ist. Sie muss täglich mit neuem Leben erfüllt werden, sonst verkommt sie zu einem Stück wertlosen Papiers; sie muss interpretiert, auf die jeweils konkrete Situation appliziert und vor allem muss sie realisiert werden.

Vier Risiken bei Top-Personalentscheidungen

Die Besetzung der Schlüsselpositionen und insbesondere des Exekutivorgans erfordert größte Sorgfalt. Das muss kaum betont werden. In der Praxis ist diese Sorgfalt aber nicht immer zu beobachten. Obwohl es schwierig ist, von außen zu beurteilen, wie Stellenbesetzungen im Einzelnen vorbereitet werden und zustande kommen, sind an den Ergebnissen gemessen Zweifel begründet.

Nicht wenige der seit Mitte der neunziger Jahre getroffenen Personalentscheidungen für oberste Positionen der Wirtschaft im deutschsprachigen Raum waren von außen recht klar im Voraus als *Fehlentscheidungen* zu erkennen, andere haben sich im Nachhinein als solche erwiesen, und bei einem ins Gewicht fallenden Anteil ist zumindest Skepsis angebracht. Auch in der Politik finden sich lehrreiche Beispiele. Einer der Hauptgründe für die zum Teil desaströse Politik John F. Kennedys war der bedrückende Mangel an Sorgfalt bei der Besetzung von Regierungspositionen. Schlamperei ist ein milder Ausdruck, wenn man seine Vorgehensweise vergleicht mit der Gewissenhaftigkeit, mit der Truman seine Personalentscheidungen traf. Der frühere österreichische Bundeskanzler Kreisky mag ein großer Staatsmann und Außenpolitiker gewesen sein, seine Personalentscheidungen waren hingegen fast ausnahmslos eine Katastrophe.

Die Qualität der Personalauswahl für das Exekutivorgan liegt zur Gänze und ausschließlich in den Händen der Unternehmensaufsicht. Sie hat dafür unbeschränkte Befugnisse und die alleinige Verantwortung. Die *Wirkung* der personellen Entscheidungen des Aufsichtsorgans geht aber weit über das Exekutivorgan hinaus. Dessen Mitglieder und wohl auch die Art, wie sie selbst ausgewählt wurden, bestimmen, wie *alle anderen* Personalentscheidungen im Unternehmen getroffen werden.

Personalentscheidungen sind *the ultimate control of an organization.*[91] Mit ihnen steht und fällt alles. Aus diesem Grunde widmen erfahrene und kompetente Führungskräfte auch den *weitaus größten* Teil ihrer Zeit den Personalfragen, und zwar nicht nur dann, wenn sie unmittelbar für das Personalressort verantwortlich sind. Alfred P. Sloan, 36 Jahre lang der Mann an der Spitze von General Motors, setzte bis zur Hälfte seiner Zeit für Personalentscheidungen ein, und er wirkte selbst an solchen für ziemlich niedrige Hierarchieebenen mit.[92]

Die Personalentscheidungen in ihrem gesamten Spektrum – Auswahl, Beförderung, Versetzung, Rückstufung und Entlassung von Menschen – bestimmen *erstens* die *Leistungskapazität* eines Unternehmens. Alle anderen Ressourcen haben zwar ihre Bedeutung Maschinen, Geld, Computer usw. –, aber der leistungsbestimmende Engpass sind die *Menschen.*[93]

Die Entscheidungen über Menschen sind *zweitens* der eigentliche Dreh- und Angelpunkt der *Unternehmenskultur.* Egal, was das Unter-

---

91 Peter F. Drucker an mehreren Stellen seines Werkes und in persönlichen Gesprächen.

92 Alfred P. Sloan hat aus einem »zusammengewürfelten Haufen« bankrotter Pionierunternehmen General Motors zum weltgrößten produzierenden und zu seiner Zeit auch zu einem der profitabelsten Unternehmen gemacht. Drucker bezeichnet ihn nicht umsonst als den »wahren Professionellen«. Siehe Drucker, Peter F.: *Zaungast der Zeit*, Düsseldorf 1981, Seite 227ff.

93 In den reinen Knowledge Organizations und immer stärker in den Knowledge Functions der Industrie sind es ausschließlich die Menschen.

nehmen an Programmen zur Förderung und Veränderung der Unternehmenskultur durchführt, wenn es Divergenzen zwischen diesen Programmen und den Personalentscheidungen gibt, dann orientieren sich die Menschen an den Personalentscheidungen. Wenn diese beiden Elemente widersprüchlich sind, verpuffen selbst die größten und besten Programme und werden häufig als eine raffinierte Form von Zynismus empfunden. Die Personalentscheidungen sind die *häufigste Quelle* von Frustration, von innerer und äußerer Kündigung, von Agonie und Bitterkeit.

Personalentscheidungen bergen *drittens* das *größte Risiko*, weil sie zum einen nur *schwer korrigierbar* sind und daher *Langzeitwirkung* haben. Das gilt ganz besonders für die Entscheidungen, die die Unternehmensspitze und Schlüsselpersonen in Geschäftsbereichen und Tochtergesellschaften betreffen. Sie haben zum anderen die größte *Signalwirkung*, weil sie für alle *sichtbar* sind. Personalentscheidungen kann man nicht geheim halten. Viele andere Entscheidungen interessieren das Gros der Belegschaft nicht wirklich, oder sie werden nur bedingt verstanden. Sachbezogene Fehlentscheidungen können, wenn nötig, versteckt werden. Investitionsentscheidungen und Innovationsprojekte, die schiefgehen, sind nur selten für die ganze Belegschaft interessant. Temporär sind sie aktuell, mit der Zeit vergisst man sie aber. Bei Personalentscheidungen ist das anders. Sie interessieren Belegschaft, Medien und Öffentlichkeit, und wenn sie falsch sind, werden die Menschen täglich daran erinnert.

Wer hier versagt läuft *viertens* über alle Probleme hinaus, die er sich damit ohnehin schafft, noch Gefahr, die *Achtung* in seiner Organisation zu verlieren. Wie oft kann ein Aufsichtsorgan eine Vorstandsposition, gar jene des Vorstandsvorsitzenden falsch besetzen, bevor man an der Kompetenz der Aufsicht zu zweifeln beginnt? Und wie oft kann sich ein Vorstand eine Fehlbesetzung von Geschäftsbereichen und Tochtergesellschaften leisten?

Zu Qualität und Erfolg von Personalentscheidungen sind mir keine brauchbaren Untersuchungen bekannt. Es scheint, dass wir es hier weitgehend mit *terra incognita* zu tun haben. Aus langjähriger Erfahrung und vielen Gesprächen mit Führungskräften aller Ebenen traue ich mich aber zu sagen, dass – auf alle Führungsebenen bezogen – höchstens ein Drittel der Personalentscheidungen wirklich gesamthaft gut ist – von der Qualität, dass man auch nach Jahren noch sagt: *»Das ist oder war die* *richtige Person auf dieser Stelle.*« Ein weiteres Drittel ist so, dass man damit leben kann, und das letzte Drittel sind Fehlentscheidungen. Auf keinem anderen Gebiet würde man mit solchen Misserfolgsquoten leben können.

Vor diesem Hintergrund fällt auf, dass es Menschen gibt, die bei Personalentscheidungen einen ausgezeichneten Leistungsausweis vorlegen können, die im Laufe ihres Lebens – obwohl oder vielleicht weil sie sehr viele Personaldispositionen treffen mussten – nur wenige Fehlentscheidungen getroffen haben. Von ihnen kann man lernen. Alfred P. Sloan gehörte dazu und General George C. Marshall. In Deutschland darf wohl Hermann Joseph Abs, lange Jahre der Mann an der Spitze der Deutschen Bank, dazugezählt werden. Als Marshall am 1. September 1939 sein Amt antrat, hatte die amerikanische Armee nur eine Stärke von etwa 200 000 Mann und ein hoffnungslos überaltertes Offizierskorps. Am Ende des Zweiten Weltkriegs betrug der Personalstand der Streitkräfte etwa 10 Mio. Menschen, und sie hatten die beste Führungselite, die es in Amerika vorher und nachher je gab. Die meisten Personalentscheidungen bis auf die Ebene des Divisionskommandos wurden entweder von Marshall selbst getroffen, oder er wirkte an ihnen maßgeblich mit. In der deutschen Nachkriegswirtschaft wurden nicht viele oberste Positionen ohne Mitwirkung von Hermann Joseph Abs besetzt. Abgesehen von seinen Leistungen als Bankier hat er damit wesentlich zum Erfolg der Wiederaufbauphase beigetragen.

Der erste Impuls der meisten Leute, wenn sie von solchen Beispielen hören, ist die Meinung, dass das besondere *Menschenkenner* gewesen seien. Das ist ein weit verbreitetes Märchen, ein Irrglaube. Nicht Menschenkenntnis ist der Grund für gute Personalentscheidungen, sondern die disziplinierte Anwendung einiger *Grundsätze* und einer einfachen *Methode*, also der Art und Weise, wie diese Personen bei Entscheidungen in Personalangelegenheiten vorgegangen sind.

Ich behandle die wichtigsten Aspekte hier nicht nur mit Bezug auf die Besetzung des Exekutivorgans, sondern in einem *allgemeineren* Sinne, das ganze Unternehmen und alle Führungsebenen betreffend, wissend, dass nur das Exekutivorgan in die *direkte* Verantwortung der Unternehmensaufsicht fällt. Die umfassendere Perspektive ist aber durch die indirekten und übertragenen Wirkungen gerechtfertigt, ja notwendig, weil die Gesamtqualität der Personalentscheidungen – oder auch ihre Mängel – ihren Ursprung beim Aufsichtsorgan haben.

Sieben Grundsätze für richtige Personalentscheide

1. Der *erste* Grundsatz lautet, dass niemand ein Menschenkenner ist. Das löst – klar ausgesprochen – Überraschung und Widerstand aus. Umso mehr ist diese Maxime ernstzunehmen. Selbstverständlich gibt es Personen, die über ein höheres Maß an Menschenkenntnis verfügen als andere – meistens deshalb, weil sie mehr mit Menschen zu tun haben und weil sie Personalentscheidungen häufig treffen oder an solchen mitwirken. Aber gerade jene Menschen, denen man nach all ihrer Erfahrung ein hohes Maß an Menschenkenntnis zuzubilligen geneigt ist, halten sich an diesen Grundsatz. Zwar haben sie Menschenkenntnis, aber – das ist das Wesentliche – sie *verlassen sich darauf nicht*. Es macht gerade ihre Kompetenz aus, dass sie *wegen* ihrer Erfahrungen wissen, wie oft man von ersten oder auch zweiten Eindrücken und von Intuition getäuscht werden kann. Das mit Personalentscheidungen verbundene Risiko ist ihnen zu groß, um sie auf Basis *subjektiver* Gewissheit zu treffen.

2. Der *zweite* Grundsatz betrifft den Umgang mit Fehlern in Zusammenhang mit Personalentscheidungen. Wenige werden von sich behaupten können, nie eine personelle Fehlentscheidung getroffen zu haben. Wichtiger ist aber, wie man auf einen Fehler reagiert. Die naheliegende und häufige Reaktion ist, die Schuld bei der anderen Person zu suchen, bei jener Person, die man ausgewählt hat und die nun versagt. Erfahrene Leute zügeln diesen Impuls. Sie handeln nach dem Motto: »*Ich habe eine Fehlentscheidung getroffen – und daher muss ich sie korrigieren.*«

Daher darf man das berühmte *Peter's Principle* nicht gelten lassen, wonach jeder Mensch bis zur Stufe seiner Inkompetenz befördert wird. Es ist in Wahrheit nur eine bequeme Begründung für mangelnde Sorgfalt bei Personalentscheidungen. Wo immer man einen Versager auf einer Position findet, gibt es einen anderen, der ihn dorthin befördert hat, und dieser – nicht der Beförderte – hat die Verantwortung zu tragen.

3. Im Leben von Topmanagern wird es immer wieder vorkommen, dass sie *schnelle* Entscheidungen treffen müssen. Dies sollte zwar nicht die Regel sein, aber es ist doch notwendig. Personalentscheide – der *dritte* Grundsatz – darf man aber *nie* schnell treffen. Schnelle Personalentscheidungen sind praktisch immer *falsche* Personalentscheidungen. Aus den einleitend dargelegten Gründen für die Wichtigkeit dieser Entscheidungen, wegen ihrer Langfristigkeit und präjudiziellen sowie Signalwirkung müssen Personalentscheide – insbesondere für die Spitzenpositionen – mit aller nur

denkbaren Sorgfalt, Gewissenhaftigkeit und Gründlichkeit getroffen werden – das benötigt Zeit, die man sich nehmen muss.

4. Das *vierte* Prinzip lautet, dass man nie einer Person, die für das Unternehmen neu ist, eine auch für das Unternehmen neue und kritische Aufgabe übertragen sollte. Mit neuen und wichtigen Aufgaben muss man Menschen beauftragen, die man schon kennt und daher einschätzen kann. Jenen Personen, die man noch nicht kennt, muss man Aufgaben geben, die für das Unternehmen bekannt sind.

Ein Verstoß gegen diesen Grundsatz – bemerkenswert oft vorkommend – bedeutet, dass man sich eine Gleichung mit zwei Unbekannten stellt und entsprechend hohe Risiken eingeht. Eine Unbekannte genügt: Wenn schon die Aufgabe neu ist, so kennt man wenigstens die Person, die sie zu lösen hat. Man kann ihre Reaktionen und ihr Verhalten in kritischen Situationen einschätzen; man weiß, was man von dieser Person erwarten darf und was nicht, man kennt ihre Stärken und Schwächen. Wenn hingegen die Person neu ist, so weiß man über sie trotz aller Analysen und Abklärungen im Grunde nichts. Dafür kennt man wenigstens die Aufgabe und kann daher unter Umständen in kritischen Momenten helfen.

Dieser Grundsatz kann im Allgemeinen eingehalten werden. An seine Grenzen stößt man bei der Besetzung von Spitzenpositionen *von außen*. Das ist daher auch eine der riskantesten Entscheidungssituationen, die man, wenn immer möglich, vermeiden sollte.

5. In einem Zusammenhang mit dem vierten Grundsatz stehend ist eine *fünfte* Leitlinie zu nennen: Die schwierigsten Stellen müssen mit den besten Leuten besetzt werden. Auf den ersten Blick ist das eine Selbstverständlichkeit, die kaum der Erwähnung wert zu sein scheint. Die Praxis ist häufig anders. In vielen Unternehmen sind die besten Mitarbeiter in den Konzernzentralen statt dort, wo die Ergebnisse erzielt werden müssen; und sie sind in den etablierten Home Markets statt in den neuen »Emerging Markets«.

Am deutlichsten kann man das am Beispiel der Globalisierungsbemühungen sehen. In der Regel findet man in den Auslandsorganisationen nicht jene Personen, die man kraft ihrer Fähigkeiten und Erfahrung dorthin schicken sollte, sondern jene, die freiwillig dazu bereit sind. Freiwilligkeit, so sehr man sie schätzen muss, ist nicht dasselbe wie Kompetenz. Viele Asien-Operationen scheitern oder sind wenig erfolgreich, weil man zu wenig Mut oder Kraft hatte, die besten Führungskräfte mit diesen schwierigen Aufgaben zu betrauen. Jene, die – aus welchen Gründen auch immer – die Aufgaben übernommen haben, stehen im Ausland den besten Leuten gegenüber, die diese Länder aufzubieten haben – als Kunden, Politiker oder Konkurrenten. Selbst wenn sie als Partner involviert sind, ist es nicht gut, sie mit den zweit- oder drittbesten Managern zusammenzubringen, weil sie das unter Umständen als Beleidigung auffassen.

6. Die *sechste* Maxime ist, den Menschen einen Anspruch auf kompetente Führung zuzubilligen. Wenn man jemanden zu einem Vorgesetzten macht, gibt man ihm das *Schicksal* anderer Menschen in die Hand. Durch schlechte, inkompetente, korrupte Führung ist bisher mehr Unheil angerichtet worden als durch Naturkatastrophen und Krankheiten. Daher sind die *höchsten* Maßstäbe gerade gut genug, wenn es darum geht, Menschen zu Vorgesetzten anderer Menschen zu bestellen.

»Der Soldat hat ein Recht auf kompetente Führung« war schon zu Zeiten Julius Cäsars eine alte Weisheit – und er selbst hat sich, nach allem, was man weiß, daran gehalten. Dieses Recht findet sich aber auch zweitausend Jahre später noch nicht im Katalog der Menschenrechte. Bemerkenswert in einer Welt, in der 95 Prozent aller Menschen einen Chef haben.

7. Ganz generell, insbesondere aber bei obersten Positionen neigt man dazu, in eine *Falle* zu tappen – die Falle des *Universalgenies*. Man sucht nach der »rundum vollendeten Persönlichkeit«, nach dem »Multitalent«, dem »Allround-Könner« und »Generalisten«. Das ist verständlich und wird von obersten Positionen mit ihrer Vielfalt an Aufgaben beinahe erzwungen. Genau das ist aber ein Fehler und eine Falle. Der siebte Grundsatz muss daher lauten: *Es gibt keine Universalgenies.* Sie sind eine Fiktion, eine Legende. Man kann sie zwar *beschreiben*, aber man kann sie nicht *finden*.[94]

Menschen haben Stärken und Schwächen. Je ausgeprägter ihre Stärken sind, umso größer und gewichtiger sind in aller Regel auch die Schwächen. Es gibt natürlich Menschen, die mehr Erfahrung als andere haben, die mehr können als andere. Diese Menschen mögen daher für bestimmte Positionen geeigneter sein als andere. Aber auch sie haben ihre Vorzüge und ihre Mängel.

Dies einsehend laufen viele in eine *andere*, gegensätzliche Falle: Sie wählen Leute aus, die die *geringsten Schwächen* haben, sie suchen die »abgerundete Persönlichkeit«. Während die eine Falle zur Suche nach

---

94 Dazu ausführlich mein Buch *Führen Leisten Leben. Wirksames Management für eine neue Zeit*, Frankfurt/New York 2006.

dem *Unmöglichen* führt, gelangt man durch die zweite zur *Mittelmäßigkeit*. Das Geheimnis jeder erfolgreichen Organisation sind weder »Universalgenies« noch »abgerundete Persönlichkeiten«, sondern es sind Menschen mit *herausragenden Stärken*, mit genau jenen Stärken, die das Unternehmen in der speziellen Situation für den Erfolg braucht. Diese treten – leider – immer im Verbund mit erheblichen Schwächen auf. Der hier behandelte Grundsatz bereitet vielen Führungskräften bemerkenswerte Schwierigkeiten. Es fällt ihnen schwer, ihn zu akzeptieren und einzuhalten.

Methodik der Personalauswahl

Der Schlüssel zu guten Personalentscheidungen ist also nicht besondere Menschenkenntnis. Er liegt auch nicht in psychologischen Tests, grafologischen Gutachten oder gar esoterischen und astrologischen Methoden – die übrigens häufiger vorkommen, als man wahrhaben möchte. Der Schlüssel sind auch nicht die Assessment Centers, die man bei obersten Positionen ohnehin nicht anwenden kann.

Die seriösen Testmethoden kann und soll man selbstverständlich dort, wo es möglich ist, einsetzen; sie haben ihren Stellenwert. Sie ersetzen aber nicht die Personalentscheidung als solche. Ihr Hauptnutzen besteht darin, *ungeeignete* Kandidaten rasch als solche zu erkennen und auszuscheiden; sie helfen in der Regel aber nicht, die *geeigneten* Menschen zu finden. Dafür braucht man eine Methode, eine im Kern einfache Abfolge von Schritten, an die man sich mit Systematik und Sorgfalt halten sollte, dies umso mehr, je wichtiger die zu besetzende Position ist.

Die im Folgenden beschriebenen Schritte gelten sowohl für die Stellenbesetzung von *innen* als auch für die von *außen*. Methodisch gesehen schlage ich vor, *keinen prinzipiellen* Unterschied zu machen. Bei Besetzung von innen ist jedoch die *Informationslage* besser. Über Personen, die schon längere Zeit im Unternehmen arbeiten, weiß man *mehr*, und das Wissen über sie hat einen höheren Grad an *Zuverlässigkeit*. Einige der vorgeschlagenen Schritte sind somit in diesem Falle einfacher und leichter, aber nicht grundsätzlich verschieden. Auf die Grundsatzfrage, ob für die Schlüsselpositionen eher von innen oder von außen rekrutiert werden sollte, werde ich später eingehen.

1. Die Aufgabe – das Assignment – durchdenken

Der erste Schritt besteht darin, die Aufgabe, die sich auf der zu besetzenden Position stellt, gründlich und gewissenhaft zu durchdenken. Dabei geht es um *viel mehr* und *etwas anderes* als die Erstellung der üblichen Anforderungsprofile. Genau diese sind es nämlich – insbesondere wenn man sie von Externen, z. B. Executive Searchern, machen lässt –, die in die Falle des »Universalgenies« führen.

Die Schlüsselfrage darf nicht lauten: Welche Anforderungen gibt es an diese Stelle?, sondern ganz anders: Welche spezifische Aufgabe stellt sich für den nächsten überschaubaren Zeithorizont auf dieser Position? oder auch: Welcher konkrete Auftrag wird prioritär vom Positionsinhaber zu erfüllen sein?

Hier ist ein Aspekt zu beachten, der fast gänzlich übersehen wird. Es ist der Unterschied zwischen »Stelle« und »Auftrag« oder im Englischen zwischen »Position« und »Assignment«. Es ist nicht schwierig, die Stelle eines Geschäftsführers, eines Vorstandsmitgliedes oder eines Vorstandsvorsitzenden *allgemein* zu beschreiben. Jeder Anwalt kann einen vorformulierten Mustervertrag aus seinem Textsystem nehmen, in dem die wesentlichen Aspekte enthalten sind. Daher gibt es zwar große Unterschiede in den Verträgen bezüglich der *Konditionen* und *Abfertigungsregeln*, aber kaum bezüglich der *Aufgabenumschreibung*. Deswegen sind sie in dieser Beziehung auch nichtssagend.

Der Schwerpunkt dieses ersten Schrittes muss auf der präzisen Erfassung der *Aufgabe* und *nicht* der Stellenanforderung liegen. Die Position mag »Geschäftsführung« oder »Vorstandsvorsitz« heißen. Wird der Auftrag aber darin bestehen, ein florierendes Unternehmen weiterhin gut zu führen? Oder muss ein Turnaround, ein Sanierungsfall gemanagt werden? Wird das Unternehmen eher aus eigener Kraft wachsen, oder wird eine forcierte Akquisitionsstrategie zu betreiben sein? Werden Innovationsschübe zu managen sein? Wird man strategische Allianzen eingehen müssen? Steht man vor einer tiefgreifenden Restrukturierung?

Je nachdem braucht das Unternehmen an der Spitze und auf den Schlüsselpositionen völlig *verschiedene* Stärken und eine jeweils sehr unterschiedliche Stärkenkombination. Es ist fast ausgeschlossen, dass ein und dieselbe Person in allen Situationen gleich gut ist. Leute, die »business as usual« gut managen können, versagen in der Regel in einer Phase massiver Umstrukturierung; Akquisitionsmanager sind andere Charaktere als Allianzmanager.

Das Ideal bestünde darin, für jede Situation mindestens teilweise die Schlüsselpositionen anders besetzen zu können. Das wird in der Wirtschaft kaum gehen. Man wird immer mit zahlreichen *Kompromissen* leben müssen. Aber man kann die Chance, die eine Neubesetzung einer Spitzenposition bietet, entsprechend nützen. Das ist ein »Window of Opportunity«.

Am Rande sei vermerkt, dass auf diesem Gebiet die militärischen Organisationen deutlich mehr Flexibilität haben und nutzen als die Wirtschaft. Mit Sicherheit wird jeweils ein anderer Divisionskommandant eingesetzt, je nachdem, ob es darum geht, eine Division aufzustellen und auszubilden oder sie in eine Schlacht zu führen oder eine geschlagene Division wieder zu retablieren. Jahrhundertelange Erfahrung und viele Fehlentscheidungen sind überzeugende Lehrmeister. Der große Vorteil einer Armee und das, was ihr diese Entscheidungen ermöglicht, ist ein Reservoir an *gleich* ausgebildeten Leuten, von denen man weiß, dass sie ihr Handwerk gelernt haben. Auf dieser Grundlage können dann die spezifischen und situationsentsprechenden Stärken genutzt werden. Diesen Vorteil hat die Wirtschaft bisher kaum oder nur bedingt.

2. Mehrere Kandidaten anschauen

Die Betonung liegt auf »mehrere«. Die Überschrift klingt trivial. Es scheint eine Selbstverständlichkeit zu sein, dass man *mehrere* Personen evaluiert, bevor man entscheidet. Die Praxis zeigt ein anderes Bild. Dieser Schritt wird zwar in der Regel vollzogen, wenn es um Stellenbesetzung von außen geht. Er ist aber viel seltener, wenn von innen rekrutiert wird, dann aber genauso wichtig.

Zu früh werden »Kronprinzen« und Vorzugskandidaten aufgebaut. Damit wird nicht eine Entscheidung *getroffen*, sondern eine solche *präjudiziert*. Man ist zu früh auf jemanden fixiert, der zum Beispiel mit dem bisherigen Stelleninhaber lange zusammengearbeitet hat oder sein Stellvertreter war. Oder man ist fixiert auf jemanden, der in jüngster Vergangenheit gerade besondere Erfolg zu verzeichnen hatte, die einem zur Kenntnis gelangt sind; oder umgekehrt, jemand wird von vornherein aus dem Rennen genommen, weil er gerade einen Misserfolg zu verkraften hat. Das alles ist Impuls, aber nicht Entscheidung.

Man muss *drei* und noch besser *fünf* ernsthaft infrage kommende Kandidaten haben. Das ist für die Besetzung von Spitzenpositionen ein *anspruchsvolles* Kriterium. Es ist weder in der Wirtschaft noch z. B. in der Politik leicht, für wirklich oberste Positionen drei bis fünf im Prinzip gleichermaßen infrage kommende Personen zu finden.

3. Gründliches Durchdenken, nach welchen Gesichtspunkten die Kandidaten zu beurteilen sind

Für diesen Schritt muss auf die Ergebnisse des ersten Schrittes zurückgegriffen werden können. Welche *speziellen Stärken* erfordert die Erfüllung der Schlüsselaufgabe in Bezug auf fachliche Aspekte, Erfahrung und Persönlichkeit? Genau hier darf nicht nach der »rundherum guten Person« gefragt werden, sondern nach dem, was eine Person ganz *speziell* für die gestellte Aufgabe vorweist. Die Aufmerksamkeit muss auf die Stärken der Kandidaten gerichtet sein. Was kann jeder besonders gut im Hinblick auf die Aufgabe? Schwächen, die man entdeckt – nebenbei viel leichter als die Stärken –, vermindern naturgemäß die Chancen, dass jemand ausgewählt wird. Aber die Stärken sind es, die den Ausschlag geben müssen.

Woran kann man Stärken erkennen? Das ist immer eine schwierige Aufgabe. Am leichtesten findet man sie in den Lebensläufen, aber nur, wenn man auf etwas achtet, was fast *nie* in ihnen enthalten ist – auf die *Ergebnisse*, die eine Person bisher in ihrem Leben erzielt hat. Aufgrund meiner Erfahrungen finde ich es bemerkenswert, dass in Lebensläufen fast nur Listen von *Positionen* enthalten ist, die jemand innehatte – oft glanzvolle und beeindruckende Positionen. Es ist aber *nicht* angegeben, was die Leute dort erreicht haben, welche *Resultate* sie erzielten, wie die Stelle bei Antritt und bei Beendigung des Dienstverhältnisses aussah. Die Ergebnisse, die jemand bisher in seinem Leben erzielt hat, sind das wichtigste Element für seine Beurteilung. Bei Beförderungen von innen stellen sich diesbezüglich keine Probleme. Man kennt die Ergebnisse. Bei Besetzung von außen ist das nicht so einfach.

Ein weiterer Aspekt, auf den man achten muss, ist die *Effektivität* einer Person, die Wirksamkeit ihrer Arbeitsweise. Die besten Talente, die größte Intelligenz und die herausragendsten Stärken bleiben bedeutungslos, wenn sie nicht genutzt werden. Es ist nicht einfach, herauszufinden, wie es mit der Wirksamkeit einer Person bestellt ist. Dabei geht es unter anderem auch um Dinge, die etwas banal erscheinen und auf die man sicherlich nicht im ersten Gespräch kommen wird. Aber man muss sie im Auge behalten.

Weitere Elemente, auf die zu achten ist, sind: Wie ist die Person in ihrem bisherigen Leben mit *Fehlern* umgegangen, die sie gemacht hat? Hat sie sich ihnen gestellt und sie korrigiert, oder hat sie die Fluchtwege aus der Verantwortung benutzt? Sind Anzeichen vorhanden, dass jemand *Angst vor starken Leuten* hat? Das ist ein sicheres Merkmal für Führungsschwäche. Wie ist der Kandidat selbst an die *Abklärung* seiner neuen Aufgabe herangegangen? Selbstverständlich muss man viele weitere Dinge prüfen. Es gibt Checklisten dafür. Hier sind auch Testergebnisse nützlich.

Zu den ergiebigsten Informationen für die Beurteilung von Menschen gehören die sogenannten *Critical Incidents*, die ich später noch behandeln werde.

4. Nie eine Personalentscheidung im Alleingang treffen

Personalentscheidungen für Spitzenpositionen sollten von *mehreren* Personen geprüft und durchleuchtet werden. Man braucht die Meinung anderer dazu, vor allem die Meinung von Menschen, die mit den zur Wahl stehenden Personen schon zusammengearbeitet haben.

Dieser *vierte* Schritt ist die Phase, in der man *Referenzen* einholt – und zwar *nicht* aus jenen Quellen, die die Kandidaten aus freien Stücken vorgelegt haben. Niemand bei klarem Verstand nennt negative Referenzen. Aber man darf sich auch nicht auf freiwillig vorgelegte Referenzen allein stützen. Man braucht die Meinung von Personen, die der Kandidat *nicht* genannt hat. Diese muss man suchen – und je höher und wichtiger die zu Disposition stehende Stelle ist, desto wichtiger ist das. Dieser Schritt muss formal in den Entscheidungsprozess eingebaut sein.

Ich empfehle, die Referenzen für Schlüsselpositionen selbst einzuholen und nicht einholen zu lassen. Es genügt nicht, mit Leuten zu reden, die den Kandidaten »kennen«. Bloßes Kennen reicht für die Zwecke der Besetzung einer Spitzenposition nicht aus. Es müssen Referenzpersonen sein, die mit dem Kandidaten *zusammengearbeitet* haben, frühere Kollegen und Chefs, frühere Mitarbeiter, frühere Sekretärinnen. Es gibt Leute, die sich bei Personalentscheidungen für die Erfüllung dieser Aufgabe mehrere Tage in Klausur begeben und nicht ruhen, bis sie alles über eine Person herausgefunden haben. Zu diesem Zweck lassen sie ihre ganzen Beziehungen spielen.

Im Anschluss daran sollte man alle Informationen mit einigen anderen

Personen seines Vertrauens besprechen. Vielleicht muss die Entscheidung im engeren Sinne dann doch allein getroffen werden, aber zumindest sollte man Meinungen anderer dabei berücksichtigen.

Nach gründlicher und gewissenhafter Anwendung dieser vier Schritte kann eine Entscheidung getroffen werden. Oder besser – jetzt *muss* sie getroffen werden, denn mehr kann man kaum tun. Noch immer wird es viele »weiße Flecken auf der Landkarte« des Kandidaten geben. Man weiß *nie* alles, was man gerne wissen würde, und man hat nie ausreichend Informationen für das, was theoretisch eine rationale Entscheidung wäre. Aber man wird im Rahmen der üblicherweise zur Verfügung stehenden Zeit mehr auch nicht herausbekommen können.

Nachdem die Entscheidung gefallen ist, glauben viele, sie hätten ihre Aufgabe erledigt. Aber in solchen Dingen wirklich erfahrene Personen machen noch zwei weitere Schritte, die allerdings etwas Fingerspitzengefühl in der Vorgehensweise erfordern. Sie sind für den Erfolg der Entscheidung aber mindestens so kausal wie die ersten vier Schritte.

5. Dafür sorgen, dass der ausgewählte Kandidat seine Aufgabe wirklich begreift

Selbstverständlich wird man in den zur Entscheidung führenden Gesprächen mit allen Bewerbern Position und Aufgabe gründlich besprochen haben. Die Kandidaten werden, wenn sie kompetent sind, selbst größten Wert auf Klarheit in diesem Punkt gelegt haben – andere sollte man rechtzeitig aussortieren. Meistens ist vieles aber noch im Allgemeinen geblieben. Jetzt muss es konkretisiert werden. Jetzt muss absolute Klarheit über die gegenseitigen Erwartungen geschaffen werden.

Dabei gibt es zwei besonders wichtige Punkte: Der *erste* ist, dem neubestellten Manager eine Voraussetzung für seinen zukünftigen Erfolg klarzumachen, die vielen selbst in hohen Positionen nicht bewusst ist: *Was ihnen die neue Position eingebracht hat, ist an der neuen Stelle eher hinderlich als förderlich.*

Man hat den Leiter des Marketings zum Chef einer Tochtergesellschaft gemacht. Er wurde ausgewählt wegen seiner besonderen Erfahrung und Erfolge im Marketing. Als Chef einer Tochtergesellschaft ist er aber vor eine ganz andere Aufgabe gestellt. Jetzt muss er einen ganzheitlichen, unternehmerischen Auftrag erfüllen. In diesem Beispiel werden seine

Marketingkenntnisse zwar nicht hinderlich sein; wenn er sich aber weiterhin als Marketingspezialist verhält, wird er in der neuen Position scheitern oder bestenfalls mittelmäßige Erfolge haben.

Der *zweite* Punkt ist, der beförderten Person klarzumachen, wie sie sich in den ersten 100 Tagen auf der neuen Position verhalten soll. Das Schlimmste, was passieren kann, ist, dass der neue Stelleninhaber am 2. Januar seine Aufgabe antritt und am 3. Januar der ganzen Belegschaft sagt, »wo's jetzt langgeht«. Das ist der sichere Weg – sowohl für den Stelleninhaber als auch für jene, die ihn dazu gemacht haben –, auf einen Schlag jede *Glaubwürdigkeit* zu verlieren und allen zu beweisen, dass man einen Idioten zum Chef gemacht hat. Die ersten 100 Tage sind – vorbehaltlich der ausgesprochenen Krisensituation – eine Periode des Lernens und der Einarbeitung.

Es handelt sich hier nicht um die angenehmste Aufgabe der Unternehmensaufsicht, wenn es um oberste Positionen geht. Sie benötigt diplomatisches Geschick. Es ist aber ein schwerer Fehler, jemanden vor Stellenantritt auf diese Dinge nicht hinzuweisen, sondern sich darauf zu verlassen, dass das alles ohnehin klar und selbstverständlich sei. Wenn ein Stelleninhaber sich trotzdem in der beschriebenen Weise verhält, steht man vor der unangenehmen Frage, ob es nicht besser ist, ihn rasch wieder zu entfernen. Das ist zwar schwierig und nach innen und außen nicht leicht zu begründen. Wenn man es aus juristischen und optischen Gründen aber nicht tut, kann es leicht sein, dass man umso gravierendere Folgewirkungen programmiert.

6. Der 100-Tage-Bericht

Als letzten Schritt verlangen Führungskräften mit Erfahrung in der Personalauswahl vom neuen Stelleninhaber nach 90 bis 100 Tagen einen Bericht. Die Frage, die er zu beantworten hat, lautet: *Nachdem Sie jetzt drei Monate lang Ihre Aufgabe studiert und sich eingearbeitet haben, was müssen Sie nun Ihrer Meinung nach tun, um wirklich erfolgreich zu sein?*

Jetzt müssen die letzten Unklarheiten beseitigt werden bezüglich der gegenseitigen Erwartungen. Man muss wissen, wie der neue Stelleninhaber die Situation sieht, wo er Prioritäten setzen will, wie er seinen Schlüsselbeitrag definiert usw. Vielleicht hat man Konsens; vielleicht nicht. Wie auch immer, man muss es wissen, und der andere muss wissen, dass man es weiß.

Wenn hier von einem »Bericht« die Rede ist, so ist es zwar günstig, wenn man diesen buchstäblich und schriftlich verlangen kann. Aus psychologischen Gründen wird das nicht immer möglich sein, obwohl ich vorschlage, nicht allzu übertrieben auf die Psychologie hoher und höchster Führungskräfte zu achten. Von ihnen darf man erwarten, dass sie einiges aushalten können und ein angemessenes Maß an Robustheit mitbringen, worauf man schon bei der Auswahl achten muss. Wenn man es aber trotzdem für unangebracht hält, einen Bericht im eigentlichen Sinne zu verlangen, dann muss man ihn sich *de facto* verschaffen, durch Gespräche, die dieselbe Funktion erfüllen.

Die Nachfolgeentscheidung an der Spitze

Wie erwähnt, *alle* Personalentscheide sind wichtig und schwierig. Die hier dargelegten Grundsätze und methodischen Schritte gelten vom Prinzip her für sämtliche Entscheidungen über die Auswahl von Menschen. Je nachdem, um welche Art von Position es geht, wird man sie verschieden applizieren. Für hohe und höchste Positionen sind sie mit aller Sorgfalt und Gründlichkeit anzuwenden, und darüber hinaus ist für die Nachfolgeentscheidung an der Spitze auf einige zusätzliche Aspekte hinzuweisen:

Das ist die *schwierigste* Entscheidung, und sie ist auch am schwierigsten zu korrigieren, falls sie sich als falsch erweist. Der einzige Test für den Erfolg an der Spitze ist – Erfolg an der Spitze. Es gibt kaum eine angemessene Vorbereitung dafür. Auch wenn eine Person noch so wichtige andere Positionen innehatte und vielleicht eng mit Spitzenmanagern zusammengearbeitet hat, so war sie eben doch immer im Glied. Man muss daher mit besonderer Gewissenhaftigkeit vorgehen, wenn man eine Person auszuwählen hat, die *erstmals* im Leben definitiv auf die *oberste* Exekutivposition eines Unternehmens kommt.

Erstens muss man darauf achten, dass man keine Kopie des bisherigen Spitzenmannes erhält oder sucht. Die Versuchung dazu ist groß, wenn der abtretende Spitzenmanager besonders gut war. Es hat für einen Kandidaten aber keinen Sinn, jemanden nachahmen zu wollen, und es hat für jene keinen Sinn, die die Entscheidung treffen müssen. Niemand kann überzeugend auf Dauer jemanden nachahmen. Der neue Stelleninhaber muss die Aufgaben auf *seine* Weise lösen; er *soll* anders sein.

Zweitens muss man vorsichtig sein mit den langjährigen Assistenten von Spitzenmanagern oder ihren Stellvertretern. Sie bringen zwar den großen Vorteil mit, dass sie die Situation, das Unternehmen und die Verhältnisse in der Top-Etage sehr gut kennen. Sie haben an der *Vorbereitung* vieler Entscheidungen mitgewirkt, *selbst* haben sie aber nie eine finale Entscheidung zu *treffen* und zu *verantworten* gehabt. Daher müssen sich zuerst in einer Reihe anderer Positionen bewährt haben, die mit Entscheidungs- und Ergebnisverantwortung verbunden sind.

Drittens muss man vorsichtig sein mit den »gesalbten Kronprinzen«. Sehr häufig sind das Personen, die es bisher verstanden haben, aus der »Schusslinie« zu bleiben. Vielleicht konnten sie es geschickt vermeiden, überhaupt etwas zu tun und daher Fehler zu machen, beurteilt zu werden und sich den Realitäten zu stellen. In den Augen der Belegschaft werden sie nie Glaubwürdigkeit haben, es sei denn, sie bewähren sich später. In diese Kategorie fallen die Schützlinge der bisherigen Spitzenmanager und in den Familienunternehmen die Kinder erfolgreicher Unternehmer. Man tut mit der Wahl eines »Kronprinzen« dem Unternehmen keinen Dienst und auch der betroffenen Person nicht.

Am relativ einfachsten und sichersten erscheint es, die oberste Exekutivposition mit einer Person zu besetzen, die bereits in einem anderen Unternehmen eine vergleichbare Stelle innehatte. Das bedeutet aber, dass sie *erstens* keine ausreichende Kenntnis über das Unternehmen haben kann, das sie nun zu führen hat; *zweitens* stehen unter Umständen Konkurrenzklauseln im Wege und *drittens* ist damit das nicht ungefährliche Signal verbunden, dass man die Aufgabe niemandem aus dem eigenen Hause zutraut.

Wenn man als Aufsichtsorgan somit häufig jemanden zu bestellen hat, der erstmals im Leben an die oberste Position kommt, so wird man sich der Aufgabe nicht entziehen können, diese Person noch geraume Zeit im Auge zu behalten, zu beobachten und unter Umständen mit angemessener Intensität zu führen. Außerdem ist es ratsam, vertraglich alles vorzukehren, um notfalls rasch korrigieren zu können, wenn sich die Entscheidung als falsch erweist.

Eine letzte Regel: Der bisherige Stelleninhaber soll an der Nachfolgeentscheidung selbst nicht mitwirken. Selbstverständlich wird er gehört werden, und seine Beurteilung eines Kandidaten wird hohes Gewicht haben. Die Entscheidung selbst sollte aber ohne seine Stimme fallen. Ich halte das für besonders wichtig dann, wenn ein bisheriger Vorstandsvorsitzender in den Aufsichtsrat rückt und in dieser Funktion in die Nachfolgeentscheidung involviert ist. Er sollte freiwillig in dieser Sache in Ausstand treten. Kein Papst hat je an der Entscheidung über seinen Nachfolger mitgewirkt, und sollte es einmal eine Altersgrenze für Päpste geben, darf erwartet werden, dass die Kirche sich an diese Regel halten wird.

Personalentscheidungen unterhalb des Exekutivorgans

In welchem Umfange soll die Unternehmensaufsicht in personelle Schlüsselentscheidungen unterhalb des Exekutivorgans involviert sein, zum Beispiel in die Besetzung von Führungspositionen für Tochtergesellschaften, Auslandsorganisationen, große Geschäftsbereiche, eventuell auch kritische Projekte, Sonderaufträge und dergleichen? Das ist eine in mehrfacher Hinsicht heikle Frage, für die es möglicherweise keine abschließende und vielleicht auch nicht nur eine richtige Antwort gibt.

Entscheide für die der obersten Exekutive nachgelagerten Ebenen sollten nicht im engeren Sinne von der Unternehmensaufsicht *getroffen* werden, aber ich neige doch der Auffassung zu, dass sie an ihrem Zustandekommen beteiligt sein soll, und zwar in der Weise, dass sie Qualität, Sorgfalt und Gewissenhaftigkeit des Entscheidungsprozesses beurteilen und notfalls steuern kann. Es ist möglich und notwendig, die Besetzung von Schlüsselpositionen des Unternehmens zu einem durch die Unternehmensaufsicht genehmigungspflichtigen Vorgang zu machen. Die Rechtsordnungen schließen das nicht aus.

Dagegen kann man argumentieren, dass damit dem Exekutivorgan ein Fluchtweg aus der Verantwortung geöffnet wird. Dies würde dann aber für alle genehmigungspflichtigen Angelegenheiten gelten und scheidet somit als Argument aus. Ein weiteres Argument ist, dass damit ein großer zeitlicher Aufwand für einzelne oder alle Aufsichtsmitglieder entsteht, besonders für den Vorsitzenden des Aufsichtsorgans. Das Zeitargument halte ich – dem Grundtenor der bisher dargelegten Auffassung folgend – nicht nur für irrelevant, sondern ich meine, dass die für Personalangelegenheiten aufgewendete Zeit die wahrscheinlich wichtigste und bestinvestierte Ressource des Aufsichtsorgans ist. Bei entsprechender Organisation des Entscheidungsprozesses und sachgerechter Vorbereitung der Entscheidungen hält sich der Zeitaufwand durchaus im Rahmen praktisch vertretbarer Grenzen, wenn man prinzipiell bereit ist, der Unternehmensaufsicht eine aktive und tragende Rolle zuzuweisen.

Besetzung von innen oder von außen?

Sollen das Exekutivorgan und im erweiterten Sinne die Schlüsselpositionen eines Unternehmens von innen oder von außen besetzt werden? Die Antwort ist: Für die meisten Organisationen gilt, dass aus naheliegenden Gründen eine *Mischung* die einzige Lösung ist. Allerdings kann nicht übersehen werden, dass in der Mehrheit der langfristig *erfolgreichen* Institutionen die Besetzung der obersten Führungspositionen von außen undenkbar ist, sondern lange – möglicherweise lebenslange – Bewährung innerhalb der Organisation der einzige Weg zu Schlüsselpositionen ist.

Auch für Unternehmen, die prinzipiell für Besetzungen ihrer Führungspositionen von außen offen sein wollen oder müssen, muss der Schwerpunkt aus *prinzipiellen* und *praktischen* Gründen bei der Rekrutierung von *innen* liegen. Mehr als ein Fünftel bis ein Viertel der Schlüsselpersonen von außen zu rekrutieren sollte in der Regel weder notwendig sein, noch ist es wünschbar. Von Radikalkuren der »Bluterneuerung« ist abzuraten. Wenn sie erforderlich werden, sind lange vorher wichtige Aufgaben der Unternehmensführung sowohl im Exekutiv- als auch im Aufsichtsorgan unerfüllt geblieben. Unter Umständen kann das durch eine Brachialmaßnahme noch korrigiert werden; immer ist sie aber eine Folge früheren Versagens und außerordentlich riskant. Durch die gelegentlich berichteten, ohnehin seltenen Erfolgsfälle sollte man sich nicht irreführen lassen.

Wie dargelegt ist eine der wichtigsten Aufgaben des Topmanagements, die Humanressourcen aufzubauen und zu erhalten. Die einzige Möglichkeit, das Risiko von Personalentscheidungen für die Schlüsselpositionen auf ein tragbares Niveau zu bringen, ist die rechtzeitige – das heißt praktisch über mehrere Jahre sich erstreckende – Vorbereitung einer ausreichenden Zahl von Personen auf hohe und höchste Führungsaufgaben. Man muss Menschen für solche Aufgaben erziehen, formen, erproben und coachen.

Eine Erprobungs- und Bewährungszeit von weniger als fünf Jahren halte ich für zu riskant. Sieben bis zehn Jahre sollten andererseits ausreichen, um einen Menschen – wenn man bewusst, gezielt und systematisch darauf achtet – genügend gut kennenzulernen, um eine fundierte Entscheidung auch für hohe und höchste Positionen treffen zu können. Ich weiß, dass das in Widerspruch zur heutigen Praxis der Kurzlebigkeit und Kurzfristigkeit von Personalentscheidungen gerade in großen Unternehmen steht. Diese Praxis halte ich für falsch und fehlgeleitet. Sie wird die Wirtschaft in den nächsten Jahren vor große Probleme stellen.[95]

Was ist eine »ausreichende Zahl«? Man hat nie genügend Kandidaten für Schlüsselpositionen. Anzustreben ist meines Erachtens eine Zahl, die etwa um ein Drittel größer ist als die Zahl der zu besetzenden Positionen.

Meine Vorschläge mögen anspruchsvoll erscheinen, und sie gehen vielleicht an die Grenze des praktisch Möglichen. Andererseits geht es hier um die wichtigsten Aufgaben der Personal- und Managemententwicklung überhaupt. Es ist unabdingbar, dass jene Mitarbeiter, die prinzipiell als befähigt angesehen werden, Schlüssel- und Spitzenpositionen im Unternehmen zu bekleiden, nicht nur angemessene Ausbildungs-, Bildungs- und Formationsprozesse zu durchlaufen haben, sondern dabei *systematisch beobachtet* und *evaluiert* werden. Das erste wird heute in der Regel in größeren Unternehmen gemacht; das zweite ist keineswegs gängige Praxis. Es wird auch durch die eher als Routine und nicht selten als irrelevantes Ritual durchgeführten Mitarbeitergespräche und Personalbeurteilungen nicht abgedeckt.

Wenn man der Frage nachgeht, worauf sich jene Personen stützten, die nicht nur viele Personalentscheidungen zu treffen hatten, sondern diese Entscheidungen auch mit einer außergewöhnlich hohen Erfolgsquote fällten, so zeigt sich immer wieder, dass sie ein »kleines, schwarzes Büchlein« führten, in dem sie alle ihre Beobachtungen sorgfältig notierten. Sie haben ihre wirklich entscheidenden Informationen meistens nicht oder jedenfalls nicht nur aus den offiziellen Personalakten bezogen, sondern sie selbst über Jahre gesammelt. Sie haben sich immer wieder dem zeitaufwendigen Zwang unterworfen, Menschen zu beobachten und sie mit immer größeren Aufgaben zu testen. Sie haben auch scheinbar belanglose Dinge notiert, für den Fall, dass sie sie einmal brauchen, und sie haben besonders auf drei Dinge geachtet: auf die *Ergebnisse*, die eine Person im Laufe ihres Lebens erzielte, auf die Art, wie jemand mit seinen *Fehlern* umgegangen ist, und auf die sogenannten *critical incidents*. Das sind Vor-

---

95 Seit Erscheinen dieses Buches gab es viele Fälle von falschen Personalentscheidungen für Spitzenpositionen.

fälle und Verhaltensweisen, die für sich genommen und isoliert betrachtet im Grunde nicht von Belang sind, mit der Zeit und im Gesamten aber ein Grundmuster dessen ergeben, was man wohl am ehesten mit Persönlichkeit und Charakter meinen kann. Critical Incidents sind zum Beispiel ein »großzügiger« Umgang mit der Wahrheit, Fehlern anderen in die Schuhe zu schieben, Erfolge aber auf das eigene Konto zu schreiben, wenn möglich der Verantwortung auszuweichen, immer die Schwächen, aber nie die Stärken zu sehen und Ähnliches.

Eine Politik entsprechend den hier vertretenen Auffassungen hat zwangsläufig Nebenwirkungen, die zwar nicht erwünscht, aber unvermeidbar sind. Aufgrund der Rekrutierung von außen und der vorgeschlagenen Reserve von einem Drittel wird man auch gute Leute verlieren, jene, die bei Beförderungen – obwohl ausreichend qualifiziert – aus quantitativen Gründen nicht zum Zuge kommen konnten. Dazu muss man stehen und es allen Personen, die in die Vorbereitungsmaßnahmen für höhere Positionen einbezogen sind, von Anfang an unmissverständlich klarmachen, dass es keine Garantien für Karrieren geben kann, wohl aber eine faire und gleiche Chance für jeden, der die Qualifikationskriterien erfüllt.

Von besonderer Bedeutung ist, dass es keine systematische Benachteiligung bestimmter Gruppierungen geben kann, sondern dass ausschließlich Leistung und Ergebnisse zählen. Einige der schlimmsten Fehlentwicklungen in Wirtschaft und Gesellschaft sind historisch immer wieder dadurch entstanden, dass es eine nicht durch Leistung und objektive Qualifikationen bestimmte systematische Ausgrenzung ganzer Gruppierungen gab. Auch unsere Zeit ist davon nicht frei. Unternehmen, in denen die Schlüsselpositionen zum Beispiel nur für Akademiker offenstehen oder nur für Absolventen einer bestimmten Disziplin oder bestimmter Institutionen, Angehörige einer bestimmten ethnischen Gruppe, einer Geschlechtsgruppe, einer politischen Richtung und dergleichen, werden über kurz oder lang Anzeichen der Mittelmäßigkeit und Inzucht aufweisen. Sie verlieren ihre Attraktivität für gute Leute und ziehen jene umso mehr an, deren einzige Qualifikation darin besteht, zu einer bestimmten, privilegierten Gruppe zu gehören.[96] Es tritt eine systematische Negativselektion ein, die dann, wenn sie ihre organisations- und ergebnisschädigende Wirkung zeigt, kaum noch zu korrigieren ist.

---

96 In Staatseigentum stehende Organisationen gehören regelmäßig in diese Kategorie.

Nachwort

Die organisierte Gesellschaft, die aus zahlreichen und höchst verschiedenartigen Organisationen besteht, ist eine sehr junge Entwicklung. Ihre Anfänge reichen kaum 150 Jahre zurück, und die Phase ihres stärksten quantitativen Wachstums sowie ihrer intensivsten qualitativen Ausformung fällt in die Zeit nach dem Zweiten Weltkrieg. Die heutigen Organisationen blicken somit auf eine Evolutionsphase von rund 60 Jahren zurück, eine extrem kurze Zeit.

Die politischen Theorien, auf denen die heute praktizierte Art der Demokratie beruht, haben diesem Umstand keine Rechnung getragen. Sie konnten es nicht, denn deren Entstehung reicht mindestens 200 Jahre zurück. Auch die Gesellschaftstheorien haben diese Entwicklung weitgehend ignoriert. Selbst die Rechtsordnungen stammen noch aus einer Zeit, in der wir eine andere Gesellschaftsstruktur und andere Institutionen hatten.

Die Entscheidungs- und Machtzentren der heutigen Gesellschaft – und das wird *a fortiori* für die zukünftige Gesellschaft gelten – gestalten, steuern und kontrollieren sich selbst. Sie haben dazu mehr Mittel und vor allem mehr Information und Intelligenz zur Verfügung als je zuvor und teilweise mehr als jene inzwischen weitgehend obsolet gewordenen Behörden und Institutionen, die den geltenden Theorien und Gesetzen zufolge ihre Gestaltung und Steuerung bestimmen und kontrollieren sollten.

Vom Grundsatz her sind Selbstorganisation und Selbststeuerung der gesellschaftlichen Organisationen nicht nur richtig, sondern sie sind aus Gründen der Komplexität auch die einzigen praktischen Möglichkeiten. Paradox und gefährlich ist aber der Umstand, dass es dafür keine brauchbaren Grundlagen, keine Theorie und nur wenig Erfahrung gibt. Selbst die Wirtschaft mit ihrem zwar absolut noch immer niedrigen, relativ zu anderen Bereichen aber hochentwickelten Organisationsgrad ist mit erheblichem Änderungsbedarf konfrontiert, wie ich gezeigt zu haben hoffe. Die in diesem Buch enthaltenen Überlegungen zur Corporate Governance gelten in entsprechend adaptierter Weise prinzipiell für alle Organisationen – jene des Bildungs- und des Gesundheitswesens, des Wohlfahrts-, Kultur- und Mediensektors, für alle privaten Non-Profit-Organisationen und in erheblichem Umfange auch für die öffentliche Verwaltung, zumindest für den nicht-hoheitlichen Bereich. Nicht nur *Corporate*, sondern *Organizational* Governance schlechthin wird wichtig sein.

In der Wirtschaft und ihren Organisationen findet zwar die Erarbeitung der wirtschaftlichen Wertschöpfung statt. Ihre Verwendung geschieht aber in nach wie vor steigendem Ausmaß durch die zahllosen anderen Organisationen. Man wird ein Interesse daran haben müssen, wie und wofür die Verwendung stattfindet. Das ist aber nur die ökonomische Betrachtung. Die umfassendere, gesamtgesellschaftliche Frage, die Frage nach einer funktionierenden, gesunden Gesellschaft, ihrer Führung, ihrer Eliten, ihrer Ziele, Ergebnisse und Werte, wird viel wichtiger sein. Daran hoffe ich in diesem Buch keinen Zweifel gelassen zu haben. Die alten Antworten haben uns gute Dienste geleistet, aber sie werden keine Hilfe mehr sein für die Gestaltung einer anders aussehenden Zukunft. Die Gestaltung, Führung und Aufsicht nicht nur der wirtschaftlichen, sondern aller Organisationen wird in entscheidendem Maße bestimmen, wie diese Zukunft aussehen wird.

Anhang

Schein und Wirklichkeit[97]

Die Unsicherheit an den Börsen wächst. Ebenso wächst die Zahl derer, obwohl sie noch immer klein ist, die langsam Zweifel daran bekommen, ob mit der Wirtschaft wirklich alles so in Ordnung ist, wie man das in den letzten Jahren gehört – und gerne geglaubt – hat, über die Weltwirtschaft insgesamt, aber vor allem über die amerikanische Wirtschaft.

Schon in der ersten Ausgabe des M. o. M.® des Jahres 2000 habe ich darauf hingewiesen, dass zwar über die sogenannte *New Economy* viel geredet wird, die *Argumente* aber *dünn* sind. Noch dünner sind die *Zahlen*, die man zu ihren Gunsten vorbringen kann. Inzwischen zeigt sich an den Börsen recht drastisch, wie hohl die Mehrheit der New Economy-Firmen ist. Enttäuschte und erboste Leute haben Websites eingerichtet, in denen das sich abspielende Debakel in Zahlen und Berichten sauber dokumentiert ist. Das Problem ist in Wahrheit aber keineswegs nur oder in erster Linie ein Problem der *New Economy*. Das sogenannte amerikanische Wirtschaftswunder als Ganzes ist ein *Scheinwunder*. Das zeigt sich deutlich, wenn man die Zahlen prüft. Noch nie zuvor habe ich erlebt, dass Medienwelt und Wirklichkeit so wenig übereinstimmen.

Zuerst fasse ich zusammen, was die gängige Meinung über die amerikanische Wirtschaft ist: Nachdem die drei Rezessionsjahre Anfang der neunziger Jahre überwunden waren, hat die US-Wirtschaft den längsten Aufschwung begonnen, den es in ihrer Geschichte gegeben hat. In acht aufeinanderfolgenden Hochkonjunkturjahren wurden rund 17 Millionen neue Arbeitsplätze geschaffen. Die Arbeitslosigkeit ist dadurch auf den niedrigsten Wert seit 30 Jahren gesunken. Damit einher gingen das stärkste Wirtschaftswachstum und das stärkste Gewinnwachstum seit dem Zweiten Weltkrieg. Obwohl die Wirtschaft auf vollen Touren lief, ist die Infla-

---

97 Erstmals publiziert in M. o. M.® Malik on Management; Dezember 2000.

tion gesunken und hat die niedrigsten Werte seit den sechziger Jahren erreicht. In den alten Industrien wurde die Produktivität dank massiver Umstrukturierungen markant gesteigert. Darüberhinaus hat Amerika die Führung in den neuen High-Tech- und Kommunikationsindustrien übernommen, die die stärksten Wachstumsraten überhaupt aufweisen. Alle diese Errungenschaften haben zu einer stetigen Aufwärtsentwicklung am Aktienmarkt geführt und Jahr für Jahr neue Kursrekorde gebracht. Die enormen Kurssteigerungen werden nicht als Ausdruck einer Spekulationsblase angesehen, sondern als Folge einer grundlegenden Wandlung der Wirtschaft von einer Old Economy zu einer New Economy, die im Wesentlichen von Investitionen in völlig neue Hoffnungsgebiete besonders der Informatik, aber auch der Biowissenschaften getragen ist. Besonders beeindrucken noch nie zuvor erfahrene Produktivitätszuwächse, fortgesetzte Restrukturierung der Unternehmungen auch des Old Economy Sektors, verbunden mit niedrigen Lagerbeständen wegen erfolgreichen Just-in-Time-Managements, und außerdem die Erfolge bei der Bekämpfung des Budgetdefizits und der Gesundung der öffentlichen Finanzen. Die US-Wirtschaft wird daher als fundamental so gesund und leistungsfähig angesehen, dass es zwar zu gewissen Abkühlungen des Wachstums und damit verbunden auch zu Kurskorrekturen an den Börsen kommen kann, jedoch nicht zu größeren Störungen des Finanzsystems, schon gar nicht zu einem Börsenkrach.

Ungefähr so wird fast durchgängig in den Medien die Situation Amerikas beschrieben. Geht man, wie gesagt, den Zahlen allerdings auf den Grund und prüft man das ständig wiederholte Schlagwort vom »neuen Paradigma«, so zeigt sich ein vollkommen anderes Bild.

Wachstum

Wie man den folgenden Abbildungen entnehmen kann, sind im langfristigen Vergleich zurückgehend bis in die sechziger Jahre die US-Wachstumsraten weit weniger beeindruckend, als es allgemein dargestellt wird. Die neunziger Jahre sind weder bezüglich des Wachstum des *Sozialproduktes* noch der *Industrieproduktion* besonders herausragend. Auch der Indikator des *Auftragseinganges* für dauerhafte Gebrauchsgüter zeigt ein sehr gewöhnliches Bild.

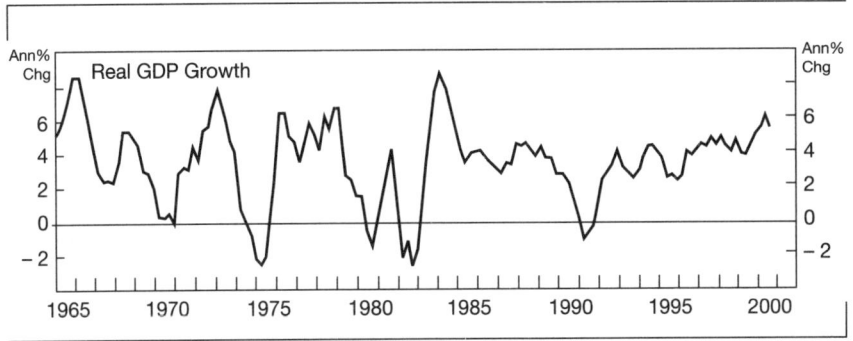

Abbildung 1 (Quelle: The Bank Credit Analyst, November 2000)

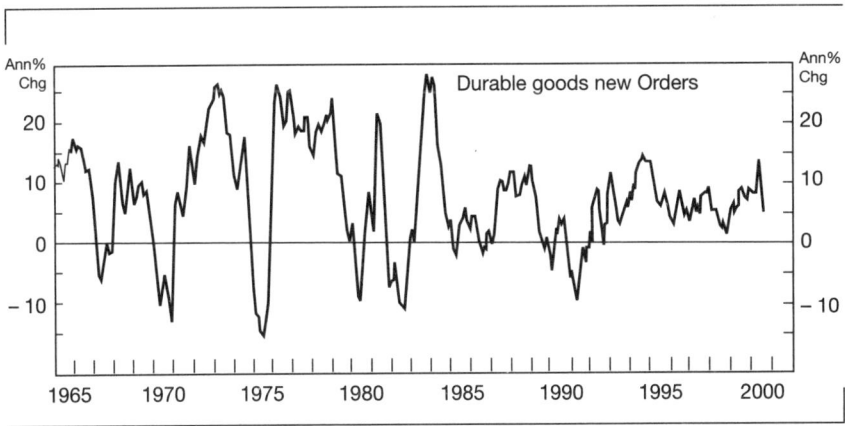

Abbildung 2 (Quelle: The Bank Credit Analyst, November 2000)

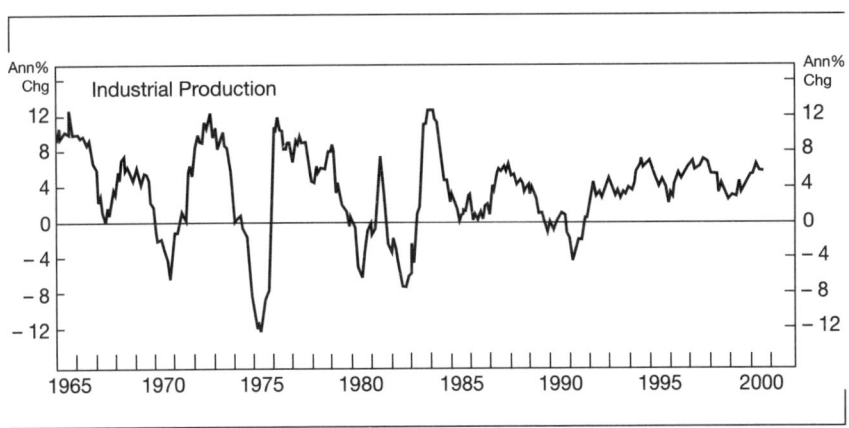

Abbildung 3 (Quelle: The Bank Credit Analyst, November 2000)

Anhand schon dieser langfristigen Zeitreihen zeigt sich, dass Amerika von einem Wachstumswunder weit entfernt ist. Eher ist es ein Wunder, wie eine solche Auffassung und Fehlinterpretation überhaupt entstehen konnte.

Die obigen Abbildungen zeigen aber *noch nicht alles*. Das *wahre* Bild des Wachstums der amerikanischen Wirtschaft zeigt sich erst dann, wenn man zwei weitere Aspekte kennt und entsprechende *Korrekturen* macht.

Die *erste* Korrektur betrifft den finanzwirtschaftlichen Sektor. Wie ich verschiedentlich in M. o. M. dargelegt habe, hat Amerika nicht *ein* Sozialprodukt, sondern deren *mehrere*. Ich habe in größeren Abständen die nachfolgende Abbildung 4 publiziert:

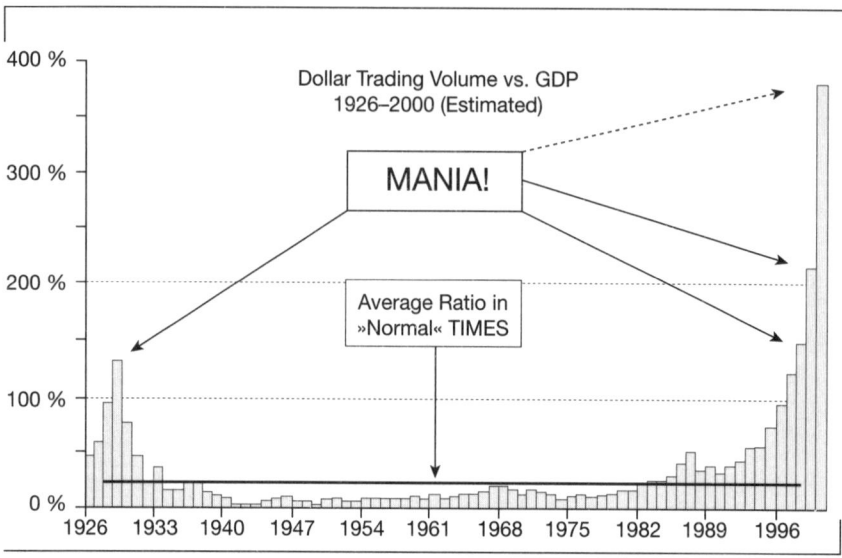

Abbildung 4 (Quelle: HD Brous & Co., Crosscurrents, November 2000)

Die Grafik zeigt das Aktienhandelsvolumen in Prozenten des Sozialproduktes. Im Klartext sagt sie, dass Amerika wie erwähnt nicht ein Sozialprodukt, nämlich jenes der realen Güter und Dienstleistungen hat, sondern noch drei weitere dazu, die aus dem Aktienhandel resultieren. Für jeden Dollar, der für *reale* Güter, Schuhe, Autos, Computer und so weiter ausgegeben wird, werden rund drei Dollar für Aktien ausgegeben. Jede Transaktion verursacht Kommissions- und Gebührenzahlungen, die als Einkommen des Finanzsektors in das Sozialprodukt eingehen. Das wäre erfreulich, wenn es sich um eine *normale* Erscheinung handelte, also etwas, von dem angenommen werden dürfte, dass es im Großen und Ganzen *von Dauer* sein wird.

Über einen *langen* Zeitraum zeigt sich jedoch klar, dass eine Ausnahmeerscheinung vorliegt. Die letzte Spitze korrespondiert mit der Aktienspekulationsblase der zwanziger Jahre. Es ist kaum anzunehmen, dass nun, nachdem sich der wahre Charakter der Aktienbörse zu zeigen beginnt, Volumen dieser Art aufrechterhalten werden können. Vielmehr ist damit zu rechnen, dass der gesamten Wall Street- respektive Finanzindustrie – nicht nur in den USA – eine gewichtige Korrektur bevorsteht. Die meisten Banken schöpften in den letzten Jahren den Hauptteil ihrer Gewinne nicht mehr aus den klassischen Bankgeschäften, sondern aus dem Börsengeschäft. Es wird in der Größenordnung wie bisher kaum aufrechtzuerhalten sein, und von den rund eine Million Beschäftigten in diesem Sektor in den USA werden viele nicht mehr gebraucht werden.

Die *zweite* Korrektur, die man machen muss, bezieht sich auf den *Computersektor* und auf die bedenklich »kreative Art«, wie in der amerikanischen Statistik die Informatikinvestitionen gerechnet werden. Seit 1995 ist es nämlich so, dass Computerinvestitionen nicht etwa mit den Anschaffungskosten in die volkswirtschaftliche Gesamtrechnung eingehen, sondern man versucht, die dramatisch sinkenden Preise in diesem Sektor zu kompensieren durch die Berücksichtigung der *Leistungskraft* der Computer. Seither haben wir eine *Verfälschung* des Sozialproduktes und dessen Wachstums.

Ein Ökonom meinte, das komme auf das Gleiche heraus, als wenn man die Automobilverkäufe nicht nur zu ihren Preisen berechnen, sondern diese noch mit den Pferdestärken der Motoren multiplizieren würde. Zur Illustration: Von 1998 auf 1999 sind die US-Nettoinvestitionen in Computer von rund 90 auf 97 Milliarden Dollar gestiegen, was einen Beitrag zum gesamten Wachstum des Sozialproduktes von bescheidenen 1,3 Prozent ausmachen würde. Nun werden die Computerinvestitionen aber mithilfe eines obskuren Multiplikators, in dem sich die Leistungskraft der Maschinen niederschlagen soll, dramatisch vergrößert. Der Zuwachs von runden 7 Milliarden schwillt damit auf gigantische rund 150 Milliarden Dollar, und der Anteil der Computerinvestitionen am Sozialproduktswachstum steigt von 1,3 Prozent auf rund 49 Prozent an. Für die erste Hälfte von 1999 war dieser Effekt sogar noch größer. Die Computerindustrie hätte damit rund 90 Prozent zum Sozialproduktswachstum beigetragen.

Entfernt man nun allerdings diesen Aufblähungsfaktor der Computerindustrie, dann bleiben *bescheidene* 2,5 Prozent Gesamtwachstum übrig. Somit stellt sich also die Frage, wie es denn dazu kommen konnte, dass die Computerindustrie mit einem bescheidenen Beitrag von nicht viel mehr als einem Prozent an den gesamten Beschäftigten und permanent sinkenden Verkaufspreisen zur Begründung eines Wachstumsbooms herangezogen werden konnte. Die Antwort ist einfach: Es handelt sich um eine schiere statistische Illusion, die aber nicht etwa auf einen Rechenfehler zurückzuführen ist, sondern auf eine »paradigmatisch« neue Sicht der Wirtschaft. Einfacher gesprochen: *Man rechnet sich absichtlich reicher, als man ist.*

Dasselbe trifft übrigens auf den Beitrag von Computern zur *Produktivitätssteigerung* zu. *Alan Greenspan* hat die Zahlen, die von seinen eigenen Experten ermittelt wurden, in einer Rede 1997 in Frankfurt als unerklärlich und unplausibel bezeichnet und hat die Meinung geäußert, dass möglicherweise die Zahlen falsch erhoben wurden.

Gewinne

Ein Strom an positiven, ja überbordenden Kommentaren hat sich bis vor kurzem auf die enorme *Gewinnkraft* der amerikanischen Wirtschaft bezogen. Eine genauere Analyse der Zahlen führt aber auch hier zu einem ganz anderen Bild. In Summe ist der Gewinnzuwachs des *Non-Financial Sector* in den neunziger Jahren eher bescheiden. Frühere Jahrzehnte haben deutlich höhere Gewinnzuwächse gehabt. Das zeigt sich schon an den ganz *offiziellen* Daten.

Interessant wird die Sache aber dann, wenn man die *Quellen* der Gewinne genauer anschaut. Dann zeigt sich nämlich das ganze Ausmaß der Unverfrorenheit, aber auch der Naivität, mit der über die US-Wirtschaft berichtet wird. Im Wesentlichen sind die Gewinne nämlich auf *Sondereinflüsse* und auf *kreative Buchhaltung* zurückzuführen und *nicht* auf wirkliche *operative Leistung*, was sich dann weiter hinten auch beim Produktivitätsthema noch zeigen wird.

Die *Versuchung*, die Gewinne so schön wie möglich aussehen zu lassen und das Zahlenmaterial entsprechend zu gestalten, ist wahrscheinlich noch nie so groß gewesen wie in den letzten Jahren. Es ist klar, dass die Unternehmen selbst und ihre Manager ein vitales Interesse daran haben,

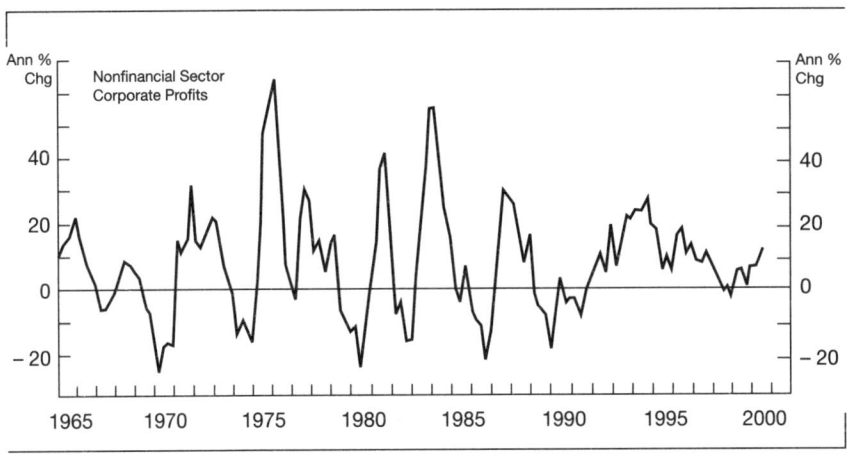

Abbildung 5: (Quelle: The Bank Credit Analyst, November 2000)

ein bestmögliches Bild zu zeichnen. Es geht um ihr persönliches Einkommen, um ihre Beförderungsmöglichkeiten, um ihr Prestige und Ansehen in der Community. Dieses Interesse trifft sich perfekt mit demjenigen der ganzen Finanzindustrie um sie. Es trifft sich auch mit den Interessen eines guten Teils der Medien, z.B. der TV-Sender wie CNBC und N-TV und von Magazinen wie *Business Week, Fortune, WirtschaftsWoche* usw.

Solange man mit der Darstellung von Zahlen Kurssteigerungen der Aktien bewirken konnte, hat sich das auch mit dem Interesse des Börsenpublikums, zuvorderst der institutionellen Anleger, getroffen. Irgendwann zeigen sich aber unvermeidlich die wahren Realitäten.

Eine entscheidende Rolle im Gewinnausweis spielen die *Stock Options*, die in immer größerem Ausmaß für die Bezahlung von Managern und Mitarbeitern verwendet wurden, insbesondere in den sogenannten New Economy Companies. Dadurch wurden die Personalaufwände ungewöhnlich gering gehalten, was die Gewinne erhöht hat. Das funktioniert, solange die Kurse steigen, weil die Leute die schlechten Löhne überkompensieren können durch die Papiergewinne ihrer Optionen. Sie fühlen sich als die Gewinner; jeder ist ein Unternehmer, und der Kapitalismus macht alle reich. Das wurde ihnen ja auch versprochen. Wenn die Kurse aber nicht mehr steigen, sondern *fallen*, sind die Mitarbeiter die Betrogenen. Sie werden das auf die Dauer nicht mitmachen oder müssen besser bezahlt werden. Entweder die Belegschaft geht also, oder die Gewinne verschwinden. Wir haben ja nicht umsonst von Streikdrohungen bei Amazon-Mitarbeitern gehört.

Ein zweites Element ist der *Rückkauf eigener Aktien*. Der Markt und die Analysten sind vor allem auf die Gewinne pro Aktie fixiert. Der Rückkauf eigener Aktien reduziert die Zahl der umlaufenden Papiere und erhöht somit den rechnerischen *Gewinn pro Aktie*. Eines der auffälligsten Beispiele ist IBM. 1995 hat das Unternehmen rund 5 Millionen eigene Aktien zurückgekauft, 1996 rund 6 Millionen. Dies hat zu einem Aktienkursgewinn von 30 Prozent 1996 beigetragen. Das umlaufende Kapital betrug 1996 rund 22 Milliarden Dollar und damit 40 Prozent weniger als im Jahr 1990. Im Kern ist das nichts anderes als der Einsatz des Leverage-Effektes, um die Gewinne *pro Aktie* besser aussehen zu lassen.

Ein dritter Faktor ist der Umstand, dass die meisten Unternehmen durch Börsengeschäfte *Finanzerträge* erzielten. Den Finanzchefs ist nicht entgangen, dass man über eine gewisse Zeit hinweg mit Aktientransaktionen leichter Gewinne erzielen konnte als mit realem Geschäft. So hat selbst das *Wall Street Journal* vor einiger Zeit einen Artikel darüber geschrieben, dass Firmen wie Intel und Microsoft mit Optionen auf ihre eigenen Aktien erhebliche Gewinnanteile erzielten. Mit der eigentlichen *Leistungskraft* eines Unternehmens hat das selbstredend nichts zu tun.

Produktivität

Eine der Säulen des amerikanischen Wirtschaftserfolges ist nach gängiger Meinung die enorme *Produktivitätssteigerung*, die durch fundamentale *Restrukturierungen* einerseits, vor allem aber durch die *Informatik* als Schlüsseltechnologie andererseits ermöglicht und verursacht wird. Es ist eines der Kernelemente der New Economy-Auffassung, dass sich das Wirtschaften *generell* von Grund auf verändere, zu völlig neuen Unternehmensformen und Geschäftsmodellen und eben dadurch zu radikal verbesserter Produktivität führe.

Das Problem ist, dass sich bisher die ständig behauptete Produktivitätssteigerung schwer bis gar nicht in den Zahlen nachweisen lässt. So plausibel es klingt, dass mithilfe der Informatik alles schneller, besser, leichter, billiger und also produktiver gehe, so hartnäckig entzieht sich dieses Phänomen der Quantifizierung.

In der nachfolgenden Grafik sind zwei Dinge ersichtlich: erstens dass Produktivitätsverbesserungen seit 1960 große *Schwankungen* aufweisen und zweitens dass sie im langfristigen Trend *sinken*. Ein *Drittes* ist sichtbar: dass die neunziger Jahre im Gegensatz zur vorherrschenden Meinung davon *keine* Ausnahme sind.

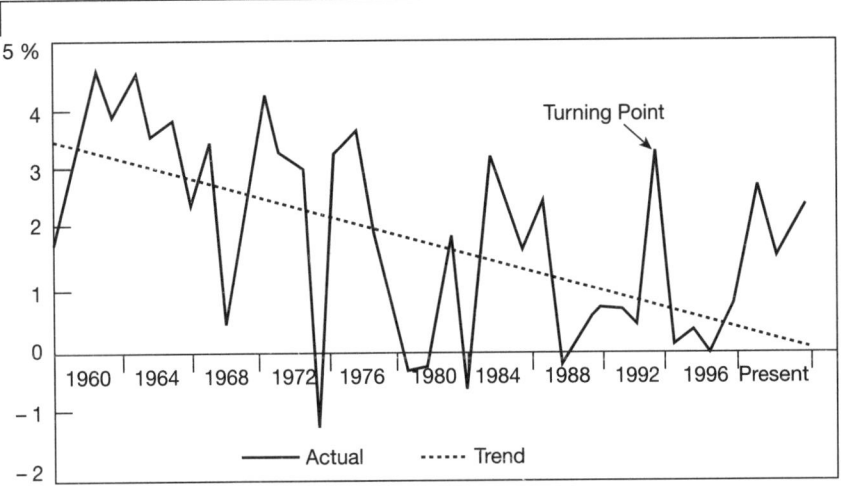

Chart shows annual change in output per hour in the business sector and the trend of the same series, estimated by fitting a linear time trend to the data.

Source: Ecomomic Indicators

Abbildung 6: Produktivitätszuwachs in den USA

Trotz der zum Teil dramatischen Umstrukturierungen und aller Informatikinvestitionen beträgt der Produktivitätszuwachs in den neunziger Jahren nur rund 2,5 Prozent pro Jahr. In den sechziger Jahren betrug der durchschnittliche Produktivitätszuwachs 4,4 Prozent, in den siebziger Jahren 3,2 und in den achtziger Jahren immerhin auch noch 2,8 Prozent.

Der *wirkliche* Produktivitätszuwachs beschränkt sich auf das Segment der *Computerindustrie*. Hier sind in der Tat zweistellige Verbesserungen der Produktivität zu verzeichnen. Das gesamte Segment ist aber anteilsmäßig am Sozialprodukt so *klein*, dass es in Summe nicht zu Buche schlägt.

Es zeigt sich hier sehr deutlich ein Phänomen, das die Diskussion der letzten Jahre geprägt hat, seit man von einer neuen Wirtschaft spricht: Es wird ein *Teil* der Realität, oft nur ein *kleines Detail*, herausgegriffen und derartig stark *überzeichnet*, dass es alles andere dominiert. Das ist einer der schlimmsten Fehler, den man bei einer Analyse machen kann, weil er auf gefährliche Weise irreführend ist. Man verliert damit das Ganze aus den Augen oder blendet es mit Absicht aus, damit das Detail umso größer und besser erscheint. Damit verliert man den Kontext aus dem Blick, der überhaupt erst eine vernünftige Interpretation von Zahlen ermöglicht.

Die besten Untersuchungen zu diesem Thema wurden von Professor *Robert Gordon* an der North Western Universität Chicago gemacht. Seine Arbeiten sind nicht einfach zu lesen, aber ihre Ergebnisse sind klar und widerlegen stärker als alles andere das Gerede von der New Economy, weil sie an genau jenem Punkt ansetzen, an dem sich das Neue an der neuen Wirtschaft wirklich zeigen müsste, an den behaupteten enormen Produktivitätssteigerungen.

Schulden

Was die Finanzwirtschaft tatsächlich in der zweiten Hälfte der neunziger Jahre angetrieben und die Höhenflüge an den Börsen ausgelöst hat, waren also weder *echte Produktivitätszuwächse* noch *echte Gewinne*, noch echtes Wachstum. Es waren die *Illusionen*, die das Handeln der sogenannten Investoren bestimmt haben.

Ich betone das deshalb, weil darin das entscheidende *Gefahrenpotenzial* für die Zukunft zu sehen ist. Das Erwachen aus den Illusionen wird jäh und für viele schockierend sein, weil sie erkennen müssen, dass da nichts ist, auf das man sich stützen könnte, keine soliden Fundamente, sondern nur eine Wirtschaft mit einem sehr gewöhnlichen, ja mittelmäßigen Leistungsausweis vor dem Hintergrund eines jahrelangen kollektiven Irrglaubens, dass diesmal alles ganz anders und neu und besser sei – und dass dies ewig anhalten werde.

Nun können die Menschen zwar Illusionen erliegen, aber das *allein* treibt natürlich die Börsenkurse noch nicht auf Rekordhöhen. Es muss doch noch einen realen Faktor geben, der eine Jahrhundert-Hausse bewirken kann. So irreal die im *Zentrum* der Aufmerksamkeit stehenden Faktoren sind, so real ist die *tatsächlich* maßgebliche Treibkraft, nämlich die *Schulden*.

Eine erster Faktor sind die *Privatschulden*. Im Wesentlichen sind zwei Aspekte maßgeblich: die massive *Entsparung*, die die Amerikaner seit einigen Jahren betreiben, mit einer negativen Sparrate von etwa 5 Prozent, und gleichzeitig die Anhäufung von *Immobilienschulden*, die im Wesentlichen die Folge der Niedrigzinspolitik der FED sind. Aufgrund der Zinssenkungen sind allein im Jahr 1998 1,8 Billionen (also amerikanische Trillions) in den Hypothekarmarkt geflossen, zwei Drittel davon haben ausschließlich der Refinanzierung früherer Hypotheken gedient.

Eine besonders wichtige und problematische Rolle spielen dabei die sogenannten GSEs, die *Government Sponsored Enterprises*, die früheren Government Agencies Fannie Mae, Freddy Mac und das Federal Home Loan Bank System. Es ist hier nicht der Platz, auf das Funktionieren dieser Organisationen im Einzelnen einzugehen. Nur so viel sei gesagt: Für jeden Dollar, der für den Hausbau ausgegeben wurde, sind 10 Dollar an zusätzlichen Hypothekarschulden dazugekommen, die über die genannten GSEs in den Kapitalmarkt geflossen sind, vorwiegend in den Aktienmarkt. Auf gut Deutsch: Die Amerikaner haben erstens ihre Ersparnisse aufgezehrt und zweitens ihre Liegenschaften bis unter die Dachziegel verschuldet, um damit Aktien im Vertrauen auf eine ewige Hausse zu kaufen.

Ein zweites Element der Gesamtverschuldung Amerikas sind die *Unternehmensschulden*. Im Zeitalter der Börsenhöhenflüge und der stetigen zu Fantasiepreisen platzierten Neuemissionen haben nur noch wenige auf die *Passivseite* der Bilanzen geachtet. Insbesondere zur Kurspflege der ausgegebenen Aktien, somit, wie schon vorne berichtet, zur Pflege der eigenen Stock Options und zur Schönung der Gewinnziffern, haben die Unternehmen eigene Aktien aufgekauft, die sie nicht mehr über Emissionserlöse bezahlen konnten, sondern mit Krediten finanzieren mussten. Dazu kommen jene Teile der Akquisitionen und Übernahmen, die man nicht mit eigenen Aktien auf dem Wege des Aktientausches finanzieren konnte, sondern wofür man ebenfalls Kredite brauchte. In einigen Branchen hat das zu einem massiven *Aufschuldungs-* und *Überschuldungsprozess* geführt. So etwa in der Telekom-Branche, wo die aktuellen Zahlen eine klare Sprache sprechen:

Bei der *Deutschen Telekom* beträgt der Umsatz 35,5 Milliarden Euro, der Gewinn liegt bei 1,5 Milliarden, aber die Schulden betragen 62 Milliarden Euro. Bei *AT&T* sind die Zahlen wie folgt: Umsatz 62,4 Milliarden Euro, Gewinn 5,5 Milliarden, Schulden 72 Milliarden. Und bei *British Telecom* sieht die Sache nur geringfügig besser aus: Umsatz 36,5 Milliarden, Gewinn 3,4, Schulden 32 Milliarden. Damit ist auch ein Risiko bei zahlreichen Banken entstanden.

Die genannten Firmen und viele andere, die in ähnlichen Situationen sind, wollen nun mit Anteilsverkäufen und Börsengängen von Töchtern und Geschäftsbereichen ihre Verschuldung abbauen. Nachdem die gesamten Technologiewerte nun aber in Schwierigkeiten sind und die Börsen eher Angst statt Gier zu verbreiten beginnen, ist schwer vorstellbar, dass dem ein großer Erfolg beschieden sein wird.

Der dritte wesentliche Verschuldungsfaktor ist das *Außenwirtschafts-defizit* der USA, das historische Höchststände erreicht hat und vorläufig keinerlei Anzeichen auf Stabilisierung oder Abschwächung zeigt. Weitere Verschuldungskomponenten sind die *Derivate* und die *Margin Debts*, beides auf historischen Höchstständen. Die Verschuldung Amerikas ist in *neue Formen* geschlüpft. Bis vor kurzem waren es die Staatsschulden, jetzt sind es Private, Unternehmen und die Außenwirtschaft. Der guten Ordnung halber ist zu ergänzen, dass auch der *Staatshaushalt* keineswegs so komfortabel dasteht, wie immer behauptet wird. Die sogenannten *Gross Public Debts*, also die gesamten öffentlichen Schulden, nehmen nach wie vor zu. Die öffentliche Verschuldung betrug im Jahr 1999 netto (also nach Tilgung alter Schulden) rund 521 Milliarden Dollar. Auch die scheinbare Beseitigung des Staatsdefizits ist in erster Linie mit Buchhaltungstricks und geschönten Zahlen erreicht worden und nicht mit wirklicher Leistung. Insgesamt sieht es an der Verschuldungsfront der USA so aus, dass für jeden Dollar zusätzliches Sozialprodukt rund drei Dollar an neuen Schulden entstanden sind.

Anhang 2008

Deutschland – gesünder als man meint[98]

Die bevorstehenden Bundestagswahlen in Deutschland geben Anlass zu einer Generaldiskussion über den Zustand des Landes und insbesondere der deutschen Wirtschaft. Die Diskussion orientiert sich aber, soweit sie die Wirtschaft betrifft, an den falschen Maßstäben, und sie läuft in die falsche Richtung. Deutschland ist besser, als man es wahrhaben will oder zu erkennen vermag.

Es gab Zeiten, wo man in Deutschland dazu neigte, sich zu *überschätzen*; heute ist das Gegenteil der Fall. Ein guter Teil der in Deutschland an den Zuständen des eigenen Landes und an der Politik geübten Kritik hat zwar Berechtigung. Vieles muss geändert werden. Das gilt aber nicht nur für Deutschland, sondern für praktisch alle Länder. In Deutschland wird das nur heftiger, gründlicher, teils auch verbissener diskutiert als anderswo. Das bedeutet nicht, dass man die Diskussion nicht führen soll. Sie könnte immerhin bewirken, dass die Zustände nicht schlimmer werden, was schon ein Erfolg wäre.

Klagen über die »Zustände« ist, mehr als anderswo, eine Art Gesellschaftsspiel unter deutschen Unternehmern und Führungskräften. Im Kern wissen zwar alle, dass es zu den Aufgaben, wenn auch den unangenehmen,

---

98 Dieses Kapitel ist der nahezu unveränderte Text meines M. o. M.®Malik on Management-Letters vom August 2002, der gekürzt auch in der FAZ veröffentlicht wurde. Ich zeige hier die Unterschätzung der deutschen und die Überschätzung der amerikanischen Wirtschaft. Weder habe ich damals die bestehenden Schwächen und Probleme Deutschlands heruntergespielt, wie mir 2002 vorgeworfen wurde, noch tue ich das heute. An den seitherigen Erfolgen Deutschlands gibt es aber keine Zweifel, und die Stärke ist nach beinahe fünf Jahren kontinuierlicher Aufwärtsbewegung für jeden sichtbar. Deswegen allein ist die Zukunft aber selbstverständlich nicht gesichert. Hingegen waren die Schwächen Amerikas damals längst klar erkennbar, obwohl die meisten diese nicht zu sehen vermochten.

gehört, als Unternehmer *trotz* aller Zustände erfolgreich zu sein. Das ist in Deutschland auch immer wieder gelungen. Die deutsche Wirtschaft hat seit Jahrzehnten immer wieder bewiesen, dass sie auch unter *erschwerten* Bedingungen – häufig politisch geschaffenen – konkurrenzfähig sein kann. In gewisser Weise war sie in den letzten fünfzig Jahren einem *permanenten Fitness-Training* unter Sonderlast ausgesetzt, zuerst in Gestalt der Wiederaufbauprobleme nach dem Krieg, dann häufig ungünstiger Wechselkurse, weil die Bundesbank die D-Mark hart machte, wegen hoher Löhne, der Kosten des Sozialstaates, wegen der kämpferischen Gewerkschaften, der Belastung durch die Wiedervereinigung und schließlich wegen der Integration Europas, die in erheblichem Umfang bis heute von Deutschland zu bezahlen ist, während andere Länder davon profitierten.

Das hat dazu geführt, dass man in den Problemen immer wieder die Chancen suchen musste und sie auch gefunden hat und dass die Wirtschaft im Grundsatz und über längere Zeiträume gesehen *leistungs-* und *problemlösungsfähiger* war als die *jedes* anderen Landes.

Falsche Vergleiche

So berechtigt die Kritik an der Politik auch ist, besonders was den Arbeitsmarkt und die Steuerlast betrifft, die zu beobachtende Fixierung darauf birgt das Risiko, dass man eine andere – *wirtschaftsimmanente* und möglicherweise *größere* – Gefahr übersieht, die bisher kaum diskutiert wird. Es ist das, was ich etwas provokativ die *Amerikanisierung* der deutschen Wirtschaft und Unternehmensführung nennen will.

Es ist die Übernahme von scheinbaren Erfolgsrezepten amerikanischer Herkunft für Wirtschaftspolitik und Management. Zuvorderst steht die Corporate Governance Theorie, die sich am Shareholder Value ausrichtet, mit all den zwangsläufig daraus entstehenden *desaströsen* Konsequenzen der kurzfristigen Orientierung, des rein monetären Denkens, der Abhängigkeit von Börsen und Börsenkommentatoren, des Personenkults, der mentalen Korrumpiertheit bis zur Wirtschaftskriminalität, der Investitions- und Innovationsfeindlichkeit sowie der substanzzehrenden Strategien von Gewinnmaximierung und sogenannter Wertsteigerung. All das kann heute in den USA gesehen werden. In immer größerem Umfang ist es Gegenstand von staatsanwaltlichen Untersuchungen.

Die Fixierung auf die falschen Vergleiche hat zur Folge, dass deutsche *Stärken* übersehen oder gering geschätzt werden und daher ungenutzt bleiben. Es hat weiter zur Folge, dass man sich auf eine Konkurrenz einlässt, gegen die man nicht oder nur schwer bestehen kann, nicht nur weil sie von den *Regeln* anderer bestimmt wird, sondern weil sie mit den *Mitteln* der Gegenspieler zu führen ist.

Die Übernahme amerikanischer Denkweisen und Methoden ist, entgegen verbreiteter Meinung, nur zu einem kleinen Teil durch die Märkte oder etwa die vielbeschworene Globalisierung erzwungen; zum größeren erfolgt sie freiwillig in der fehlgeleiteten Überzeugung, damit den Schlüssel zum Erfolg zu haben.

Das Hauptargument, mit dem die Amerikanisierung betrieben wird, ist der anscheinend überragende Erfolg der amerikanischen Wirtschaft in den letzten zehn Jahren, der nach übereinstimmender Meinung jeden Vergleich mit bisherigen Maßstäben sprengt, und die Überzeugung, dass dieser Erfolg durch eben jene oben erwähnten Denkweisen und Methoden der Corporate Governance verursacht sei. Beides, der vermeintliche Erfolg der US-Wirtschaft und seine vermuteten Ursachen, beruht auf Fehleinschätzungen, wie sie in diesem Ausmaß selten vorkommen. Es gibt weder Grund zur Bewunderung noch zur Nachahmung.

Ich kann es nicht besser zusammenfassen, als ich es in meiner Analyse der US-Wirtschaft im Dezember 2000 bereits getan habe, und gestatte mir daher, meine damaligen Formulierungen nochmals zu verwenden: *Der herrschenden Meinung zufolge hat die US-Wirtschaft, nachdem die drei Rezessionsjahre anfangs der neunziger Jahre überwunden waren, ihren längsten Aufschwung begonnen, den es in ihrer Geschichte gegeben hat. In acht aufeinanderfolgenden Hochkonjunkturjahren wurden rund 17 Mio. neue Arbeitsplätze geschaffen. Die Arbeitslosigkeit ist dadurch auf den niedrigsten Wert seit 30 Jahren gesunken. Damit einher gingen das stärkste Wirtschaftswachstum und das stärkste Gewinnwachstum seit dem Zweiten Weltkrieg. Obwohl die Wirtschaft auf vollen Touren lief, ist die Inflation gesunken und hat die niedrigsten Werte seit den sechziger Jahren erreicht. In den alten Industrien wurde die Produktivität dank massiver Umstrukturierungen markant gesteigert. Darüber hinaus hat Amerika die Führung in den neuen High-Tech- und Kommunikationsindustrien übernommen, die die stärksten Wachstumsraten überhaupt aufweisen. Alle diese Errungenschaften haben zu einer stetigen Aufwärtsentwicklung am Aktienmarkt geführt und Jahr für Jahr neue Kursrekorde gebracht. Die enormen Kurssteigerun-*

gen wurden nicht als Ausdruck einer Spekulationsblase angesehen, sondern als Folge einer grundlegenden Wandlung der Wirtschaft von einer Old Economy zu einer New Economy, die im Wesentlichen von Investitionen in völlig neue Hoffnungsgebiete besonders der Informatik, aber auch der Biowissenschaften getragen ist und in der deshalb »alles ganz anders ist« und die bisherigen Gesetze nicht mehr gelten. Besonders beeindrucken noch nie zuvor erfahrene Produktivitätszuwächse, fortgesetzte Restrukturierung der Unternehmen, auch des Old Economy Sektors, verbunden mit niedrigen Lagerbeständen wegen erfolgreichen Just-in-Time-Managements, und außerdem die Erfolge bei der Bekämpfung des Budgetdefizits und der Gesundung der öffentlichen Finanzen.

Die US-Wirtschaft wurde daher als fundamental so gesund und leistungsfähig angesehen, dass es zwar zu gewissen Abkühlungen des Wachstums und damit verbunden auch zu Kurskorrekturen an den Börsen kommen kann, jedoch nicht zu größeren Störungen des Finanzsystems, keinesfalls zu einer Baisse, gar einem Börsenkrach. Schlimmstenfalls, so war die Meinung noch weit in das Jahr 2001 hinein, werde es zu einem »Softlanding« und zu einer Stabilisierung auf hohem Niveau kommen, zu einer Pause vor weiteren und andauernden Aufwärtsbewegungen. Im Prinzip wähnte man den Konjunkturzyklus nicht länger existent. Stellvertretend für die vorherrschende Meinung steht noch immer die Aussage von MIT-Ökonom R. Dornbusch im Juni 1998 im *Wall Street Journal*: »*The U. S. economy likely will not see a recession for years to come. We don't want one, we don't need one, and, as we have the tools to keep the current expansion going, we won't have one. This expansion will run forever.*«

Amerika hatte der herrschenden Meinungen zufolge die stärkste Wirtschaft der Welt und der Geschichte; alle anderen Wirtschaften waren weit deklassiert, und ein Ende war nicht in Sicht. Kein Wunder also, dass sich die ebenso schlichte wie überzeugende Logik verbreitete: *Mache es wie Amerika, dann bist du auch so erfolgreich wie Amerika.* Diese Logik hat nur einen einzigen Fehler: *Sie ist falsch!*

Trügerischer Schein

Das sogenannte amerikanische Wirtschaftswunder war ein *Scheinwunder*. Es hat nie stattgefunden. Es war ein *Medienereignis*, sonst nichts. In

Wahrheit gab es das *Gegenteil* eines Wunders, nämlich einen unaufhaltsamen Weg ins Desaster, wie man heute sehen kann.

Weder gab es außergewöhnliches Wachstum noch hohe Gewinne, weder Produktivitätszuwachs noch eine Sanierung des öffentlichen Haushalts. Es war kein Wunder der Wirtschaft, sondern der Desinformation, in seiner Art mit den zwanziger Jahren des vorigen Jahrhunderts vergleichbar. Was im ersten Fünftel des 20. Jahrhunderts die »*New Era*« war, war in seinem letzten Fünftel die »*New Economy*«. Schreibfaule Journalisten konnten die Schlagzeilen eins zu eins aus den damaligen Jahrgängen des *Wall Street Journal* oder der *New York Times* übernehmen.

Die amerikanischen *Wachstumsraten* sind schon in ihrer veröffentlichten Form keineswegs größer als in früheren Perioden, wie jeder langfristige Vergleich seit dem Zweiten Weltkrieg beweist. Wachstumsraten, wie sie in den neunziger Jahren zu verzeichnen waren, gab es immer wieder, sowohl in den USA als auch anderswo.

Aber selbst die an sich schon nicht sonderlich beeindruckenden Zahlen müssen massiv *korrigiert* werden, wenn man zu den Tatsachen gelangen will. Wird das gemacht, ist das Ergebnis, dass die amerikanische Wirtschaft in den neunziger Jahren realwirtschaftlich mehr oder weniger *Nullwachstum* hatte, unter anderem bedingt durch die größte *Investitionsschwäche* seit dem Zweiten Weltkrieg.

Wachstum fand nur in zwei Gebieten statt. Zum einen im *Finanzbereich*, allerdings in einer Weise, die früh erkennbar nicht aufrechtzuerhalten war. Gleichzeitig hat dieses Wachstum zu einer massiven *Fehlallokation* von Ressourcen geführt, was jetzt wiederum zur Folge hat, dass die gesamten Finanzinstitutionen dramatischen Restrukturierungsbedarf haben, der noch lange nicht abgeschlossen sein wird.

Zweitens fand Wachstum auch statt im Bereich von *Computern* und dazugehöriger Peripherie und Software. Zum einen ist dieser Bereich aber mit weniger als 10 Prozent Anteil am Sozialprodukt bei weitem nicht so wichtig, wie er in den Medien dargestellt wird, und zweitens kommt dazu, dass dieses Wachstum durch den statistischen Effekt des sogenannten »*Hedonic Price Indexing*« massiv, in manchen Jahren um das bis zu Zwanzigfache, aufgebläht wurde.

In keinem anderen Land der Welt wird diese Art von Statistik in dieser Weise angewandt. Das Ergebnis ist, dass sich die USA statistisch schönrechnen, während die anderen Länder realitätsgerechte Zahlen ausweisen – kaum eine Basis, um Vergleiche anzustellen. Inzwischen haben die zuständigen Behörden begonnen, das Zahlenmaterial *rückwirkend* nach unten zu korrigieren, wovon allerdings naturgemäß niemand Notiz nimmt.

Die Überlegung, die zum Hedonic Price Indexing führte, ist zwar durchaus *gute Statistik,* aber *miserables ökonomisches Denken.* Da die Preise im Computersektor fortgesetzt fallen, die Computerleistungen aber ständig besser werden, wähnt man die Leistung dieses Sektors nicht richtig ausgewiesen, wenn man sie, wie ökonomisch üblich, zu Verkaufspreisen in das Sozialprodukt rechnet. Man glaubte, sie um einen die technische Leistung ausdrückenden Faktor nach oben korrigieren zu müssen. Das Ergebnis war folgendes: Von 1995 bis 2000 stiegen die Computerinvestitionen in der US-Wirtschaft um rund 23 Milliarden Dollar auf 87 Milliarden Dollar. Durch den Trick des Hedonic Price Indexing werden aus den eher bescheidenen 23 Milliarden Dollar aber stolze 240 Milliarden Dollar – allerdings nur statistisch, denn dadurch entstand nicht ein einziger Zusatz-Dollar Faktoreinkommen.

Hätte man in Deutschland so gerechnet, dann wären die IT-Investitionen in den letzten rund zehn Jahren nicht wie ausgewiesen um 6 Prozent pro Jahr gewachsen, sondern um stolze 27,5 Prozent. Das wäre auf einen Schlag die Mutation vom vermeintlichen IT-Entwicklungsland zum Mega-Super-High-Tech-Führer, und niemand würde auf die Idee kommen, Deutschland technologisch hinter die USA zu reihen.

Ein weiterer statistischer Effekt, der zur Illusion eines Wachstums- und Investitionsbooms führte, ergab sich daraus, dass man beschloss, Computersoftware nicht mehr als Geschäftsaufwand zu behandeln, sondern sie zu kapitalisieren und als Investition anzusehen. Das führte von 1995 bis 2000 zu einem rechnerischen Wachstumseffekt von 110 Milliarden Dollar. Niemand in Deutschland ist auf eine derart abstruse Idee gekommen.

Bereinigt man die Wachstumsraten um diese Effekte, ergibt sich, wie bereits gesagt, realwirtschaftliches Nullwachstum. Erst auf dieser Basis kann man dann brauchbare Vergleiche zwischen Deutschland und den USA anstellen, und somit schneidet Deutschland mit Abstand besser ab, als den Diskussionen zu entnehmen ist, und liegt in wichtigen Punkten deutlich vor den USA.

Es gab auch nie ein *Produktivitätswunder,* außer in dem kleinen Segment der *Herstellung* von Computern. Professor *Robert Gordon* von der Northwestern University in Chicago ist einer der wenigen klarsichtigen Analytiker der publizierten Produktivitätszahlen. Wie er seit Jahren gezeigt hat, gab und gibt es keine quantitative Evidenz für die Behauptungen generell steigender Produktivität. Im Wesentlichen sind die vermeintlichen Produktivitätsfortschritte dem – durch das Hedonic Price Indexing – zu hoch ausgewiesenen Sozialprodukt zuzuschreiben.

Nicht nur ist kein ins Gewicht fallender Produktivitätszuwachs zu verzeichnen, sondern – weit gravierender – die statistische Illusion eines *Investitionsbooms* mit ihren kurssteigernden Wirkungen auf die Börse verschleierte, dass das genaue *Gegenteil* vorliegt, nämlich eine markante *Investitionsschwäche*. Die Net Fixed Business Investments haben den niedrigsten Stand der Nachkriegszeit erreicht. Hier liegt auch in erster Linie die Ursache für die *Gewinnimplosion*, die in den USA im Jahre 2001 sichtbar wurde, aber lange vorher begonnen hatte.

Die ausgewiesenen, scheinbar fantastischen amerikanischen *Gewinne* waren vorwiegend kreativer Buchhaltung, der Schönung der Bilanzen und kunstvoller Desinformation zu verdanken, aber nicht realer Wirtschaftsleistung. Sie sind *erstens* entstanden durch die fragwürdige Nichtverbuchung von *Stock Options,* verbunden mit den andererseits aber auf der Einnahmenseite wohl verbuchten daraus resultierenden *Steuervorteile*; *zweitens* durch die Aktivierung von *Softwareausgaben* statt deren sofortiger Abschreibung, *drittens* durch die mit den Stock Options verbundenen künstlich tiefen *Löhne*, *viertens* durch die zum Teil abenteuerliche Behandlung viel zu hoher *Goodwills*, die in Wahrheit einfach massivst überhöhte, zum Teil schlicht wahnwitzige Kaufpreise repräsentieren, aber völlig unproduktive Scheinvermögenswerte darstellen, und *fünftens* durch Finanzmarktmanöver, darunter die *Aktienrückkaufprogramme*.

Inzwischen zeigt sich, dass viele Unternehmen ihre Gewinne über das Maß der kreativen Gestaltung und über die Grenzen des Legalen hinaus »gestaltet« haben, unter anderem durch die bemerkenswerte buchhalterische Behandlung von Leasinggeschäften. Nebst anderen Tricks wurden zum Beispiel von den NASDAQ-100-Firmen für das Jahr 2001 an das Publikum *Gewinne* von 18 Milliarden Dollar berichtet, während dieselben Firmen an die US-Börsenaufsicht SEC einen *Verlust* von 82 Milliarden Dollar zu berichten hatten. Alle Welt glaubt die Zahlen, die in den Medien stehen; in die SEC-Files schaut hingegen niemand.

Da der Rückkauf eigener Aktien im Dienste der optischen Schönung der Gewinn-pro-Aktie-Ziffern nicht mehr, wie vorher die überzahlten Akquisitionen, mit eigenen Aktien erfolgen konnte, sondern nun *echtes* Geld erforderte, haben sich die Firmen verschuldet, um die selbst produzierten

Börsenerwartungen immer wieder neu erfüllen zu können. Die *US-Unternehmensverschuldung* steht heute auf einem All Time-High von 156 Prozent des Sozialproduktes und ist damit um fast 50 Prozent höher als vor zehn Jahren.

Die *Börsenhausse* war nicht, wie behauptet und weltweit medial propagiert, auf echte Wertschöpfung gestützt, sondern, wie jeder Bull Market dieses Ausmaßes, auf *Gier und Schulden* und diesmal noch auf perfekt angelegte *systematische Fehlinformation* des Publikums durch die Unternehmen im Verbund mit der Wall Street Industrie und einer Phalanx von schlecht ausgebildeten Ökonomen, die unter dem Deckmantel der akademischen Unabhängigkeit in Wahrheit Teil der Sales Force der Wall Street waren.

Das sogenannte Neue Paradigma hat somit keineswegs, wie man behauptete, dazu geführt, dass die Wirtschaft transparent wurde, sondern zum *Gegenteil*. Unter dem selbst produzierten Druck ständig höherer Börsenerwartungen wurden immer neue sogenannte *Pro-Forma-Gewinnziffern* ausgewiesen, die nur noch den Zweck hatten, Aufwandspositionen unter fadenscheinigen Begründungen auszuklammern.

Dass dies alles durch willfährige Wirtschaftsprüfer und korrupte Analysten und Börsengurus nicht nur gedeckt, sondern durch immer halsbrecherische Konstruktionen angetrieben wurde, ist inzwischen, wie jedermann weiß, Gegenstand von Untersuchungen durch die Staatsanwaltschaften und die Börsenaufsicht und kann auch vom Präsidenten nicht mehr ignoriert werden, weil hier das Potenzial zu einer politisch gefährlichen Empörung der Bevölkerung liegt. Als Folge der Börseneuphorie sind die Ersparnisse und Pensionsreserven von zwei Generationen Amerikanern in riskanten Börsenpapieren »angelegt«. Allein im Jahr 2001 wurden rund 5 US-Trillionen Dollar verloren, also rund die Hälfte des Sozialproduktes. Es ist gut möglich, dass daraus zum ersten Mal in der Geschichte der USA ein ernsthaftes soziales Problem entsteht. Ich habe bereits 1997 in der ersten Auflage meines Buches über »Wirksame Unternehmensaufsicht«[99] auf die Entstehung einer neuen Wirtschaftsfeindlichkeit hingewiesen, denn es war klar, dass die wirklichen Feinde des Kapitalismus nicht seine erklärten, als solche ausgewiesenen und bekannten Gegner waren, sondern seine lautesten Befürworter.

---

[99] Im März 2002 in der dritten Auflage unter dem geänderten Titel *Die Neue Corporate Governance* mit wesentlichen Ergänzungen im FAZ-Verlag erschienen.

Über die Unternehmensverschuldung hinaus ist ein weiteres Element des US-Wirtschaftswunders die exorbitante *Verschuldung* aller weiteren amerikanischen Wirtschaftssegmente, insbesondere der *Konsumenten*. Die Sparrate, die noch zu Beginn der neunziger Jahre bei rund 8 Prozent lag, ist am Ende des Jahrzehnts unter Null gefallen.

Auch das vielgepriesene amerikanische *Budgetwunder* gab es nie. Die öffentliche Verschuldung Amerikas steigt nach wie vor und ist heute höher als zu jedem früheren Zeitpunkt. Die Budgetüberschüsse des Bundes, für die man weltweit seit 1998 die USA bewunderte, sind genauso wie die Gewinne der Unternehmen durch *Buchhaltungstricks* und nicht durch reale Leistung entstanden. Seit 1998 sind statt ausgewiesener Überschüsse von kumuliert 710 Milliarden Dollar in Wahrheit Defizite von in Summe 1644 Milliarden Dollar gemacht worden, eine negative Gesamtabweichung somit von 2365 Milliarden. Noch gar nicht erwähnt sind hier die *Schulden der Staaten und Kommunen* und das *Außenwirtschaftsdefizit*.

Im Jahr 2001 ist das Volkseinkommen um rund 178 Milliarden Dollar gestiegen. Die Schulden hingegen haben um insgesamt mehr als 2 (europäische) Billionen zugenommen, davon im Nichtfinanz-Sektor um 1,1 Billionen. Die Schulden steigen somit *zehnmal* schneller als das Sozialprodukt.

Der horrende Kreditanstieg Amerikas fließt in *drei* Gebiete, die kein Sozialprodukt und keine produktiven Investitionen erzeugen: in die *Importe*, in weitgehend ertraglose *Expansionsstrategien* via Mergers und Akquisitionen, die keine produktiven Nettoinvestitionen sind, und in die *Finanzspekulation*.

Die meisten amerikanischen Wirtschaftszahlen der letzten fünf Jahre sind *falsch* oder wurden falsch *interpretiert* und medienmäßig immer wirksamer *propagiert*. Das Handeln der Menschen ist damit in eine falsche Richtung gesteuert worden, was wiederum eine massive *Fehlallokation* der Ressourcen zur Folge hatte. Dies führt jetzt, nachdem die Illusion einer stetigen Aufwärtsentwicklung der Konjunktur aufgegeben werden muss und die ersten Einbrüche an den Finanzmärkten zu verkraften sind, zu massiven Korrekturnotwendigkeiten, deren Vollzug Zeit kosten und Opfer fordern wird.

Es gibt somit keinen Grund, Amerika als Maßstab zu nehmen, um deutsche Schwächen zu konstatieren. Im Lichte der Tatsachen ist es bemerkenswert, mit welcher Bewunderung, beinahe Verklärtheit, selbst gestandene Unternehmer und Manager das Wirtschaftswunder USA als Vergleich heranziehen, um die Misere Deutschlands möglichst drastisch sichtbar zu machen. Ebenso bemerkenswert, in Wahrheit gefährlich ist es, mit welcher Naivität amerikanisches Management, amerikanische Ausbildung und amerikanische Führungsphilosophie von Führungskräften nachgemacht und von – wiederum amerikanischen – Consultants empfohlen werden, in der Meinung, diese seien die Ursachen für ein Wirtschaftswunder.

Vorteile trotz Fehlentwicklung

Die deutsche Wirtschaft ist von den Fehlentwicklungen des scheinbar endlos weitergehenden Booms auch gezeichnet, so wie viele Länder, aber in weit *geringerem* Ausmaß als die amerikanische Wirtschaft. Im Wesentlichen sind die Schäden, wie schon erwähnt, eine Folge der unkritischen Nachahmung amerikanischer Managementpraktiken, insbesondere der am Shareholder Value orientierten Corporate Governance Theorie.

Die dadurch in der Wirtschaft entstandenen Schäden und Schwächen wiegen mindestens so schwer wie die Nachteile, die durch Fehler und Versäumnisse in der deutschen Politik entstanden sind. Sie sollten ebenso gründlich diskutiert und kritisiert werden. Man kann dort auch viel schneller Änderungen einleiten als in der Politik, und ihre Wirkungen werden viel rascher eintreten.

Die Politik wird von der Wirtschaft mit Recht als fehlerhaft angesehen. Es muss aber bedacht werden, dass sie dennoch wenn nicht von einer Mehrheit, so doch von einem großen Teil der Bevölkerung begrüßt und getragen wird. Ganz anders die Lage in der Wirtschaft: Für wirtschaftliche Fehlentwicklungen finden sich nie Mehrheiten, nicht einmal ins Gewicht fallende Minderheiten, sondern ganz im Gegenteil werden zum Teil militante Gegnerschaften mobilisiert.

Das von neuer Arbeitskampfbereitschaft geprägte *Sozialklima* in Deutschland ist ein ernstzunehmendes Signal. Die Gewerkschaften mögen ihre Forderungen auf falschen Tatsachen und Argumenten aufbauen, die Emotionen haben sie allemal auf ihrer Seite, wenn die Menschen sehen, dass noch vor kurzem großspurig auftretende Konzernlenker vor allem an ihren eigenen, persönlichen Vorteil gedacht haben und nicht, wie vorgegeben, an das Wohl der Unternehmen. Wenn dann wegen Fehlentscheidungen von Managern Verluste entstehen, Entlassungen nötig werden, ausländische Konzernzentralen über deutsche Arbeitnehmer befinden, Konzerne keine Steuern bezahlen und Manager trotz ihrer eklatanten Fehlleistungen unbeschadet, ja mit millionenschweren Abfindungen abtreten, gibt es kaum einen Weg, die Glaubwürdigkeit der Wirtschaft wiederherzustellen.

Die Fehlentwicklungen der Wirtschaft sind in einer *Mediengesellschaft* für alle sichtbar, und sie sind für jeden spürbar. Es hilft für die öffentliche Wahrnehmung nichts, dass es die Probleme nur bei wenigen Personen und nur in bestimmten Teilen der Wirtschaft gibt, vor allem bei einigen Großunternehmen, während der nach Wertschöpfung und Beschäftigung viel *größere* Bereich des *Mittelstandes* von den Verirrungen und Exzessen der Boomjahre weit weniger oder gar nicht betroffen ist.

Der Mittelstand ist in den Medien in den letzten Jahren kaum noch vorgekommen. Berichtet wurde über »mächtige Konzerne« und »Konzernherren mit Allüren« einerseits und über die New Economy-Firmen andererseits. Beides ist längst nicht so typisch für die Wirtschaft, wie es laut und in der Wahrnehmung präsent war. Es ist daher aber als repräsentativ wahrgenommen worden.

Obwohl also die Folgen irregeleiteter Unternehmensführung auch in Deutschland ernstzunehmen sind, ist doch die deutsche Wirtschaft in einem Zustand, der den Vergleich mit den USA nicht nur nicht zu scheuen braucht, sondern in wesentlichen Punkten besser ist. Wenn es Wirtschaftswunder gegeben hat, so hat eines davon zum Beispiel die deutsche *Automobilindustrie* zustande gebracht. Zu Beginn der neunziger Jahre waren die deutschen Autofirmen mehrheitlich in einem schlechten und teilweise desolaten Zustand. Die Japaner schienen in nicht mehr aufzuhaltendem Vormarsch auf sämtlichen Märkten zu sein, waren technisch und qualitativ je nach Fahrzeugklasse ebenbürtig oder nicht weit davon entfernt und kostenmäßig klar überlegen. Sie lehrten die amerikanische und europäische Autowelt das Fürchten. VW steckte tief in den roten Zahlen und lag mit seiner Produktivität zwischen 25 und 30 Prozent hinter seinen Konkurrenten. Daimler-Benz war durch seinen Vorstandsvorsitzenden Edzard Reuter innerhalb von zehn Jahren in eine unsägliche Diversifikationspolitik getrieben worden, und Porsche war mit veralteten Modellen und rückständiger Produktion nicht mehr weit vom Exitus.

Rund zehn Jahre später hat Deutschland die *beste* Autoindustrie der Welt. Japan ist ebenso abgeschlagen wie die USA, die Skandinavier haben sich verkauft, Italien führt, abgesehen von den Nobelmarken, ein Randdasein, und wie sich die Franzosen entwickeln werden, bleibt abzuwarten. Bemerkenswert ist, dass mit einer Ausnahme in den deutschen Autounternehmen keine Amerikanisierung des Managements stattgefunden hat, Kritik von Börsenanalysten zwar lästig, aber unwichtig ist sowie langfristig ausgerichtete Strategie und nachhaltige Innovation verfolgt werden. Temporär bestehende Übernahmegefahren durch ausländische Konzerne nimmt man zwangläufig ernst, reagiert aber anders und klüger, als das etwa in der Telekom-Branche geschehen ist. Etwas Ähnliches ist in der europäischen *Flugzeugindustrie* unter starkem Einfluss der Deutschen gelungen. Die noch vor zehn Jahren bestehende erdrückende Vormachtstellung der USA auf diesem Gebiet wurde durch den Erfolg von Airbus fast ins Gegenteil verkehrt. Es spricht umso mehr für die Branche, dass sie selbst die internen Machtkämpfe zu ertragen vermag. Auch auf anderen Gebieten wie dem Maschinenbau, Teilen der Pharmaindustrie und in anderen Bereichen kann sich die deutsche Wirtschaft durchaus sehen lassen.

Es ist wahrscheinlich, dass in den nächsten Jahren – wie überall – auch die deutsche Autoindustrie Probleme haben wird, schlechte Zahlen auszuweisen hat und Menschen entlassen muss. Sie wird mit den Weltwirtschaftsproblemen aber in einer Position der *Stärke* konfrontiert, und bevorstehende Schwierigkeiten ändern nichts daran, dass hier große Leistungen erbracht wurden, die Schwächen von Japan und Amerika klug genutzt wurden und man genau das tat, was strategisch die einzige Chance auf Erfolg verspricht: *mit den eigenen Stärken die Schwächen der Konkurrenten anzugreifen.* Es ist also das genaue Gegenteil von dem, was die sich selbst amerikanisierenden Unternehmen tun, nämlich den Amerikanern mit schwachen Imitationen ihrer selbst zu begegnen. Nachmachen ist nur erfolgreich, wenn man es besser macht. Die Japaner haben das bis vor zehn Jahren bewiesen. Die Deutschen werden aber nie die besseren Amerikaner sein können als diese selbst. Sie können nur die besseren Deutschen sein, dies aber mit umso größerem Erfolg.

Nutzung von Stärken

Der Patient ist nicht Deutschland, sondern die Weltwirtschaft – und Deutschland bleibt davon klarerweise nicht ausgespart. Nicht nur die amerikanische, sondern die Ökonomien praktisch aller Länder sind als Folge der Fehlsteuerung durch die falschen Theorien amerikanischer Provenienz der neunziger Jahre und darauf gestützte Fehlallokation der Ressourcen in einem Zustand, der eine rasche und nachhaltige Konjunkturerholung unwahrscheinlich macht.

Der fast überall vertretene Glaube, dass es sich bei den konjunkturellen Problemen in den USA um eine kurzfristige, sogenannte »V-shaped Recession« handle, dürfte enttäuscht werden, aus Gründen, die struktureller Natur sind. So war es auch mit den Wirtschaften anderer Länder, die euphorisch und undifferenziert eine Zeitlang hochgejubelt und als neue Paradiese hingestellt wurden. Die asiatischen Tigerländer und die meisten lateinamerikanischen Staaten sind in schlechter, teils desolater Verfassung. Wie es wirklich in Indien und China aussieht, kann man nur raten; wissen tut man wenig, weil die Zahlen notorisch unzuverlässig sind.

Der Glaube an die prinzipielle und universelle Überlegenheit der amerikanischen Managementpraktiken ist genauso naiv, wie es der Glaube an die japanische Überlegenheit war, der von Mitte der achtziger bis Anfang der neunziger Jahre vorherrschte. Die US-Wirtschaft hat Stärken, die die europäischen Ökonomien nicht haben; aber sie hat auch ihre Schwächen. Sie sollte dort nachgeahmt werden, wo sie Stärken hat. Corporate Governance im Speziellen und Management im Allgemeinen gehören, entgegen weit verbreiteter Meinung, *nicht* dazu. Leute mit Erfahrung haben das von Anfang an gesehen und sie haben auch dementsprechend gehandelt.

Es hat aus den dargelegten Gründen wenig Sinn, über die deutsche Politik zu klagen. Unternehmer und Manager müssen sich darauf einstellen, dass eine gründliche Umorientierung erforderlich ist. Sie besteht darin, sich konsequent von den hochfliegenden Vorstellungen der neunziger Jahre zu trennen und sich auf eher frostige Zeiten einzustellen. Eine robuste, am Kunden orientierte Geschäftsstrategie, kompromissloses Verbessern der Produktivität, professionelles Innovationsmanagement, Entfernung der Illusionen, Angebereien und großsprecherische Redeweisen aus allen Teilen des Unternehmens, nüchterne Überprüfung der E-Prahlereien, Leistung und Verantwortung auf allen Ebenen – das dürften die wichtigsten Orientierungsmarken für die nächsten Jahre sein. Man darf Bluffern und Hochstaplern keine Chance in den Firmen geben. Sie hatten sie – reichlich – in den Neunzigern. Jetzt kann und muss wieder Substanz verlangt werden.

Kompetente Führungskräfte sind immun gegen Modewellen und mental nicht abhängig vom Zeitgeist. Sie beherrschen ihr manageriellles Handwerk. Sie repräsentieren die Referenzwerte für eine neue Bescheidenheit und Nüchternheit, die die Leistungsbereitschaft der Menschen besser mobilisieren können, die für die Reorientierung nötig sein wird, als die Visionen und Illusionen, die zu falschen Erwartungen und Hoffnungen führten.

Die deutsche Wirtschaft ist für diese Lage in vielerlei Hinsicht besser gerüstet als die meisten anderen. Und die Anforderungen, die zu erfüllen sein werden, entsprechen traditionellen deutschen Stärken, die man sofort und ohne Umschweife nutzen kann und nicht zuerst mühsam über Jahre aufzubauen hat.

Die deutsche Wirtschaft versteht mehr von *Kundennutzen* und *Qualität* als die meisten anderen. Sie hat in wichtigen Bereichen starke *Marktpositionen*, teils die Führerschaft. Sie hat einen nach wie vor guten bis hervorragenden *Mittelstand*, in dem nicht die Investorenmentalität, sondern das *unternehmerische* Element dominiert. Die Deutschen sind stark im *langfristigen* Denken und Handeln, im Durchstehen von schwierigen Zeiten und – wenn es sein muss – im Verzichten. In Deutschland können noch viele *Leistungsreserven* mobilisiert werden, wenn man den Menschen einen Grund zur Leistung gibt.

Gründe zur Leistung können von der Politik geschaffen werden; sie können und müssen aber auch und vor allem von der Wirtschaft geschaffen werden, von jenen Chefs aller Stufen, mit denen es die Menschen jeden Tag zu tun haben. Das Wichtigste dafür ist das *Vorbild an der Spitze*.

Literatur

Albach, Horst: »Shareholder Value und Unternehmenswert«, in: *Zeitschrift für Betriebswirtschaft* 71 (2001), Seite 643–674.

Beer, Stafford: *Brain of the Firm – The Managerial Cybernetics of Organization*, 2. Auflage, London 1981.

Ders.: *The Heart of Enterprise*, London 1979.

Bleicher, Knut: *Der Aufsichtsrat im Wandel*, Gütersloh 1987.

Buzzell, Robert D./Gale, Bradley T.: *The PIMS Principles. Linking Strategy to Performance*, New York 1987.

Carlson, Sune: *Executive Behaviour*, Stockholm 1952.

Chussil, Mark/Roberts, Keith: *The meaning and value of customer value*, Online Sheet 02/2007, Malik Management Zentrum St. Gallen, www.mzsg.ch.

Cray, Ed: *General of The Army. George C. Marshall, Soldier and Statesman*, New York/London 1990.

Drucker, Peter F.: *The Unseen Revolution*, London 1976.

Ders.: *Zaungast der Zeit*, Düsseldorf 1981.

Ders.: *Managing for the Future*, London 1992.

Ders.: *Post-Capitalist Society*, London 1993.

Ders.: *Management. Tasks, Responsibility, Practices*, London 1973.

Frankl, Viktor E.: *Der Mensch vor der Frage nach dem Sinn*, 3. Auflage, München 1982.

Gale, Bradley T.: *Managing Customer Value*, New York 1994.

Gälweiler, Aloys: *Strategische Unternehmensführung*, 2. Auflage, Frankfurt/New York 1990.

Glaus, Bruno U.: *Unternehmungsüberwachung durch schweizerische Verwaltungsräte*, Bern 1990.

von Hayek, Friedrich: *Die Verfassung der Freiheit*, Tübingen 1971.

Ders.: *Law, Legislation and Liberty*, 3 Bände, 1973–1979.

Heinsohn, Gunnar: *Privateigentum, Patriarchat, Geldwirtschaft. Eine sozialtheoretische Rekonstruktion zur Antike*, Frankfurt 1984.

Heinsohn, Gunnar/Steiger, Otto: *Eigentum, Zins und Geld. Ungelöste Rätsel der Wirtschaftswissenschaften*, Hamburg 1996.

Hilb, Martin: *Integrierte Corporate Governance. Ein neues Konzept der Unternehmensführung und Erfolgskontrolle*, 2. Auflage, Berlin/Heidelberg 2006.

Hoffmann-Becking, Michael (Hg.): *Münchener Handbuch des Gesellschaftsrechts*, Band 4: Aktiengesellschaft, München 1988.

Jürgensen, H.: *Die Bundesrepublik Deutschland zwischen Wiedervereinigung und Binnenmarkt '93. Wirtschaftsperspektiven für die neunziger Jahre*, Hamburg 1991.

Malik, Fredmund: *Führen Leisten Leben. Wirksames Management für eine neue Zeit*, Frankfurt/New York 2006.

Ders.: *Gefährliche Managementwörter. Und warum man sie vermeiden sollte*, Frankfurt/New York 2007.

Ders.: *Management. Das A und O des Handwerks*, Frankfurt/New York 2007.

Ders.: *Strategie des Managements komplexer Systeme. Ein Beitrag zur Management-Kybernetik evolutionärer Systeme*, 10. ergänzte Auflage, Bern/Stuttgart/Wien 2008.

Ders.: *Systemisches Management, Evolution, Selbstorganisation*, Bern/Stuttgart/Wien 1993, 2. Auflage 2000.

Ders.: *Unternehmenspolitik und Corporate Governance. Wie Organisationen sich selbst organisieren*, Frankfurt/New York 2008.

Malik, Fredmund/Stelter, Daniel: *Krisengefahren in der Weltwirtschaft*, Zürich 1990.

Martin, Paul C./Lüftl, Walter: *Der Kapitalismus. Ein System, das funktioniert*, München 1986.

NACD – *Report of the NACD Blue Ribbon Commission on Director Professionalism*, Washington 1996.

NACD – *Report on Director Professionalism*, Washington 1996.

Rappaport, Alfred: *Creating Shareholder Value*, überarb. Ausgabe, New York 1998.

Siegwart, Hans: *Der Cash-Flow als finanz- und ertragswirtschaftliche Lenkungsgröße*, 3. überarbeitete und erweiterte Auflage, Stuttgart 1994.

Vester, Frederic: *Die Kunst, vernetzt zu denken*, 7. Auflage, München 2001.

Wunderer, Felix R.: *Der Verwaltungsrats-Präsident*, Zürich 1995.

Register

Abberufung des Vorstandes 178
Abfertigungen 178, 269, 273
Abs, Herman Joseph 278
Absenzenrate 156
Adenauer, Konrad 251, 265
Administratoren 252
Advisory Board 70
Advisory Council 191
Agenda, Gestaltung der 207, 227
Akquisition(en) 75, 232, 241, 245,
    307, 315, 317
    -entscheidungen 72
    -manager 283
    -politik 75
    -strategie 283
    -welle 54
Aktienmärkte 132
Aktienspekulationsblase 301
Aktionäre 9, 16, 19, 21, 28, 32f., 47,
    50f., 53–55, 135, 137f., 141, 144,
    244
Aktionärsinteresse(n) 36, 134
Aktionärs-Kapitalismus 133, 139
Allianzen 183, 197, 241, 283
Allokation von Ressourcen 18, 56,
    59, 61, 224, 313, 317, 321
Altersgrenze 195, 197, 234, 291
Amtsdauer 195–197, 233f.
Amtsperiode 195–197, 233
Angestellten-Gesellschaft 270
Anspruchsgruppen 36, 180f.

Anstellungsverträge 180, 233
Arbeitnehmervertretung 186
Arbeitslosigkeit 93, 104, 297, 311
Arbeitsmethodik 186, 193, 229
Assessment Centers 282
Assignment 283
Assistenten 290
AT&T 307
Aufgaben 11, 15, 27, 34, 66–71, 74,
    79, 85, 88, 91, 110f., 114–116,
    143, 149, 171f., 174f., 181–
    188, 190, 192, 198, 200, 202,
    208f., 213f., 216, 218–222, 224f.,
    227, 230, 232, 236, 242, 244f.,
    247, 253, 256, 261, 270, 275,
    280f., 290, 292f., 309
Aufsichtsorgan(e) 28, 48, 56, 68,
    71–73, 75, 77f., 86, 120, 126, 138,
    146f., 153, 157f., 161, 174, 177,
    188f., 191, 194, 198, 205f., 212,
    230, 278
    Amtsdauer des 233f.
    Arbeitsfähigkeit des 181
    Aufgaben des 67, 74, 79, 90, 175f.,
    180f., 187, 219, 227, 231f., 245f.,
    248, 272, 276, 292
    Bestellung des 187, 238, 290
    Evaluation des 209f.
    Führung des/durch das 200, 207,
    216
    Führungswille des 68, 234

Gestaltung des 71, 174
Glaubhaftigkeit des 203f.
Größe des 181–185
Honorierung des 198
Informationshaushalt des 146, 208
Mindestzahl des
Organisation des 181
personelle Zusammensetzung des
48, 186f., 189–193, 194f., 217,
247, 256, 277
Vorsitzender des 77, 184, 198,
204, 213–215, 218, 291
Aufsichtsrat/-räte 9, 22, 28, 31, 37,
44, 68, 70, 72, 74, 77f., 89, 178,
180, 182, 184, 188, 192, 207f.,
217–219, 269f., 291
Auftrag 43, 86, 172, 185f., 206,
221f., 268, 283, 287
Auftragseingang 158, 298
Aushängeschild 191
Ausschlussregeln 189
Ausschüsse 28f., 182–186, 201f., 210
Außenwirtschaftsdefizit 308, 317
Autorität 239, 261
persönliche 70, 133, 206, 214
Unterminierung von 204, 208,
239, 241, 261

Banker 48, 138
Bankgeschäfte 53, 301
Bear Market(s) 140–142, 272
Bedingungen, konstitutionelle 186
Bedürfnisse 98, 217, 256
Beer, Stafford 166, 323
Bereitschaft für Krisen 221, 228
Beteiligung, persönliche 198
Betriebsklima 157, 162, 231
Betriebsräte 217
Betriebswirtschaftslehre 49, 76, 115,
129, 164
Bewertungsmethoden 107

Beziehungen 143, 161, 180, 182–184,
192f., 213, 227, 237, 286
Bilanz(en) 43, 57, 60, 86, 99, 126,
162, 175, 307, 315
Bilanzfälschung 59
Binnenmarkt, europäischer 93
Biologie 162–165
Biowissenschaften 298, 312
Bleicher, Knut 188, 200, 202, 204,
211, 218, 220
Börsenhausse 47, 108, 136, 139, 316
Börsenkurse 20, 34, 140, 245, 306
Börsenpublikum 29, 43, 303
British Telecom 307
Budgetdefizit 298, 312
Budgetierung 201
Bull Market 141f.
Bürokratie 33, 79
Business Mission 85f., 222
Business-Process-Reengineering 100
Business Purpose 222
Business Schools 114f.
Business Week 303

Carlson, Sune 229, 323
Cash-Flow 126, 158, 160, 162, 176,
273
Casino-Mentalität 42
Chaostheorie 249
Charisma 264–266
Churchill, Winston 118, 250f.,
263–265
CNBC 59, 303
Costs of Capital 159
Computerindustrie 156, 301f., 305
Computersektor 314
Controlling 161, 210
Corporate Capitalism 50, 133, 142,
144
Corporate Governance, Theorie der
15–40

Cray, Ed 259, 323
Critical Incidents 89, 286, 293f.
Culture Surveys 157

Demografie 97
Demokratie 68, 240, 295
Denken
    biologisches 162
    finanzwirtschaftliches 49
Derivate 308
Desintegration 112f.
Deutsche Telekom 307
Dienstleistung(en) 46, 54, 87, 101,
    103–105, 300
Dienstleistungsgesellschaft 103
Dissens 241
Distributionsformen 100
Distributionskanäle 100
Diversifikation 75, 81–84
Diversifikationspolitik 75, 81f., 86,
    319
Dornbusch, R. 60, 312
Drucker, Peter 39, 48, 56, 73, 94,
    101, 133, 136, 144, 221, 239, 244,
    276, 323
Dunant, Henry 265
Duttweiler, Gottlieb 265

E-Business 45
Effektivität 10, 67, 124, 126, 172,
    182–184, 186, 193, 210f., 229,
    285
Eigenschaften 165, 195, 250–255
Eigentümer 30–32, 71, 73, 131,
    133, 135f., 139, 164, 174, 180,
    199f.
Eigentümer-Kapitalismus 133
Eigentümerunternehmer 31, 35, 141
Eigentümerinteressen 189, 193
Einkommensbemessung 177, 246
Eisenhower, Dwight D. 265

Enabling Link 165
Entscheidungsirrelevanz 204
Entscheidungsunfähigkeit 204
Entsparung 306
Ergebnisse, operative 77
Ethik 243, 267
Evaluation 210, 212, 225
Exekutivposition(en), oberste 248
Exekutivorgan 39, 67f., 70, 72, 74f.,
    91, 130, 146, 172, 174–177, 179–
    181, 190f., 195f., 199, 204–208,
    210, 212–216, 218–221, 223f.,
    226–236, 239–241f., 246, 275f.,
    278, 291f.
    aktive Mitglieder des 72f., 182,
    185, 187, 189f., 195, 238, 246
    Aufgaben des 120, 220, 225
    ehemalige Mitglieder des 189–191
    Geschäftsordnung des 172, 181
    Geschäftsverteilung des 219
    Wirksamkeit des 229, 241
Exekutoren 252
Exklusion 112f.
Expansion 49, 60, 82, 312, 317

Fähigkeiten 10, 165, 191, 193, 195,
    197, 213, 226, 253, 273, 280
Familienunternehmen 69, 290
Fehlentscheidung(en) 231, 275, 278f.,
    284, 318
    personelle 279
    sachbezogene 277
    unternehmerische 81
Fehler 10, 37, 41, 52, 80f., 86, 88f.,
    100, 117, 122f., 147, 169f., 195,
    201, 213, 235, 252, 254, 260, 271,
    279, 281, 286, 288, 290, 293f.,
    305, 315, 318
Finanzen, öffentliche 298, 312
Finanzentscheidungen 185, 226
Finanzierung 47, 99

Finanzindustrie 21, 32, 303
Finanzmärkte 18, 22, 24f., 29f.,
    33–35, 37, 42, 49, 108, 134, 317
Finanzsystem 131, 140, 298, 312
Finanzwirtschaft 47, 49, 306
Firmenzusammenbrüche 71, 132
Follow-through 206
Fondsmanager 44
Free Enterprise-System 43, 51, 126,
    144
Führer 65, 114, 142, 248–266, 271,
    273f.
Führerschaft 133, 214, 216, 248–
    252, 254–256, 263f., 322
Führungsarbeit 9, 39, 231
Führung der Zukunft 91
Führungselite 278
Führungsstil 162
Funktionsregeln 242
Funktionssicherheit 206

Gälweiler, Alois 48, 323
Gefahrenpotenzial 306
Gefolgschaft 254, 263, 265
Genauigkeit 147, 161, 246
General Electric 104, 135, 139, 152
Generalistenkompetenzen 187
Gesamtorganisation 226
Geschäftsauftrag 86, 221f.
Geschäftsgang, normaler 147, 202
Geschäftsmodelle 304
Geschäftsordnung 172, 180f., 192,
    219, 241f.
Geschäftsprüfungskommission 212
Geschäftsverteilung 172, 180, 219,
    242
Geschäftszweck 86, 221f.
Geschichtsanalyse 201
Gesetzgeber 66, 69, 71, 78
Gesetzmäßigkeiten, ökonomische
    128

Gestaltungsaufgabe 219
Gesundheit 23, 75, 108, 131, 143,
    146, 156, 161f., 170, 201
Gesundheitswesen 106, 122, 124,
    156, 296
Gewinn
    -feindlichkeit 129
    -implosion 315
    -kraft 302
    -maximierung 19, 125–131, 310
    -maximum 129, 160
    -minimum 129, 160
    -motiv 125–127
    pro Aktie 304, 315
    -wachstum 297, 311
    -ziffern 307, 316
Gewissenhaftigkeit 71, 187, 214, 268,
    273, 276, 280, 289, 291
Glaubhaftigkeit 115, 179, 203f.
Glaubwürdigkeit 16, 20, 43, 117,
    123, 140, 156, 189, 194, 206, 226,
    235, 254, 257f., 274, 288, 290,
    319
Glaus, Bruno U. 182, 200, 203, 323
Golden Parachutes 178
Gordon, Robert 60, 306, 314
Governance Committee 210
Government Sponsored Enterprise
    307
Greenspan, Alan 302
Großkapitalisten 133, 141
Großkonzerne 33, 45, 148, 193
Großunternehmen 33, 42, 45, 69,
    122f., 134, 136, 180f., 261, 267,
    319
Gründerpioniere 127
Grundstruktur 226
Gruppendynamik 237

Haftung, Verlust der 270
Hausbankenvertreter 193

Heinsohn, G. 109, 323
High-Engineering 103
High-Tech
    -Industrien 298, 311
    -Ökonomie 103
Hoffmann-Becking, Michael 178,
    180, 196, 201, 208, 324
Homo oeconomicus 164
Honorare 196, 198
Humankapital 131, 225
Humanressourcen 225, 227, 292
Hypothekarmarkt 307
Hypothekarschulden 307

Immobilienschulden 307
Industriearbeiter 103f.
Industrieproduktion 298
Inflation 50, 93, 159, 298, 311
Informationsgesellschaft 165
Informationshaushalt 74, 146, 208
Innovation, soziale 122
Innovation, technologische 122
Innovationen 75, 87, 122, 150, 166,
    232, 241, 252, 274
Innovationsdynamik 223
Innovationsleistung 18, 149f., 175,
    268
Innovationsmanagement 29, 62, 223,
    321
Innovationsrate 150
Innovatoren 252
Institutional Governance 41
Integrität, charakterliche 214
Interesse, unternehmerisches 73
Interessenlage 19, 30, 43, 135, 188f.,
    196f., 214, 217
Internet 45, 58, 251
Investitionsgütersektor 99
Investment Funds 108, 137
Investoren 21, 31, 33f., 55, 83, 141,
    306

Irreführung 147, 252

Jahrhundert-Hausse 306
Junk Bonds 138
Jürgensen, H. 324
Just-in-Time-Management 298, 312

Kapazitätskürzungen 78
Kapitalakkumulation 136
Kapitalismus
    Aktionärs- (Shareholder
    Capitalism) 50
    Eigentümer- (Owner Capitalism)
    133
    Unternehmens- (Corporate
    Capitalism) 50, 133, 142, 144
Kapitalkosten 55, 153
Kaufkraft 98f.
Keiretsus 133f.
Kennedy, John F. 251, 255, 275
Kommunikationsindustrien 298, 311
Kompetenz, fachliche 74, 187, 190,
    193
Komplexität 10, 12f., 16, 20, 23, 25,
    34, 37, 74, 88, 98, 115, 144, 146f.,
    153, 169, 172, 176, 182, 193, 202,
    204, 219, 222, 295
Konglomerate 75
Konkurrenzfähigkeit 16, 18, 44, 54,
    227, 268
Konsens 75, 110, 113, 115, 132, 134,
    204, 237, 241, 288
Konsulentenverträge 191
Konsum 93, 98f.
Kontinuität 92, 194, 196, 233f.
Kontrolle, wirksame 21, 61, 121, 123
Konzentrationserfolge 81
Kopfarbeit(er) 101–105, 117, 153
Kosten 22, 55, 94, 99f., 106, 110,
    128f., 137, 155f., 158, 178, 198,
    310

Kostensenkung 78, 156
Kreisky, Bruno 276
Krise, deflationäre 94, 108
Krisengefahren 92, 324
Kunden 16, 28f., 32, 34, 51–54, 62,
  72, 83, 86, 88, 127, 140, 143, 158,
  174, 189, 227, 230, 232, 281, 321
Kundennutzen 18, 79, 88, 130, 143,
  148, 174, 322
Kybernetik 12, 36, 164, 166, 176

Lagebeurteilung 79, 214, 223
Laufbahngestaltung 225
Leader 248–250
Leadership-Theorie 248
Lebensfähigkeit 23, 143, 146, 162,
  201
Lebensstandard 47, 50, 228
Leistungsdruck 121, 196, 233f.
Leistungsausweis 278, 306
Lenkungszentren 114
Liberalismus 22, 41, 43, 95, 124
Lincoln, Abraham 265
Liquidität und Cash-Flow 158, 176
Liquiditätsbeschaffung 108
Löhne 29, 46, 61, 103, 105, 243, 303,
  310, 315
Low-Tech 87
Lüftl, Walter 324

MacArthur, Douglas 253
Macht 19, 32, 70, 102, 113f., 123,
  134, 174f., 183, 213, 231, 240,
  263, 267
Machtmenschen 236
Machtmissbrauch 267
Malik, Fredmund 16, 23, 25, 34, 39,
  92, 144, 147, 164, 173, 176, 220,
  297, 309, 323f.
Management Audit 210, 212
Management-Buy-Out 137

Management-Modewellen 232
Managementfehler 80
Manager als Angestellte 35, 117, 164,
  269
Managereinkommen 244
Mandatskumulierung 193
Mao Tse Tung 265
Margin Debts 308
Marionettenrolle 191, 231
Marketing 9, 82, 115, 127, 221, 232,
  287f.
Markt/Märkte 18f., 22, 32, 43, 51f.,
  67, 73, 75, 82, 86, 93, 108f., 115,
  121f., 127, 129, 138, 140–142,
  149f., 158, 194, 202, 230, 232–
  234, 243, 304, 311, 319
Marktanteil 148
Markterschließung, langfristige 129
Marktleistung(en) 29, 34, 83, 127,
  143
Marktorientierung 79
Marktposition 130, 148, 170
Marktwirtschaft 51, 126, 133, 141
Marshall, George C. 253, 259–261,
  265, 278, 323
Martin, Paul C. 109, 324
Massenentlassungen 78
MBA-Programme 9, 19, 114, 132
Mediengesellschaft 68, 144, 319
Menschen, begeisternde 252, 262
Menschenkenntnis 278f., 282
Messgrößen für den Erfolg 146
Messungen 150, 157, 161
Methoden
  astrologische 282
  esoterische 282
Middle Management 77
Mikroelektronik 233
Misstrauen 74, 209, 214, 216,
  231
Mitsubishi 202

Mittelstand 34, 45, 69, 104, 122, 319, 322
Modell
der Informatik 165
der Mechanik 165
lebensfähiger Systeme 165
Monopolunternehmen 52
Montgomery, Bernhard L. 265
Morgan, John P. 73, 133, 244
Motivation(en) 123, 137, 156, 162, 179, 256

NACD-Report 188
Nachfassen 206
Nachfrage 98
Nationalstaat 113, 124
Nettoarbeitszeit 203
Neuverschuldung 107
New Economy 22, 27, 33, 45, 163, 297f., 303f., 306, 312f., 319
-Euphorie 42
-Illusionen 45
Niedrigzinspolitik 307
Nightingale, Florence 265
No-Tech 87f., 103
Non Financial Sectors 302

Objektivität 147, 199, 218, 246, 258
Obligationenmärkte 108, 136
Ökologie 98
Old Economy 34, 298, 312
Operateure 105, 252
Organisation, innere 181, 184
Organisation des Vorstandes 219
Organisationen 23, 29, 34, 65f., 75, 79, 104, 111, 113–117, 119, 121, 130, 144, 146, 163, 165, 173, 176, 179, 199, 206, 211, 220, 250, 270f., 284, 292, 294–296, 307
Organisationswissen 226
Orientierung

kurzfristige 234, 310
langfristige 196, 233f.
Over-Engineering 88
Owner Capitalism 133

Paradigma-Wechsel 165
Pendenzenkontrolle 206f.
Pension Fund Investoren 33
Pension Fund Manager 137
Pension Fund Socialism 136
Pension Fund System 136
Pensionen 272
Pensionsansprüche 269
Pensionsregelungen 178
Performer 156, 244
Personal
-ausbildungsprogramme 177, 268
-auswahl 195, 236, 275f., 282, 288
-entscheidungen 29, 74, 177, 190, 195, 226, 241, 243, 252, 256, 275–279, 282, 286, 291–293
-entwicklungsprogramme 177
-fluktuationsrate 156f.
Personenkult 35, 89, 232, 258, 310
Persönlichkeiten 20, 186, 191, 204, 213, 236, 266–268, 282
Persönlichkeitseigenschaften 250
Persönlichkeitstyp 243, 268
Pflichten 74, 90, 172, 209, 217, 269
Philip Morris 82
Pioniere 23, 118, 127, 133, 252
Planung 27, 29, 75, 103, 143, 148, 154, 177, 201
Politik(er) 41, 43, 58, 67f., 72, 77, 87, 91–93, 97, 105, 109–112, 117, 122–124, 135, 159, 183, 227f., 235, 248, 250, 264, 275f., 281, 285, 294, 309f., 318, 321f.
Position, strategische 77
Potenzial 18, 46, 57, 97, 110, 131, 177, 225, 306, 316

Präsenz 32–34, 71, 148, 203–205
Präsidialperioden 197
Präsidium 184f., 197, 199
Preise 22, 50, 107f., 138, 272, 301f.,
  307, 314f.
Privatschulden 306
Produktivität(en) 18, 60–62, 75, 104,
  120, 127, 151, 154f., 175, 210,
  246, 298, 302, 304f., 311, 319,
  321
  der Arbeit 18, 151–153, 155
  des Geldes 152f., 155, 159
  des Kapitals 152f.
  von Management 155
  des Wissens 153–155
  der Zeit 153
Produktivitätsdifferenzen 100
Produktivitätsrückstände 72, 79
Produktivitätssteigerung 60, 302,
  304, 306, 315
Produktivitätswunder 60, 314
Produktivitätszuwächse 298, 305f.,
  312f., 315
Profitabilität 158f., 176
Publikumsgesellschaft 21, 73

Qualität 44, 97, 121, 128, 130, 134,
  153, 161, 175f., 179, 200, 210,
  215, 224, 251, 273, 276–278, 291,
  322
Qualität der Führung 35, 80, 85, 91,
  116, 123, 134, 172, 200, 213, 220,
  229, 243, 252f., 260, 268, 273f.
Qualitätsnachteile 79
Quantifizierung 304

Rappaport, Alfred 47–49, 52f., 324
Realisierungszuverlässigkeit 206
Realitätsverlust 230
Rechnungswesen 48f., 126, 128, 131,
  146f., 150, 158, 162f., 210, 212

Rechte 31, 74, 172, 178, 209, 217,
  219, 249
Referenzen 286
Regime, kommunistisches 93
Reporting 161
Repräsentation 183, 221, 228f.
Ressortleitungen 221, 231
Restrukturierung 283, 298, 304, 312f.
Revision, interne 210
Revisionsinstanz 171, 210, 218
Revitalisierung 113f., 236
Revolution, soziale 106
Rezession 58f., 72, 78f., 88, 92–94,
  125, 151, 170, 245, 297, 311
Rhythmus des Geschäftes 205
Risikoakkumulation 84
Risikostreuung 82f.
Rohstoffe 102, 105, 116
Roosevelt, Franklin D. 113, 253,
  259–261
Rückkauf eigener Aktien 304, 315
Rückschau-Funktion 146, 175

Sacharbeit 231, 238
Sachbeziehungen 237
Sättigungsgrad 98
Scheinwunder 297, 312
Schlüsselaufgaben 181, 255
Schlüsselbeziehungen 221, 227
Schlüsselentscheidungen, personelle
  291
Schulden 44, 98, 107, 137, 306–308,
  316f.
Schumacher, Kurt 265
Sears Roebuck 150
Selbstdisziplin 257, 265
Selbstorganisationsrecht 68
Shareholder Capitalism 50
Shareholder-Modell 131f., 138f.
Shareholder-Theorie 44, 46f., 52, 56,
  135, 147

Shareholder Value 16, 18, 21f., 24,
    26, 30, 32f., 37, 41, 44–47, 49,
    51–59, 83, 130, 138–144, 165,
    170, 223, 242, 269, 310, 318
Sicherheit 49, 111, 147, 206, 212
Siegwart, Hans 158, 324
Siemens, Georg von 73, 113, 134,
    152, 265
Sitzungen
    Häufigkeit der 200, 205
    vorbereiten auf 203
Sitzungsdauer 202f.
Sitzungsrhythmus 205
Sloan, Alfred P. 276, 278
Sorgfaltspflicht 9, 26, 220, 268
Sounding-Board 70
Sozialprodukt 46, 98, 102, 104,
    110, 149, 298, 300f., 305, 308,
    313–317
Spekulanten 133, 140
Spekulationsblase 298, 301, 312
Spezialisten 105f., 162, 225
Spitzenmanager 231, 236, 244, 289f.
Stabsorganisationen 79
Stakeholder-Approach 36, 38, 52,
    132, 135
Stakeholder-Theorie 46, 135, 141,
    147, 181
Stalin, Joseph 251, 264
Stärken erkennen 285
Stärkenkombination 197, 235, 283
Start-up-Unternehmen 45
Steiger, Otto 323
Stellenbesetzung von innen oder von
    außen 282, 284
Stellvertreter 185, 284, 290
Stelter, Daniel 92, 324
Stichentscheidungsrecht 184, 240
Stock Options 61, 145, 245, 303,
    307, 315
Strategie 12, 27, 29, 52, 75, 82, 84f.,

88, 130, 164, 173, 176, 185, 221–
    224, 226, 233, 310, 320
Substitution 99, 102, 177
Substitutionsgüter 99
Substitutionskanäle 149
Substitutionsprodukte 149
Synergie(n) 82, 84
Systemgestaltung 272
Systemwissenschaften 164, 166

Tätigkeit, vollamtliche 198, 218
Teamarbeit 216, 236
Technologie(n) 11, 72, 82, 87, 98,
    101, 106, 194, 202, 230, 233
Technologiekonzerne 86f.,
Technologieversäumnisse 79
Tele-Arbeit 101
Telekommunikation 227, 233
Tendenzen, deflationäre 93
Terminkalender 205
Tests, psychologische 282
Tigerländer 44, 60, 321
Time to Market 150
Topmanagement, Verhalten des 225
Total Costs of Money-Management
    159
Total Factor Productivity 155
Totzeit 122
Transformation, große 91
Trend-Gurus 96
Trendbrüche 79, 177
Trends 79, 93, 161, 177
Truman, Harry S. 251, 253f., 264f.,
    276
Tycoon 127, 133

Überkapazitäten 78f., 100
Überkreuzverflechtung 186
Übernahme-Coup 138
Übernahmen, feindliche 136–138
Überwachen 206

Überzeugungskraft 43, 112, 189, 194, 258f.
Umsetzungsschwäche 206
Umstrukturierungen 298, 305, 311
Umwandlungsprozess 170
Unabhängigkeit 187f., 190, 197, 316
Universalgenies 281–283
Unterminierung von Autorität 204, 208, 239
Unternehmen
    Beurteilung des 146f.
    gesundes 30, 146, 162f., 246
    als moralische Institution 124
    als politische Institution 135
    Zweck des 16
Unternehmensaufsicht, Aufgaben der 174
Unternehmensformen 304
Unternehmensführung 9–11, 15, 17f., 20, 22–30, 32f., 35–41, 48f., 51f., 55, 67, 83, 85f., 91, 132, 139, 146, 169f., 172, 175, 216, 220, 245f., 292, 310, 319
Unternehmenskultur 12, 25, 29, 75, 84, 157, 162, 176, 179, 224, 231, 277
Unternehmensstrategie 18, 23, 25, 29, 48f., 52, 75, 85, 172, 187, 223
Unternehmensschulden 307
Unternehmensverfassung 171f., 210, 275
Unternehmer-Eigentümer 141
Unvereinbarkeit 186
Unwirksamkeit 218
Unzulänglichkeiten 78, 109
Urteilskraft 49, 161
Urteilsvermögen 230f.
Using knowledge 101
Utopie 263, 266
Utopisten 263

Verantwortlichkeiten 171f., 208f.
Verantwortung der Führung 267
Verantwortungsverlust 270
Verfolgen 206
Verführer 85, 251, 266
Verlust der Haftung 270
Verschuldung 49, 59, 61, 98f., 107, 109, 307f., 316f.
Verschuldungslage 98, 107
Vertragserneuerung 235
Vertrauen 43, 57, 117, 123, 156, 178f., 199, 208f., 211, 254, 257, 260, 263, 265f., 287, 307
Vertrauensbasis 211, 214, 217
Vertrauensdividende 210
Verzettelung 229
Vision(en) 62, 82, 85, 222, 251f., 263f., 322
Visionäre 252
Vorbildfunktion 179
Vorschau-Funktion 176
Vorsitzender 9, 28, 70, 89, 185, 192, 204, 232, 291
Vorstand/Vorstände 22, 29, 37, 77–79, 84, 89, 178, 180, 191, 207f., 215, 219, 223, 239f., 269f., 273
V-shaped Recession 59, 321

Wachstum 75, 82f., 143f., 295, 298, 300–302, 312–314
    echtes 306
    gesundes 75
    krankes 75
Wachstumspolitik 75, 83
Wahrnehmung, selektive 231
Wall Street Raiders 137
Werkzeuge 116, 255
Wertevernichtung, deflationäre 49f.
Wertschöpfung pro angestelltem Akademiker 155

Wertsteigerungsstrategien 52
Westinghouse 152
Wiederwahlmöglichkeit 196f.
Window of Opportunity 235, 284
Wirksamkeit 58f., 73, 91f., 123f.,
   150, 177, 179, 182–184, 186, 196,
   203, 210, 218, 229, 233, 238,
   240f., 274, 285
Wirtschaftskriminalität 42, 310
Wirtschaftstheorien 106, 109
Wirtschaftswachstum 92, 297, 311
Wirtschaftswissenschaften 12, 163f.
Wirtschaftswunder, amerikanisches
   57, 60, 297, 312, 317–319
Wissen 20, 22, 101f., 105, 115f., 119,
   151, 153–155, 176, 211, 213, 224,
   263, 282
Wissenschaft 11f., 89, 95, 125, 155,
   161, 163, 166, 212, 228, 255, 298,
   312

Wissensträger 225
Wohlfahrtsaufgaben 110
Wohlfahrtsstaat 93, 110, 271
Wohlstand 47, 49f., 78, 116, 119,
   123, 271
Wunderer, Felix R. 188, 324

Zeitaufschreibungen 153
Zeitgeistströmungen 80, 85
Zersplitterung der Kräfte 229
Zivilcourage 20, 43, 90, 259
Zukunftsforscher 96
Zusammenarbeit 10, 12, 66, 70, 130,
   143, 181, 191, 207, 209, 216f.,
   219, 238, 242
Zusammensetzung, personelle 11,
   186, 194–196, 200, 219
Zuverlässigkeit 147, 169, 206, 217,
   282